Statik der Vierendeelträger

Von

Dr.-Ing. Karl Kriso
vorm. Assistent für Mechanik a. d. techn. Hochschule in Graz
Ingenieur der holländischen Regierung

Mit 185 Textfiguren und
11 Tabellen

Springer-Verlag Berlin Heidelberg GmbH
1922

Ursprünglich erschienen bei Julius Springer in Berlin 1922

ISBN 978-3-662-34785-0 ISBN 978-3-662-35106-2 (eBook)
DOI 10.1007/978-3-662-35106-2

Meinem hochgeschätzten Lehrer

Hofrat Professor Dr. tech. h. c. Dipl.-Ing.

Ferdinand Wittenbauer

zugeeignet

Vorwort.

Bei der Bearbeitung dieses Buches ließ sich der Verfasser stets von dem Grundgedanken leiten, ein Werk über die Statik der Vierendeelträger zu schaffen, das so gehalten ist, daß jeder praktisch tätige Ingenieur in der Lage sein sollte, jeden beliebig gestalteten Träger dieses Systems nach einer genauen und einfachen Methode rasch zu berechnen. Dieses Buch soll in übersichtlicher und einfacher Weise einen klaren Einblick in die Statik dieser Träger geben.

Die Gliederung des Buches zerfällt in zwei Teile.

Der erste Teil behandelt den Parallelträger mit gleichen Feldweiten λ unter der Voraussetzung, daß alle Pfostenquerschnitte einerseits und alle Gurtquerschnitte andererseit gleiche Trägheitsmomente besitzen.

Der zweite Teil bespricht Träger mit beliebig gekrümmten Gurten mit gleichen oder veränderlichen Feldweiten unter der Voraussetzung, daß zwar alle Pfostenquerschnitte das gleiche Trägheitsmoment besitzen, die Trägheitsmomente jedoch, nur innerhalb eines Feldes konstant sind und in diesem Falle stets der Bedingung $J_{o,r} \cos \nu_r = J_{u,r} \cos \psi_r$ genügen (ν_r und ψ_r sind die Neigungswinkel gegen die Gurte). Als spezielle Fälle, welche aus diesem allgemeinsten Falle hervorgehen, bringt der Abschnitt C die Träger mit 1. horizontalem Untergurt, beliebig gekrümmtem Obergurt, 2. mit horizontalem Obergurt, beliebig gekrümmtem Untergurt und 3. Träger mit parallelen Gurten, die sich durch die oben genannte Voraussetzung bezüglich der Feldweiten und Trägheitsmomente, von jenen des ersten Teiles unterscheiden. Im Abschnitt D wird die Berechnung der Bogenträger grundsätzlich besprochen.

Das Buch soll ein abgeschlossenes Ganzes bilden. Um daher das Nachschlagen in verschiedenen anderen Werken zu vermeiden und die Einheitlichkeit der Darstellung zu wahren, wurde zunächst im Teile I. Abschnitt A die Ermittlung der Formänderungen von gebrochenen Stabzügen in anschaulicher Weise zur Darstellung gebracht und dabei gleichzeitig der Weg gewiesen, wie man im nächsten Abschnitt in einfachster Art zu den Elastizitätsgleichungen des Vierendeelträgers kommt.

Ferner wurde auch aus dem vorhin erwähnten Grunde, einleitend im Abschnitt C des ersten Teiles, eine Übersicht über die Darstellung der Einflußlinien im allgemeinen und über jene des freiaufliegenden Balkens im besonderen gegeben.

Im ersten Teil bringt Abschnitt B die Berechnung für ruhende, der Abschnitt C für bewegliche Belastung (Einflußlinien). Beide Abschnitte führen in einfachster Weise auf fast elementaren Grundsätzen aufbauend zu Ergebnissen, die schließlich in einem Formelwerk ihren Abschluß finden. An der Hand dieser Formeln läßt sich nun — wie die Beispiele zeigen — die Berechnung eines jeden Trägers für ruhende und bewegliche Belastung in verhältnismäßig kurzer Zeit durchführen.

Während im ersten Teil die Ausführungen etwas breiter gebracht werden, wurde im zweiten Teile meist auf die Wiedergabe der Ableitungen — die stets nach analogen Grundsätzen, wie im ersten Teile durchzuführen sind — verzichtet, die Herleitung derselben jedoch angedeutet, im übrigen aber nur die Resultate mitgeteilt.

Besonders sei noch erwähnt, daß sämtliche Rechnungen mit Hilfe des Rechenschiebers durchgeführt werden können, ohne daß die Genauigkeit nur im geringsten leiden würde. Dies ist ein Vorteil der hier gebrachten Methode, der in der Verwendung von stark konvergierenden Potenzreihen und in der eigenartigen Auflösung der Gleichungen, die eine geringe Fehlerfortpflanzung bedingt, begründet ist.

Die Grundzüge dieser Arbeit waren bereits im Jahre 1914 festgelegt.

Da der Verfasser während des Krieges im Felde stand, so war es ihm erst in der Nachkriegszeit möglich, diese Grundzüge zu einem geschlossenen Werke auszubauen.

An dieser Stelle sei der Verlagsbuchhandlung Julius Springer für ihr Eingehen auf alle Wünsche Dank und Anerkennung ausgesprochen, ebenso dankt der Verfasser herzlichst noch seinem Bruder, Dr.-Ing. Julius Kriso, der ihm bei der Durchsicht des Werkes sehr behilflich war.

Graz-Bandoeng (Java), im November 1921.

Dr.-Ing. **Karl Kriso.**

Inhaltsverzeichnis.

Erster Teil.

Der Vierendeelträger mit parallelen Gurten.

A. Formänderungen gebrochener Stabzüge.

B. Die statische Berechnung des Vierendeelträgers für ruhende Belastung.

Zweiter Teil.

Der Vierendeelträger mit gekrümmten Gurten.

Druckfehlerverzeichnis.

Auf Seite 61, Gleichung (82)

lies: $\pm \frac{1}{2} \frac{h}{\lambda} \frac{J_o}{J} (m'_{r-1} - m'_r) \mp Z'_r = \mp \frac{1}{2\lambda} f_r$

statt: $\pm \frac{1}{2} \frac{h}{\lambda} \frac{J_o}{J} (m'_{r+1} - m'_r) \mp Z'_r = \mp \frac{1}{2\lambda} f_r$.

„ „ 69, 2. Zeile der Gleichung (108)

lies: $\ldots + f_{r+1} \cdot k + f_r + f_{r-1} \cdot k + \ldots$

statt: $\ldots + f_{r-1} \cdot k + f_r + f_{r-1} \cdot k + \ldots$

„ „ 147, Kopf der Tabelle, 1. Spalte

lies: Einflußlinie X_r

statt: Einflußlinie X_1.

„ „ 152, 6. Zeile der Gleichung (226)

lies: $\ldots + f_7 b c_7 + \ldots$

statt: $\ldots + f_6 b c_7 + \ldots$

Erster Teil.

Der Vierendeelträger mit parallelen Gurten.

A. Formänderungen gebrochener Stabzüge.

I. Ermittlung von Formänderungen.

Sind in einem Tragwerke nur die Formänderungen, welche durch die Wirkung der Biegungsmomente allein hervorgerufen werden, zu ermitteln, so eignet sich zu ihrer Bestimmung in besonders übersichtlicher und einfacher Art die Methode von Mohr, die im nachfolgenden kurz erläutert werden soll.

Es sei ein beliebig belasteter, einseitig horizontal eingespannter Stab mit konstantem Trägheitsmoment J gegeben (Fig. 1). Die elastische Linie oder die Durchbiegungslinie des Stabes einerseits, sowie die Winkeländerungen der Stabachse andererseits, sollen ermittelt werden. Zwecks Durchführung der Aufgabe bestimmt man zunächst die der Belastung P (erste Belastung) entsprechende Biegungsmomentenlinie (Fig. 2) und denkt sich den Träger mit der ermittelten Momentenfläche abermals belastet (zweite Belastung).

T_2, S und T_3 sind die Schwerpunkte der Trapezmomentenflächen F_A^C, F_C^D und F_D^B über $\overline{AC}$, $\overline{CD}$ bzw. $\overline{DB}$, in welchen die Resultierenden dieser Teilflächen angreifend gedacht werden. T_2' S' und T_3' sind dann die Angriffspunkte dieser Kräfte auf der Stabachse. Ganz analog sei T_1 der Schwerpunkt der Momentenfläche F_A^D, T der Schwerpunkt der Gesamtmomentenfläche F_A^B, T_1' und T' die Angriffspunkte dieser Kräfte auf der Stabachse.

Fig. 3 stellt die Biegungslinie des Stabes unter der Belastung P dar. Die einzelnen Punkte der Stabachse, z. B. C, D, B senken sich infolge der Formänderung in Vertikalen und kommen schließlich in die Lage C_1, D_1, B_1. Man bezeichnet nun z. B. die Strecke $\overline{BB_1}$, als die Durchbiegung des Punktes B in bezug auf die ursprüngliche Stabachse, welch letztere im gegebenen Falle auch gleichzeitig Tangente an die Biegungslinie in A ist. Ermittelt man nun die Durchbiegungen aller Punkte der Trägerachse in bezug auf diese Tangente, so kommt man zur Biegungslinie des Stabes.

Greift man z. B. die Tangente an die Biegungslinie in C_1 heraus, so versteht man unter der Durchbiegung des Punktes D in bezug auf diese Tangente die Strecke $\overline{D_1 D_2} = f$ oder die Normalentfernung f'

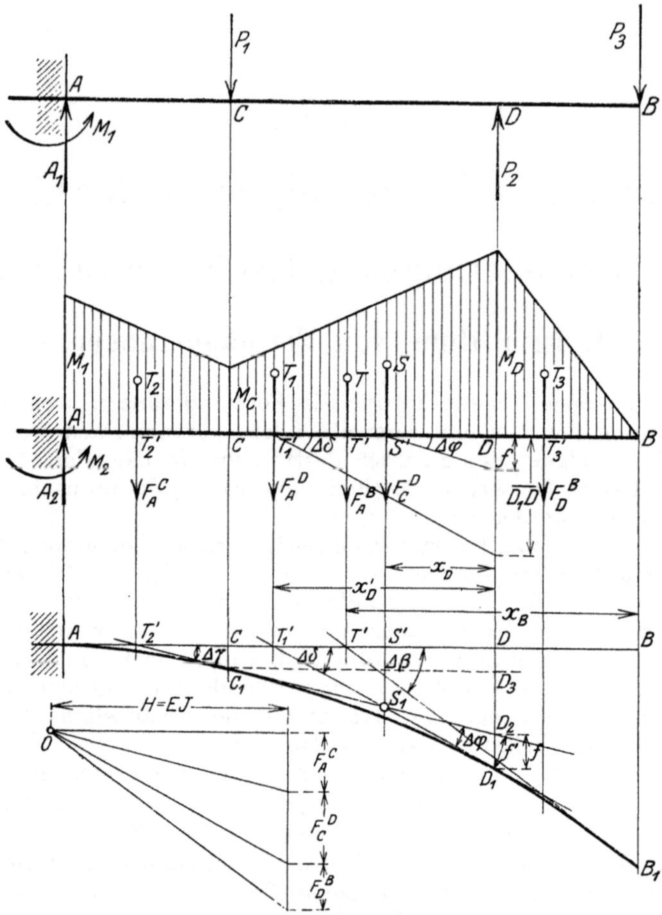

Fig. 1 bis 3.

des Punktes D_1 von dieser Tangente. Es soll aber schon an dieser Stelle erwähnt werden, daß wegen des kleinen Winkels $\Delta\gamma$

$$f' = f \cos \Delta\gamma = f \cdot 1 = f$$

ist.

Die Winkel $\Delta\gamma$, $\Delta\delta$, $\Delta\beta$ bezeichnet man als die Neigungswinkel der Stabachse in den Punkten C_1, D_1 bzw. B_1, den Winkel $\Delta\varphi$, den die beiden Tangenten in C_1 und D_1 miteinander einschließen, kurz als die Winkeländerung der Stabachse auf der Strecke $\overline{CD}$, das ist also die Änderung ihres Neigungswinkels auf dieser Strecke.

1. Ermittlung der Durchbiegungen.

Für einen Stab mit konstantem Trägheitsmoment J und konstantem Elastizitätsmodul E ist nach Mohr z. B. die Durchbiegung f des Punktes D in bezug auf die Tangente in C_1 gegeben durch

$$\overline{D_1 D_2} = f = \frac{1}{EJ} F_C^D \cdot x_D \quad \dots\dots\dots\dots \quad (1)$$

d. h. die Durchbiegung f ist gleich $\frac{1}{EJ}$ mal dem statischen Moment (nicht Biegungsmoment!) der zweiten Belastungsfläche F_C^D zwischen C und D in bezug auf den Punkt D.

Dieser Satz gilt aber ganz allgemein für die Durchbiegung irgendeines Trägerpunktes in bezug auf eine beliebige Tangente an die Biegungslinie. Daher ist z. B. die Durchbiegung der Trägerpunkte D bzw. B in bezug auf die horizontale Tangente, d. i. die ursprüngliche Stabachse, gegeben durch

$$\overline{D D_1} = \frac{1}{EJ} F_A^D x_D',$$

$$\overline{B B_1} = \frac{1}{EJ} F_A^B x_B.$$

Durch diese Gleichungen, welche für jeden Trägerpunkt ganz analog anzuwenden sind, ist die Durchbiegungslinie des Stabes in bezug auf die ursprüngliche Trägerachse analytisch bestimmt.

Graphisch können diese Durchbiegungen, wie im folgenden bewiesen wird, mit Hilfe einer Seillinie zur gegebenen zweiten Belastung nach Fig. 3 ermittelt werden. Hiebei wurden die resultierenden Kräfte F_A^C, F_C^D und F_D^B zur Konstruktion eines umschriebenen Seilpolygons verwendet, welches unterhalb der Lastscheiden in C_1, D_1, B_1 von der Seilkurve berührt werden muß. Nach bekannten Sätzen der graphischen Statik ist dann z. B. das statische Moment der Kraft F_A^D oder F_C^D in bezug auf den Punkt D gegeben durch:

$$F_A^D \cdot x_D' = H \cdot \overline{D_1 D} = EJ \cdot \overline{D_1 D},$$

$$F_C^D \cdot x_D = H \cdot \overline{D_1 D_2} = EJ \cdot \overline{D_1 D_2}.$$

Aus diesen Gleichungen ist:

$$\overline{D_1 D} = \frac{1}{EJ} F_A^D x_D',$$

$$\overline{D_1 D_2} = \frac{1}{EJ} F_C^D x_D,$$

womit wieder nach Mohr bewiesen ist, daß diese Strecken die Durchbiegungen des Punktes D in bezug auf die Tangenten in A bzw. in C_1 vorstellen. Die Seilkurve selbst liefert dann die Durchbiegungslinie des Stabes in bezug auf die ursprüngliche horizontale Stabachse.

2. Ermittlung der Winkeländerung der Stabachse.

Nach früherem versteht man unter der Winkeländerung der Stabachse, z. B. auf der Strecke CD in Fig. 3, den Winkel $\Delta\varphi$, den die beiden Tangenten in C_1 und D_1 an die Biegungslinie miteinander einschließen. Nach Mohr ist dieser Winkel gegeben durch

$$\Delta\varphi = \frac{1}{EJ} F_C^D \quad \ldots\ldots\ldots\ldots \quad (2)$$

d. h.: der Winkel $\Delta\varphi$, den die beiden Tangenten in C_1 und D_1 miteinander einschließen, ist gleich $\frac{1}{EJ}$ mal der zweiten Belastungsfläche F_C^D zwischen den Querschnitten C und D. Dieser Satz ist ganz allgemein für beliebige Tangenten gültig. Da auch die ursprüngliche Stabachse Tangente an die Biegungslinie ist, so gilt ganz analog:

$$\Delta\beta = \frac{1}{EJ} F_A^B,$$

$$\Delta\delta = \frac{1}{EJ} F_A^D,$$

$$\Delta\gamma = \frac{1}{EJ} F_A^C.$$

Folgerung aus den Mohrschen Sätzen: Ermittlung der Durchbiegung eines Punktes durch Drehung um ein gedachtes Gelenk.

In Fig. 3 ist

$$\overline{T'B} = \overline{T'B_1} \cos\Delta\beta,$$

und da $\Delta\beta$ als sehr kleiner Winkel aufzufassen ist, wird $\cos\Delta\beta = 1$ und daher

$$\overline{T'B} = \overline{T'B_1} = x_B.$$

Mit Rücksicht auf diese Beziehung ist dann die Durchbiegung des Punktes B in bezug auf die Tangente in A

$$\begin{aligned} \overline{BB_1} &= \overline{T'B_1} \sin\Delta\beta \\ &= \overline{T'B_1}\,\Delta\beta \\ &= x_B\,\Delta\beta \quad \ldots\ldots\ldots\ldots \quad (3) \end{aligned}$$

d. h.: die Durchbiegung des Punktes B in bezug auf die Tangente in A wird durch eine Drehung um den Winkel $\Delta\beta$ in bezug auf den Punkt T' als Drehungsmittelpunkt erhalten. Denkt man sich also im Punkte T' — das ist der Angriffspunkt der zweiten Belastung F_A^B auf der Tangente durch A, die hier mit der nicht deformierten Stabachse identisch ist — ein Gelenk eingeschaltet, so kommt der Punkt B in seine Endlage B_1 durch eine Drehung um den Winkel $\Delta\beta$ in bezug auf dieses gedachte Gelenk als Drehungsmittelpunkt. Dieser Satz ist allgemein gültig.

Mit Hilfe dieses Satzes kann nun die Durchbiegung eines jeden beliebigen Punktes in bezug auf jede beliebige Tangente der Biegungslinie rasch ermittelt werden. Um z. B. die Durchbiegung $f = \overline{D_1 D_2}$ des Punktes D in bezug auf die Tangente in C_1 zu bestimmen (Fig. 3), ermittle man zunächst den Angriffspunkt S_1 der zweiten Belastung F_C^D auf der Tangente durch C_1. Da der Winkel $\varDelta\gamma$ wieder als sehr kleiner Winkel aufzufassen ist, wird $\cos\varDelta\gamma = 1$ und daher ist

$$\overline{C_1 S_1} = \overline{CS'},$$

$$\overline{S_1 D_1} = \overline{S'D} = x_D\,,$$

d. h.: der Angriffspunkt der zweiten Belastung F_C^D auf der Tangente durch C kann stets als Schnitt der Kraft F_C^D mit der nicht deformierten Stabachse (Fig. 2) ermittelt werden, er kommt dann durch die Formänderung aus der Lage S' in die Lage S_1. Ist nun die Winkeländerung der Stabachse auf der Strecke $\overline{CD}$ gegeben durch

$$\varDelta\varphi = \frac{F_C^D}{EJ},$$

so ist dann die Durchbiegung

$$f = f' = \overline{S_1 D_2}\,\varDelta\varphi;$$

und da nach früherem

$$\overline{S_1 D_2} = x_D$$

ist, so wird in Übereinstimmung mit Gleichung (3)

$$f = x_D\,\varDelta\varphi\,.$$

Diese Gleichung zeigt auch, daß man bei Bestimmung der relativen Durchbiegung des Punktes D in bezug auf die Tangente in C_1 auf die Formänderung des Stabes weiter keine Rücksicht zu nehmen braucht, sondern stets von der nicht deformierten Lage des Stabes (Fig. 2) ausgehen kann, indem man sich einfach die Tangente in C horizontal festgelegt denkt (Drehung der Fig. 3 in bezug auf T_2' um $\varDelta\gamma$ nach aufwärts) und den Punkt D in bezug auf ein gedachtes Gelenk in S' um den Winkel $\varDelta\varphi$ herausdreht. Ganz analog wird daher in Fig. 2 die Durchbiegung $\overline{DD_1}$ des Punktes D in bezug auf die Tangente in A durch Herausdrehen des Punktes D in bezug auf ein gedachtes Gelenk in T_1' um den Winkel $\varDelta\delta = \dfrac{F_A^D}{EJ}$ gefunden mit

$$\overline{DD_1} = x_D' \cdot \varDelta\delta\,.$$

Weitere Folgerungen: Da die Durchbiegung f eines Punktes einerseits und die Winkeländerung $\varDelta\varphi$ der Stabachse andererseits wegen des großen Wertes EJ nach obigen Gleichungen (1) und (2) als sehr kleine Größen aufzufassen sind, also $\sin\varDelta\varphi = \operatorname{tg}\varDelta\varphi = \varDelta\varphi$ und $\cos\varDelta\varphi = 1$ ist, so ergeben sich daraus noch weitere wichtige Folgerungen.

Denkt man sich z. B. einen starren Stab AB (Fig. 4) in bezug auf A als Drehungspunkt um einen solchen kleinen Winkel $\Delta\varphi$ in die Lage AB_1 gedreht, so errechnet man die Vertikal- und Horizontalverschiebung Δy bzw. Δx des Punktes B mit:

$$\overline{B_1 B_1'} = \Delta y = l\,\Delta\varphi \cos\Delta\varphi = l\,\Delta\varphi\,,$$

$$\overline{BB_1'} = \Delta x = l\,\Delta\varphi \sin\Delta\varphi = l\,(\Delta\varphi)^2 = 0 \text{ als kleine Größe höherer Ordnung.}$$

Dreht sich also der Stab AB um den sehr kleinen Winkel $\Delta\varphi$ in bezug auf den Punkt A, so verschiebt sich der Endpunkt B in einer Vertikalen zur Stabachse AB nach B_1.

Allgemein ermittelt man dann die Verschiebung des Punktes B in beliebiger Richtung r mit

$$\overline{BB_1''} = \Delta r = l\,\Delta\varphi \cdot \cos\psi = \varrho\,\Delta\varphi \quad \ldots\ldots\ldots \quad (4)$$

Die Verschiebung Δr ist also durch das Produkt aus dem Normalabstand ϱ des Drehungsmittelpunktes A von der Richtung r durch B und dem Drehungswinkel $\Delta\varphi$ bestimmt. Daher folgt auch aus diesem Satz sinngemäß, daß $\Delta x = 0$ sein muß.

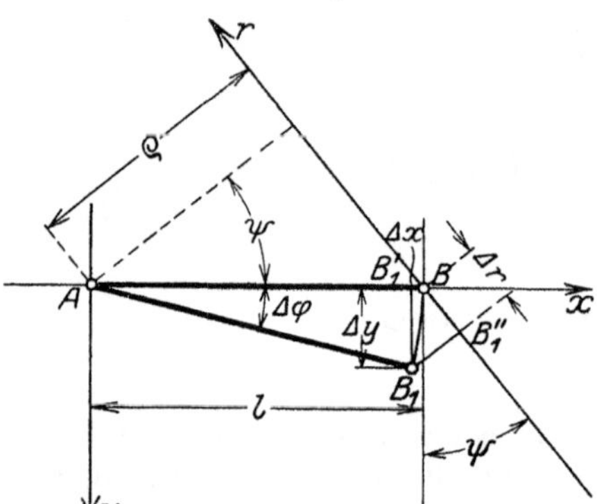

Fig. 4.

Für einen elastischen Stab, der gebogen wird, gelten die analogen Betrachtungen, da man jedes Stabelement in derselben Art behandeln kann. Demnach müssen sich dann in Fig. 3 die Punkte C_1, D_1 und B_1 in den Vertikalen durch C, D bzw. B verschieben. Aus demselben Grunde folgt weiter, daß z. B. die Strecke $f = D_1 D_2$ sowohl als Vertikalentfernung, als auch als Normalentfernung des Punktes D_1 von der Tangente durch C_1 angesehen werden kann. Beide Strecken unterscheiden sich nur um eine kleine Größe zweiter Ordnung, welche vernachlässigt werden kann.

II. Anwendungen auf gebrochene Stabzüge.

Nachfolgende Beispiele finden sich bei Berechnung der Formänderungen des Vierendeelträgers wieder, es wird daher dort hierher zurückverwiesen werden.

Aufgabe 1 (Fig. 5). Ein rechteckiger Rahmenträger ist in A fest eingespannt, in B, C und D versteift. Der Stab OD ist starr, sein Trägheitsmoment also unendlich groß, das Trägheitsmoment der übrigen Stäbe sei J_u, J und J_0. In O wirkt ein Moment M (erste Belastung) auf den Träger; die Verdrehung $\Delta\varphi$ des Stabes OD, die Verschiebungen Δx und Δy des Punktes O sind zu ermitteln.

Man zeichnet sich zunächst die Biegungsmomentenflächen als zweite Belastungen über die einzelnen Stäbe des Stabzuges. Hiebei sollen positive Momentenflächen stets auf der Außenseite des Rahmens, negative hingegen auf der Innenseite desselben zur Darstellung gebracht werden.

Was das Vorzeichen der Momente anlangt, so wird festgesetzt, daß ein Biegungsmoment positiv sei, wenn es in den äußeren Fasern des Querschnittes Zug, in den inneren Druck hervorruft.

Aufgaben, wie diese hier, werden allgemein am einfachsten so behandelt, daß man der Reihe nach jeden Stab für sich allein als elastisch betrachtet und die Beiträge zu $\Delta\varphi$ Δx und Δy unter dieser Annahme berechnet, dagegen alle übrigen Stäbe während dieser Operation als starr gedacht werden. Die Summe aller so errechneten Beiträge gibt dann die gewünschte Verdrehung $\Delta\varphi$ des Stabes OD bzw. die Gesamtverschiebung Δx und Δy des Punktes O.

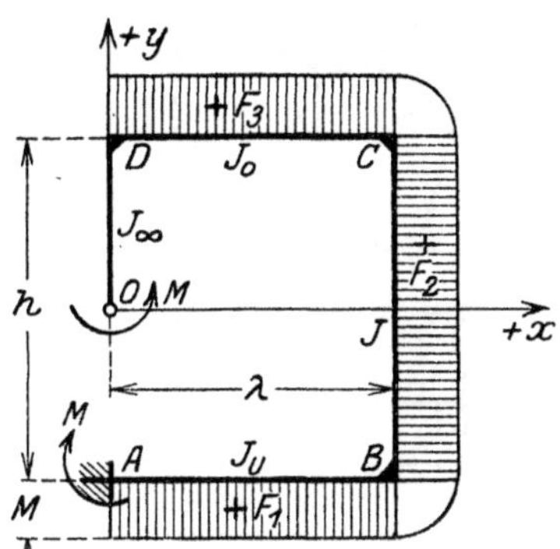

$F_1 = F_3 = \lambda\, M$ $F_2 = h\, M$

Fig. 5.

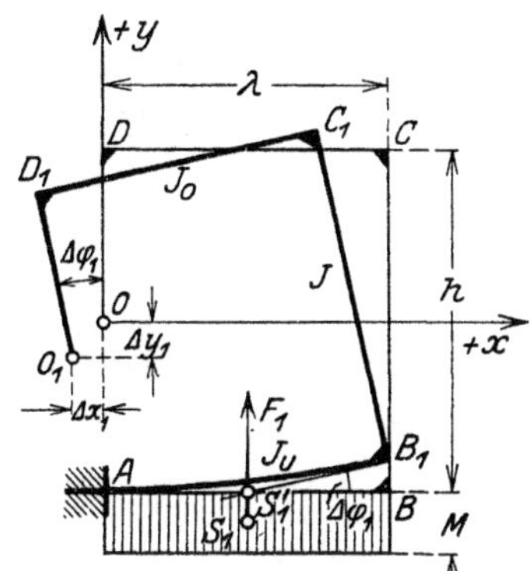

$F_1 = \lambda\, M$

Fig. 6.

Man betrachte daher in Fig. 6 zunächst nur den Stab AB als elastisch, alle übrigen Stäbe seien starr. Unter dem Einfluß der Belastung wird nun der Stab AB seine Form ändern, für die Lösung der Aufgabe ist jedoch nur die Endlage B_1 des Punktes B und die Tangente an die Biegelinie in diesem Punkte von Interesse. Man erhält beide, wenn man nach Gleichung (3) den Punkt B in bezug auf den Angriffspunkt S_1' als gedachtes Gelenk um den Winkel $\Delta\varphi_1$ nach aufwärts dreht. Der Sinn der Drehung wird durch das Vorzeichen der Stabmomente bestimmt, die Größe des Drehungswinkels ist nach Gleichung (2)

$$\Delta\varphi_1 = \frac{F_1}{E\,J_u} = \frac{\lambda}{E\,J_u}\,M\,.$$

Die Tangente in B_1 geht dann durch das gedachte Gelenk S_1'.

Da wegen der Eckversteifung der rechte Winkel in B auch nach der Formänderung bestehen bleibt, so hat die elastische Deformation des Stabes AB auf den übrigen starren Stabzug die Wirkung, als ob derselbe einfach in bezug auf S_1' als Drehungsmittelpunkt um den Winkel $\Delta\varphi_1$ nach aufwärts gedreht worden wäre.

Daher ergibt sich mit Rücksicht auf Gleichung (2) und (4) der Beitrag, infolge der elastischen Formänderung des Stabes AB, zur Verdrehung $\varphi\Delta$ des Stabes OD und zur Verschiebung Δx und Δy des Punktes O mit:

$$\Delta\varphi_1 = \frac{F_1}{EJ_u} = \frac{\lambda}{EJ_u} M$$

$$\Delta x_1 = -\frac{h}{2}\Delta\varphi_1 = -\frac{\lambda h}{2EJ_u} M$$

$$\Delta y_1 = -\frac{\lambda}{2}\Delta\varphi_1 = -\frac{\lambda^2}{2EJ_u} M\,.$$

Das Vorzeichen von Δx_1 und Δy_1 ist, mit Rücksicht auf die getroffene Annahme der positiven Achsenrichtungen, negativ.

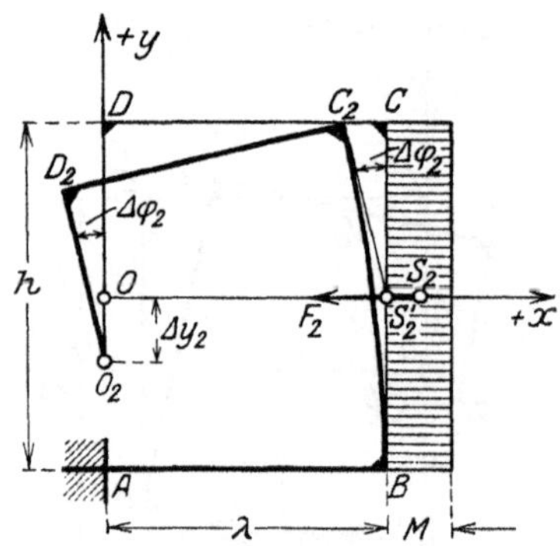

$F_2 = hM$

Fig. 7.

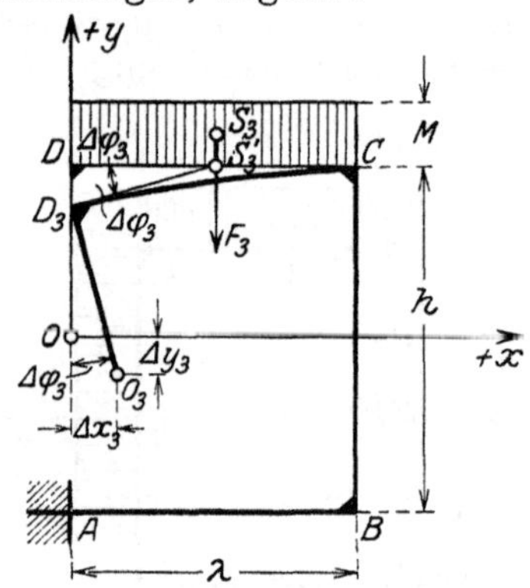

$F_3 = \lambda M$

Fig. 8.

Den Beitrag des Stabes BC zur Verdrehung von OD und zu den Verschiebungen des Punktes O erhält man ganz analog, wenn man sich in Fig. 7 nur diesen Stab elastisch denkt, alle übrigen als starr. Wegen der Starrheit von AB erscheint dann der Stab AB in B als fest eingespannt.

Es könnte nun zweifelhaft scheinen, ob es bei Bestimmung obengenannter Beiträge nicht richtiger wäre, von der Lage B_1C_1 des Stabes BC in Fig. 6 auszugehen. Bei einiger Überlegung erkennt man jedoch sogleich, daß sich die Resultate in beiden Fällen nur um sehr kleine Größen zweiter Ordnung unterscheiden können, welche unterdrückt werden dürfen, so daß die Ermittlung der Formänderung von BC ohne weiteres aus den der Fig. 7 zugrunde liegenden Annahmen vorgenommen werden kann.

Dann ergeben sich obengenannte Beiträge nach den Gleichungen (2) und (4) mit:

$$\Delta\varphi_2 = \frac{F_2}{EJ} = \frac{h}{EJ} M\,,$$

$$\Delta x_2 = 0\,,$$

$$\Delta y_2 = -\frac{\lambda}{2}\Delta\varphi_2 = -\frac{\lambda h}{EJ} M\,.$$

Die Beiträge durch die Formänderung des Stabes CD folgen aus Fig. 8 nach analogen Betrachtungen mit:

$$\Delta\varphi_3 = \frac{F_3}{EJ_0} = \frac{\lambda}{EJ_0} M\,,$$

$$\Delta x_3 = +\frac{h}{2}\Delta\varphi_3 = +\frac{\lambda h}{2EJ_0} M\,,$$

$$\Delta y_3 = -\frac{\lambda}{2}\Delta\varphi_3 = -\frac{\lambda^2}{2EJ_0} M\,.$$

Zwecks Festlegung der Vorzeichen der Verschiebungen Δx_3, Δy_3 ist zu beachten, ob sich der Punkt O bei der Drehung um S_3' in der positiven oder negativen Achsenrichtung verschiebt.

Die Gesamtverdrehung $\Delta\varphi$ des Stabes OD, sowie die Gesamtverschiebung Δx bzw. Δy des Punktes O ist dann

$$\Delta\varphi = \sum_1^3 \Delta\varphi = \frac{1}{E}\left[\frac{\lambda}{J_u} + \frac{h}{J} + \frac{\lambda}{J_0}\right] M\,,$$

$$\Delta x = \sum_1^3 \Delta x = \frac{\lambda h}{2E}\left[\frac{1}{J_0} - \frac{1}{J_u}\right] M\,,$$

$$\Delta y = \sum_1^3 \Delta y = -\frac{\lambda}{E}\left[\frac{\lambda}{2J_u} + \frac{h}{J} + \frac{\lambda}{2J_0}\right] M\,.$$

Die Gesamtformänderung der drei elastischen Stäbe hatte also auf den starren Stab OD die Wirkung, daß derselbe drei sehr kleine Drehungen $\Delta\varphi_1$ $\Delta\varphi_2$ und $\Delta\varphi_3$ in bezug auf die Angriffspunkte S_1' S_2' und S_3' der zweiten Belastungen als Drehungsmittelpunkte durchführen mußte.

Aus der Bewegungslehre ist bekannt, daß ein Punkt oder Stab, der mehrere unendlich kleine Drehungen um verschiedene Achsen gleichzeitig oder hintereinander durchzuführen hat, aus seiner Anfangslage auch stets durch eine einzige resultierende Drehung in seine Endlage gebracht werden kann.

Als solche unendlich kleine Drehungen sind auch die sehr kleinen Drehbewegungen bei der elastischen Formänderung aufzufassen.

Ist es nun im allgemeinen meist vorteilhaft, bei Formänderungen jede Einzeldrehung für sich zu behandeln, so gibt es doch hin und wieder Fälle, wo man durch Zusammenfassen von mehreren oder auch allen Drehungen zu einer resultierenden Drehbewegung bedeutende Vereinfachungen erzielen kann.

Um diesen Betrachtungen näher zu treten, sollen zunächst einige Sätze aus der Bewegungslehre über Zusammensetzungen von Drehbewegungen in Erinnerung gebracht werden.

Darstellung von Drehbewegungen in der Kinematik. Soll sich z. B. in Fig. 9 ein Punkt A_1 der Ebene ε um den Punkt O_1 als Zentrum oder, was dasselbe ist, um die durch O_1 gehende senkrecht auf die Ebene ε stehende Achse mit der Winkelgeschwindigkeit ω_1 drehen, so wird dies in der Kinematik in der Weise zum Ausdruck gebracht, daß man der Winkelgeschwindigkeit einen bestimmten Längenmaßstab zugrunde legt und ω_1 in diesem Maßstab dann als eine an die Drehungsachse gebundene Strecke, mit einem Pfeil versehen, von O aus auf der Achse aufträgt. Hierbei wird allgemein die Annahme getroffen, daß die Winkelgeschwindigkeit ω_1 so aufzutragen ist, daß vom Pfeil aus gegen die Ebene ε gesehen, die Drehung stets im Uhrzeigersinne stattfindet. Aus diesem Grunde ist z. B. für die angezeigte Drehung des Punktes A_2 seine Winkelgeschwindigkeit ω_2 nach abwärts aufzutragen. Erwähnt sei noch, daß mit der Rotation eines Punktes gleichzeitig die Drehung der ganzen Ebene um die Achse bestimmt ist.

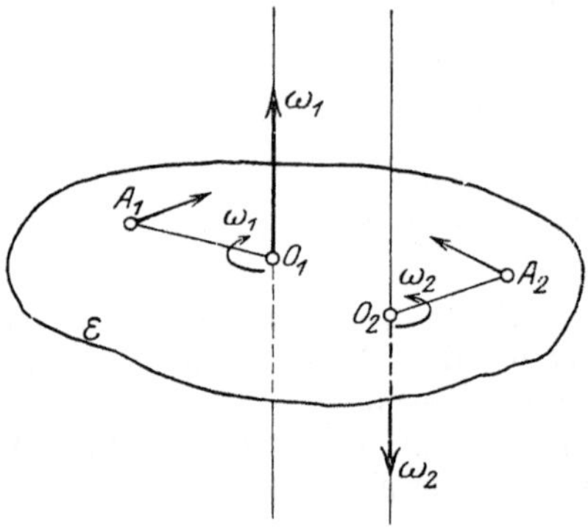

Fig. 9.

Zusammensetzung von Drehbewegungen. Ein Punkt A der Ebene ε soll gleichzeitig eine augenblickliche Drehung um die Achse O_1 mit der Winkelgeschwindigkeit ω_1 und eine um O_2 mit ω_2 durchführen (Fig. 10).

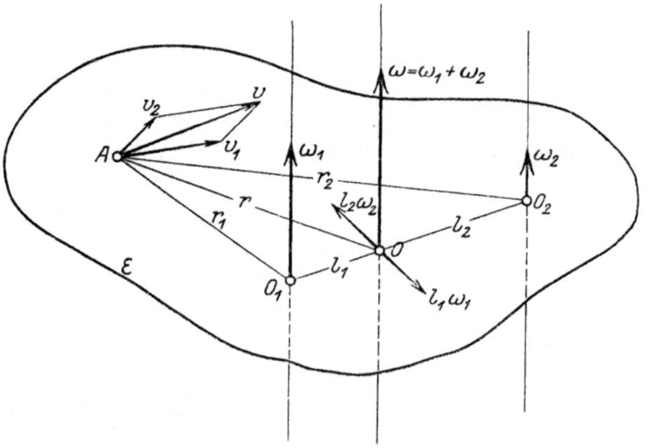

Fig. 10.

Diese beiden Drehbewegungen kann man nun, wie hier aber nicht weiter bewiesen wird, nach den Gesetzen der Bewegungslehre durch eine resultierende Drehung um die Achse O als Momentanachse mit der Winkelgeschwindigkeit $\omega = \omega_1 + \omega_2$ ersetzen. Das Momentanzentrum O liegt auf der Strecke O_1O_2 und ist jener Punkt der Ebene, der momentan die Geschwindigkeit $v = 0$ besitzt. Dann muß aber

$$v = l_1\omega_1 - l_2\omega_2 = 0$$

sein, wodurch O bestimmt erscheint.

Aus dieser Betrachtung erkennt man durch analogen Vergleich ohne weiteres, daß Drehungen um parallele Achsen wie Parallelkräfte im Raum behandelt und nach denselben Gesetzen zusammengesetzt werden dürfen, denn denkt man sich O_1 und O_2 als schwere Punkte vom Gewichte ω_1 bzw. ω_2, so ergibt sich als Resultierende ein Gewicht $\omega = \omega_1 + \omega_2$. Für ihren Angriffspunkt O aber, der dann als Schwerpunkt von O_1 und O_2 erscheint, gilt die Beziehung

$$\omega_1 : \omega_2 = l_2 : l_1 \quad \text{oder} \quad l_1 \omega_1 = l_2 \omega_2 .$$

Soll nun z. B. der Punkt A in Fig. 11 zwei augenblickliche entgegengerichtete Drehungen um O_1 und O_2 mit den Winkelgeschwindigkeiten

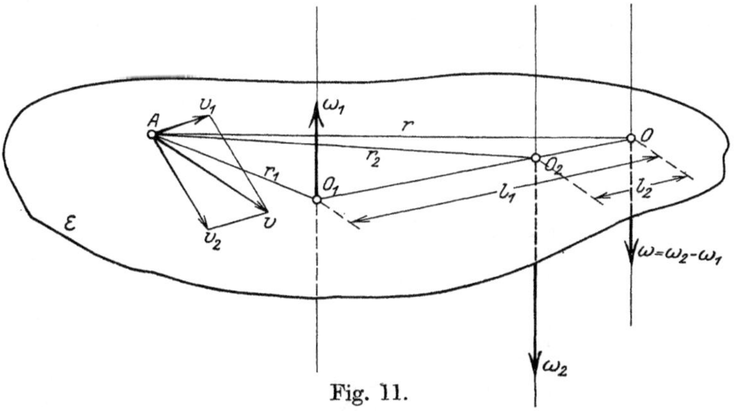

Fig. 11.

ω_1 und ω_2 durchführen, wobei $\omega_2 > \omega_1$ sei, so ergibt sich nach vorigem die resultierende Momentanwinkelgeschwindigkeit mit $\omega = \omega_2 - \omega_1$, das Momentanzentrum O erscheint als Schwerpunkt von O_1 und O_2. Daher ist wieder

$$\omega_2 : \omega_1 = l_1 : l_2 \quad \text{oder} \quad l_1 \omega_1 = l_2 \omega_2 .$$

Sind nun speziell die beiden Winkelgeschwindigkeiten bei entgegengesetztem Drehsinne einander gleich, (Fig. 12) so entsteht — entsprechend einem Kraftpaar — ein Rotations- oder Drehungspaar. Die resultierende Winkelgeschwindigkeit ist Null, das Momentanzentrum O liegt im Unendlichen. Die resultierende Bewegung des Punktes A geht dann in eine Verschiebung oder Translation τ senkrecht zu O_1O_2 mit der Geschwindigkeit

$$\tau = \infty \cdot 0$$

über. Dieser unbestimmte Wert läßt sich aber aus dem Geschwindigkeitsparallelogramm in Fig. 12 ermitteln:

$$\begin{aligned} \tau^2 &= \nu_1^2 + \nu_2^2 - 2\,\nu_1\,\nu_2 \cos\alpha \\ &= [r_1^2 + r_2^2 - 2\,r_1 r_2 \cos\alpha]\,\omega^2 \\ &= l^2\,\omega^2 \end{aligned}$$

oder

$$\tau = l\,\omega .$$

Die Wirkung eines Rotationspaares auf den Punkt A ist also eine Verschiebung desselben senkrecht zu $O_1 O_2$ oder, was dasselbe ist, senkrecht zur Ebene ε_2 des Rotationspaares. Unter Zugrundelegung eines bestimmten Geschwindigkeitsmaßstabes wird dieselbe als gerichtete freie Strecke τ, die also an keine Achse gebunden ist, senkrecht zu ε_2 derart zur Darstellung gebracht, daß von ihrer Pfeilspitze aus gegen die Ebene ε_2 gesehen das Rotationspaar im Sinne der Uhr dreht. Umgekehrt kann durch diese Darstellung bei gegebenem Rotationspaar auch die Verschiebungsrichtung festgestellt werden.

Die Translationsgeschwindigkeit $\tau = l\omega$, das Produkt aus dem Achsenabstand l und der Winkelgeschwindigkeit, bezeichnet man auch als das Moment des Rotationspaares.

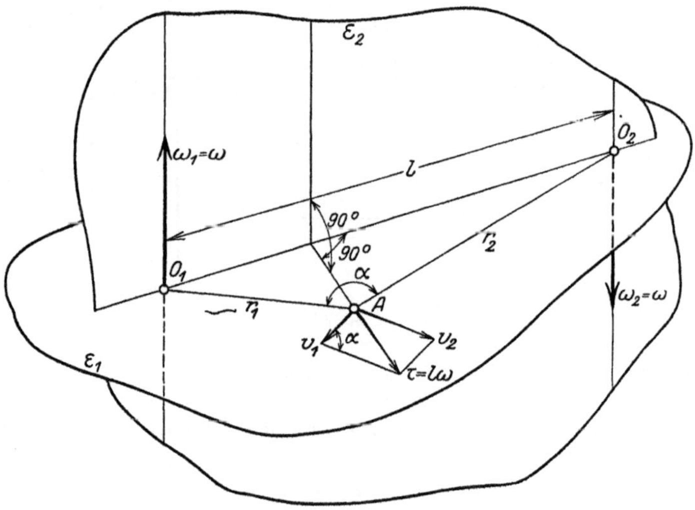

Fig. 12.

An dieser Stelle sei erwähnt, daß auf Rotationspaare die analogen Gesetze Anwendung finden, wie auf Kraftpaare. Daher bleibt z. B. die Wirkung des Rotationspaares auf A (Fig. 12), d. h. die Verschiebung von A dieselbe, wenn man 1. das Rotationspaar in seiner Ebene ε_2 beliebig verschiebt oder 2. die Ebene ε_2 selbst beliebig parallel verschiebt, und ferner erzeugen 3. alle Rotationspaare mit gleichem Moment τ dieselbe Translationsbewegung, sind also einander gleichwertig.

Umgekehrt folgt aus diesem letzten Satze, daß jede Translation durch unendlich viele Rotationspaare mit konstantem Moment τ ersetzt werden kann. Diese Gesetze führen unmittelbar zur

Zusammensetzung einer Translations- und Rotationsbewegung.

Der Punkt A besitzt eine Translationsgeschwindigkeit τ senkrecht zur Achse O_1 und soll gleichzeitig eine augenblickliche Drehung mit der Winkelgeschwindigkeit ω um O_1 ausführen (Fig. 13). Um diese beiden Bewegungen zusammenzusetzen, ersetzt man die Verschiebung durch ein Rotationspaar mit dem Moment $\tau = l\omega$. Die Ebene des Paares lege man durch die Achse O_1, sie muß senkrecht zur Verschiebungsrichtung τ sein, die sie im Punkte S schneidet. Die eine Achse läßt man mit O_1 zusammenfallen, die andere geht dann in der Entfernung $l = \frac{\tau}{\omega}$ durch $O_2 = O$ parallel dazu.

Setzt man nun diese drei Drehungen zusammen, so erhält man eine resultierende Drehung mit der Winkelgeschwindigkeit ω um die Achse O, die um das Stück l von O_1 nach O verschoben wurde. Daraus ergibt sich allgemein der Satz, daß durch das Zusammentreten einer Translation τ senkrecht zur Rotationsachse und einer Rotation mit der Winkelgeschwindigkeit ω nur die

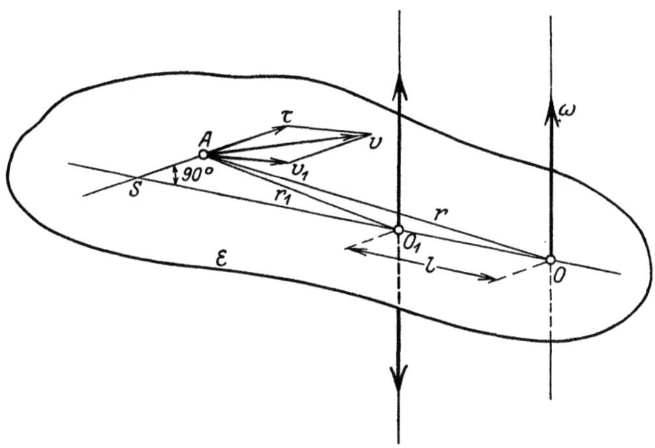

Fig. 13.

Drehachse der letzteren in einer Ebene, die man durch sie senkrecht zur Verschiebungsrichtung legt, um ein Stück $l = \frac{\tau}{\omega}$ parallel verschoben wird. Die Achse entfernt sich hierbei vom Punkte S, wenn das Moment von τ in bezug auf O_1 denselben Drehsinn besitzt wie die Rotation, im entgegengesetzten Falle findet eine Annäherung statt.

Da vorstehende Ausführungen nur für die Zusammensetzung von augenblicklichen Winkelgeschwindigkeiten Gültigkeit haben, andererseits aber $\omega = \frac{d\varphi}{dt}$ ist, so gelten alle diese Gesetze ganz analog auch für die Zusammensetzung der unendlich kleinen Winkelwege $d\varphi$, wenn in den Fig. 9 bis 13 an Stelle der Winkelgeschwindigkeiten ω die entsprechenden Winkelwege $d\varphi$ treten. Aus diesem Grunde kann man auch die durch die elastischen Formänderungen hervorgerufenen sehr kleinen Drehbewegungen nach diesen Prinzipien zusammensetzen, wenn nur an Stelle der Winkelgeschwindigkeiten die entsprechenden Drehwinkel $\Delta\varphi$ treten. An Stelle der resultierenden Geschwindigkeit $v = \frac{\Delta s}{\Delta t}$ eines Punktes tritt dann der bei der resultierenden Drehung zurückgelegte Weg Δs desselben.

So z. B. hatte in Aufgabe 1 (Fig. 5 bis 8) die Gesamtformänderung der drei elastischen Stäbe auf den starren Stab OD die Wirkung, daß derselbe drei sehr kleine Drehungen $\Delta\varphi_1$, $\Delta\varphi_2$ und $\Delta\varphi_3$ in bezug auf die Angriffspunkte S_1', S_2' und S_3' der zweiten Belastungen als Drehungsmittelpunkte durchführen mußte. Nach dem vorhin Gesagten lassen sich diese drei Drehungen auf eine einzige resultierende Drehung nach Art der Zusammensetzung von parallelen Raumkräften zurückführen, wenn man die gedachten Gelenke S_1', S_2' und S_3' als schwere Punkte vom Gewichte $\Delta\varphi_1$, $\Delta\varphi_2$ und $\Delta\varphi_3$ — welche im folgenden auch als elastische Gewichte der betreffenden Stäbe bezeichnet werden sollen — betrachtet und die Resultierende dieser Gewichte sucht. Ihre Lage ist durch den Schwerpunkt der drei elastischen Gewichte, ihre Größe $\Delta\varphi = \sum_1^3 \Delta\varphi_n$, durch die Summe derselben gegeben.

Die Gesamtwirkung der Formänderung bezüglich des starren Stabes OD könnte nun durch eine einzige Drehung $\Delta\varphi$ in bezug auf den Schwerpunkt der elastischen Gewichte als Drehungsmittelpunkt ersetzt werden.

Bei einer derartigen Zusammensetzung von elastischen Gewichten könnte nun der Spezialfall eintreten, daß die Resultierende ein Kraftpaar bzw. Rotationspaar wird, welches dann eine reine Verschiebung zur Wirkung hätte. Die Größe derselben wäre durch den Weg $\Delta s = l\,\Delta\varphi$, das ist das Moment des Rotationspaares, bestimmt. Hiebei ist $\Delta\varphi$ die Größe der beiden gleichgroßen, aber entgegengerichteten elastischen Gewichte des Paares und l der Abstand ihrer Angriffspunkte. Die bewirkte Verschiebung ist dann senkrecht auf die Ebene des Paares und so gerichtet, daß von ihrem Pfeil aus auf die Ebene gesehen, das Rotationspaar im Sinne der Uhr dreht.

Nachfolgende Beispiele sollen nun die praktische Anwendung dieser Lehrsätze zur Ermittlung von Verdrehungen und Verschiebungen zeigen.

Aufgabe 2. Der Rahmen in Fig. 14 sei durch eine Horizontalkraft X in O beansprucht. Der Stab OD sei starr, die drei elastischen Stäbe sollen gleiches Trägheitsmoment J besitzen. Die Verdrehung $\Delta\varphi$ des Stabes OD und die Verschiebungen Δx, Δy des Punktes O sind zu ermitteln.

Man zeichne zunächst die Momentenflächen als zweite Belastungen über die einzelnen Stäbe des Rahmens, positive Flächen außerhalb, negative Flächen innerhalb desselben. Im Schnitt der Resultierenden der Teilbelastungen mit der Tragwerksachse liegen die gedachten Gelenke S', um welche, wie in vorhergehender Aufgabe gezeigt wurde, die durch die Teilbelastungen bestimmten Einzeldrehungen des starren Stabes $\overline{OD}$ vor sich gehen. Zwecks Ermittlung der resultierenden Drehung hat man sich — entsprechend den früheren Auseinandersetzungen — diese Gelenke als schwere Punkte mit folgenden Gewichten vorzustellen:

$$\Delta\varphi_1 = \frac{F_1}{EJ} \text{ in } S_1'; \qquad \Delta\varphi_3 = -\Delta\varphi_2 \text{ in } S_3';$$

$$\Delta\varphi_2 = \frac{F_2}{EJ} \text{ in } S_2'; \qquad \Delta\varphi_4 = -\Delta\varphi_1 \text{ in } S_4'.$$

Diese Gewichte $\Delta\varphi$ sind als parallele Raumkräfte senkrecht zur Zeichenebene zu denken, ihr Vorzeichen soll durch das Vorzeichen der Belastungsflächen F bestimmt sein, während die positive bzw. negative Richtung dieser Kräfte in jedem speziellen Fall — entsprechend den Wirkungen der Biegungsmomente, die ja den Drehsinn beigegebener Lagerung des Trägers bestimmen — erst festgelegt werden muß. In dem hier vorliegenden Fall z. B. bewirken die positiven Momente eine Drehung des Stabes $\overline{OD}$, die von unten besehen, im Sinne der Uhr vor sich geht, die negativen Momente hingegen eine solche, die von oben gesehen, den Uhrzeigersinn besitzt. Damit ist dann die positive bzw. negative Richtung der Raumkräfte bestimmt, die positiven sind nach abwärts, die negativen nach aufwärts gerichtet zu denken, weil dann, von der Pfeilspitze aus auf die Ebene gesehen, die Drehungen stets im Uhrzeigersinn — entsprechend den früheren Vereinbarungen — vor sich gehen.

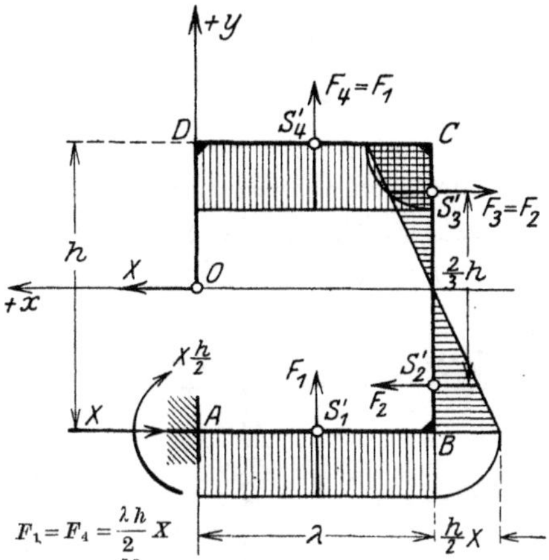

$F_1 = F_4 = \frac{\lambda h}{2} X$

$F_2 = F_3 = \frac{h^2}{8} X$

Fig. 14.

Sucht man nun zwecks Ermittlung der resultierenden Drehung die Mittelkraft obiger vier Raumkräfte, so kann man sogleich erkennen, daß diese vier elastischen Gewichte je zwei Rotationspaare bilden, die in Ebenen senkrecht zur x-Achse wirken, weshalb die Resultierende — nach der Art von Kraftpaaren in parallelen Ebenen zusammengesetzt — wieder ein Rotationspaar sein muß, dessen Ebene senkrecht zur x-Achse steht und dessen Moment durch die Summe der Momente der Einzelpaare, das ist $h\,\Delta\varphi_1 + \frac{2}{3} h\,\Delta\varphi_2$, bestimmt ist.

Die Wirkung dieses resultierenden Rotationspaares ist aber, wie bekannt, eine Verschiebung senkrecht zur Ebene des Paares, also in der Richtung der x-Achse, die Größe Δx dieser Verschiebung ist durch das Moment des Rotationspaares bestimmt, während die Richtung in der Weise durch einen Pfeil ermittelt wird, daß von dieser Pfeilspitze aus, auf die Ebene des Rotationspaares gesehen, dasselbe im Sinne der Uhr dreht. Im vorliegenden Fall ergibt sich also mit Rücksicht auf diese Bemerkungen eine Verschiebung Δx des starren Stabes $\overline{OD}$ nach links, sie ist also positiv, da sie nach der getroffenen Annahme der Achsenrichtungen im Sinne der positiven x-Achse vor sich geht. Da also die resultierende Bewegung des starren Stabes infolge der Formänderung aller elastischen Stäbe eine reine Verschiebung ist, so wird

$$\Delta x = h \Delta \varphi_1 + \frac{2}{3} h \Delta \varphi_2 = h \frac{F_1}{EJ} + \frac{2}{3} h \frac{F_2}{EJ},$$

$$\Delta x = \frac{h^2}{2EJ}\left[\lambda + \frac{h}{6}\right] X,$$

während $\Delta \varphi = 0$ und $\Delta y = 0$ ist.

Aufgabe 3. Die Verdrehung $\Delta \varphi$ des s t a r r e n Stabes $\overline{OC}$ und die Verschiebungen Δx, Δy des Punktes O in Fig. 15 sind zu ermitteln. Alle anderen Stäbe sind elastisch und besitzen gleiches Trägheitsmoment J.

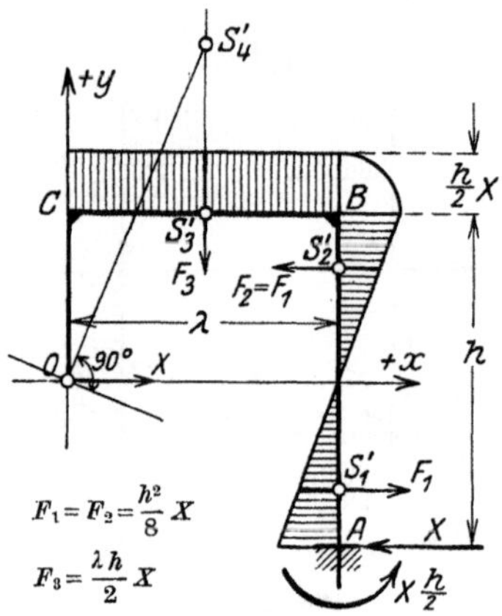

Fig. 15.

Man zeichne zunächst wieder die zweiten Belastungen und bestimme die gedachten Gelenke S'. Die gleichgroßen elastischen Gewichte $\frac{F_1}{EJ}$ bestimmen ein Rotationspaar, welches die Rotationsachse in S_3' nach S_4' verschiebt. Wenn es hier auch nicht praktisch ist, das Momentanzentrum S_4' der resultierenden Bewegung tatsächlich zu ermitteln, so gibt doch die Kenntnis seiner Lage eine rasche Orientierung über die Bewegung des Punktes O, die senkrecht zu $\overline{OS_4'}$ vor sich gehen muß. Aus der Betrachtung der Teilbewegungen erhält man nun:

$$\Delta \varphi = \frac{F_3}{EJ} = \frac{\lambda h}{2EJ} X,$$

$$\Delta x = \tfrac{2}{3} h \frac{F_1}{EJ} + \frac{h}{2} \frac{F_3}{EJ} = \frac{h^2}{4EJ}\left[\frac{h}{3} + \lambda\right] X,$$

$$\Delta y = -\frac{\lambda}{2} \frac{F_3}{EJ} = -\frac{\lambda^2 h}{4EJ} X.$$

Aufgabe 4. In den folgenden drei Beispielen ist ein in sich geschlossener Rechteckrahmen in der Mitte des oberen Stabes aufgeschnitten. Von den Stabquerschnitten führen starre Stäbe $\overline{AO}$ und $\overline{FO}$, die sich im unbelasteten Rahmen überdecken, nach dem Mittelpunkt O desselben. Es sind die gegenseitige Verdrehung $\Delta \varphi$ dieser Stäbe, die Verschiebungen Δx und Δy des Punktpaares O zu ermitteln, wenn die starren Stäbe a) durch zwei Momente Z (Fig. 16),

b) durch zwei Kräfte Y (Fig. 17) und c) durch zwei Kräfte X (Fig. 18) beansprucht werden. Die Trägheitsmomente der elastischen Stäbe seien J_u, J und J_o.

Man zeichne wiederum die zweiten Belastungen über die einzelnen Stäbe und ermittle die gedachten Gelenke S', welche die Drehungsmittelpunkte der Teilbewegungen infolge der elastischen Deformation der einzelnen Stabstücke vorstellen. In diesen Gelenken wirken die elastischen Gewichte, welche gleiche Vorzeichen besitzen wie die Momentenflächen, durch die sie bestimmt werden. Denkt man sich nun im folgenden den starren Stab $\overline{OA}$ festgehalten, so sind für diese Lagerung — entsprechend den Ausführungen in Aufgabe 2 — die positiven elastischen Gewichte nach aufwärts normal zur Zeichenebene gerichtet zu denken. Für jeden der drei gegebenen Belastungsfälle ist die Aufgabe in jedem Falle nach dem Muster der vorherigen Beispiele durchzuführen.

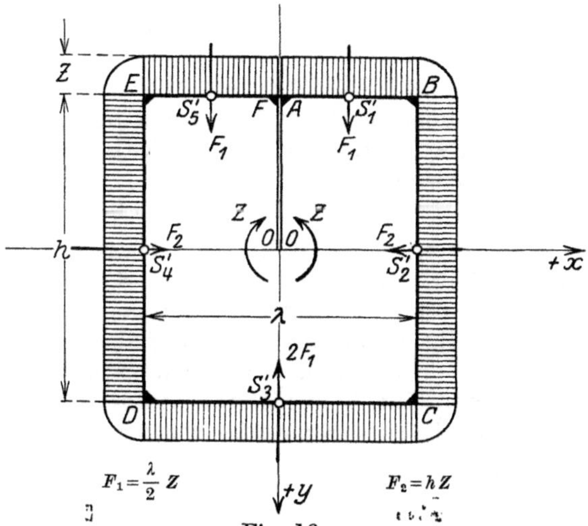

Fig. 16.

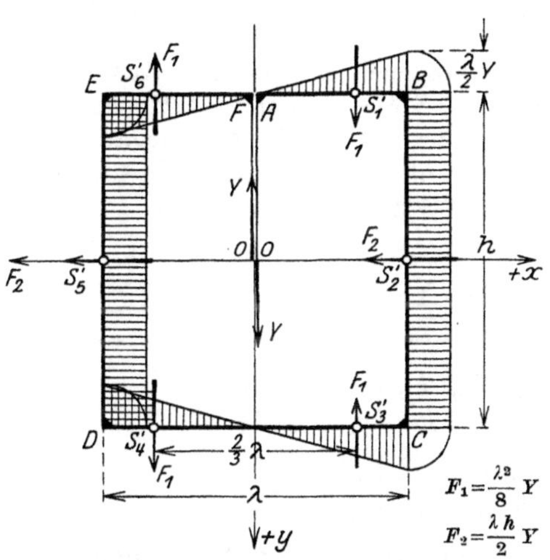

Fig. 17.

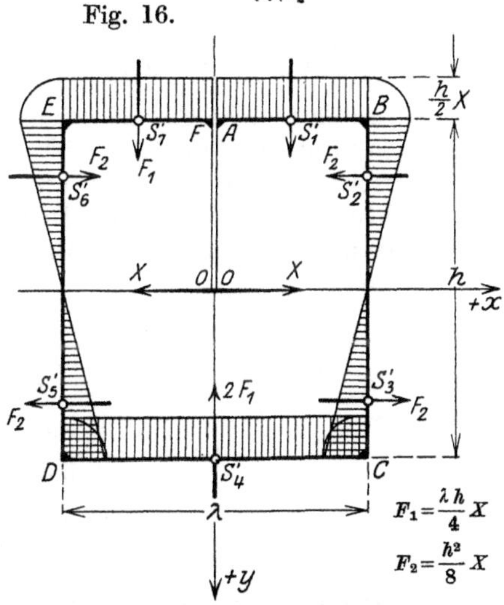

Fig. 18.

a) In Fig. 16 ist die Verdrehung $\Delta\varphi$ des Stabes OA durch die Resultierende der elastischen Gewichte bestimmt mit

$$\Delta\varphi = \frac{2F_1}{EJ_u} + \frac{2F_2}{EJ} + \frac{2F_1}{EJ_o} = \frac{1}{E}\left[\frac{\lambda}{J_u} + \frac{2h}{J} + \frac{\lambda}{J_o}\right] Z.$$

Ferner ist:

$$\Delta x = \frac{h}{2}\frac{2F_1}{EJ_u} - \frac{h}{2}\frac{2F_1}{EJ_o} = \frac{\lambda h}{2}\left[\frac{1}{J_u} - \frac{1}{J_o}\right] Z.$$

Die Formänderung der beiden Vertikalen liefert keinen Beitrag zu Δx, da der Schwerpunkt der beiden elastischen Gewichte mit dem Mittelpunkt O zusammenfällt,

$$\Delta y = 0,$$

da der Gesamtschwerpunkt aller elastischen Gewichte in die Vertikale durch O fällt. Hiebei ist es für die Bestimmung von Δy ganz gleichgültig, wo immer er auf der Vertikalen gelegen ist.

b) In Fig. 17 erkennt man auf den ersten Blick, daß die Resultierende aller elastischen Gewichte einem Rotationspaar entspricht, welches nur eine Verschiebung senkrecht zu seiner Ebene, und zwar in der negativen y-Richtung, hervorrufen wird. Daher ist

$$\Delta\varphi = 0,$$

$$\Delta x = 0,$$

$$\Delta y = -\lambda\frac{F_2}{EJ} - \frac{2}{3}\lambda\frac{F_1}{EJ_u} - \frac{2}{3}\lambda\frac{F_1}{EJ_o} = -\frac{\lambda^2}{2E}\left[\frac{h}{J} + \frac{\lambda}{6}\left(\frac{1}{J_u} + \frac{1}{J_o}\right)\right] Y.$$

c) Auch hier in Fig. 18 erkennt man sogleich, daß die Resultierende der elastischen Gewichte der vertikalen Stäbe einem Rotationspaar entspricht und als solches nur eine Verschiebung in der negativen x-Richtung bewirken kann. Der Schwerpunkt der elastischen Gewichte der beiden anderen Stäbe fällt aber in die y-Achse, daher ist

$$\Delta y = 0,$$

$$\Delta\varphi = \frac{2F_1}{EJ_o} - \frac{2F_1}{EJ_u} = \frac{\lambda h}{2E}\left[\frac{1}{J_o} - \frac{1}{J_u}\right] X,$$

$$\Delta x = -\frac{h}{2}\frac{2F_1}{EJ_o} - 2\left(\frac{2}{3}h\frac{F_2}{EJ}\right) - \frac{h}{2}\frac{2F_1}{EJ_u}$$

$$= -\frac{h^2}{4E}\left[\frac{\lambda}{J_o} + \frac{2}{3}\frac{h}{J} + \frac{\lambda}{J_u}\right] X.$$

Aufgabe 5. In Fig. 19 sind fünf Rechteckrahmen steif miteinander zu einem Stabzug verbunden. Die oberen Stäbe sind in der Mitte eines jeden Feldes aufgeschnitten, von den Querschnitten führen starre Stäbe zu den Mittelpunkten eines jeden Feldes. Das Trägheitsmoment aller Vertikalen sei J, aller Untergurte J_u, aller Obergurte J_o. An den starren Stäben eines jeden Feldes greifen fünf Momentenpaare $Z_1 \ldots Z_5$ an. Man soll die gegenseitige Verdrehung der starren Stäbe des Mittelfeldes und die gegenseitige Verschiebung des Punktpaares O_3 feststellen.

Auf Grund einer einfachen Überlegung ist sogleich zu erkennen, daß eine Lageänderung der starren Stäbe im mittleren Felde nur durch eine Formänderung der Begrenzungsstäbe dieses Feldes zustande kommen kann. Formänderungen dieser Stäbe können aber andererseits nur durch irgendwelche Belastung der starren Stäbe des Mittel-

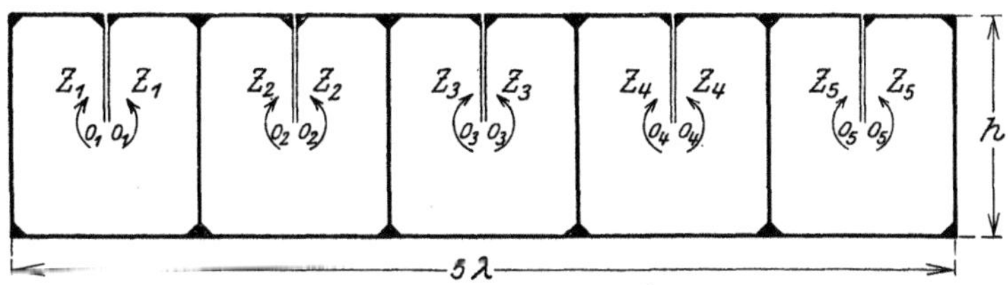

Fig. 19.

feldes und der der beiden Nachbarfelder erzeugt werden, während Belastungen im ersten und fünften Felde, im Mittelfeld absolut keine Formänderung mehr zur Folge haben. Diese Überlegung gilt allgemein, wenn auch noch so viele Rahmen aneinander gereiht sind, daher folgt für einen solchen Stabzug mit n-Feldern allgemein der Satz: Auf die gegenseitige Verdrehung der starren Stäbe bzw. Verschiebungen des Punktpaares O_r im r^{ten} Felde haben nur etwaige Belastungen der starren Stäbe des r^{ten} Feldes selbst und solche der Nachbarfelder $r-1$ und $r+1$ einen Einfluß.

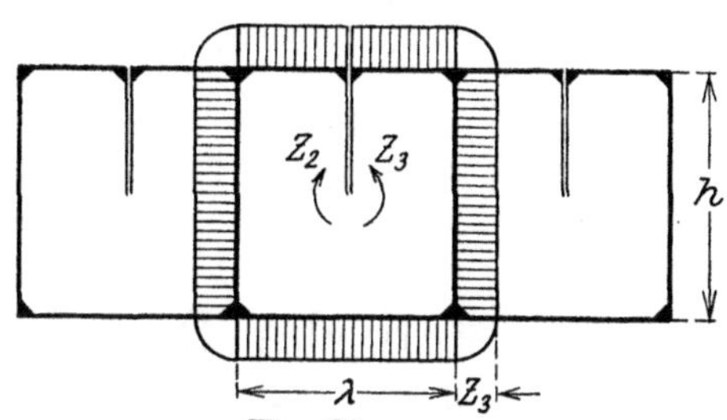

Fig. 20.

Es genügt demnach der Aufgabe, wenn nur die Belastungen des Mittelfeldes und die der Nachbarfelder ins Auge gefaßt werden. Fig. 20 zeigt die zweiten Belastungen infolge Z_3, Fig. 21 die infolge Z_2 und Z_4; für die vorliegende Aufgabe kommen jedoch von den zweiten Belastungen in Fig. 21 nur die der beiden Mittelvertikalen in Betracht.

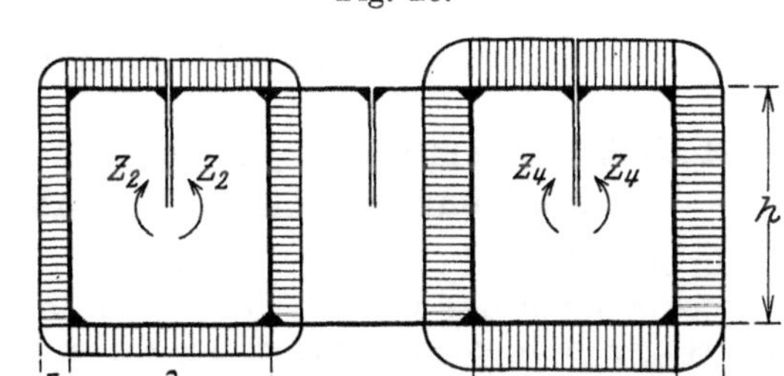

Fig. 21.

Betreffend des Vorzeichens eines Biegungsmomentes wurde seinerzeit festgesetzt, daß es als positiv bezeichnet wird, wenn es in den äußeren Fasern des Querschnittes Zug, in den inneren Druck hervorruft. Demnach erscheinen in Fig. 21 lauter positive Momente, wenn man ihr Vorzeichen vom zweiten bzw. vierten Felde aus bestimmt, werden aber die Momente der beiden Mittelvertikalen vom dritten Felde aus beurteilt, so sind sie als negativ zu bezeichnen.

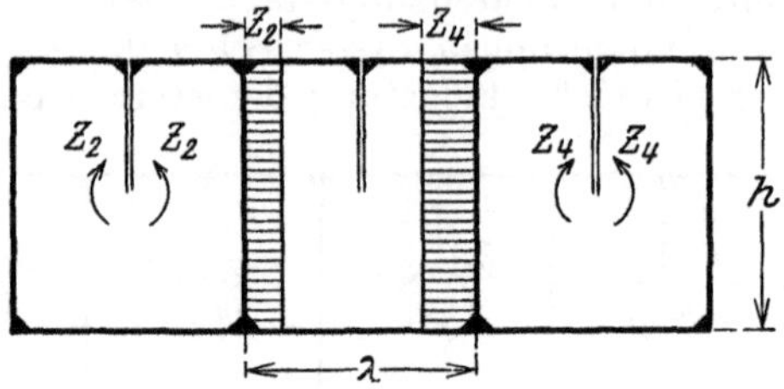

Fig. 22.

Zur Ermittlung der Formänderung des dritten Feldes kommen daher die zweiten Belastungen von Fig. 20 und 22 in Betracht. Mit Rücksicht auf Aufgabe 4a) erhält man dann:

$$\Delta\varphi = -\frac{h}{EJ} Z_2 + \frac{1}{E}\left[\frac{\lambda}{J_u} + \frac{2h}{J} + \frac{\lambda}{J_o}\right] Z_3 - \frac{h}{EJ} Z_4,$$

$$\Delta x = \frac{\lambda h}{2E}\left[\frac{1}{J_u} - \frac{1}{J_o}\right],$$

$$\Delta y = -\frac{\lambda h}{2EJ} Z_2 + \frac{\lambda h}{2EJ} Z_4.$$

B. Die statische Berechnung des Vierendeelträgers für ruhende Belastung.

I. Vertikalbelastung.

1. Statisch bestimmtes Hauptsystem, Formänderungen und statisch unbestimmte Größen. Elastizitätsgleichungen.

In Fig. 23 wird zunächst angenommen, daß die Lasten nur in den Knotenpunkten des Untergurtes wirken, also durch Querträger dahin übertragen werden. Als Belastung wirke eine Kraft P im Knoten 2, die Auflagerung sei statisch bestimmt.

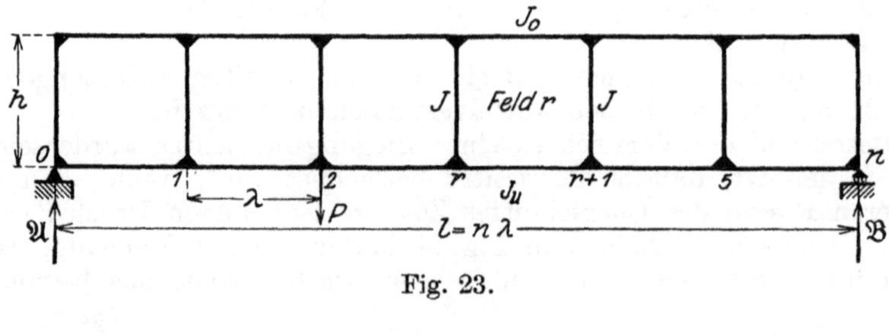

Fig. 23.

Die Spannungen in den Stäben eines Vierendeelträgers können mit Hilfe der drei statischen Gleichungen, d. h. durch die drei Gleichgewichtsbedingungen allein, nicht ermittelt werden, weshalb das System als ein statisch unbestimmtes bezeichnet wird. Die Berechnung der inneren Kräfte ist nur durchführbar, wenn man die Formänderung des Trägers, welche wieder von dem elastischen Verhalten des Materials abhängig ist, mit ins Auge faßt und z. B. in folgender Weise berücksichtigt.

Man denke sich die Obergurtstäbe eines jeden Feldes in der Mitte durchschnitten und von den Querschnitten je zwei starre, damit steif verbundene Stäbe in jedem Feld zum Mittelpunkt O desselben geführt. Dadurch entsteht ein frei aufliegender, statisch bestimmter Träger, den man als das statisch bestimmte Hauptsystem bezeichnen möge.

Unter dem Einfluß der Belastung P wird dann nur der Untergurt beansprucht und sich durchbiegen (Fig. 24), während alle übrigen Stäbe spannungslos bleiben.

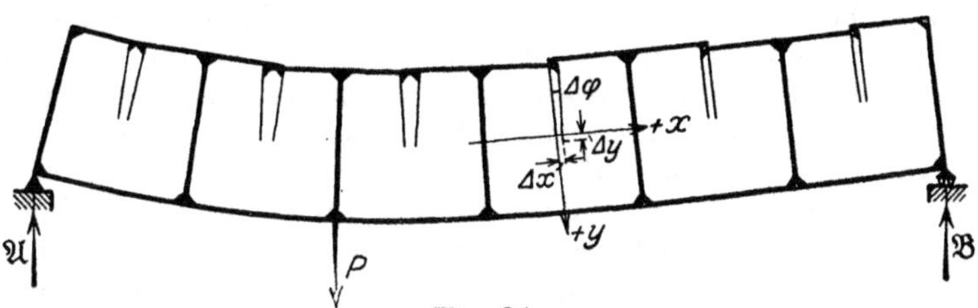

Fig. 24.

Bei der dadurch hervorgerufenen Formänderung werden sich die starren Stäbe eines jeden Feldes gegenseitig um einen Winkel $\Delta\varphi$ verdrehen, die Punktpaare O sich gegenseitig um Strecken Δx bzw. Δy verschieben. Soll nun das Hauptsystem mit dem Vierendeelträger statisch gleichwertig sein, d. h. daß in jedem Querschnitt des Hauptsystems dieselben inneren Kräfte wirksam sind wie im entsprechenden Querschnitt des Vierendeelträgers, so müssen beide Tragsysteme genau die gleichen Deformationen erleiden, weil gleiche Kräfte auch gleiche Formänderung bedingen. Die Deformationen des Hauptsystems und des Vierendeelträgers werden nur dann gleich sein, wenn die durchschnittenen Querschnitte im Hauptsystem und damit auch die starren Stäbe, welche infolge der Belastung P des Hauptsystems ihre gegenseitige Lage geändert haben, wieder zusammenfallen, wenn also die Verdrehungen $\Delta\varphi$ der Stäbe und die Verschiebungen Δx bzw. Δy der Punktpaare O wieder rückgängig gemacht werden.

Um dies zu ermöglichen, sind an den starren Stäben eines jeden Feldes vorläufig noch unbekannte Kräfte X, Y, Z (Fig. 25) anzubringen, die so zu bestimmen sind, daß die Verdrehungen $\Delta\varphi$, sowie die Verschiebungen Δx und Δy in jedem Felde unter dem Einfluß dieser Kraftgruppen X, Y, Z und der Belastung P zu Null werden. Die Momentenpaare Z und die Kräfte X bzw. Y haben dann die starren

Stäbe wieder in eine zueinander parallele Lage zurückzudrehen bzw. die Verschiebungen Δx, Δy der Punktpaare O rückgängig zu machen. Dann ist die früher genannte Bedingung erfüllt, der Vierendeelträger unter der alleinigen Belastung P einerseits und das statisch bestimmte Hauptsystem unter der Belastung P und aller Kräftegruppen X, Y, Z andererseits erleiden nun dieselbe Deformation und sind daher statisch gleichwertig, d. h. in entsprechenden Querschnitten beider Systeme treten auch gleiche Kraftwirkungen auf. (Als Hauptsystem kann jedes entsprechende statisch bestimmte System gewählt werden, das hier angenommene wurde der Arbeit von Frandsen: „Ein Beitrag zur Theorie der Vierendeelträger", Beton und Eisen 1909, Heft XIV entnommen.)

Die vorläufig noch unbekannten Kräftegruppen X, Y, Z nennt man die statisch unbestimmten Größen des Vierendeelträgers, in bezug auf das gewählte Hauptsystem. Da in jedem Felde drei solche Kräfte wirken, so sind bei einem n-feldrigen Träger im ganzen $3\,n$ statisch Unbekannte vorhanden, das System ist daher $3\,n$-fach statisch unbestimmt. Sind dieselben bekannt, so kann man die in einem beliebigen Querschnitt des statisch bestimmten Hauptsystems wirkenden Kräfte ohne weiteres berechnen, welche auch — wegen der statischen Gleichwertigkeit zwischen Hauptsystem und Vierendeelträger — mit den Kräften, die auf den entsprechenden Querschnitt des Vierendeelträgers wirken, identisch sind. Die Berechnung der inneren Kräfte des Vierendeelträgers aus dem statisch bestimmten Hauptsystem ist also ermöglicht, sobald die statisch unbestimmten Größen X, Y, Z ermittelt sind, was in folgender Weise geschehen kann.

Für jedes Feld des Hauptsystems berechnet man die gegenseitige Verschiebung $\Delta\varphi$ der starren Stäbe und die gegenseitigen Verschiebungen Δx und Δy der Punktpaare O unter dem Einfluß der bekannten Belastung P und der noch unbekannten Kraftgruppen X, Y, Z als Funktionen dieser Kräfte. Ferner kennt man — statische Gleichwertigkeit des Hauptsystems mit dem Vierendeelträger vorausgesetzt — die Bedingung, daß die Gesamtverdrehung und Gesamtverschiebung in jedem Feld des Hauptsystems unter obengenannter Belastung gleich Null sein müssen. Bezeichnet man z. B. für das r^{te} Feld diese Gesamtverdrehung, das ist die Summe der Verdrehungen infolge der einzelnen Kräfte X bzw. Y, Z und P mit $\Delta\varphi_r$ und analog die Gesamtverschiebungen mit Δx_r bzw. Δy_r so ist:

$$\Delta\varphi_r = 0\,,$$

$$\Delta x_r = 0\,,$$

$$\Delta y_r = 0\,.$$

Diese Gleichungen, welche die elastischen Formänderungsbedingungen enthalten, bezeichnet man auch als Elastizitätsgleichungen des statisch unbestimmten Systems, hier des Vierendeelträgers, für das Feld r. Sie stellen, wie im nächsten Abschnitt gezeigt wird, lineare Funktionen der statisch Unbekannten vor. Da jedes Feld drei solcher Gleichungen liefert, so ist die Gesamtzahl der elastischen Gleichungen ebenso groß wie die Anzahl der statisch Unbekannten, welche dadurch bestimmt erscheinen.

2. Ermittlung der Elastizitätsgleichungen.

Es sollen zunächst nur die drei Elastizitätsgleichungen des r^{ten} Feldes im Hauptsystem ermittelt werden, die der übrigen Felder können dann aus diesen analog nachgebildet werden.

Der Rechnung liege ein n-feldriger Vierendeelträger mit lauter gleichen Feldweiten λ und der Höhe h zugrunde. Er sei in den Untergurtknoten durch beliebige Kräfte P belastet. Die Trägheitsmomente J aller Vertikalen (Pfosten oder auch Ständer) seien über die ganze Höhe konstant und untereinander gleich. Dasselbe gilt für die Trägheitsmomente J_u und J_o aller Untergurte bzw. Obergurte des Trägers. Die Felderanzahl n ist eigentlich vorläufig noch ohne Belang, denn nach Aufgabe 5 im Teile A/2 ist bekannt, daß auf die Verdrehungen und Verschiebungen der starren Stäbe des r^{ten} Feldes im Hauptsystem nur die Belastungen X, Y, Z des Feldes selbst und die der Nachbarfelder Einfluß haben. Deshalb werden im folgenden auch nur diese drei Felder mit ihren zweiten Belastungen, soweit diese die Lageänderung der starren Stäbe im Felde r beeinflussen, herausgezeichnet.

Die Formänderung des Trägers und die damit verbundenen Verdrehungen und Verschiebungen der starren Stäbe werden durch die in den einzelnen Stäben wirkenden Biegungsmomente, Normal- und Querkräfte verursacht.

Die Formänderungen infolge der Querkräfte sind sehr klein, so daß sie — wie allgemein gebräuchlich — stets vernachlässigt werden.

Die Formänderungen infolge der Normalkräfte sind gegenüber den Formänderungen infolge der Biegungsmomente ebenfalls meist unbedeutend, so daß auch sie bei Berechnung der statisch unbestimmten Größen vielfach vernachlässigt werden.

Da also bei Ermittlung der Formänderungen der alleinige Einfluß der Biegungsmomente im allgemeinen wohl hinreichend genau ist, für eine erste Berechnung aber stets ausreicht, so sollen in der nun folgenden Untersuchung nur die Biegungsmomente allein bei Berechnung der Formänderungen zugrunde gelegt werden, zu deren Ermittlung sich deshalb die unter A. besprochene Methode besonders eignet.

Bei Vierendeelträgern erreichen aber die Normalkräfte in den Gurten immerhin große Werte — die Normalkräfte in den Pfosten sind dagegen unbedeutend und kommen für die Formänderungen nie in Betracht — weshalb dann nachträglich im folgenden Abschnitt 4 der Einfluß der Gurtnormalkräfte auf die Formänderungen und damit auch auf die statisch unbestimmten Größen untersucht und berücksichtigt werden soll.

Im folgenden werden nun, analog wie in Aufgabe 4 und 5, Teil A/2, die Beiträge zur Gesamtverdrehung $\Delta\varphi_r$ der starren Stäbe sowie die

Beiträge zu den Gesamtverschiebungen Δx_r bzw. Δy_r des Punktpaares O_r infolge a) der Kräfte X, b) der Kräfte Y, c) der Momente Z und schließlich d) der Belastung P ermittelt (Fig. 25 bis 31). Die algebraische Summe dieser vier Beiträge liefert dann die drei Elastizitätsgleichungen des Feldes r in der Form:

$$\Sigma \Delta \varphi = \Delta \varphi_r = 0,$$
$$\Sigma \Delta x = \Delta x_r = 0,$$
$$\Sigma \Delta y = \Delta y_r = 0.$$

Es sei hier kurz aufmerksam gemacht, daß entsprechend den Auseinandersetzungen im vorhergehenden Abschnitt die Verschiebungen und Verdrehungen der starren Stäbe infolge der Belastung P (Fig. 24) durch die Kräfte X, Y, Z rückgängig zu machen sind, diese Kräfte also in der deformierten Lage des Systems anzubringen und mit Rücksicht auf diese Lage die Verschiebungen und Verdrehungen infolge dieser Kräfte zu bestimmen wären, während in den nachfolgenden Fig. 25 bis 30 diese Beiträge aus der nicht deformierten Lage der Stäbe gerechnet werden. Hier sei die Aufgabe 1 im Teile A/2 in Erinnerung gebracht, ob man die deformierte oder die nicht deformierte Lage als Ausgangslage wählt, die Resultate unterscheiden sich nur um kleine Größen höherer Ordnung, die verschwindend klein sind und daher die folgende Berechnung der Formänderungen aus der nicht deformierten Lage der einzelnen Rahmen rechtfertigen.

a) Beiträge zur Verdrehung $\Delta \varphi_r$ der starren Stäbe im Felde r und zu den Verschiebungen Δx_r und Δy_r des Punktpaares O_r infolge Belastung mit den Kräften X nach Fig. 25 und 26.

$$2 f_1 = \frac{\lambda h}{2} X_r$$
$$f_2 = \frac{h^2}{8} X_r$$

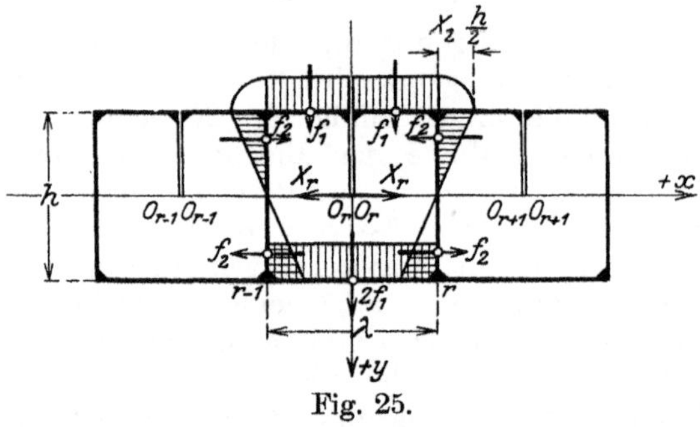

Fig. 25.

$$f_3 = \frac{h^2}{8} X_{r-1}$$
$$f_4 = \frac{h^2}{8} X_{r+1}$$

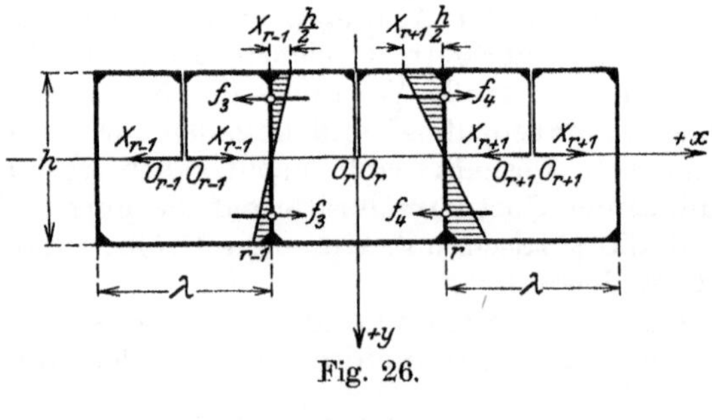

Fig. 26.

$$\varDelta\,\varphi_{r,X} = \frac{2\,f_1}{E\,J_o} - \frac{2\,f_1}{E\,J_u} = \frac{\lambda\,h}{2\,E}\left[\frac{1}{J_o} - \frac{1}{J_u}\right] X_r\,,$$

$$\varDelta\,x_{r,X} = \frac{2}{3}\,h\,\frac{f_3}{E\,J} - \frac{2}{3}\,h\,\frac{2\,f_2}{E\,J} - \frac{h}{2}\left(\frac{2\,f_1}{E\,J_u} + \frac{2\,f_1}{E\,J_o}\right) + \frac{2}{3}\,h\,\frac{f_4}{E\,J}$$

$$= \frac{h^3}{12\,E\,J}\,X_{r-1} - \frac{h^2}{2\,E}\left[\frac{h}{3\,J} + \frac{\lambda}{2}\left(\frac{1}{J_u} + \frac{1}{J_o}\right)\right] X_r + \frac{h^3}{12\,E\,J}\,X_{r+1}\,.$$

$$\varDelta\,y_{r,X} = 0\,.$$

b) Beiträge zu $\varDelta\,\varphi_r$, $\varDelta\,x_r$ und $\varDelta\,y_r$ infolge Belastung mit den Kräften Y nach Fig. 27 und 28.

$$f_1 = \frac{\lambda^2}{8}\,Y_r$$

$$f_2 = \frac{\lambda\,h}{2}\,Y_r$$

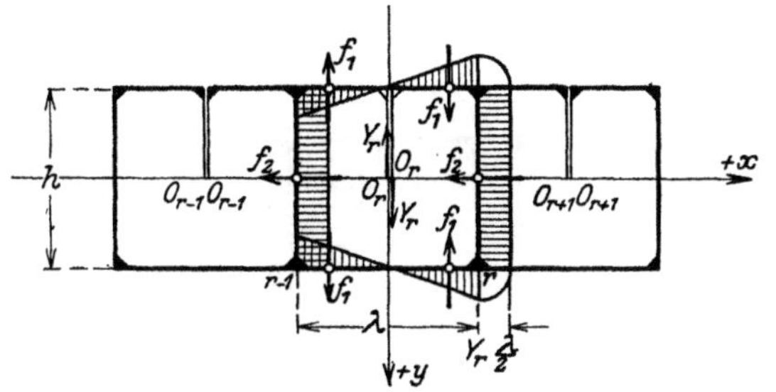

Fig. 27.

$$f_3 = \frac{\lambda\,h}{2}\,Y_{r-1}$$

$$f_4 = \frac{\lambda\,h}{2}\,Y_{r+1}$$

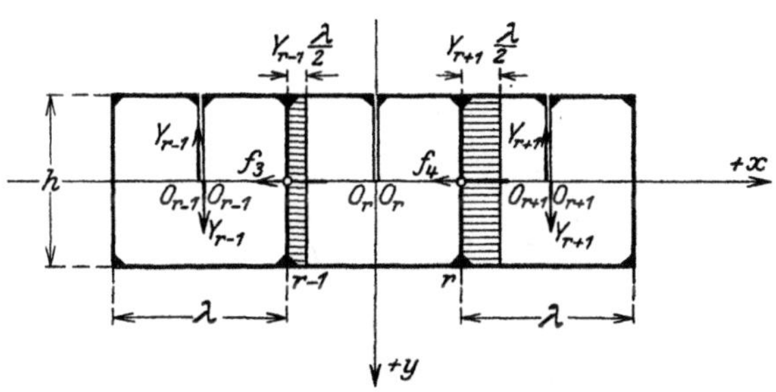

Fig. 28.

$$\varDelta\,\varphi_{r,Y} = -\frac{f_3}{E\,J} + \frac{f_4}{E\,J} = -\frac{\lambda\,h}{2\,E\,J}\,Y_{r-1} + \frac{\lambda\,h}{2\,E\,J}\,Y_{r+1}\,,$$

$$\varDelta\,x_{r,Y} = 0\,,$$

$$\varDelta\,y_{r,Y} = -\frac{\lambda}{2}\,\frac{f_3}{E\,J} - \lambda\,\frac{f_2}{E\,J} - \frac{2}{3}\,\lambda\,\frac{f_1}{E\,J_o} - \frac{2}{3}\,\lambda\,\frac{f_1}{E\,J_u} - \frac{\lambda}{2}\,\frac{f_4}{E\,J}$$

$$= -\frac{\lambda^2\,h}{4\,E\,J}\,Y_{r-1} - \frac{\lambda^2}{2\,E}\left[\frac{h}{J} + \frac{\lambda}{6}\left(\frac{1}{J_o} + \frac{1}{J_u}\right)\right] Y_r - \frac{\lambda^2\,h}{4\,E\,J}\,Y_{r+1}\,.$$

c) Beiträge zu $\Delta\varphi_r$, Δx_r und Δy_r infolge Belastung mit den Momenten Z im Hauptsystem nach Fig. 29 und 30.

$2f_1 = \lambda Z_r$

$f_2 = h Z_r$

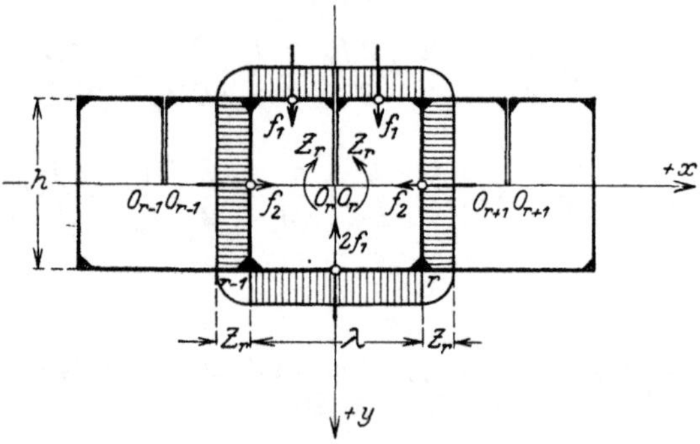

Fig. 29.

$f_3 = h Z_{r-1}$

$f_4 = h Z_{r+1}$

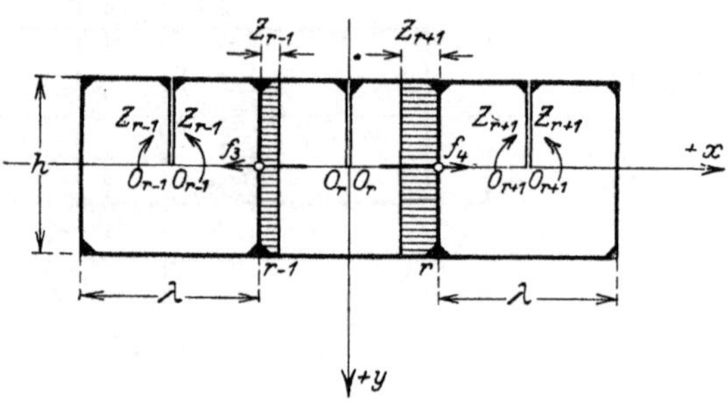

Fig. 30.

$$\Delta\varphi_{rZ} = -\frac{f_3}{EJ} + \frac{2f_2}{EJ} + \frac{2f_1}{EJ_o} + \frac{2f_1}{EJ_u} - \frac{f_4}{EJ}$$

$$= -\frac{h}{EJ} Z_{r-1} + \frac{1}{E}\left[\frac{2h}{J} + \lambda\left(\frac{1}{J_o} + \frac{1}{J_u}\right)\right] Z_r - \frac{h}{EJ} Z_{r+1},$$

$$\Delta x_{rZ} = -\frac{h}{2}\frac{2f_1}{EJ_o} + \frac{h}{2}\frac{2f_1}{EJ_u} = \frac{\lambda h}{2E}\left[\frac{1}{J_u} - \frac{1}{J_o}\right] Z_r,$$

$$\Delta y_{rZ} = -\frac{\lambda}{2}\frac{f_3}{EJ} + \frac{\lambda}{2}\frac{f_4}{EJ} = -\frac{\lambda h}{2EJ} Z_{r-1} + \frac{\lambda h}{2EJ} Z_{r+1}.$$

d) Beiträge zu $\Delta\varphi_r$, Δx_r und Δy_r infolge der Belastung P in den Untergurtknoten des Hauptsystems. Durch diese Belastung wird nur der Untergurt des Systems als frei aufliegender Träger mit n Feldern durch Biegungsmomente $\mathfrak{M}$ beansprucht. Die Momentenlinie ist daher ein Polygon, dessen Eckpunkte in den Knotenpunktsvertikalen liegen, es kann jederzeit graphisch oder rechnerisch ermittelt werden. Die Momentenfläche eines jeden Feldes ist dann ein Trapez, welches gleichzeitig als zweite Belastung des Feldes angesprochen werden kann. Da nun eine gegenseitige Lageänderung der starren Stäbe im Felde r, infolge Formänderungen der Untergurte, nur durch eine solche des Untergurtes im eigenen Felde hervorgerufen werden kann, während die Untergurtformänderungen der Nachbarfelder und aller weiter abgelegenen Felder jedoch weder eine gegenseitige Verdrehung noch eine Verschiebung der Stäbe im Felde r bewirken können, so ist bei Ermittlung obengenannter Beiträge nur die Belastung nach Fig. 31 zu berücksichtigen. Die Entfernung ξ des gedachten Gelenkes als Angriffspunkt der zweiten Belastung am Untergurt ist gleich dem Schwerpunktsabstand der Trapezfläche von der Seite $\mathfrak{M}_r$:

$$\xi = \frac{\lambda}{3}\,\frac{2\,\mathfrak{M}_{r-1} + \mathfrak{M}_r}{\mathfrak{M}_{r-1} + \mathfrak{M}_r}$$

und

$$\frac{\lambda}{2} - \xi = \frac{\lambda}{6}\,\frac{\mathfrak{M}_r - \mathfrak{M}_{r-1}}{\mathfrak{M}_r + \mathfrak{M}_{r-1}}.$$

Nun ist aber

$$\mathfrak{M}_r - \mathfrak{M}_{r-1} = \mathfrak{Q}_r\,\lambda\,,$$

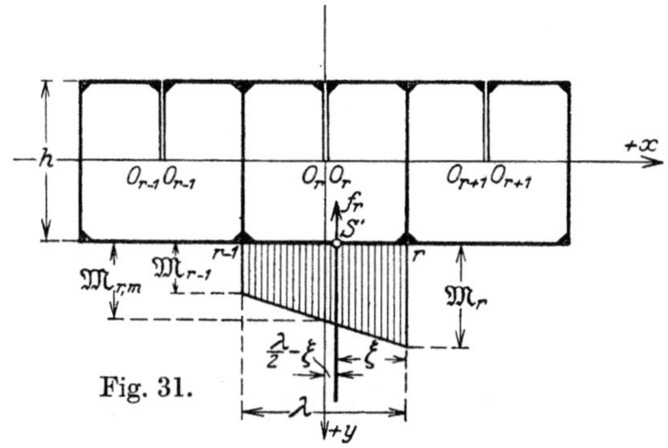

Fig. 31.

$$f_r = \tfrac{1}{2}(\mathfrak{M}_{r-1} + \mathfrak{M}_r)\,\lambda - \mathfrak{M}_{r,m}\,\lambda$$

wobei $\mathfrak{Q}_r$ die Querkraft im Felde r des statisch bestimmten Hauptsystems bei gegebener Belastung P bedeutet. Sie ist als solche für alle Querschnitte des Feldes konstant und als positiv in Rechnung zu ziehen, wenn sie als Resultierende aller äußeren Kräfte links vom Schnitt nach aufwärts zeigt. Mit Rücksicht darauf kann man auch schreiben:

$$\frac{\lambda}{2} - \xi = \frac{\lambda^2}{6}\,\frac{\mathfrak{Q}_r}{\mathfrak{M}_r + \mathfrak{M}_{r-1}}$$

Durch die Belastung P ergeben sich nun folgende Beiträge:

$$\Delta\,\varphi_{rP} = \frac{f_r}{E\,J_u}$$

$$\Delta\,x_{rP} = \frac{h}{2}\,\frac{f_r}{E\,J_u}$$

$$\Delta\,y_{rP} = -\,\frac{\mathfrak{St}_{r,y}}{E\,J_u} = -\,\frac{f_r}{E\,J_u}\left(\frac{\lambda}{2} - \xi\right) = -\,\frac{\lambda^3}{12\,E\,J_u}\,\mathfrak{Q}_r\,.$$

Die starren Stäbe im Felde r des Hauptsystems dürfen nun, wie schon öfter erwähnt, bei statischer Gleichwertigkeit des Hauptsystems mit dem Vierendeelträger unter der gleichzeitigen Belastung von P und den Kräftegruppen X, Y, Z keine gegenseitige Lageänderung erfahren, was durch folgende drei Gleichungen ausgedrückt wird:

$$\Delta\,\varphi_r = \Sigma\,\Delta\,\varphi = 0\,,$$

$$\Delta\,x_r = \Sigma\,\Delta\,x = 0\,,$$

$$\Delta\,y_r = \Sigma\,\Delta\,y = 0\,.$$

Diese Gleichungen bilden die drei Elastizitätsgleichungen des r^{ten} Feldes. Summiert man nun die entsprechenden unter a) bis d) ermittelten Beiträge, so erhält man:

$$\left.\begin{aligned}\Delta\varphi_r &= \frac{\lambda h}{2E}\left[\frac{1}{J_o}-\frac{1}{J_u}\right]X_r - \frac{\lambda h}{2EJ}Y_{r-1} + \frac{\lambda h}{2EJ}Y_{r+1}\\ &\quad - \frac{h}{EJ}Z_{r-1} + \frac{1}{E}\left[\frac{2h}{J}+\lambda\left(\frac{1}{J_o}+\frac{1}{J_u}\right)\right]Z_r - \frac{h}{EJ}Z_{r+1} + \frac{f_r}{EJ_u} = 0\end{aligned}\right\} \quad (5)$$

$$\left.\begin{aligned}\Delta x_r &= \frac{h^3}{12EJ}X_{r-1} - \frac{h^2}{2E}\left[\frac{h}{3J}+\frac{\lambda}{2}\left(\frac{1}{J_o}+\frac{1}{J_u}\right)\right]X_r + \frac{h^3}{12EJ}X_{r+1}\\ &\quad + \frac{\lambda h}{2E}\left[\frac{1}{J_u}-\frac{1}{J_o}\right]Z_r + \frac{h}{2}\frac{f_r}{EJ_u} = 0\end{aligned}\right\} \quad (6)$$

$$\left.\begin{aligned}\Delta y_r &= -\frac{\lambda^2 h}{4EJ}Y_{r-1} - \frac{\lambda^2}{2E}\left[\frac{h}{J}+\frac{\lambda}{6}\left(\frac{1}{J_o}+\frac{1}{J_u}\right)\right]Y_r - \frac{\lambda^2 h}{4EJ}Y_{r+1}\\ &\quad - \frac{\lambda h}{2EJ}Z_{r-1} + \frac{\lambda h}{2EJ}Z_{r+1} - \frac{\lambda^3}{12EJ_u}\mathfrak{Q}_r = 0\end{aligned}\right\} \quad (7)$$

Aus diesen Gleichungen kann man ersehen, daß sie lineare Funktionen der statisch unbestimmten Größen sind. Da für jedes Feld drei analoge Gleichungen aufgestellt werden können, so erhält man im ganzen $3\,n$ Elastizitätsgleichungen, welche die $3\,n$ statisch nicht bestimmbaren Größen eindeutig festlegen.

3. Auflösung der Elastizitätsgleichungen.

Für die weitere Berechnung wird nun angenommen, daß das Trägheitsmoment des Obergurtes gleich dem des Untergurtes sei, wodurch eine bedeutende Vereinfachung in der Auflösung der Elastizitätsgleichungen erzielt wird. Für

$$J_o = J_u$$

nehmen sie folgende Form an:

$$\left.\begin{aligned}\Delta\varphi_r &= -\frac{\lambda h}{2J}Y_{r-1} + \frac{\lambda h}{2J}Y_{r+1} - \frac{h}{J}Z_{r-1}\\ &\quad + 2\left[\frac{h}{J}+\frac{\lambda}{J_u}\right]Z_r - \frac{h}{J}Z_{r+1} + \frac{f_r}{J_u} = 0\end{aligned}\right\} \quad \ldots\ldots\ldots\ldots \quad (8)$$

$$\Delta x_r = \frac{h^3}{12J}X_{r-1} - \frac{h^2}{2}\left[\frac{h}{3J}+\frac{\lambda}{J_u}\right]X_r + \frac{h^3}{12J}X_{r+1} + \frac{h}{2}\frac{f_r}{J_u} = 0 \quad \ldots \quad (9)$$

$$\left.\begin{aligned}\Delta y_r &= -\frac{\lambda^2 h}{4J}Y_{r-1} - \frac{\lambda^2}{2}\left[\frac{h}{J}+\frac{\lambda}{3J_u}\right]Y_r\\ &\quad - \frac{\lambda^2 h}{4J}Y_{r+1} - \frac{\lambda h}{2J}Z_{r-1} + \frac{\lambda h}{2J}Z_{r+1} - \frac{\lambda^3}{12J_u}\mathfrak{Q}_r = 0\end{aligned}\right\} \quad \ldots\ldots \quad (10)$$

Für den Fall, daß die Kräfte P nur in den Knotenpunkten wirken und die Formänderung infolge der Normalkräfte vernachlässigt wird, trifft man weiter die Annahme, daß sich die in einer Vertikalen gelegenen Querschnitte des Ober- und Untergurtes unter dem Einfluß der Belastung gleich viel senken, die beiden Gurte daher kongruente Durchbiegungslinien besitzen. Für die Kopf- und Fußpunkte der Pfosten trifft diese Annahme unter obiger Voraussetzung ja genau zu und für Querschnitte innerhalb eines Feldes kann sie, wie Professor Ostenfeld in seiner Abhandlung über Vierendeelträger in „Beton und Eisen" 1910, Heft II sagt, unmöglich von der Wirklichkeit weit entfernt sein.

Sind nun die Durchbiegungen — nach Mohr also die $\frac{1}{EJ}$ fachen statischen Momente der zweiten Belastungen — des Ober- und Untergurtes in einem Vertikalschnitt einander gleich, so müssen auch die zweiten Belastungen selbst über jedem Stabelement in derselben Vertikalen einander gleich sein. Führt man an beliebiger Stelle im Felde r eines Vierendeelträgers einen solchen Vertikalschnitt (Fig. 32)

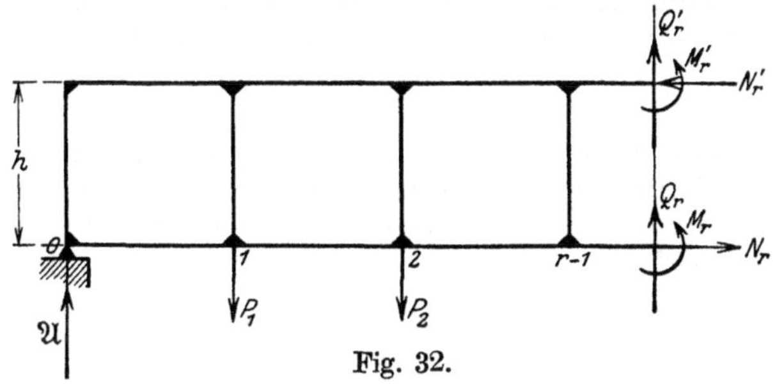

Fig. 32.

und bezeichnet das Moment im Querschnitt des Untergurtes mit M_r, das im Obergurt mit M_r', so muß dann

$$\frac{M_r\,dx}{E\,J_u} = \frac{M_r'\,dx}{E\,J_o}$$

sein, oder für $\qquad J_o = J_u$

ist dann $\qquad M_r = M_r'$,

d. h. also: Die in einem Vertikalschnitt wirkenden Momente des Unter- und Obergurtes sind einander gleich und vom selben Drehungssinn.

Nach den bereits früher festgesetzten Regeln über das Vorzeichen der Biegungsmomente eines Feldes wurde bestimmt, daß das Moment positiv sei, wenn es in den äußeren Fasern des Querschnittes Zug, in den inneren Druck hervorruft. Berücksichtigt man daher das Vorzeichen des Feldes, so sind die in einem Vertikalschnitt wirkenden Momente M_r und M_r' des Unter- bzw. Obergurtes dem absoluten Werte nach stets einander gleich, vom selben Drehungssinn, aber von entgegengesetztem Vorzeichen, also

$$M_r' = -M_r\,.$$

Aus der Gleichheit der Gurtmomente ergibt sich aber eine weitere wichtige Folgerung. Schneidet man z. B. im Unter- und Obergurtknoten die Gurte und die Vertikale unendlich nahe vom Knoten durch, so erhält man für die Momente in den Querschnitten das Bild nach

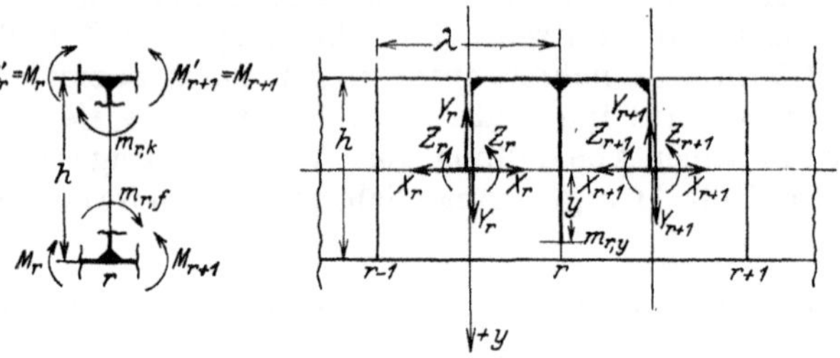

Fig. 33 u. 34.

Fig. 33. Daraus ist nun sofort zu erkennen, daß Kopf- und Fußmoment der Vertikalen dem absoluten Wert nach stets gleich sein müssen, denselben Drehungssinn besitzen, aber nach den Vorzeichen des Feldes beurteilt entgegengesetzt bezeichnet sind.

$$m_{rk} = -m_{rf}.$$

Um die Größe eines Pfostenmomentes m_{ry} in beliebigem Querschnitt einer Vertikalen in der Entfernung y von Pfostenmitte kennenzulernen, ermittelt man sich dasselbe aus dem statisch gleichwertigen Hauptsystem (Fig. 34):

$$m_{ry} = -(X_r - X_{r+1})\,y + \frac{\lambda}{2}(Y_r + Y_{r+1}) + Z_r - Z_{r+1}.$$

Daraus erkennt man also, daß der Momentenverlauf über den ganzen Pfosten ein linearer ist, da m_{ry} nur von y allein in linearer Form abhängig ist. Wenn aber, wie bereits bewiesen, Kopf- und Fußmoment eines Ständers gleich groß von entgegengesetztem Vorzeichen sind, so folgt, daß bei linearem Momentenverlauf über den Ständer das Moment $m_{r,0}$ in der Mitte des Pfostens, Null sein muß. Dann folgt für $y = 0$ das Pfostenmittenmoment aus obiger Gleichung für den r^{ten} Ständer mit

$$m_{r,0} = \frac{\lambda}{2}(Y_r + Y_{r+1}) + (Z_r - Z_{r+1}) = 0$$

und analog für den $r-1^{\text{ten}}$ Ständer

$$m_{r-1,0} = -\frac{\lambda}{2}(Y_{r-1} + Y_r) + (Z_r - Z_{r-1}) = 0.$$

Diese beiden Ausdrücke finden sich aber auch in den Elastizitätsgleichungen (8) und (10), welche in folgender Form angeschrieben werden können:

$$\left.\begin{array}{l}\Delta \varphi_r = \frac{h}{J}\left[-\frac{\lambda}{2}(Y_{r-1}+Y_r)+Z_r-Z_{r-1}\right] \\ \quad + \frac{h}{J}\left[\frac{\lambda}{2}(Y_r+Y_{r+1})+Z_r-Z_{r+1}\right]+\frac{2\lambda}{J_u}Z_r+\frac{f_r}{J_u}=0\end{array}\right\} \quad . \; . \; (11)$$

$$\left.\begin{array}{l}\Delta y_r = \frac{\lambda h}{2J}\left[-\frac{\lambda}{2}(Y_{r-1}+Y_r)+Z_r-Z_{r-1}\right] \\ \quad - \frac{\lambda h}{2J}\left[\frac{\lambda}{2}(Y_r+Y_{r+1})+Z_r-Z_{r+1}\right]-\frac{\lambda^3}{6J_u}Y_r-\frac{\lambda^3}{12J_u}\mathfrak{Q}_r=0\end{array}\right\} \quad (12)$$

Berücksichtigt man also, daß die Ausdrücke in den eckigen Klammern nach obigem gleich Null sind, so gehen die beiden Gleichungen (11) und (12) über in:

$$Z_r = -\frac{f_r}{2\lambda} \quad . \; . \; . \; . \; . \; . \; . \; . \; . \; . \; . \; . \; (13)$$

und

$$Y_r = -\tfrac{1}{2}\mathfrak{Q}_r \quad . \; . \; . \; . \; . \; . \; . \; . \; . \; . \; . \; (14)$$

womit die beiden statisch Unbekannten Y_r und Z_r bestimmt sind. Setzt man nach Fig. 31

$$f_r = \lambda\,\mathfrak{M}_{r,m}\,,$$

so wird

$$\mathbf{Z_r = -\tfrac{1}{2}\mathfrak{M}_{r,m}} \quad . \; . \; . \; . \; . \; . \; . \; . \; . \; . \; . \; . \; (15)$$

d. h. also: D i e s t a t i s c h u n b e s t i m m t e G r ö ß e Z_r i s t g l e i c h d e r H ä l f t e d e s M o m e n t e s $\mathfrak{M}_{r,m}$, d a s i s t d a s M o m e n t i n d e r M i t t e d e s F e l d e s r i m H a u p t s y s t e m i n f o l g e d e r v o r l i e g e n d e n B e l a s t u n g P d e s T r ä g e r s. Da das Hauptsystem ein n-feldriger, frei aufliegender statisch bestimmter Träger ist, so muß bei beliebiger abwärts gerichteter Belastung P das Moment $\mathfrak{M}_{r,m}$ stets positiv sein, Z_r also nach Gleichung (15) stets negativ, was besagt, daß die beliebig getroffene Annahme des Drehsinnes von Z_r in Fig. 29 bei keiner Belastung P zutreffen wird, sondern Z_r stets in entgegengesetztem Sinne wirken muß.

Die Gleichung (14) bestimmt die statisch unbestimmte Größe

$$\mathbf{Y_r = -\tfrac{1}{2}\mathfrak{Q}_r} \quad . \; . \; . \; . \; . \; . \; . \; . \; . \; . \; . \; (14)$$

d. h.: Die statisch Unbestimmte Y_r ist gleich der negativen halben Querkraft $\mathfrak{Q}_r$ des Hauptsystems im Felde r, die nach Seite 27 positiv in Rechnung zu bringen ist, wenn sie als Resultierende der äußeren Kräfte links vom Querschnitt nach aufwärts zeigt. $\mathfrak{Q}_r$ kann je nach der Belastung P negative und positive Werte annehmen. Im ersteren Falle würde der in Fig. 27, 28 beliebig angenommene Richtungssinn von Y_r zutreffen, im zweiten Falle käme Y_r jedoch im entgegengesetzten Sinn zur Wirkung.

D i e G l e i c h u n g e n (14) u n d (15) s i n d a l l g e m e i n g ü l t i g f ü r j e d e n W e r t v o n r u n d d i e n e n d a h e r z u r E r m i t t l u n g d e r s t a t i s c h u n b e s t i m m t e n G r ö ß e n Y_r u n d Z_r e i n e s b e l i e b i g e n F e l d e s i m T r a g w e r k e.

Während nun die statisch unbestimmten Größen Y_r und Z_r infolge der getroffenen Voraussetzungen aus den ursprünglichen Elastizitätsgleichungen (5) und (7) des r^{ten} Feldes allein bestimmt werden konnten, trifft dies für die Ermittlung der statisch nicht bestimmbaren Größe X_r nicht mehr zu. Diese kann aus der ursprünglichen Elastizitätsgleichung (6) bzw. der umgeformten Gleichung (9)

$$\frac{h^3}{12J} X_{r-1} - \frac{h^2}{2}\left[\frac{h}{3J} + \frac{\lambda}{J_u}\right] X_r + \frac{h^3}{12J} X_{r+1} = -\frac{h}{2}\frac{f_r}{J_u} \quad \ldots \quad (9)$$

allein nicht errechnet werden, sondern es sind zu ihrer Bestimmung die n analogen Elastizitätsgleichungen aller Felder heranzuziehen. Aus diesen n Gleichungen können dann auch alle n Unbekannten X_1 bis X_n ermittelt werden.

Um eine vereinfachte Auflösung dieser n analogen Gleichungen zu erzielen, muß man sie zweckmäßig umformen. Diese Umformung ist von größter und weittragendster Bedeutung für die ganze weitere Abhandlung, nur durch sie werden die verhältnismäßig einfachen Gesetze in der Statik dieses Tragwerkes kenntlich gemacht.

Obige Gleichung (9) läßt sich auch in folgender Form anschreiben:

$$-\frac{1}{2 + 6\frac{\lambda}{h}\frac{J}{J_u}} X_{r-1} + X_r - \frac{1}{2 + 6\frac{\lambda}{h}\frac{J}{J_u}} X_{r+1} = \frac{6}{h^2}\frac{J}{J_u}\frac{1}{2 + 6\frac{\lambda}{h}\frac{J}{J_u}} f_r \quad (16)$$

Im folgenden setze man $J = J_u$, obwohl ohne weiteres auch jedes beliebige Verhältnis $\frac{J}{J_u}$, wie im folgenden Abschnitt 4 gezeigt werden wird, in gleich einfacher Weise berücksichtigt werden kann. Setzt man hier $\frac{J}{J_u} = 1$, so geschieht dies nur deshalb, weil für eine erste Berechnung die Querschnittsverhältnisse unbekannt sind und $\frac{J}{J_u}$ zunächst meist 1 angenommen wird. Dann geht Gleichung (16) über in

$$-\frac{1}{2 + 6\frac{\lambda}{h}} X_{r-1} + X_r - \frac{1}{2 + 6\frac{\lambda}{h}} X_{r+1} = \frac{6}{h^2}\frac{1}{2 + 6\frac{\lambda}{h}} f_r \quad \ldots \quad (17)$$

Setzt man nun:

$$2 + 6\frac{\lambda}{h} = a \quad \ldots \quad (18)$$

$$\frac{1}{2 + 6\frac{\lambda}{h}} = \frac{1}{a} = b \quad \ldots \quad (19)$$

$$\frac{6}{h^2}\frac{1}{2 + 6\frac{\lambda}{h}} f_r = \frac{6b}{h^2} f_r = F_r \quad \ldots \quad (20)$$

so nimmt Gleichung (17) folgende Form an:

$$-b X_{r-1} + X_r - b X_{r+1} = F_r \quad \ldots \quad (21)$$

n Gleichungen dieser Art lassen sich zur Ermittlung der Unbekannten anschreiben.

Um Klarheit und Übersicht in den weiteren Ausführungen zu bekommen, wird ein spezielles Beispiel behandelt. Die Allgemeinheit der Abhandlung leidet darunter nicht, da die speziellen Resultate im folgenden Abschnitt 4 dann wieder verallgemeinert werden sollen.

Für die folgende Berechnung der statisch unbestimmten Größen X_r wird nun ein Träger mit $n = 10$ Feldern vorausgesetzt, das Verhältnis von $\frac{\lambda}{h}$ sei bekannt, die Trägheitsmomente aller Stäbe konstant und untereinander gleich. Die Belastung wirke beliebig in den Knoten des Untergurtes.

Die statisch Unbekannten Y_r und Z_r eines jeden Feldes sind dann nach den Gleichungen (14) bzw. (15) zu ermitteln, für die Bestimmung der Unbekannten X_r erhält man folgende zehn Gleichungen von der Form der Gleichung (21):

$$\left.\begin{array}{r} X_1 - b X_2 = F_1 \\ -b X_1 + X_2 - b X_3 = F_2 \\ -b X_2 + X_3 - b X_4 = F_3 \\ \ldots\ldots\ldots\ldots\ldots \\ \ldots\ldots\ldots\ldots\ldots \\ -b X_8 + X_9 - b X_{10} = F_9 \\ -b X_9 + X_{10} = F_{10} \end{array}\right\} \quad \ldots\ldots \quad (22)$$

Diese zehn Gleichungen werden durch Substitution von unten nach oben aufgelöst, man erhält dann der Reihe nach:

$$X_{10} = b X_9 + F_{10}$$
$$= b\, c_{10} X_9 + F_{10}\, c_{10}$$

worin $c_{10} = 1$ gesetzt wurde. Ferner:

$$\left.\begin{array}{l} X_9 = [b X_8 + F_9 + b F_{10} c_{10}] \dfrac{1}{1 - b^2 c_{10}} \\ \text{für } \dfrac{1}{1 - b^2 c_{10}} = c_9 \quad \text{wird} \\ X_9 = b c_9 X_8 + F_9 c_9 + b F_{10} c_9 c_{10}\,; \\ \text{und analog:} \\ X_8 = [b X_7 + F_8 + b F_9 c_9 + b^2 F_{10} c_9 c_{10}] \dfrac{1}{1 - b^2 c_9}\,, \\ \text{für } \dfrac{1}{1 - b^2 c_9} = c_8 \quad \text{ist} \\ X_8 = b c_8 X_7 + F_8 c_8 + b F_9 c_8 c_9 + b^2 F_{10} c_8 c_9 c_{10}\,; \\ X_7 = b c_7 X_6 + F_7 c_7 + b F_8 c_7 c_8 + b^2 F_9 c_7 c_8 c_9 + b^3 F_{10} c_7 c_8 c_9 c_{10}\,; \\ \ldots\ldots\ldots\ldots\ldots\ldots\ldots\ldots \\ X_1 = F_1 c_1 + b F_2 c_1 c_2 + b^2 F_3 c_1 c_2 c_3 + \ldots + b^9 F_{10} c_1 c_2 c_3 c_4 \ldots c_{10}\,. \end{array}\right\} \quad (23)$$

Die in die Gleichungen eingeführten Werte c_{10} bis c_1 nähern sich für die praktisch in Betracht kommenden Verhältnisse von $\frac{\lambda}{h} = \frac{1}{2}$ bis 2 (Abschnitt III/4, Teil C) sehr rasch einem konstanten Werte c, der einer unendlich großen Felderanzahl entspricht und in folgender Art ermittelt wird. Es ist:

$$\left.\begin{aligned}
c_{10} &= 1 \\
c_9 &= \frac{1}{1 - b^2 c_{10}} = \frac{1}{1 - b^2} \\
c_8 &= \frac{1}{1 - b^2 c_9} = \frac{1}{1 - b^2 \dfrac{1}{1 - b^2}} \\
c_7 &= \frac{1}{1 - b^2 c_8} = \frac{1}{1 - b^2 \dfrac{1}{1 - \dfrac{b_2}{1 - b^2}}} \\
& \ldots\ldots\ldots\ldots
\end{aligned}\right\} \quad (24)$$

Aus diesen Anschreibungen erkennt man, daß z. B. in c_8 das b^2 im Nenner $n - 8 = 10 - 8 = 2$ mal, in c_7 hingegen $n - 7 = 3$ mal und allgemein in c_r dann $n - r$ mal erscheint. Für einen Träger mit unendlich vielen Feldern, also für $n = \infty$ und jeden endlichen Wert r ist dementsprechend

$$c_r = c = \frac{1}{1 - b^2 \dfrac{1}{1 - \dfrac{b^2}{1 - b^2}}} \quad \text{in inf.},$$

dann wird aber der zweite Posten im Nenner gleich $b^2 c$, so daß man zur Bestimmung von c folgende Gleichung erhält:

$$c = \frac{1}{1 - b^2 c}$$

oder

$$b^2 c^2 - c + 1 = 0 \quad \ldots\ldots\ldots\ldots \quad (25)$$

woraus

$$\left.\begin{aligned}
c &= \frac{1}{2 b^2} \left[1 - \sqrt{1 - 4 b^2}\right] \\
\text{oder} \quad c &= \frac{a}{2} \left[a - \sqrt{a^2 - 4}\right]
\end{aligned}\right\} \quad \ldots\ldots\ldots \quad (26)$$

ermittelt werden kann. Für die weitere Durchführung werden nun alle Werte $c_1 \ldots c_{10}$ als konstant betrachtet und gleich c gesetzt, also:

$$c_1 = c_2 = c_3 = \ldots = c_{10} = c\,.$$

Dadurch entstehen außerordentlich kleine Fehler, welche im Abschnitt III/7 untersucht werden sollen. Mit Rücksicht auf diesen konstanten Wert c erhält die Gleichungsgruppe (23) folgende Form:

$$\left.\begin{aligned} X_{10} &= b\,c\,X_9 + F_{10}\,c \\ X_9 &= b\,c\,X_8 + F_9\,c + b\,F_{10}\,c^2 \\ X_8 &= b\,c\,X_7 + F_8\,c + b\,F_9\,c^2 + b^2\,F_{10}\,c^3 \\ &\ldots\ldots\ldots\ldots\ldots\ldots \\ X_1 &= F_1\,c + b\,F_2\,c^2 + b^2\,F_3\,c^3 + \ldots + b^9\,F_{10}\,c^{10} \end{aligned}\right\} \quad \ldots \quad 27)$$

Für das konstante Produkt $b\,c$ wird nun eine neue Konstante

$$k = b\,c = \frac{1}{a}\,c \quad \ldots\ldots\ldots\ldots \quad (28)$$

eingeführt. Zu ihrer direkten Ermittlung kann man Gleichung (25) in folgender Form benutzen:

$$k^2 - a\,k + 1 = 0 \quad \ldots\ldots\ldots\ldots \quad (29)$$

daher

$$k = \tfrac{1}{2}\left[a - \sqrt{a^2 - 4}\right] \quad \ldots\ldots\ldots \quad (30)$$

Setzt man ferner in der Gleichungsgruppe (27) für die Werte F_r wiederum nach Gleichung (20)

$$F_r = \frac{6\,b}{h^2}\,f_r \quad \ldots\ldots\ldots\ldots \quad (20)$$

so geht mit Rücksicht auf die Konstante k diese Gruppe über in:

$$\left.\begin{aligned} X_{10} &= k\,X_9 + \frac{6}{h^2}\,f_{10}\,k \\ X_9 &= k\,X_8 + \frac{6}{h^2}\,[f_9\,k + f_{10}\,k^2] \\ X_8 &= k\,X_7 + \frac{6}{h^2}\,[f_8\,k + f_9\,k^2 + f_{10}\,k^3] \\ &\ldots\ldots\ldots\ldots\ldots\ldots \\ X_2 &= k\,X_1 + \frac{6}{h^2}\,[f_2\,k + f_3\,k^2 + \ldots + f_{10}\,k^9] \\ X_1 &= \frac{6}{h^2}\,[f_1\,k + f_2\,k^2 + f_3\,k^3 + \ldots + f_{10}\,k^{10}] \end{aligned}\right\} \quad \ldots \quad (31)$$

X_1 ist aus dieser Gleichungsgruppe zunächst direkt bekannt, es erscheint als vollständige Potenzreihe von k. Die Koeffizienten f dieser Reihe sind, wie erinnerlich, die Momentenflächen über den einzelnen Feldern des Hauptsystems, hervorgerufen durch die Belastung P. Erwähnt soll schon an dieser Stelle werden, daß die höheren Potenzen von k rasch verschwindend klein werden, so daß für praktische Auswertung die Reihe nur wenig Glieder umfassen wird. Zur Konstruktion der Einflußlinie wird sich diese Potenzreihe später als besonders geeignet erweisen.

Um nun die weiteren Unbekannten X_r ebenfalls in ähnlichen Potenzreihen zu erhalten, die für die spätere Konstruktion der Einflußlinien geeignet erscheinen, erweist sich folgender Vorgang zweckmäßig.

Man löst die zehn Gleichungen (22) nochmals durch Substitution, diesmal aber von oben nach unten, auf. Durch ganz analoges Verfahren, wie bei der Substitution von unten nach oben, die zu den Gleichungen (31) geführt hat, erhält man hier folgende Gleichungsgruppe:

$$\left.\begin{aligned}
X_1 &= k X_2 + \frac{6}{h^2} f_1 k \\
X_2 &= k X_3 + \frac{6}{h^2}[f_2 k + f_1 k^2] \\
X_3 &= k X_4 + \frac{6}{h^2}[f_3 k + f_2 k^2 + f_1 k^3] \\
&\ldots\ldots\ldots\ldots\ldots\ldots \\
X_9 &= k X_{10} + \frac{6}{h^2}[f_9 k + f_8 k^2 + f_7 k^3 + \ldots + f_1 k^9] \\
X_{10} &= \frac{6}{h^2}[f_{10} k + f_9 k^2 + f_8 k^3 + \ldots + f_1 k^{10}]
\end{aligned}\right\} \quad . . (32)$$

Durch Zusammenfassen von je zwei entsprechenden Gleichungen aus der Gruppe (31) und (32) kann jede Unbekannte X_r in Form einer Potenzreihe erhalten werden, die sich zur späteren Konstruktion der Einflußlinien sehr gut eignet. So bekommt man:

$$\left.\begin{aligned}
X_1 &= k \frac{6}{h^2}[f_1 + f_2 k + f_3 k^2 + f_4 k^3 + f_5 k^4 + \ldots + f_{10} k^9] \\
X_2 &= \frac{k}{1-k^2}\frac{6}{h^2}[f_1 k + f_2 + f_3 k + f_4 k^2 + f_5 k^3 + \ldots + f_{10} k^8] \\
X_3 &= \frac{k}{1-k^2}\frac{6}{h^2}[f_1 k^2 + f_2 k + f_3 + f_4 k + f_5 k^2 + \ldots + f_{10} k^7] \\
X_4 &= \frac{k}{1-k^2}\frac{6}{h^2}[f_1 k^3 + f_2 k^2 + f_3 k + f_4 + f_5 k + \ldots + f_{10} k^6] \\
X_5 &= \frac{k}{1-k^2}\frac{6}{h^2}[f_1 k^4 + f_2 k^3 + f_3 k^2 + f_4 k + f_5 + f_6 k + \ldots + f_{10} k^5] \\
&\ldots\ldots\ldots\ldots\ldots\ldots \\
&\ldots\ldots\ldots\ldots\ldots\ldots \\
X_9 &= \frac{k}{1-k^2}\frac{6}{h^2}[f_1 k^8 + f_2 k^7 + \ldots + f_8 k + f_9 + f_{10} k] \\
X_{10} &= k \frac{6}{h^2}[f_1 k^9 + f_2 k^8 + \ldots + f_8 k^2 + f_9 k + f_{10}]
\end{aligned}\right\} (33)$$

In diesen Gleichungen sind $f_1, f_2 \ldots$ die Momentenflächen über den Feldern des Hauptsystems (frei aufliegender Träger), daher für jede Belastung P positiv. Dann müssen aber auch die errechneten Werte X_r für jede Belastung stets positiv ausfallen, d. h. die in Fig. 25, 26 zunächst beliebig getroffene Annahme des Sinnes der Kräfte X_r ist für jede Belastung P zutreffend.

4. Verallgemeinerung und Umformung der bisherigen Resultate.

Die statisch unbestimmten Größen Y_r und Z_r wurden aus allgemeinen, für beliebige Felderzahl n und für jedes Verhältnis $\frac{J}{J_u}$ geltenden Elastizitätsgleichungen bestimmt, weshalb ihre Bestimmungsgleichungen (14) und (15) für alle Werte n und $\frac{J}{J_u}$ ihre Gültigkeit beibehalten.

Die Gleichungen (33) zur Bestimmung der statisch unbekannten Größen X_r wurden jedoch — abgesehen von den allgemein getroffenen vereinfachenden Voraussetzungen, unter welchen auch Y_r und Z_r bestimmt wurden — a) an dem speziellen Beispiel eines $n = 10$feldrigen Trägers, b) unter der Voraussetzung $\frac{J}{J_u} = 1$ abgeleitet. In diesem Abschnitt sollen nun diese zwei Voraussetzungen fallen gelassen und die bisherigen Ergebnisse, in bezug auf die Größen X_r des vorhergehenden Abschnittes, verallgemeinert werden.

Ferner wird aber noch ganz allgemein unter c) der Einfluß der Normalkräfte auf die Formänderung und damit auch auf die Ermittlung der statisch unbestimmten Größen X, Y und Z bestimmt und unter d) die Berechnung des Vierendeelträgers bei Belastung in den Obergurtknoten untersucht.

a) Erweiterungen der Resultate für beliebige Felderanzahl n.

Während sich die Gleichungen (33) vorzüglich zur Ermittlung der Einflußlinien von X_r eignen, ist jedoch für ruhende Belastung, wie im folgenden durchgeführt wird, eine andere Darstellungsweise vorzuziehen.

Der Übersicht halber und zwecks Vergleich werden die Gleichungen (33) im folgenden noch einmal angeschrieben. Es war für $n = 10$:

$$\left.\begin{aligned}
X_1 &= k\frac{6}{h^2}[f_1 + f_2 k + f_3 k^2 + \ldots + f_9 k^8 + f_{10} k^9] \\
X_2 &= \frac{k}{1-k^2}\frac{6}{h^2}[f_1 k + f_2 + f_3 k + f_4 k^2 + \ldots + f_9 k^7 + f_{10} k^8] \\
X_3 &= \frac{k}{1-k^2}\frac{6}{h^2}[f_1 k^2 + f_2 k + f_3 + f_4 k + f_3 k^2 + \ldots + f_9 k^6 + f_{10} k^7] \\
&\ldots\ldots\ldots\ldots\ldots\ldots\ldots\ldots\ldots \\
X_9 &= \frac{k}{1-k^2}\frac{6}{h^2}[f_1 k^8 + f_2 k^7 + \ldots + f_9 + f_{10} k] \\
X_{10} &= k\frac{6}{h^2}[f_1 k^9 + f_2 k^8 + \ldots + f_9 k + f_{10}]
\end{aligned}\right\} \quad (33)$$

Aus diesen Anschreibungen für $n = 10$ erkennt man ohne weiteres, daß der Klammerausdruck in X_1 eine vollständige Potenzreihe von k^0 bis $k^9 = k^{n-1}$ mit den Koeffizienten f_1 bis $f_{10} = f_n$ darstellt. Die Bildung der weiteren Reihen ist leicht herauszulesen.

Der Wert k ist hierbei nach Gleichung (30) zu ermitteln, er ist nur von den Abmessungen des Trägers abhängig, jedoch unabhängig von der Belastung. Daher sind auch die Multiplikatoren vor den Klammerausdrücken von der Belastung unabhängig.

Eine Größe f_r stellt nach der Ableitung die Momentenfläche über dem Felde r des $n$feldrigen statisch bestimmten Hauptsystems bei gegebener Belastung dar.

Nach diesen Überlegungen kann man nun ohne weiteres aus den speziellen Gleichungen (33) für jeden beliebigen $n$feldrigen Träger die Gleichungen zur Ermittlung der statisch unbestimmten Größen X in verallgemeinerter Form entwickeln. Es wird:

$$\left.\begin{aligned}
X_1 &= k\frac{6}{h^2}[f_1 + f_2 k + \ldots + f_\xi k^{\xi-1} \ldots + f_{n-1}k^{n-2} + f_n k^{n-1}]\\
X_2 &= \frac{k}{1-k^2}\frac{6}{h^2}[f_1 k + f_2 + f_3 k + f_4 k^2 + \ldots + f_{n-1}k^{n-3} + f_n k^{n-2}]\\
&\ldots\ldots\ldots\ldots\ldots\ldots\ldots\ldots\\
X_r &= \frac{k}{1-k^2}\frac{6}{h^2}[f_1 k^{r-1} + \ldots + f_\xi k^{r-\xi} + \ldots + f_{r-1}k + f_r + f_{r+1}k + \ldots\\
&\qquad + f_\xi k^{\xi-r} + \ldots + f_n k^{n-r}]\\
&\ldots\ldots\ldots\ldots\ldots\ldots\ldots\ldots\\
X_n &= k\frac{6}{h^2}[f_1 k^{n-1} + f_2 k^{n-2} + \ldots + f_\xi k^{n-\xi} + \ldots + f_{n-1}k + f_n]
\end{aligned}\right\}\quad(34)$$

Der Klammerausdruck zur Ermittlung von X_r wird also gebildet, indem man das Glied $f_r k^0 = f_r$ anschreibt und links und rechts davon eine vollständige Potenzreihe nach k^x derart angliedert, daß der allgemeine Ausdruck eines Gliedes der Reihe links von f_r die Form $f_\xi k^{r-\xi}$ und rechts davon die Form $f_\xi k^{\xi-r}$ erhält, wobei ξ ein beliebiges Feld links oder rechts vom Felde r bezeichnet. Auch die Reihe zur Ermittlung von X_1 und X_n folgt dieser Regel.

Der Multiplikator zur Bestimmung von X_1 und X_n ist $k\frac{6}{h^2}$, während die Multiplikatoren zur Ermittlung aller übrigen Größen X von der Form $\frac{k}{1-k^2}\frac{6}{h^2}$ sind.

Diese Gleichungen lassen sich nun in der Weise vereinfachen, daß man die Momentenflächen f_r durch die Momente in den Knotenpunkten und diese wieder durch die Querkräfte in den einzelnen Feldern ausdrückt. Bei Vertikalbelastung in den Knoten sind die Momentenflächen f_r und die Querkräfte $\mathfrak{Q}_r$ des Hauptsystems identisch mit jenen des gleichbelasteten Trägers nach Fig. 35.

Nach Fig. 35 ist:

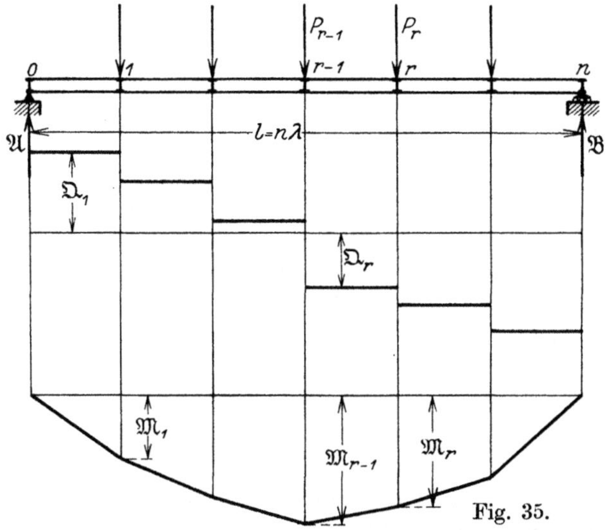

Fig. 35.

$$f_1 = \frac{\lambda}{2} \mathfrak{M}_1$$

$$f_2 = \frac{\lambda}{2} (\mathfrak{M}_1 + \mathfrak{M}_2)$$

$$\cdot \quad \cdot \quad \cdot \quad \cdot \quad \cdot \quad \cdot \quad \cdot \quad \cdot$$

$$f_r = \frac{\lambda}{2} (\mathfrak{M}_{r-1} + \mathfrak{M}_r)$$

$$\cdot \quad \cdot \quad \cdot \quad \cdot \quad \cdot \quad \cdot \quad \cdot \quad \cdot$$

$$f_n = \frac{\lambda}{2} \mathfrak{M}_{n-1} \, .$$

Mit Rücksicht auf diese Werte gehen die Gleichungen (34) über in:

$$\left.\begin{array}{l}
X_1 = 3k\,(1+k)\left(\frac{\lambda}{h}\right)\frac{1}{h}\,[\mathfrak{M}_1 + \mathfrak{M}_2 k + \ldots + \mathfrak{M}_\xi k^{\xi-1} + \ldots \\
\qquad\qquad + \mathfrak{M}_{n-1} k^{n-2}] \\
X_2 = \frac{3k}{1-k}\left(\frac{\lambda}{h}\right)\frac{1}{h}\,[\mathfrak{M}_1 + \mathfrak{M}_2 + \mathfrak{M}_3 k + \mathfrak{M}_1 k^2 + \ldots \\
\qquad\qquad + \mathfrak{M}_{n-1} k^{n-3}] \\
\cdot \quad \cdot \quad \cdot \quad \cdot \quad \cdot \quad \cdot \quad \cdot \quad \cdot \quad \cdot \quad \cdot \quad \cdot \quad \cdot \\
X_r = \frac{3k}{1-k}\left(\frac{\lambda}{h}\right)\frac{1}{h}\,[\mathfrak{M}_1 k^{r-2} + \ldots + \mathfrak{M}_\xi k^{r-1-\xi} + \ldots \\
\quad + \mathfrak{M}_{r-1} + \mathfrak{M}_r + \ldots + \mathfrak{M}_\xi k^{\xi-r} + \ldots + \mathfrak{M}_{n-1} k^{n-1-r}] \\
\cdot \quad \cdot \quad \cdot \quad \cdot \quad \cdot \quad \cdot \quad \cdot \quad \cdot \quad \cdot \quad \cdot \quad \cdot \quad \cdot \\
X_n = 3k\,(1+k)\frac{\lambda}{h}\,\frac{1}{h}\,[\mathfrak{M}_1 k^{n-2} + \ldots + \mathfrak{M}_\xi k^{n-\xi-1} + \ldots \\
\qquad\qquad + \mathfrak{M}_{n-2} k + \mathfrak{M}_{n-1}]
\end{array}\right\} \quad (35)$$

In diesen Gleichungen bedeutet $\mathfrak{M}_\xi$ das Moment in einem beliebigen Knoten ξ, das ist die rechte Begrenzungsordinate einer beliebigen Momentenfläche f_ξ in Fig. 35. Berücksichtigt man ferner, daß die reziproke Gleichung

$$k^2 - a k + 1 = 0 \qquad (29)$$

die Wurzeln

$$k = \frac{a}{2} - \sqrt{\frac{a^2}{4} - 1}$$

und

$$\frac{1}{k} = \frac{a}{2} + \sqrt{\frac{a^2}{4} - 1}$$

besitzt, daher

$$k + \frac{1}{k} = a = 2 + 6\frac{\lambda}{h}$$

ist, so wird

$$\frac{\lambda}{h} = \frac{(1-k)^2}{6k} \qquad (36)$$

Verwendet man diese Beziehung, so gehen die Gleichungen (35) in folgende allgemeine Form über:

$$\left.\begin{aligned}
X_1 &= (1-k^2)\frac{1-k}{2}\frac{1}{h}[\mathfrak{M}_1 + \mathfrak{M}_2 k + \mathfrak{M}_3 k^2 + \ldots + \mathfrak{M}_{n-1} k^{n-2}] \\
&= (1-k^2)\frac{1-k}{2}\cdot\frac{1}{h}\sum_{\xi=1}^{\xi=n-1}\mathfrak{M}_\xi \cdot k^{\xi-1} \\
X_r &= \frac{1-k}{2}\frac{1}{h}[\mathfrak{M}_1 k^{r-2} + \ldots + \mathfrak{M}_\xi k^{r-1-\xi} + \ldots + \mathfrak{M}_{r-1} + \mathfrak{M}_r + \ldots \\
&\quad + \mathfrak{M}_\xi k^{\xi-r} + \ldots + \mathfrak{M}_{n-1} k^{n-1-r}] \\
&= \frac{1-k}{2}\frac{1}{h}\left\{\sum_{\xi=1}^{\xi=r-1}\mathfrak{M}_\xi k^{r-1-\xi} + \sum_{\xi=r}^{\xi=n-1}\mathfrak{M}_\xi k^{\xi-r}\right\} \text{ gültig für } r \gtrless {}^1_n \\
X_n &= (1-k^2)\frac{1-k}{2}\frac{1}{h}[\mathfrak{M}_1 k^{n-2} + \ldots + \mathfrak{M}_\xi k^{n-1-\xi} + \ldots + \mathfrak{M}_{n-1}] \\
&= (1-k^2)\frac{1-k}{2}\frac{1}{h}\sum_{\xi=1}^{\xi=n-1}\mathfrak{M}_\xi k^{n-1-\xi}
\end{aligned}\right\} (37)$$

Aus diesen Anschreibungen ist im übrigen zu erkennen, daß der Summenausdruck in X_1 und in X_n auch aus der allgemeinen Gleichung X_r für $r = 1$ bzw. $r = n$ hervorgeht, nur die Multiplikatoren unterscheiden sich voneinander.

Nun läßt sich schließlich für die praktische Durchführung der Berechnung eine Vereinfachung noch dadurch erzielen, daß man die Momente $\mathfrak{M}_\xi$ in den Knotenpunkten durch die konstanten Querkräfte $\mathfrak{Q}_m$ in den Feldern ausdrückt. Sind $\mathfrak{Q}_1, \mathfrak{Q}_2 \ldots \mathfrak{Q}_m \ldots$ die konstanten Feldquerkräfte in den Feldern 1, 2 ... m ... (Fig. 35), so ist nach elementaren Sätzen der Statik:

$$\left.\begin{array}{l}
\mathfrak{M}_1 = \lambda\,\mathfrak{Q}_1 \\
\mathfrak{M}_2 = \mathfrak{M}_1 + \lambda\,\mathfrak{Q}_2 = \lambda\,(\mathfrak{Q}_1 + \mathfrak{Q}_2) = \lambda \sum\limits_1^2 \mathfrak{Q}_m \\
\mathfrak{M}_3 = \mathfrak{M}_2 + \lambda\,\mathfrak{Q}_3 = \lambda\,(\mathfrak{Q}_1 + \mathfrak{Q}_2 + \mathfrak{Q}_3) = \lambda \sum\limits_1^3 \mathfrak{Q}_m \\
\cdot\;\cdot\;\cdot\;\cdot\;\cdot\;\cdot\;\cdot\;\cdot\;\cdot\;\cdot\;\cdot\;\cdot\;\cdot\;\cdot\;\cdot\;\cdot \\
\mathfrak{M}_\xi = \mathfrak{M}_{\xi-1} + \lambda\,\mathfrak{Q}_\xi = \lambda\,(\mathfrak{Q}_1 + \mathfrak{Q}_2 + \ldots + \mathfrak{Q}_\xi) = \lambda \sum\limits_1^\xi \mathfrak{Q}_m \\
\cdot\;\cdot\;\cdot\;\cdot\;\cdot\;\cdot\;\cdot\;\cdot\;\cdot\;\cdot\;\cdot\;\cdot\;\cdot\;\cdot\;\cdot\;\cdot
\end{array}\right\} \quad (38)$$

Führt man diese Werte in Gleichungen (37) ein, so erhält man schließlich:

$$\left.\begin{array}{l}
X_1 = (1-k^2)\,\dfrac{1-k}{2}\,\dfrac{\lambda}{h}\left[\mathfrak{Q}_1 + k\sum\limits_1^2 \mathfrak{Q}_m + \ldots + k^{\xi-1}\sum\limits_1^\xi \mathfrak{Q}_m + \ldots + k^{n-2}\sum\limits_1^{n-1} \mathfrak{Q}_m\right] \\
\qquad = (1-k^2)\,\dfrac{1-k}{2}\,\dfrac{\lambda}{h}\sum\limits_{\xi=1}^{\xi=n-1}\left[k^{\xi-1}\sum\limits_1^\xi \mathfrak{Q}_m\right] \\
X_r = \dfrac{1-k}{2}\,\dfrac{\lambda}{h}\left[k^{r-2}\,\mathfrak{Q}_1 + \ldots + k^{r-1-\xi}\sum\limits_1^\xi \mathfrak{Q}_m + \ldots + \sum\limits_1^{r-1} \mathfrak{Q}_m\right. \\
\qquad \left. + \sum\limits_1^r \mathfrak{Q}_m + \ldots + k^{\xi-r}\sum\limits_1^\xi \mathfrak{Q}_m + \ldots + k^{n-1-r}\sum\limits_1^{n-1} \mathfrak{Q}_m\right] \\
\qquad = \dfrac{1-k}{2}\,\dfrac{\lambda}{h}\left\{\sum\limits_{\xi=1}^{\xi=r-1}\left[k^{r-1-\xi}\sum\limits_1^\xi \mathfrak{Q}_m\right] + \sum\limits_{\xi=r}^{\xi=n-1}\left[k^{\xi-r}\sum\limits_1^\xi \mathfrak{Q}_m\right]\right\} \\
\qquad\qquad \text{gültig für } r \gtrless {}^{1}_{n} \\
X_n = (1-k^2)\,\dfrac{1-k}{2}\,\dfrac{\lambda}{h}\left[k^{n-2}\,\mathfrak{Q}_1 + \ldots + k^{n-1-\xi}\sum\limits_1^\xi \mathfrak{Q}_m + \ldots + \sum\limits_1^{n-1} \mathfrak{Q}_m\right] \\
\qquad = (1-k^2)\,\dfrac{1-k}{2}\,\dfrac{\lambda}{h}\sum\limits_{\xi=1}^{\xi=n-1}\left[k^{n-1-\xi}\sum\limits_1^\xi \mathfrak{Q}_m\right]
\end{array}\right\} \quad (39)$$

Diese allgemeinen Gleichungen (39) eignen sich, wie das spezielle Beispiel im Abschnitt V zeigen wird, zu einer besonders einfachen Ermittlung der Größen X_r und führen damit zu einer **außerordentlich raschen Berechnung des ganzen Tragwerkes.**

b) Berücksichtigung eines beliebigen Verhältnisses $\dfrac{J}{J_u}$.

Die Gleichungsgruppen (37) und (39) zur Ermittlung der statisch unbestimmten Größen X_r wurden aus den n analogen Grundgleichungen (17) hergeleitet. Soll nun ein beliebiges Verhältnis $\dfrac{J}{J_u}$ in der ganzen Entwicklung beibehalten werden, so treten n analoge Gleichungen (16) an Stelle der Gleichungen (17) und man kann aus dem Entwicklungsgange der Ableitungen ohne weiteres erkennen, daß das Verhältnis $\dfrac{J}{J_u}$ weder in den Ableitungen noch in den Resultaten irgendwelche grundsätzliche Änderung bewirkt.

Für den Wert a aus Gleichung (18) tritt nun die Gleichung

$$a = 2 + 6 \frac{\lambda}{h} \frac{J}{J_u}, \quad \ldots\ldots\ldots \quad (40)$$

die ihrerseits den Wert

$$k = \tfrac{1}{2}\left(a - \sqrt{a^2 - 4}\right)$$

entsprechend beeinflußt und damit auch die Bestimmungsgleichungen von X_r.

An Stelle der Gleichung (20) tritt die Gleichung

$$\frac{6b}{h^2} \frac{J}{J_u} f_r = F_r, \quad \ldots\ldots\ldots \quad (41)$$

so daß dann mit Rücksicht auf die Gleichungsgruppen (27) und (31) an Stelle der allgemeinen Gleichungen (34) folgende erhalten werden:

$$\left.\begin{array}{l} X_1 = k \frac{6}{h^2} \frac{J}{J_u} [f_1 + f_2 k + \ldots + f_\xi k^{\xi - 1} + \ldots + f_{n-1} k^{n-2} + f_n k^{n-1}] \\ \ldots\ldots\ldots\ldots\ldots\ldots \\ X_r = \frac{k}{1-k^2} \frac{6}{h^2} \frac{J}{J_u} [f_1 k^{r-1} + \ldots + f_\xi k^{r-\xi} + \ldots + f_{r-1} k + f_r \\ \qquad + f_{r+1} k + \ldots + f_\xi k^{\xi - r} + \ldots + f_n k^{n-r}] \\ \ldots\ldots\ldots\ldots\ldots\ldots \\ X_n = k \frac{6}{h^2} \frac{J}{J_u} [f_1 k^{n-1} + f_2 k^{n-2} + \ldots + f_\xi k^{n-\xi} + \ldots + f_{n-1} k + f_n] \end{array}\right\} (42)$$

Drückt man nun die Werte f durch die Knotenpunktsmomente $\mathfrak{M}$ im Hauptsystem aus, so gehen obige Gleichungen in eine der Gleichungsgruppe (35) analoge Form über:

$$\left.\begin{array}{l} X_1 = 3k(1+k) \frac{\lambda}{h} \frac{J}{J_u} \frac{1}{h} [\mathfrak{M}_1 + \mathfrak{M}_2 k + \ldots + \mathfrak{M}_\xi k^{\xi-1} + \ldots + \mathfrak{M}_{n-1} k^{n-2}] \\ X_r = \frac{3k}{1-k} \frac{\lambda}{h} \frac{J}{J_u} \frac{1}{h} [\mathfrak{M}_1 k^{r-2} + \ldots + \mathfrak{M}_\xi k^{r-1-\xi} + \ldots \\ \quad + \mathfrak{M}_{r-1} + \mathfrak{M}_r + \ldots + \mathfrak{M}_\xi k^{\xi - r} + \ldots + \mathfrak{M}_{n-1} k^{n-1-r}] \\ \qquad\qquad \text{gültig für } r \gtrless {}^1_n \\ X_n = 3k(1+k) \frac{\lambda}{h} \frac{J}{J_u} \frac{1}{h} [\mathfrak{M}_1 k^{n-2} + \ldots + \mathfrak{M}_\xi k^{n-1-\xi} + \ldots + \mathfrak{M}_{n-1}] \end{array}\right\} (43)$$

Berücksichtigt man ferner, daß entsprechend Gleichung (36) bei beliebigem Verhältnis $\frac{J}{J_u}$

$$k + \frac{1}{k} = 2 + 6 \frac{\lambda}{h} \frac{J}{J_u}$$

ist, oder

$$\frac{\lambda}{h} \cdot \frac{J}{J_u} = \frac{(1-k)^2}{6k} \quad \ldots\ldots\ldots\ldots \quad (44)$$

so wird vorhergehende Gleichungsgruppe wieder mit den Gleichungen (37) der Form nach vollkommen identisch. Es ist also:

$$\left.\begin{aligned}
X_1 &= (1-k^2)\,\frac{1-k}{2}\,\frac{1}{h}\sum_{\xi=1}^{\xi=n-1}\mathfrak{M}_\xi k^{\xi-1} \\
X_r &= \frac{1-k}{2}\,\frac{1}{h}\left\{\sum_{\xi=1}^{\xi=r-1}\mathfrak{M}_\xi k^{r-1-\xi} + \sum_{\xi=r}^{\xi=n-1}\mathfrak{M}_\xi k^{\xi-r}\right\} \text{ gültig für } r \gtrless {}^{1}_{n} \\
X_n &= (1-k^2)\,\frac{1-k}{2}\,\frac{1}{h}\sum_{\xi=1}^{\xi=n-1}\mathfrak{M}_\xi k^{n-1-\xi}
\end{aligned}\right\} \quad (45)$$

Schließlich kann man auch diese Gleichungen wieder durch die konstanten Feldquerkräfte des Hauptsystems ausdrücken und kommt zu einer der Gleichungsgruppe (39) entsprechenden Form:

$$\left.\begin{aligned}
X_1 &= (1-k^2)\,\frac{1-k}{2}\,\frac{\lambda}{h}\sum_{\xi=1}^{\xi=n-1}\left[k^{\xi-1}\sum_{1}^{\xi}\mathfrak{Q}_m\right] \\
X_r &= \frac{1-k}{2}\,\frac{\lambda}{h}\left\{\sum_{\xi=1}^{\xi=r-1}\left[k^{r-1-\xi}\sum_{1}^{\xi}\mathfrak{Q}_m\right] + \sum_{\xi=r}^{\xi=n-1}\left[k^{\xi-r}\sum_{1}^{\xi}\mathfrak{Q}_m\right]\right\} \text{ gültig für } r \gtrless {}^{1}_{n} \\
X_n &= (1-k^2)\,\frac{1-k}{2}\,\frac{\lambda}{h}\sum_{\xi=1}^{\xi=n-1}\left[k^{n-1-\xi}\sum_{1}^{\xi}\mathfrak{Q}_m\right]
\end{aligned}\right\} \quad (46)$$

Wie bereits erwähnt, stimmen die Gleichungen (45) und (46) ihrem Baue nach mit den Gleichungen (37) und (39) vollkommen überein. Die Berücksichtigung eines beliebigen Verhältnisses $\frac{J}{J_u}$ ändert also in den Bestimmungsgleichungen zur Ermittlung der statisch unbestimmten Größen Gl. (37), (39), (45), (46) gar nichts, wenn nur im Werte

$$k = \tfrac{1}{2}\left(a - \sqrt{a^2 - 4}\right)$$

die Größe

$$a = 2 + 6\,\frac{\lambda}{h}\,\frac{J}{J_u},$$

die im Spezialfalle $\frac{J}{J_u} = 1$ in

$$a = 2 + 6\,\frac{\lambda}{h}$$

übergeht, entsprechend dem Verhältnis $\frac{J}{J_u}$ bestimmt wird.

c) Berücksichtigung der Formänderungen infolge der Normalkräfte bei Ermittlung der statisch unbestimmten Größen.

Bisher wurden, entsprechend den Ausführungen im Abschnitt 2, bei Ermittlung der Elastizitätsgleichungen nur die Formänderungen infolge Wirkung der Biegungsmomente allein berücksichtigt, hier sollen nun auch die Formänderungen infolge Wirkung der Normalkräfte in Rechnung gezogen und ihr Einfluß festgestellt werden.

Die Normalkräfte in den Pfosten sind stets verhältnismäßig gering, ihr Einfluß auf die Formänderungen wird daher von vornherein immer vernachlässigt, was jedoch bei den Normalkräften in den Gurten, die verhältnismäßig große Werte erreichen, meist unzutreffend wäre.

Die Normalkräfte in den Gurten des r^{ten} Feldes werden aus dem statisch bestimmten Hauptsystem bestimmt. Führt man in Fig. 37 den Schnitt a bzw. b, so ist

die Normalkraft im Untergurt $N_r = +X_r$,

„ „ „ Obergurt $N'_r = -X_r$,

Der Untergurt wird also durch die Kraft $N_r = X_r$ auf Zug, der Obergurt durch $N'_r = -X_r$ auf Druck beansprucht. Durch diese Kräfte werden alle Fasern des Untergurtes gleichmäßig verlängert, die des Obergurtes gleichmäßig verkürzt. Die Wirkung dieser Formänderung auf die starren Stäbe im Felde r ist deshalb nur eine reine Verschiebung in horizontaler Richtung. Wird der Stab $\overline{OA}$, entsprechend den Ausführungen in Aufgabe 4, 5 im Teile A/2, in der y-Richtung festgelegt,

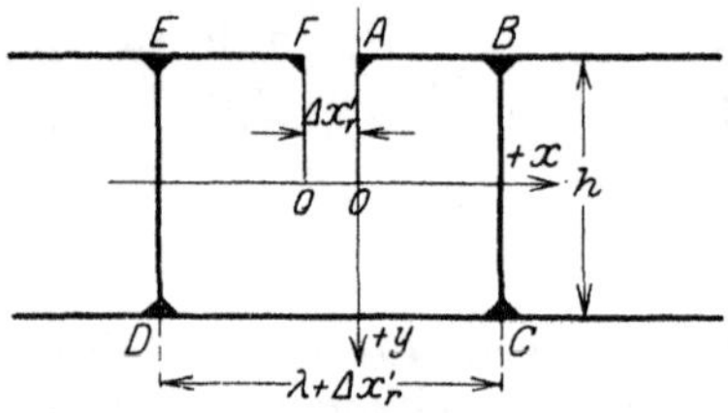

Fig. 36.

so erhält man mit Rücksicht auf die gewählten Achsenrichtungen in Fig. 36:

$$\Delta x'_r = -\frac{\lambda X_r}{E F_u} - \frac{\lambda X_r}{E F_o} = -\frac{\lambda}{E}\left(\frac{1}{F_u} + \frac{1}{F_o}\right),$$

während die Verschiebung $\Delta y'_r$ und die Verdrehung $\Delta \varphi'_r$ der beiden Stäbe zu Null wird, also

$$\Delta y'_r = 0\,, \qquad \Delta \varphi'_r = 0\,.$$

Führt man für die praktische Rechnung einen mittleren, durchwegs über die Gurte konstanten Querschnitt

$$F = F_u = F_o$$

ein, so wird

$$\Delta x'_r = -\frac{2\lambda}{EF} X_r \quad \ldots \ldots \ldots \ldots \quad (47)$$

Bei Ermittlung der Elastizitätsgleichungen (5), (6), (7) im Abschnitt 2, $\Delta \varphi_r = \Sigma \Delta \varphi = 0$, $\Delta x_r = \Sigma \Delta x = 0$, $\Delta y_r = \Sigma \Delta y = 0$, wären jetzt mit Rücksicht auf die Formänderungen der Normalkräfte in $\Sigma \Delta \varphi$, $\Sigma \Delta x$ und $\Sigma \Delta y$ auch die Beiträge $\Delta \varphi_r'$, $\Delta x_r'$ und $\Delta y_r'$ aufzunehmen.

Da nun $\Delta \varphi_r' = 0$, $\Delta y_r' = 0$ ist, so werden die beiden Elastizitätsgleichungen (5) und (7) durch Rücksichtnahme auf die Formänderungen infolge der Normalkräfte nicht beeinflußt, weshalb auch die daraus errechneten statisch unbestimmten Größen Y_r und Z_r nach wie vor aus den Gleichungen (14), (15) zu bestimmen sind, die also auch hier ihre allgemeine Gültigkeit behalten.

Wird jedoch in $\Sigma \Delta x$ der Gleichung (6) auch der Posten $\Delta x_r'$ aufgenommen, so bekommt man an Stelle der Gleichung (9) die Gleichung

$$\frac{h^3}{12\,J} X_{r-1} - \left[\frac{h^2}{2}\left(\frac{h}{3\,J} + \frac{\lambda}{J_u}\right) + \frac{2\,\lambda}{F}\right] X_r + \frac{h^3}{12\,J} X_{r+1} = -\frac{h}{2}\frac{f_r}{J_u} \quad . \; . \; . \quad (48)$$

die auch in folgende Form gebracht werden kann:

$$-\frac{1}{2 + 6\frac{\lambda}{h}\frac{J}{J_u}\left(1 + 4\frac{J_u}{F\,h^2}\right)} X_{r-1} + X_r - \frac{1}{2 + 6\frac{\lambda}{h}\frac{J}{J_u}\left(1 + 4\frac{J_u}{F\,h^2}\right)} X_{r+1}$$

$$= +\frac{6}{h^2}\frac{J}{J_u}\frac{1}{2 + 6\frac{\lambda}{h}\frac{J}{J_u}\left(1 + 4\frac{J_u}{F\,h^2}\right)} f_r \quad . \; . \; . \; . \; . \; . \; . \; . \; . \; . \; . \; . \; . \quad (49)$$

Durch Vergleich dieser Gleichung mit Gleichung (16), die als Ausgangsgleichung zur Ermittlung der Größen X_r [Gl. (45), (46)] gedient hatte, erkennt man, daß beide Gleichungen vom selben Bau sind, nur daß hier mit Rücksicht auf Gleichung (18) der konstante Wert a durch

$$a = 2 + 6\frac{\lambda}{h}\frac{J}{J_u}\left(1 + 4\frac{J_u}{F\,h^2}\right) \quad . \; . \; . \; . \; . \; . \; . \quad (50)$$

bestimmt ist. Setzt man ferner

$$\frac{1}{a} = b$$

und

$$\frac{6}{h^2}\frac{J}{J_u} b\, f_r = F_r\,,$$

so geht Gleichung (49) in die Form (51) über, die dem Bau nach der Gleichung (21) identisch ist:

$$-b\,X_{r-1} + X_r - b\,X_{r+1} = F_r \quad . \; . \; . \; . \; . \; . \; . \quad (51)$$

Da für jedes Feld eine solche Gleichung aufgestellt werden kann, so führt die Lösung dieser n analogen Gleichungen wieder auf Bestimmungsgleichungen von X_r, welche genau von selber Bauart sind, wie die Gleichungsgruppen (37), (39) bzw. (45), (46), nur ist dann der Wert

$$k = \tfrac{1}{2}\left(a - \sqrt{a^2 - 4}\right)$$

für

$$a = 2 + 6 \frac{\lambda}{h} \frac{J}{J_u} \left(1 + 4 \frac{J_u}{F h^2}\right)$$

zu ermitteln.

Auch hier erkennt man daher, daß eine Berücksichtigung der Formänderungen infolge Wirkung der Normalkräfte, die Schlußgleichungen zur Ermittlung der statisch unbestimmten Größen X_r [Gl. (37), (39) bzw. (45), (46)] nur einzig und allein im Werte k beeinflussen.

d) Berechnung des Vierendeelträgers für Belastung in den Obergurtknoten.

Findet die Belastung in den Obergurtknoten statt, so ist die Berechnung des Tragwerkes ganz analog durchzuführen wie für Belastung in den Untergurtknoten, doch empfiehlt es sich, das statisch unbestimmte Hauptsystem in diesem Falle so zu wählen, daß die Untergurte in der Mitte eines jeden Feldes aufgeschnitten und von den Schnittstellen zwei starre Stäbe bis zu den Feldmittelpunkten O geführt werden. Als statisch unbestimmte Größen werden wieder die Kräftegruppen X, Y, Z (Fig. 37) gewählt, doch sollen die Richtungen der beiden Kräfte X umgekehrt werden, während die Kräfte Y und Z ihre Richtungen wie in Fig. 37 beibehalten.

Unter diesen Voraussetzungen ergeben sich nach kurzer Rechnung sogleich wieder dieselben Elastizitätsgleichungen wie für Untergurtbelastung, die dann auch zu denselben Resultaten für die statisch Unbestimmten führen müssen.

Die Gleichungen (14) und (15) zur Ermittlung der statisch unbestimmten Größen Y_r und Z_r und die Gleichungen (46) zur Berechnung der statisch unbestimmten Größen X_r behalten also auch hier — unter obiger Voraussetzung — ihre volle Gültigkeit.

Nach den Ausführungen dieses Abschnittes vermag man nun für jeden allgemein vorliegenden Fall die statisch unbestimmten Größen X, Y, Z zu berechnen und ist durch ihre Kenntnis — wie der folgende Abschnitt zeigen wird — stets imstande, die inneren Spannungen des Tragwerkes zu ermitteln.

5. Die inneren Kräfte. Normalkraft, Querkraft und Biegungsmoment eines Querschnittes.

Die inneren Kräfte eines Querschnittes im Unter- oder Obergurt des r^{ten} Feldes oder in der r^{ten} Vertikalen werden aus dem statisch gleichwertigen Hauptsystem (Fig. 37) unter der Belastung P und den Kräftegruppen X, Y, Z ermittelt, indem man durch einen Schnitt a—a, b—b, c—c die Verbindung des entsprechenden Stabes mit dem Träger löst und den abgeschnittenen bzw. herausgeschnittenen Teil für sich ins freie Gleichgewicht setzt. Dabei treten an den Querschnitten die inneren Kräfte als äußere Kräfte zutage, welche mit der bekannten äußeren Belastung des herausgeschnittenen Trägerteiles ein Gleichgewichtssystem bilden müssen, also den weggedachten Trägerteil ersetzen und damit gleichzeitig die Wirkung desselben auf den übrigbleibenden kennzeichnen.

Ist z. B. in Fig. 38 R die Resultierende aller links vom Schnitt $a-a$ im Hauptsystem wirkenden äußeren Kräfte, welche den Untergurt in C

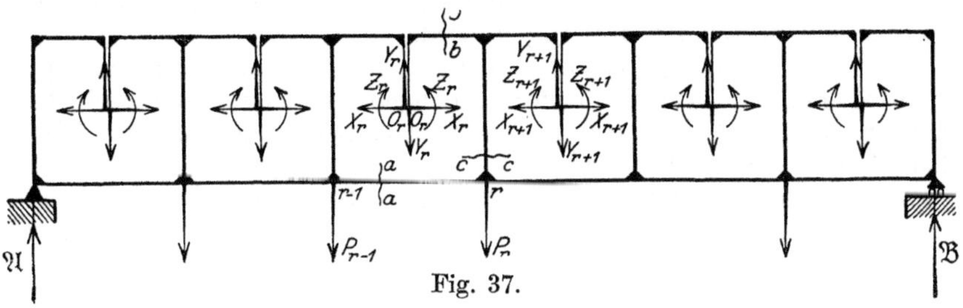

Fig. 37.

schneiden möge, so kann man diese Kraft nach folgendem Schema in den Mittelpunkt O des Querschnittes reduzieren.

R in $C \equiv$
- R in O
  - $R \cos\alpha = N_{rx}$ = Normalkraft des Querschnittes
  - $R \sin\alpha = Q_{rx}$ = Querkraft „ „
- $+Rr$ = Biegungsmoment des Querschnittes.

Die Größe der Normalkraft und Querkraft ist bekanntlich durch die Projektion aller auf den abgeschnittenen Trägerteil wirkenden äußeren Kräfte auf die Stabachse bzw. auf die dazu normale Richtung gegeben. Das Biegungsmoment erscheint als das statische Moment aller obengenannten Kräfte in bezug auf den Querschnittsmittelpunkt O.

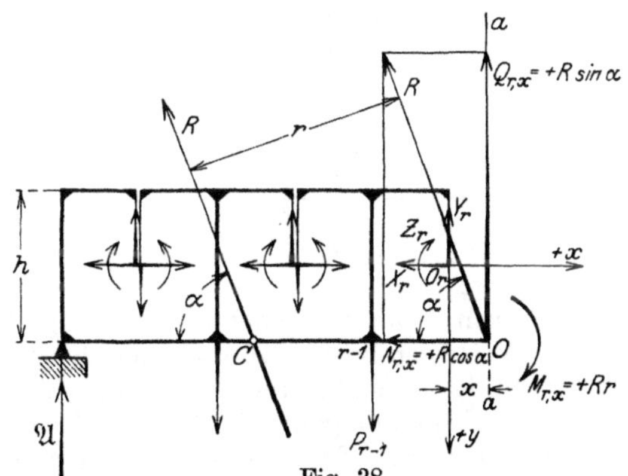

Fig. 38.

Diese auf den Querschnitt wirkenden äußeren Kräfte rufen nun die inneren Spannkräfte, also Normal-, Schub- und Biegungsspannungen hervor. Die resultierenden Spannkräfte befinden sich mit der Normalkraft bzw. Querkraft und dem Biegungsmoment im Gleichgewicht und sind daher durch diese bestimmt. Folglich geht die weitere Aufgabe darauf hinaus, Normalkraft, Querkraft und Biegungsmoment eines Querschnittes zu bestimmen.

Zunächst ist noch einiges über das Vorzeichen dieser Kräfte festzulegen, welches nach den hervorgebrachten Wirkungen in folgender Weise bestimmt werden soll.

Normalkraft. Die Normalkraft bewirkt eine Verlängerung oder eine Verkürzung der Fasern. Werden diese verlängert, also Zugspannungen erzeugt, so soll die Normalkraft als positiv bezeichnet werden, während hingegen eine negative Normalkraft eine Verkürzung der Fasern, also Druckspannungen hervorrufen wird.

Dementsprechend ist daher eine positive Normalkraft vom Querschnitt weggerichtet, während eine negative Normalkraft mit ihrem Pfeil zum Querschnitt hin zeigen wird.

Querkraft. Die Querkraft bewirkt eine Verschiebung der Querschnitte senkrecht zur Stabachse. Je nach der Verschiebungsrichtung wird die Querkraft als positiv oder negativ bezeichnet, was im folgenden näher ausgeführt werden soll.

Die Querkraft eines Querschnittes kann für horizontale Stäbe nach aufwärts oder abwärts, für vertikale Stäbe nach rechts oder links ge-

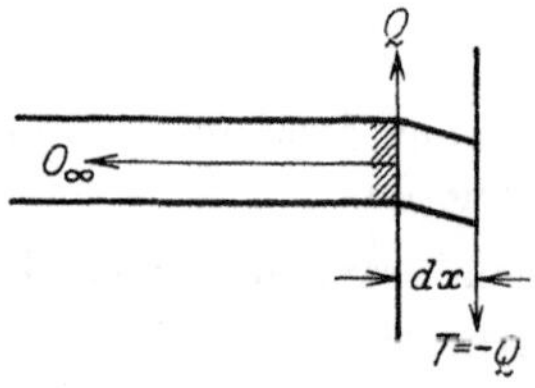

Fig. 39.

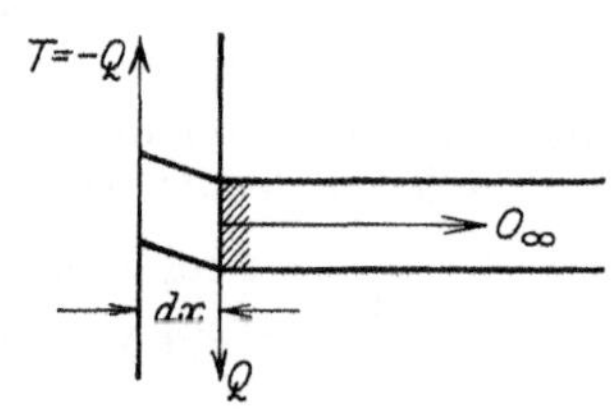

Fig. 40.

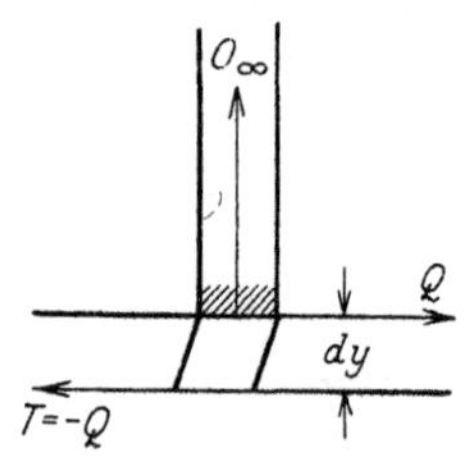

Fig. 41.

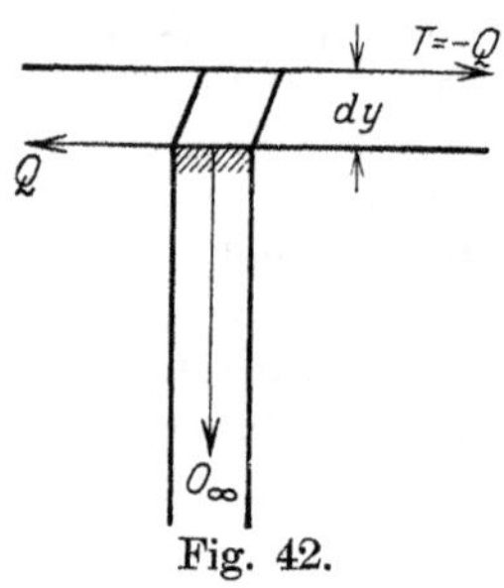

Fig. 42.

richtet sein. Die Verschiebungsrichtung des Querschnittes wird nun in der Weise gefunden, daß man sich den Stab nach diesem Querschnitt durchschnitten denkt und die Schubkraft, das ist die Resultierende aller Schubspannungen, als äußere Kraft anbringt (Fig. 39 bis 42). Da die Querkraft die Schubspannungen hervorruft, so müssen Querkraft und Schubkraft im Gleichgewicht sein, also gleich groß, aber entgegengesetzt gerichtet. Die Schubkraft, die jetzt als äußere Kraft erscheint, ersetzt gewissermaßen die Wirkung des abgeschnittenen Trägerteiles auf den Querschnitt. Nun denkt man sich den unmittelbar vorhergehenden um dx bzw. dy entfernten Querschnitt festgehalten und untersucht die Wirkung der Schubkraft — oder mit anderen Worten die Wirkung des abgeschnittenen Trägerteiles — in bezug auf diesen Nachbarquerschnitt. Versucht nun die Schubkraft im Sinne der Uhr zu verschieben, so wird die Querkraft als positiv, im entgegengesetzten Fall als **negativ** bezeichnet. Hierzu sei nur kurz bemerkt, daß jede Verschiebung auch als unendlich kleine Drehung um einen unendlich fernen Pol *o* aufgefaßt werden kann und daß im festgehaltenen Nachbarquerschnitt die Querkraft stets ebenso groß ist wie im betrachteten und sich höchstens bei direkter Belastung des Stabes um ein Differential davon unterscheiden kann.

Die Fig. 39 bis 42 zeigen nach diesen Festsetzungen lauter positive Querkräfte, daher können für die Querkraftrichtungen auch folgende Regeln aufgestellt werden:

Die Querkraft im Schnitt eines horizontalen Stabes ist positiv, wenn sie als Resultierende aller links vom Schnitt gelegenen Kräfte nach aufwärts zeigt (Fig. 39) oder als Resultierende aller rechts davon gelegenen Kräfte nach abwärts gerichtet ist (Fig. 40).

Die Querkraft im Schnitt eines vertikalen Stabes wird als positiv bezeichnet, wenn sie als Resultierende aller oberhalb des Schnittes gelegenen Kräfte nach rechts zeigt (Fig. 41) oder als Resultierende aller unterhalb des Schnittes gelegenen Kräfte nach links gerichtet ist (Fig. 42).

Biegungsmoment. Das Biegungsmoment bewirkt eine Verdrehung des Querschnittes um seine Schwerachse. Hier kann man aber wegen des Zusammenhanges

$$dM = Q\,dx$$

das Vorzeichen des Momentes nicht mehr beliebig auf Grund der hervorgerufenen Wirkung festsetzen, sondern es ist das Vorzeichen des Biegungsmomentes wegen obiger Beziehung bereits durch das Vorzeichen der Querkraft und durch die Wahl der Koordinatenrichtungen bestimmt.

Das Vorzeichen der Querkraft ist durch die oben abgeleiteten Regeln bestimmt, dx ist, entsprechend den festgelegten Koordinatenrichtungen, mit einem Fortschreiten nach rechts und dy mit einem Fortschreiten nach abwärts als positiv anzusehen.

Wirkt nun in einem Querschnitt eines horizontalen Stabes eine positive oder negative Querkraft und man geht zu dem um $+dx$ entfernten Querschnitt nach rechts, so wird in bezug auf diesen Querschnitt ein $+Q$ stets ein $+dM$ und ein $-Q$ stets ein $-dM$ hervorrufen. Damit ist aber schon das Vorzeichen des Drehungssinnes für Kräfte links vom Schnitt bestimmt und man kann sagen:

Das Biegungsmoment eines Querschnittes ist positiv, wenn es als statisches Moment der Kräfte links vom Schnitt im Sinne der Uhr dreht. Bestimmt man das Biegungsmoment aus den Kräften rechts vom Schnitt, so führt eine analoge Überlegung zu der Erkenntnis, daß es als positiv zu bezeichnen ist, wenn es im entgegengesetzten Sinne der Uhr dreht.

Führt man dieselben Überlegungen für vertikale Stäbe durch, so findet man, daß das Biegungsmoment als statisches Moment aller Kräfte oberhalb des Schnittes als positiv zu bezeichnen ist, wenn es im Sinne der Uhr dreht. Ermittelt man aber das Biegungsmoment aus den Kräften unterhalb des Schnittes, so ist es als positiv anzusprechen, wenn es im entgegengesetzten Uhrzeigersinn dreht.

Wenn man nun nachträglich die Wirkung positiver Momente ermittelt, so findet man, daß ein positives Moment in einem horizontalen Stab auf der Unterseite stets Zug, auf der Oberseite aber Druck erzeugt, während ein positives Moment in einem vertikalen Stab immer auf der linken Seite Zug und auf der rechten Seite Druck hervorruft.

Dieses letztere Ergebnis stimmt jetzt aber mit der früher bei der Ermittlung der Formänderung getroffenen Annahme über das Vorzeichen der Feldmomente scheinbar nicht überein, denn damals wurde festgesetzt, daß ein Moment positiv sei, wenn es im Querschnitt eines Rahmenstabes außen Zug- und innen Druckspannungen erzeugt. Für den Obergurt und die rechte Vertikale eines Feldes steht nun diese Annahme mit der hier getroffenen Festsetzung über das Vorzeichen der Biegungsmomente in scheinbarem Widerspruch. Dazu ist nur zu bemerken, daß bei Ermittlung der Formänderungen jeder Rechteckrahmen für sich als ein geschlossener gebrochener Stabzug mit durchlaufenden Fasern aufgefaßt werden mußte und aus dieser Erkenntnis heraus die Festlegung des Vorzeichens erfolgte. Hier handelt es sich aber jetzt um ein System von horizontalen und vertikalen Stäben, weshalb für alle Stäbe ein und derselben Gruppe auch ein einheitliches Vorzeichen für Biegungsmomente von gleichem Drehungssinn Verwendung finden muß.

Entsprechend diesen Erörterungen werden im folgenden die Normalkräfte, Querkräfte und Biegungsmomente für die Gurten und Pfosten, bei Belastung in den Knoten des Unter- und Obergurtes, aus dem Hauptsystem ermittelt. Die Bezeichnung, welche für diese Kräfte eingeführt wurde und im weiteren stets beibehalten werden soll, ist aus dem Folgenden ohne weiteres zu entnehmen. Hierbei werden, wie allgemein gebräuchlich, Normalkraft, Querkraft und Biegungsmoment in irgendeinem Querschnitt des Hauptsystems, infolge der Belastung P allein, als eine Gruppe für sich besonders hervorgehoben und mit Kurrentbuchstaben bezeichnet.

a) Untergurt. (Belastung in den Knoten des Untergurtes.)

Aus Fig. 38 folgt für einen beliebigen Schnitt $a-a$ in der Entfernung x:

1. Die Normalkraft

$$N_{r,x} = \mathfrak{N}_{r,x} + X_r\,.$$

Da die Normalkraft $\mathfrak{N}_{r,x}$ im Untergurt durch die Belastung P allein stets Null ist, X_r aber nach den Gleichungen (33) stets positiv, so folgt, daß die Normalkraft im Untergurt für alle Querschnitte des Feldes eine konstante Zugkraft

$$\boldsymbol{N_r = +X_r} \qquad (52)$$

ist.

2. Die Querkraft

$$Q_{rx} = \mathfrak{Q}_{r,x} + Y_r .$$

Da $\mathfrak{Q}_{r,x} = \mathfrak{Q}_r$ die Querkraft im Felde r des Hauptsystems infolge der Belastung P für das ganze Feld konstant ist und nach Gleichung (14)

$$Y_r = -\tfrac{1}{2}\,\mathfrak{Q}_r$$

so folgt:

$$Q_{r,x} = \tfrac{1}{2}\,\mathfrak{Q}_r .$$

Die Querkraft ist also im ganzen Felde konstant und gleich der halben Querkraft des gleichnamigen Feldes im Hauptsystem unter der Belastung P.

$$\boldsymbol{Q_r = \tfrac{1}{2}\,\mathfrak{Q}_r} \quad \ldots\ldots\ldots\ldots \quad (53)$$

3. Das Biegungsmoment

$$M_{r,x} = \mathfrak{M}_{r,x} - \tfrac{1}{2} X_r h + Y_r x + Z_r .$$

Nach Gleichung (14), (15) ist

$$Y_r = -\tfrac{1}{2}\,\mathfrak{Q}_r ,$$
$$Z_r = -\tfrac{1}{2}\,\mathfrak{M}_{r,m} ,$$

ferner ist

$$\mathfrak{M}_{r,x} = \mathfrak{M}_{rm} + \mathfrak{Q}_r \cdot x ,$$

daher

$$M_{r,x} = \tfrac{1}{2}\,\mathfrak{M}_{r,m} + \tfrac{1}{2}\,\mathfrak{Q}_r x - \tfrac{1}{2} X_r h$$
$$\boldsymbol{= \tfrac{1}{2}\,[\mathfrak{M}_{r,x} - X_r h]} \quad \ldots\ldots\ldots\ldots \quad (54)$$

Hierin ist $\mathfrak{M}_{r,x}$ das Moment im Untergurtquerschnitt x des Feldes r im Hauptsystem und als Moment eines frei aufliegenden Trägers unter der Belastung P bekannt, X_r ist für diese Belastung aus den Gleichungen (46) zu ermitteln.

b) Obergurt. (Belastung in den Knoten des Untergurtes.)

Aus Fig. 37 und 43 folgt für einen beliebigen Querschnitt b—b in der Entfernung x:

1. Die Normalkraft

$$N'_{r,x} = \mathfrak{N}'_{rx} - X_r .$$

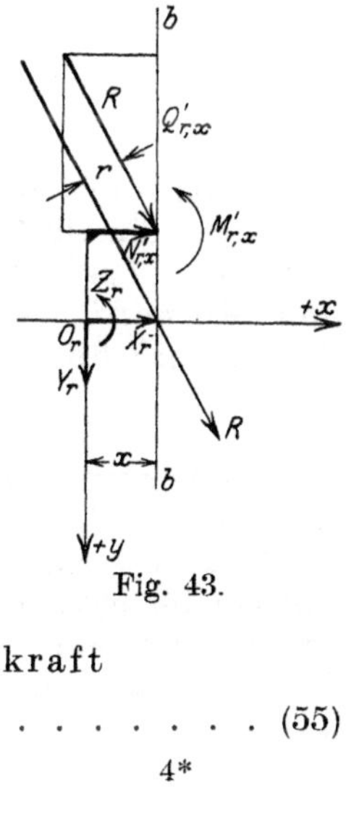

Fig. 43.

Da der Obergurt infolge der Belastung P im Hauptsystem überhaupt nicht beansprucht wird, so sind natürlich Normalkraft, Querkraft und Biegungsmoment infolge dieser Belastung für jeden Obergurtquerschnitt Null. Da ferner, wie früher schon erwähnt, X_r aus den Gleichungen (33) stets positiv errechnet wird, so folgt, daß die Normalkraft im Obergurt für alle Querschnitte des Feldes eine konstante Druckkraft

$$\boldsymbol{N'_r = -X_r} \quad \ldots\ldots\ldots\ldots \quad (55)$$

ist. Demnach sind die Normalkräfte in den Gurten eines Feldes dem absoluten Werte nach stets gleich, aber von entgegengesetztem Vorzeichen, also

$$\boldsymbol{N}_r' = -\boldsymbol{N}_r = -\boldsymbol{X}_r \qquad (56)$$

2. Die Querkraft

$$Q_{r,x}' = -Y_r\,.$$

Da nach Gleichung (14)

$$Y_r = -\tfrac{1}{2}\mathfrak{Q}_r\,,$$

so folgt

$$Q_{r\,x}' = \tfrac{1}{2}\mathfrak{Q}_r\,,$$

d. h. also, die Querkraft ist für jeden beliebigen Querschnitt des Obergurtes im Felde r eine konstante Kraft, welche durch die Gleichung

$$\boldsymbol{Q}_r' = \tfrac{1}{2}\mathfrak{Q}_r \qquad (57)$$

gegeben ist.

Da für ein und denselben Vertikalschnitt durch den Träger

$$Q_r + Q_r' = \mathfrak{Q}_r$$

ist, so folgt daraus, daß sich die Querkraft $\mathfrak{Q}_r$ irgendeines Feldes r im Hauptsystem auf beide Gurten des Rahmenträgers je zur Hälfte verteilt, es ist stets

$$Q_r' = Q_r = \tfrac{1}{2}\mathfrak{Q}_r \qquad (58)$$

3. Das Biegungsmoment

$$M_{r\,x}' = -\tfrac{1}{2}X_r h - Y_r x - Z_r\,.$$

Da nach Gleichung (14), (15)

$$Y_r = -\tfrac{1}{2}\mathfrak{Q}_r; \qquad Z_r = -\tfrac{1}{2}\mathfrak{M}_{r,m}$$

ist und

$$\mathfrak{M}_{r,m} + \mathfrak{Q}_r x = \mathfrak{M}_{r,x}\,,$$

so folgt

$$M_{r,x}' = \tfrac{1}{2}[\mathfrak{M}_{r,x} - X_r h] = M_{r,x} \qquad (59)$$

was schon früher im Abschnitt 3 infolge der Annahme gleicher Durchbiegungen des Ober- und Untergurtes in ein und demselben Vertikalschnitt gefunden wurde. Für einen solchen Schnitt ist also das Moment des Ober- und Untergurtes dem absoluten Werte und dem Vorzeichen nach stets einander gleich,

$$\boldsymbol{M}_{r,x}' = \boldsymbol{M}_{r,x} \qquad (60)$$

c) Untergurt und Obergurt. (Belastung in den Knoten des Obergurtes.)

Berechnet man die Normalkraft, Querkraft oder das Biegungsmoment für irgendeinen Gurtquerschnitt, aus dem für diese Belastung im Abschnitt 4/d festgelegten Hauptsystem, so kommt man genau zu denselben Ergebnissen wie hier in a) oder b) und man kann daher erklären:

Für die Inanspruchnahme der Gurte ist es ganz gleichgültig, ob die Belastung in den Knoten des Unter- oder Obergurtes wirkt, für beide Belastungsarten dienen die Gleichungen (52) bis (60) zur Ermittlung der Querkraft, Normalkraft oder des Biegungsmomentes des Querschnittes.

d) Pfosten. (Belastung in den Untergurtknoten.)

Die Pfosten werden im Hauptsystem durch die Belastung P nicht beansprucht, daher sind also die Querkraft, Normalkraft und das Biegungsmoment für alle Querschnitte infolge dieser Belastung Null. Aus Fig. 37 und 44 folgt nun für einen beliebigen Querschnitt in der Entfernung y von der Pfostenmitte:

1. Die Normalkraft $n_{r,y}$ ist aus Fig. 44 gegeben durch

$$n_{r,y} = -Y_r + Y_{r+1}.$$

Nun ist aber nach Gleichung (14)

$$Y_r = -\tfrac{1}{2}\mathfrak{Q}_r; \qquad Y_{r+1} = -\tfrac{1}{2}\mathfrak{Q}_{r+1},$$

daher

$$n_{r,y} = -\tfrac{1}{2}(\mathfrak{Q}_{r+1} - \mathfrak{Q}_r).$$

Im statisch bestimmten Hauptsystem besteht aber zwischen zwei unmittelbar aufeinander folgenden Feldquerkräften die Beziehung:

$$\mathfrak{Q}_{r+1} = \mathfrak{Q}_r - P_r$$

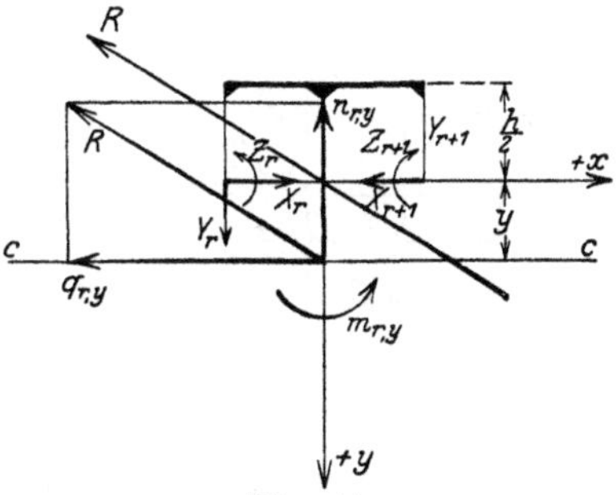

Fig. 44.

und daher wird $$\boldsymbol{n_{r,y} = n_r = +\tfrac{1}{2}P_r} \quad \text{. . . . . (61)}$$

d. h.: Bei Belastung in den Untergurtknoten wird ein Pfosten stets auf Zug beansprucht, dessen Größe der halben Knotenlast entspricht. Wirkt also im Knoten keine Last, so ist die Normalkraft im Pfosten Null.

Speziell erhält man

für den linken Auflagerpfosten

$$\boldsymbol{n_0} = +Y_1 = -\tfrac{1}{2}\mathfrak{Q}_1 = \boldsymbol{-\tfrac{1}{2}(\mathfrak{A} - P_0)} \quad \text{. . . . . (62)}$$

für den rechten Auflagerposten

$$\boldsymbol{n_n} = -Y_n = +\tfrac{1}{2}\mathfrak{Q}_n = \boldsymbol{-\tfrac{1}{2}(\mathfrak{B} - P_n)} \quad \text{. . . . . (63)}$$

In diesen Gleichungen sind $\mathfrak{A}$ und $\mathfrak{B}$ die Auflagerreaktionen des Hauptsystems infolge der Gesamtbelastung (einschließlich P_0 und P_n), P_0, P_n die auf die Knoten O bzw. n wirkenden Lasten.

2. Die Querkraft ist durch

$$\boldsymbol{q_{r,y} = q_r = X_r - X_{r+1}} \quad \text{. . . . . (64)}$$

bestimmt, sie ist also über die ganze Pfostenhöhe konstant. X_r und X_{r+1} sind aus den Gleichungen (46) zu berechnen.

3. Das Biegungsmoment ergibt sich mit

$$m_{r,y} = (X_r - X_{r+1})\,y - \left[(Y_r + Y_{r+1})\frac{\lambda}{2} + (Z_r - Z_{r+1})\right].$$

Für $y = 0$ erhält man das Pfostenmittenmoment

$$m_{r,0} = -\left[(Y_r + Y_{r+1})\frac{\lambda}{2} + (Z_r - Z_{r+1})\right],$$

das aber nach den Auseinandersetzungen im Abschnitt 3 stets Null sein muß, weshalb man für ein beliebiges Pfostenmoment $m_{r,y}$ allgemein die Gleichung

$$\boldsymbol{m_{r,y} = (X_r - X_{r+1})\, y} \quad \dots\dots\dots \quad (65)$$

bekommt. X_r, X_{r+1} sind wieder aus den Gleichungen (46) zu ermitteln, y nach den hier angenommenen Koordinatenrichtungen mit seinem Vorzeichen einzuführen.

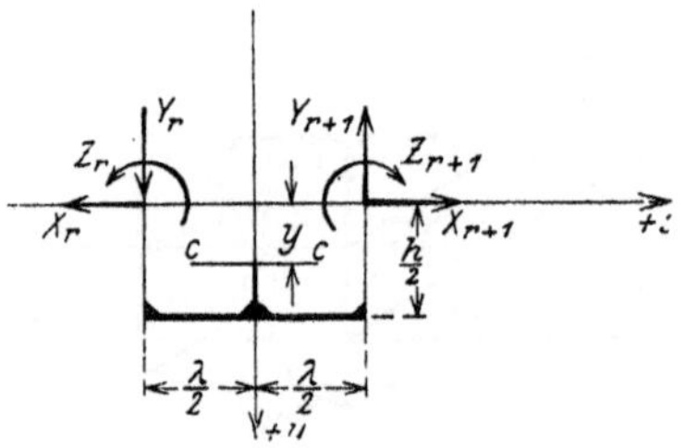

Fig. 45.

e) **Pfosten.** (Belastung in den Knoten des Obergurtes.)

Schneidet man aus dem im Abschnitt 4/d angegebenen Hauptsystem den Pfosten r durch den Schnitt c—c heraus (Fig. 45), so ist:

1. Die Normalkraft $n_{r,y}$ gegeben durch

$$n_{r,y} = +Y_r - Y_{r+1}$$

und da analog wie früher für Belastung unten entsprechend der Gleichung (14)

$$Y_r - Y_{r+1} = +\tfrac{1}{2}(\mathfrak{Q}_{r+1} - \mathfrak{Q}_r) = -\tfrac{1}{2} P_r$$

ist, wird

$$\boldsymbol{n_{r,y} = n_r = -\tfrac{1}{2} P_r} \quad \dots\dots\dots \quad (66)$$

d. h.: Bei Belastung des Trägers in den Knoten des Obergurtes wird ein Pfosten stets auf Druck beansprucht, dessen Größe der halben Knotenlast entspricht. Ist $P_r = 0$, so wird auch die Normalkraft Null.

Speziell findet man wieder für den linken Auflagerpfosten

$$n_0 = -Y_1 - \mathfrak{A} = \tfrac{1}{2}\mathfrak{Q}_1 - \mathfrak{A} = \tfrac{1}{2}(\mathfrak{A} - P_o) - \mathfrak{A} = \boldsymbol{-\tfrac{1}{2}(\mathfrak{A} + P_0)} \;. \quad (67)$$

für den rechten Auflagerpfosten

$$n_n = +Y_n - \mathfrak{B} = -\tfrac{1}{2}\mathfrak{Q}_n - \mathfrak{B} = \tfrac{1}{2}(\mathfrak{B} - P_n) - \mathfrak{B} = \boldsymbol{-\tfrac{1}{2}(\mathfrak{B} + P_n)} \quad (68)$$

Hierin haben $\mathfrak{A}$, $\mathfrak{B}$, P_0, P_n dieselbe Bedeutung, wie in den Gleichungen (62), (63).

2. Für Querkraft und Biegungsmoment erhält man hier, analog wie für Belastung unten, die beiden Formeln (64) und (65), daher kann man folgenden Schluß ziehen:

Für Querkräfte und Biegungsmomente eines Pfostens ist es gleichgültig, ob die Belastung in den Knoten des Unter- oder Obergurtes wirkt, während betreffs der Normalkräfte ein Pfosten durch Belastung unten stets auf Zug, durch Belastung oben aber stets auf Druck beansprucht wird.

II. Horizontalbelastung in den Obergurtknoten.

1. Hauptsystem, Formänderungen, Elastizitätsgleichungen.

In diesem Abschnitt soll die Inanspruchnahme eines Vierendeelträgers infolge Einwirkung horizontaler Kräfte behandelt werden. Für Hochbauten ist dieser Belastungsfall von geringerer Bedeutung, im Brückenbau hingegen wirken die Bremskräfte, welche durch die Querträger auf die Knoten des Hauptträgers übergeleitet werden, in horizontaler Richtung auf denselben ein.

Für die in Rechnung zu ziehenden Bremskräfte werden die verschiedensten Annahmen getroffen. Eine der häufigsten ist wohl die, daß die gesamte Bremskraft auf alle Querträger und damit auf alle

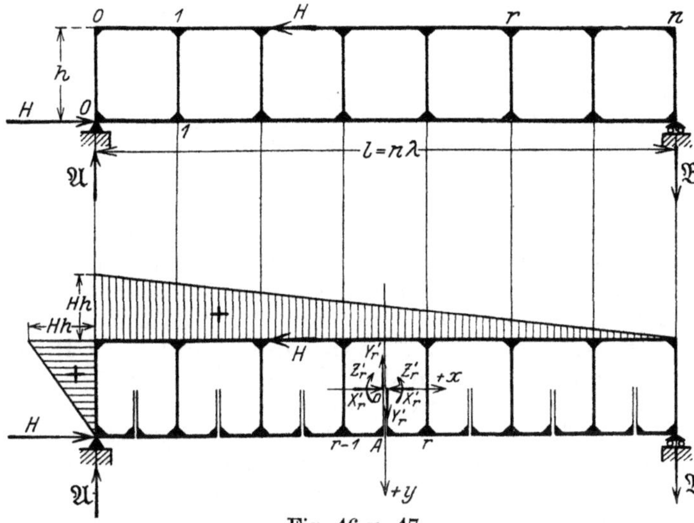

Fig. 46 u. 47.

Knoten gleichmäßig aufgeteilt und der Hauptträger dann für diese ruhende Knotenbelastung berechnet wird.

Abgesehen von derlei Annahmen wird in diesem Abschnitt ganz allgemein der Einfluß von beliebig vielen, beliebig gerichteten und in beliebigen Knoten wirkenden Horizontalkräften untersucht und zu diesem Zwecke für die folgenden Betrachtungen zunächst die Annahme getroffen, daß nur e i n e Horizontalkraft H nach Fig. 46 im Knoten m des Obergurtes angreifen möge.

Die Auflagerung des Vierendeelträgers sei wieder als statisch bestimmt vorausgesetzt, die Felderanzahl sei n, alle Abmessungen des Trägers seien bekannt; die Trägheitsmomente aller Pfosten einerseits und die der Gurte andererseits seien untereinander gleich und konstant, sie werden wieder mit J bzw. mit $J_u = J_o$ bezeichnet.

Das statisch bestimmte Hauptsystem wird hier nach Fig. 47 gewählt, die statisch unbestimmten Größen im Felde r werden mit X_r',

Y'_r und Z'_r bezeichnet und bei Ermittlung derselben, wie allgemein gebräuchlich, nur die Formänderungen infolge der Biegungsmomente berücksichtigt, während die Formänderungen infolge der Normalkräfte und Querkräfte als untergeordnet vernachlässigt werden.

Unter diesen Annahmen sind nun die statisch unbestimmten Größen eines jeden Feldes, sowie Normalkraft, Querkraft und Biegungsmoment für jeden Stabquerschnitt zu ermitteln.

Fig. 47 zeigt die durch die Horizontalkraft H im Hauptsystem hervorgerufenen Momente, welche als zweite Belastung bei Ermittlung der gegenseitigen Lageänderung der starren Stäbe in Betracht kommen. Momente, Querkräfte und Auflagerdrücke desselben werden im folgenden mit Kurrentbuchstaben bezeichnet.

Aus der Beanspruchung des hier gewählten Hauptsystems infolge der Kraft H lassen sich schon im vorhinein sehr wichtige allgemeine Sätze erkennen.

Für die Bestimmung der statisch unbestimmten Größen sind die Momentenflächen nach Fig. 47 maßgebend.

1. Da sich dieselben nicht ändern, wenn die Kraft H in beliebigem Knoten des Obergurtes angreift, so folgt: Die statisch unbestimmten Größen sind unabhängig von dem Angriffspunkt der Kraft H.

2. Greifen mehrere verschiedene beliebig gerichtete Kräfte in beliebigen Knoten des Obergurtes an, deren Resultierende wieder gleich H ist, so bleiben die Momentenflächen nach Fig. 47 abermals erhalten, daraus folgt allgemein: Die statisch unbestimmten Größen sind unabhängig von der Anzahl, der Größe, der Richtung und den Angriffspunkten der Kräfte H, sobald die Resultierende derselben konstant bleibt.

Da es nach diesen allgemeinen Sätzen gleichgültig ist, wieviele Kräfte angreifen, so sollen die nachfolgenden Untersuchungen für eine Einzelkraft H nach Fig. 46 durchgeführt werden.

Zwecks Bestimmung der statisch unbestimmten Größen sind zunächst wieder die Elastizitätsgleichungen ganz analog wie im Abschnitt I/2 zu ermitteln. Für das Vorzeichen der Gurtmomente, für die positiven Richtungen der x- und y-Achse gelten dieselben Festsetzungen wie früher, demnach ist also die Gurtmomentenfläche nach Fig. 47 als positiv anzusehen, da sie außen Zug erzeugt. Betreffs der Pfostenmomente wird jedoch, im Gegensatz zu früher, die einheitliche Voraussetzung getroffen, daß sie positiv seien, wenn sie auf der linken Seite Zug erzeugen.

Denkt man sich nun den starren Stab AO im Felde r festliegend, so erhält man, ohne hier weiter auszuführen, analog nach Abschnitt I/2 folgende Elastizitätsgleichungen:

$$\left.\begin{aligned}\Sigma \Delta \varphi_r = \frac{h}{EJ} Z'_{r-1} - \frac{2\lambda}{EJ_0} Z'_r - \frac{2h}{EJ} Z'_r + \frac{h}{EJ} Z'_{r+1} + \frac{\lambda h}{2EJ} Y'_{r-1} \\ - \frac{\lambda h}{2EJ} Y'_{r+1} + \frac{f_r}{EJ_0} = 0\end{aligned}\right\} \quad (69)$$

$$\left.\begin{aligned}\Sigma \Delta x_r &= \frac{h^3}{12EJ} X'_{r-1} - \frac{h^3}{12EJ}\left(2 + 6\,\frac{\lambda}{h}\,\frac{J}{J_o}\right) X'_r + \frac{h^3}{12EJ} X'_{r+1}\\ &\quad - \frac{h}{2}\,\frac{f_r}{EJ_o} = 0\end{aligned}\right\} \quad (70)$$

$$\left.\begin{aligned}\Sigma \Delta y_r &= \frac{\lambda^2 h}{4EJ} Y'_{r-1} + \frac{\lambda^2 h}{2EJ} Y'_r + \frac{\lambda^3}{6EJ_o} Y'_r + \frac{\lambda^2 h}{4EJ} Y'_{r+1}\\ &\quad + \frac{\lambda h}{2EJ} Z'_{r-1} - \frac{\lambda h}{2EJ} Z'_{r+1} + \frac{\lambda^3}{12EJ_o}\,\mathfrak{Q}_r = 0\end{aligned}\right\} \quad (71)$$

Für das erste Feld ändern die absoluten, aus der Belastung H im Hauptsystem hervorgegangenen Glieder dieser Gleichungen etwas ihre Form, da in demselben außer dem Obergurt auch noch die linke Vertikale beansprucht wird. Bezeichnet man die Momentenfläche über dem linken Pfosten mit

$$f = \frac{H h^2}{2},$$

so erhält man für die Verdrehungen und Verschiebungen im Felde 1 infolge der Belastung H folgende Beiträge:

$$\text{zu } \Delta \varphi_1 \cdots + \frac{f}{EJ} + \frac{f_1}{EJ_o} = \frac{1}{EJ_o}\left[\frac{J_o}{J} f + f_1\right] = \frac{f'_1}{EJ_o}$$

$$\text{zu } \Delta x_1 \ldots - \frac{h}{6}\,\frac{f}{EJ} - \frac{h}{2}\,\frac{f_1}{EJ_o} = -\frac{h}{2}\,\frac{1}{EJ_o}\left[\frac{1}{3}\,\frac{J_o}{J} f + f_1\right] = -\frac{h}{2}\,\frac{f''_1}{EJ_o}$$

$$\begin{aligned}\text{zu } \Delta y_1 \cdots &+ \frac{\lambda}{2}\,\frac{f}{EJ} + \frac{\lambda^3}{12EJ_o}\,\mathfrak{Q}_1 = + \frac{\lambda^3}{12EJ_o}\left[\frac{6}{\lambda^2}\,\frac{J_o}{J} f + \mathfrak{Q}_1\right]\\ &= + \frac{\lambda^3}{12EJ_o}\,\mathfrak{Q}'_1.\end{aligned}$$

In diesen Ausdrücken bedeuten, wie ohne weiteres zu ersehen:

$$\left.\begin{aligned} f'_1 &= \frac{J_o}{J} f + f_1\\ f''_1 &= \frac{1}{3}\,\frac{J_o}{J} f + f_1\\ \mathfrak{Q}'_1 &= \frac{6}{\lambda^2}\,\frac{J_o}{J} f + \mathfrak{Q}_1\end{aligned}\right\} \quad \ldots\ldots\ldots \quad (72)$$

Führt man diese Größen an Stelle von f_1 und $\mathfrak{Q}_1$ in die drei Elastizitätsgleichungen des ersten Feldes ein, so erhalten auch diese genau die analoge Form aller übrigen.

Die Gleichungen (69) und (71) lassen sich nun in der folgenden Weise, die sich für das weitere brauchbarer zeigt, anschreiben:

$$\left.\begin{aligned}\frac{h}{J}\left[\frac{\lambda}{2}(Y'_{r-1}+Y'_r)+Z'_{r-1}-Z'_r\right]-\frac{h}{J}\left[\frac{\lambda}{2}(Y'_r+Y'_{r+1})+Z'_r-Z'_{r+1}\right]\\ -\frac{2\lambda}{J_o}Z'_r=-\frac{f_r}{J_o}\end{aligned}\right\}\quad(73)$$

$$\left.\begin{aligned}\frac{\lambda h}{2J}\left[\frac{\lambda}{2}(Y'_{r-1}+Y'_r)+Z'_{r-1}-Z'_r\right]+\frac{\lambda h}{2J}\left[\frac{\lambda}{2}(Y'_r+Y'_{r+1})+Z'_r-Z'_{r+1}\right]\\ +\frac{\lambda^3}{6J_o}Y'_r=-\frac{\lambda^3}{12J_o}\mathfrak{Q}_r\end{aligned}\right\}\quad(74)$$

Speziell lauten diese Gleichungen für das erste Feld:

$$\frac{h}{J}\left[Y'_1\frac{\lambda}{2}-Z'_1\right]-\frac{h}{J}\left[\frac{\lambda}{2}(Y'_1+Y'_2)+Z'_1-Z'_2\right]-\frac{2\lambda}{J_o}Z'_1=-\frac{f'_1}{J_o}\quad(75)$$

$$\left.\begin{aligned}\frac{\lambda h}{2J}\left[Y'_1\frac{\lambda}{2}-Z'_1\right]+\frac{\lambda h}{2J}\left[\frac{\lambda}{2}(Y'_1+Y'_2)+Z'_1-Z'_2\right]+\frac{\lambda^3}{6J_o}Y'_1\\ =-\frac{\lambda^3}{12J_o}\mathfrak{Q}'_1\end{aligned}\right\}\quad(76)$$

2. Auflösung der Elastizitätsgleichungen.

a) Ermittlung der statisch unbestimmten Größen Y'_r und Z'_r.

Für Vertikalbelastung wurde seinerzeit zwecks Auflösung der Elastizitätsgleichungen nach Abschnitt I/3 die Annahme getroffen, daß Ober- und Untergurt in jedem Vertikalschnitt dieselbe Durchbiegung erleiden, woraus sich dann die Gleichheit der Gurtmomente in diesem Schnitt ergab. Eine weitere Folgerung zeigte ferner, daß die Momente in den Ständermitten bei jeder Belastung Null werden, woraus sich aus den Elastizitätsgleichungen (11) und (12) die einfache Lösung

$$Y_r=-\tfrac{1}{2}\mathfrak{Q}_r,$$
$$Z_r=-\tfrac{1}{2}\mathfrak{M}_{r,m}$$

ergab, so daß nur mehr die statisch unbestimmten Größen X_r zu ermitteln waren.

Da hier die Voraussetzung gleicher Durchbiegung der Gurte nicht mehr so einleuchtend scheint wie dort, so wird diese Annahme hier nicht getroffen, sondern der folgende Weg eingeschlagen. Es wird zunächst bewiesen, daß die Momente in den Pfostenmitten — kurz auch als Pfostenmittenmomente, Ständermittenmomente bezeichnet — bei jeder Horizontalbelastung Null sind. Dieses

Ergebnis führt dann, wie im folgenden gezeigt werden wird, zur einfachen Lösung

$$Y_r' = -\tfrac{1}{2}\mathfrak{Q}_r\,,$$
$$Z_r' = +\tfrac{1}{2}\mathfrak{M}_{r,m}\,,$$

wodurch wieder die Gleichheit der Gurtmomente in ein und demselben Vertikalschnitt bedingt wird. Sind aber diese Momente einander gleich, so ist bei gleichem Trägheitsmoment der Gurte notwendigerweise auch die Durchbiegung derselben gleich.

Die Gleichungen (73) bis (76) lassen sich nun nach der hier getroffenen Annahme über das Vorzeichen der Pfostenmomente in etwas anderer Form anschreiben. Nach Fig. 45, die dem gewählten Hauptsystem entspricht, erhält man für ein beliebiges Pfostenmoment den Ausdruck:

$$m_{r,y} = (X_r' - X_{r+1}')\,y + \frac{\lambda}{2}(Y_r' + Y_{r+1}') + Z_r - Z_{r+1}$$

und speziell für den Auflagerpfosten 0

$$m_{0,y} = -X_1' y + \frac{\lambda}{2} Y_1' - Z_1' + H\left(\frac{h}{2} - y\right).$$

Bezeichnet man nun die Momente in den Mitten der Pfosten 0, 1, 2 ... n mit $m_0', m_1' \dots m_n'$, so nehmen diese aus obenstehenden Gleichungen für $y = 0$ folgende Werte an:

$$\left.\begin{aligned}
m_0' &= \frac{\lambda}{2} Y_1' - Z_1' + H\,\frac{h}{2}\\
&= \frac{\lambda}{2} Y_1' - Z_1' + \frac{f}{h}\\
m_1' &= \frac{\lambda}{2}(Y_1' + Y_2') + Z_1' - Z_2'\\
&\dots\dots\dots\dots\\
m_{r-1}' &= \frac{\lambda}{2}(Y_{r-1}' + Y_r') + Z_{r-1}' - Z_r'\\
m_r' &= \frac{\lambda}{2}(Y_r' + Y_{r+1}') + Z_r' - Z_{r+1}'\\
&\dots\dots\dots\dots\\
m_n' &= \frac{\lambda}{2} Y_n' + Z_n'
\end{aligned}\right\} \quad \dots\dots (77)$$

Mit Rücksicht auf diese Gleichungen kann man die Elastizitätsgleichungen (73) bis (76) in folgender Form anschreiben:

für $r = 1$ ist

$$\frac{h}{J}(m_0' - m_1') - \frac{2\lambda}{J_0} Z_1' = -\frac{f_1'}{J_0} + \frac{f}{J} \quad \dots\dots (78)$$

$$\frac{\lambda h}{2J}(m_0' + m_1') + \frac{\lambda^3}{6J_0} Y_1' = -\frac{\lambda^3}{12 J_0}\mathfrak{D}_1' + \frac{\lambda}{2}\,\frac{f}{J} \quad \dots (79)$$

für $r > 1$ ist

$$\frac{h}{J}(m'_{r-1} - m'_r) - \frac{2\lambda}{J_0} Z'_r = -\frac{f_r}{J_0} \quad \ldots\ldots\ldots (80)$$

$$\frac{\lambda h}{2J}(m'_{r-1} + m'_r) + \frac{\lambda^3}{6J_0} Y'_r = -\frac{\lambda^3}{12J_0}\mathfrak{Q}_r \quad \ldots\ldots (81)$$

Bezugnehmend auf die Gleichungen (72) vereinfachen sich die Summen auf der rechten Seite der Gleichungen (78), (79) wie folgt:

$$-\frac{f'_1}{J_0} + \frac{f}{J} = -\frac{f}{J} - \frac{f_1}{J_0} + \frac{f}{J} = -\frac{f_1}{J_0}$$

$$-\frac{\lambda^3}{12J_0}\mathfrak{Q}'_1 + \frac{\lambda}{2}\frac{f}{J} = -\frac{\lambda}{2}\frac{f}{J} - \frac{\lambda^3}{12J_0}\mathfrak{Q}_1 + \frac{\lambda}{2}\frac{f}{J} = -\frac{\lambda^3}{12J_0}\mathfrak{Q}_1 .$$

Die Momentenfläche f, also die zweite Belastung des Auflagerständers, fällt, wie aus obigen Gleichungen zu ersehen, aus den Elastizitätsgleichungen (78), (79) des ersten Feldes heraus. Es verbleiben nur die Gurtmomentenfläche f_1 und die Gurtquerkraft $\mathfrak{Q}_1$, womit aber diese Gleichungen in jeder Hinsicht mit allen übrigen Elastizitätsgleichungen vollkommene Analogie aufweisen.

Die zweite Belastung f der Auflagervertikalen hat also auf die Ermittlung der statisch unbestimmten Größen Y'_r und Z'_r keinen weiteren direkten Einfluß und da die Momentenflächen über den Obergurten Trapeze sind, genau so wie Vertikalbelastung, so könnte man schon hier den Schluß ziehen, daß auch die Durchbiegungen der Gurte in Vertikalschnitten, genau so wie bei Vertikalbelastung, einander gleich sein müssen. Der Allgemeinheit halber soll der eingangs skizzierte Weg beibehalten werden.

Man erhält also mit Rücksicht auf die Gleichungen (78) bis (81) folgende zwei Gleichungsgruppen (82) und (83).

$$\left.\begin{array}{l}
\frac{1}{2}\frac{h}{\lambda}\frac{J_0}{J}(m'_0 - m'_1) - Z'_1 = -\frac{1}{2\lambda}f_1 \\
\frac{1}{2}\frac{h}{\lambda}\frac{J_0}{J}(m'_1 - m'_2) - Z'_2 = -\frac{1}{2\lambda}f_2 \\
\ldots\ldots\ldots\ldots\ldots\ldots \\
\frac{1}{2}\frac{h}{\lambda}\frac{J_0}{J}(m'_{r-1} - m'_r) - Z'_r = -\frac{1}{2\lambda}f_r \\
\frac{1}{2}\frac{h}{\lambda}\frac{J_0}{J}(m'_r - m'_{r+1}) - Z'_{r+1} = -\frac{1}{2\lambda}f_{r+1} \\
\ldots\ldots\ldots\ldots\ldots\ldots \\
\frac{1}{2}\frac{h}{\lambda}\frac{J_0}{J}(m'_{n-1} - m'_n) - Z'_n = -\frac{1}{2\lambda}f_n
\end{array}\right\} \quad \ldots (82)$$

und ferner aus Gleichungen (79), (81):

$$\left.\begin{array}{l}
\frac{3}{2}\frac{h}{\lambda}\frac{J_o}{J}(m_0' + m_1') + \frac{\lambda}{2}Y_1' = -\frac{\lambda}{4}\mathfrak{Q}_1 \\
\frac{3}{2}\frac{h}{\lambda}\frac{J_o}{J}(m_1' + m_2') + \frac{\lambda}{2}Y_2' = -\frac{\lambda}{4}\mathfrak{Q}_2 \\
\dots\dots\dots\dots\dots \\
\frac{3}{2}\frac{h}{\lambda}\frac{J_o}{J}(m_{r-1}' + m_r') + \frac{\lambda}{2}Y_r' = -\frac{\lambda}{4}\mathfrak{Q}_r \\
\frac{3}{2}\frac{h}{\lambda}\frac{J_o}{J}(m_r' + m_{r+1}') + \frac{\lambda}{2}Y_{r+1}' = -\frac{\lambda}{4}\mathfrak{Q}_{r+1} \\
\dots\dots\dots\dots\dots \\
\frac{3}{2}\frac{h}{\lambda}\frac{J_o}{J}(m_{n-1}' + m_n') + \frac{\lambda}{2}Y_n' = -\frac{\lambda}{4}\mathfrak{Q}_n
\end{array}\right\} \quad \dots (83)$$

Durch entsprechende Kombination der Gleichungen aus der Gruppe (82) und (83) erhält man mit Beachtung der Gleichungen (77) $n + 1$ neue Gleichungen mit den $n + 1$ unbekannten Pfostenmittenmomenten m_r'. Die Bildung dieser Gleichungen ist aus dem folgenden Rechnungsgange ohne weiteres ersichtlich.

Aus der Summe der folgenden Gleichungen

$$\frac{1}{2}\frac{h}{\lambda}\frac{J_o}{J}(m_0' - m_1') - Z_1' = -\frac{1}{2\lambda}f_1 \quad \dots\dots\dots (82)$$

$$\frac{3}{2}\frac{h}{\lambda}\frac{J_o}{J}(m_0' + m_1') + \frac{\lambda}{2}Y_1' = -\frac{\lambda}{4}\mathfrak{Q}_1 \quad \dots\dots\dots (83)$$

$$\frac{h}{\lambda}\frac{J_o}{J}(2m_0' + m_1') + \frac{\lambda}{2}Y_1' - Z_1' = -\left(\frac{1}{2\lambda}f_1 + \frac{\lambda}{4}\mathfrak{Q}_1\right)$$

erhält man mit

$$\frac{\lambda}{2}Y_1' - Z_1' + \frac{f}{h} = m_0' \quad \dots\dots\dots (77)$$

die neue Gleichung:

$$\left(1 + 2\frac{h}{\lambda}\frac{J_o}{J}\right)m_0' + \frac{h}{\lambda}\frac{J_o}{J}m_1' = -\left(\frac{1}{2\lambda}f_1 + \frac{\lambda}{4}\mathfrak{Q}_1\right) + \frac{f}{h} \quad \dots (84)$$

Aus je zwei weiteren Gleichungen r und $r + 1$ der Gruppen (82) und (83) erhält man die folgende Neubildung (87):

$$\left.\begin{array}{l}
\frac{1}{2}\frac{h}{\lambda}\frac{J_o}{J}(m_r' - m_{r+1}') - Z_{r+1}' = -\frac{1}{2\lambda}f_{r+1} \\
\pm\frac{1}{2}\frac{h}{\lambda}\frac{J_o}{J}(m_{r+1}' - m_r') \mp Z_r' = \mp\frac{1}{2\lambda}f_r
\end{array}\right\} \quad \dots\dots (82)$$

$$\frac{1}{2}\frac{h}{\lambda}\frac{J_o}{J}(-m_{r-1}' + 2m_r' - m_{r+1}') + Z_r' - Z_{r+1}' = +\frac{1}{2\lambda}f_r - \frac{1}{2\lambda}f_{r+1} \quad (85)$$

Die Subtraktion der vorhergehenden Gleichungen lieferte die neue Gleichung (85), die Addition der beiden nachfolgenden gibt die neue Gleichung (86).

$$\left.\begin{array}{l} \frac{3}{2}\frac{h}{\lambda}\frac{J_o}{J}(m'_{r-1}+m'_r) \quad +\frac{\lambda}{2}Y'_r \quad = -\frac{\lambda}{4}\mathfrak{Q}_r, \\ \frac{2}{3}\frac{h}{\lambda}\frac{J_o}{J}(m'_r+m'_{r+1})+\frac{\lambda}{2}Y'_{r+1} = -\frac{\lambda}{4}\mathfrak{Q}_{r-1} \end{array}\right\} \quad \ldots \quad (83)$$

$$\frac{3}{2}\frac{h}{\lambda}\frac{J_o}{J}(m'_{r-1}+2m'_r+m'_{r+1})+\frac{\lambda}{2}(Y'_r+Y'_{r+1}) = -\frac{\lambda}{4}\mathfrak{Q}_r-\frac{\lambda}{4}\mathfrak{Q}_{r+1} \quad (86)$$

Addiert man nun Gleichung (85) und (86), so erhält man

$$\frac{h}{\lambda}\frac{J_o}{J}(m'_{r-1}+4m'_r+m'_{r+1})+\frac{\lambda}{2}(Y'_r+Y'_{r+1})+Z'_r-Z'_{r+1}$$
$$=\left(+\frac{1}{2\lambda}f_r-\frac{\lambda}{4}\mathfrak{Q}_r\right)-\left(\frac{1}{2\lambda}f_{r+1}+\frac{\lambda}{4}\mathfrak{Q}_{r+1}\right).$$

Nun ist aber nach Gleichung (77)

$$\frac{\lambda}{2}(Y'_r+Y'_{r+1})+Z'_r-Z'_{r+1}=m'_r,$$

so daß obige Gleichung übergeht in

$$\left.\begin{array}{l} \frac{h}{\lambda}\frac{J_o}{J}m'_{r-1}+\left(1+4\frac{h}{\lambda}\frac{J_o}{J}\right)m'_r+\frac{h}{\lambda}\frac{J_o}{J}m'_{r+1}=\left(\frac{1}{2\lambda}f_r-\frac{\lambda}{4}\mathfrak{Q}_r\right) \\ \qquad -\left(\frac{1}{2\lambda}f_{r+1}+\frac{\lambda}{4}\mathfrak{Q}_{r+1}\right) \end{array}\right\} \quad . \; . \quad (87)$$

Durch analogen Vorgang lassen sich $n-1$ Gleichungen dieser Art bilden. Aus den letzten Gleichungen der Gruppen (82), (83) erhält man schließlich die Gleichung

$$\frac{h}{\lambda}\frac{J_o}{J}m'_{n-1}+\left(1+2\frac{h}{\lambda}\frac{J_o}{J}\right)m'_n=+\frac{1}{2\lambda}f_n+\frac{\lambda}{4}\mathfrak{Q}_n \quad . \; . \quad (88)$$

Im weiteren soll nun allgemein der Ausdruck aus Gleichung (87)

$$G_r=\left(\frac{1}{2\lambda}f_r-\frac{\lambda}{4}\mathfrak{Q}_r\right)-\left(\frac{1}{2\lambda}f_{r+1}+\frac{\lambda}{4}\mathfrak{Q}_{r+1}\right) \quad . \; . \; . \; . \quad (89)$$

der nur von der Belastung abhängig ist, als „Belastungsglied bezeichnet werden. Übereinstimmend damit lautet dann das Belastungsglied

$$G_0=-\left(\frac{1}{2\lambda}f_1+\frac{\lambda}{4}\mathfrak{Q}_1\right) \quad . \; . \; . \; . \; . \; . \; . \; . \quad (90)$$

$$G_n=+\left(\frac{1}{2\lambda}f_n-\frac{\lambda}{4}\mathfrak{Q}_n\right). \quad . \; . \; . \; . \; . \; . \; . \quad (91)$$

während für $r=1$ bis $r=n-1$ die Belastungsglieder nach Gleichung (89) zu bilden sind. Mit Rücksicht auf diese eingeführten Bezeichnungen kann man die Gleichungen (84), (87), (88) auch in folgender Form schreiben:

$$m_0' + \frac{1}{2+\frac{\lambda}{h}\frac{J}{J_o}} m_1' = \frac{1}{2+\frac{\lambda}{h}\frac{J}{J_o}} \frac{\lambda}{h}\frac{J}{J_o}\left[G_0 + \frac{f}{h}\right]$$

$$\frac{1}{4+\frac{\lambda}{h}\frac{J}{J_o}} m_{r-1}' + m_r' + \frac{1}{4+\frac{\lambda}{h}\frac{J}{J_o}} m_{r+1}' = \frac{1}{4+\frac{\lambda}{h}\frac{J}{J_o}} \frac{\lambda}{h}\frac{J}{J_o} G_r$$

$$\frac{1}{2+\frac{\lambda}{h}\frac{J}{J_o}} m_{n-1}' + m_n' = \frac{1}{2+\frac{\lambda}{h}\frac{J}{J_o}} \frac{\lambda}{h}\frac{J}{J_o} G_n .$$

Setzt man nun

$$\left.\begin{aligned} \frac{1}{2+\frac{\lambda}{h}\frac{J}{J_o}} &= b_1' \\ \frac{1}{4+\frac{\lambda}{h}\frac{J}{J_o}} &= b_1 \end{aligned}\right\} \quad \ldots\ldots\ldots\ldots (92)$$

so erhält man folgende $n + 1$ Gleichungen zur Ermittlung der $n + 1$ unbekannten Pfostenmittenmomente

$$\left.\begin{aligned}
m_0' + b_1' m_1' &= b_1' \frac{\lambda}{h}\frac{J}{J_o}\left(G_0 + \frac{f}{h}\right) \\
b_1 m_0' + m_1' + b_1 m_2' &= b_1 \frac{\lambda}{h}\frac{J}{J_o} G_1 \\
\ldots\ldots\ldots\ldots&\ldots\ldots \\
b_1 m_{r-1}' + m_r' + b_1 m_{r+1}' &= b_1 \frac{\lambda}{h}\frac{J}{J_o} G_r \\
\ldots\ldots\ldots\ldots&\ldots\ldots \\
b_1 m_{n-2}' + m_{n-1}' + b_1 m_n' &= b_1 \frac{\lambda}{h}\frac{J}{J_o} G_{n-1} \\
b_1' m_{n-1}' + m_n' &= b_1' \frac{\lambda}{h}\frac{J}{J_o} G_n
\end{aligned}\right\} \quad \ldots (93)$$

Diese Gleichungen (93) sind bis auf geringe Abweichungen infolge des Koeffizienten b_1' ganz analog gebaut wie die Gleichungsgruppe (22). Die Momente m_r' werden daraus im allgemeinen Falle nach ganz analoger Methode ermittelt wie die Größen X_r aus der Gleichungsgruppe (22). Hier erübrigt sich eine solche Berechnung, da die rechten Seiten aller Gleichungen (93), wie im folgenden gezeigt wird, für den vorliegenden Belastungsfall zu Null werden, woraus dann aber auch für alle Momente m_r' der Wert Null folgt.

Allgemeine Betrachtungen über die Bildung der Belastungsglieder G_r. Nach Gleichung (89) ist

$$G_r = \left(\frac{1}{2\lambda} f_r - \frac{\lambda}{4} \mathfrak{Q}_r\right) - \left(\frac{1}{2\lambda} f_{r+1} + \frac{\lambda}{4} \mathfrak{Q}_{r+1}\right).$$

Bei Ermittlung von G_r handelt es sich also allgemein um die Kenntnis der Differenz

$$D_r = \frac{1}{2\lambda} f_r - \frac{\lambda}{4} \mathfrak{Q}_r \quad \ldots \ldots \ldots \ldots (94)$$

und um die Summe

$$S_{r+1} = \frac{1}{2\lambda} f_{r+1} + \frac{\lambda}{4} \mathfrak{Q}_{r+1} \quad \ldots \ldots \ldots (95)$$

womit dann

$$G_r = D_r - S_{r+1} \quad \ldots \ldots \ldots \ldots (96)$$

folgt.

Ermittlung von D_r. Nach obiger Gleichung (94) ist

$$D_r = \frac{1}{2\lambda} f_r - \frac{\lambda}{4} \mathfrak{Q}_r ,$$

ferner die Momentenfläche durch

$$f_r = \frac{\lambda}{2} (\mathfrak{M}_{r-1} + \mathfrak{M}_r)$$

gegeben. Da für das hier gewählte Hauptsystem die Momente des Obergurtes positiv sind, wenn sie oben Zug erzeugen, die Querkraft jedoch als positiv bezeichnet wird, wenn sie links vom Schnitt nach aufwärts zeigt, so folgt die Beziehung

$$\mathfrak{M}_r = \mathfrak{M}_{r-1} - \mathfrak{Q}_r \lambda$$

oder

$$\mathfrak{M}_{r-1} = \mathfrak{M}_r + \mathfrak{Q}_r \lambda .$$

Führt man letzteren Wert in f_r ein, so erhält man

$$f_r = \frac{\lambda}{2} (2\, \mathfrak{M}_r + \mathfrak{Q}_r \lambda)$$

und damit wird

$$D_r = \tfrac{1}{2} \mathfrak{M}_r \quad \ldots \ldots \ldots \ldots (97)$$

also unabhängig vom Moment $\mathfrak{M}_{r-1}$.

Ermittlung von S_r. Entsprechend Gleichung (95) ist

$$S_r = \frac{1}{2\lambda}\left(f_r + \frac{\lambda}{4} \mathfrak{Q}_r\right)$$

und mit

$$f_r = \frac{\lambda}{2} (\mathfrak{M}_{r-1} + \mathfrak{M}_r) = \frac{\lambda}{2} (2\, \mathfrak{M}_{r-1} - \mathfrak{Q}_r \lambda)$$

erhält man

$$S_r = \tfrac{1}{2} \mathfrak{M}_{r-1} \quad \ldots \ldots \ldots \ldots (98)$$

also unabhängig von $\mathfrak{M}_r$.

Ermittlung der Belastungsglieder G_r für die Belastung H. Mit Bezug auf die gefundenen Formeln für D_r und S_r folgt:

$$G_0 = -S_1 = -\tfrac{1}{2}\mathfrak{M}_0 = -\frac{f}{h},$$

$$G_1 = D_1 - S_2 = \tfrac{1}{2}\mathfrak{M}_1 - \tfrac{1}{2}\mathfrak{M}_1 = 0,$$

$$\ldots\ldots\ldots\ldots$$

$$G_r = D_r - S_{r+1} = \tfrac{1}{2}\mathfrak{M}_r - \tfrac{1}{2}\mathfrak{M}_r = 0,$$

$$\ldots\ldots\ldots\ldots$$

$$G_n = D_n = \tfrac{1}{2}\mathfrak{M}_n = 0.$$

Mit Ausnahme von G_0 erhalten also alle Belastungsglieder den Wert Null.

Auflösung der Gleichungen (93). Durch vorstehende Werte der Belastungsglieder werden aber gleichzeitig auch die rechten Gleichungsseiten aller Gleichungen (93) zu Null, und da die ganze Gruppe dann kein absolutes Glied mehr enthält, so folgt ohne weiteres die allgemeine Lösung

$$m_r' = 0 \quad \ldots\ldots\ldots\ldots \quad (99)$$

für jeden Wert von r.

Ermittlung der statisch unbestimmten Größen Y_r' und Z_r' aus den Elastizitätsgleichungen (80), (81). Da nun alle Pfostenmittenmomente $m_r' = 0$ sind, so erhält man aus den Gleichungen (80), (81) direkt:

$$Y_r' = -\frac{\mathfrak{Q}_r}{2} \quad \ldots\ldots\ldots\ldots \quad (100)$$

$$Z_r' = +\frac{1}{2\lambda} f_r = \tfrac{1}{2}\mathfrak{M}_{r,m} \quad \ldots\ldots \quad (101)$$

Diese Gleichungen besagen also, daß Y_r' und Z_r' durch Querschnittkräfte des mit H belasteten Hauptsystems ausgedrückt werden können. Es ist Y_r' gleich der negativen halben Feldquerkraft $\mathfrak{Q}_r$ und Z_r' gleich dem halben Obergurtmoment $\mathfrak{M}_{r,m}$ in der Mitte des Feldes r.

b) Ermittlung der statisch unbestimmten Größen X_r'.

Aus Gleichung (70) erhält man für alle Werte von $r = 2$ bis $r = n$ $n-1$ Gleichungen von der Form

$$-\frac{1}{2 + 6\frac{\lambda}{h}\frac{J}{J_o}} X_{r-1}' + X_r' - \frac{1}{2 + 6\frac{\lambda}{h}\frac{J}{J_o}} X_{r+1}' = -\frac{6}{h^2}\frac{J}{J_o}\frac{1}{2 + 6\frac{\lambda}{h}\frac{J}{J_o}} f_r \quad (102)$$

nur in der Gleichung für $r = 1$ tritt entsprechend der Gleichung (72) an die Stelle von f_1 der Wert $f_1'' = \frac{1}{3}\frac{J_o}{J} f + f_1$. Setzt man

$$\frac{1}{2 + 6\frac{\lambda}{h}\frac{J}{J_o}} = b \qquad\qquad -\frac{6}{h^2}\frac{J}{J_o} b f_r = -F_r$$

bzw. in die Gleichung für $r = 1$

$$-\frac{6}{h^2}\frac{J}{J_o} b f_1'' = -F_1''$$

so erhält man folgende n Gleichungen zur Bestimmung der statisch unbestimmten Größen X_r':

$$\left.\begin{array}{l} X_1' - b X_2' = -F_1'' \\ -b X_1' + X_2' - b X_3' = -F_2 \\ \cdot\ \cdot\ \cdot\ \cdot\ \cdot\ \cdot\ \cdot\ \cdot\ \cdot\ \cdot \\ -b X_{r-1}' + X_r' - b X_{r+1}' = -F_r \\ \cdot\ \cdot\ \cdot\ \cdot\ \cdot\ \cdot\ \cdot\ \cdot\ \cdot\ \cdot \\ -b X_{n-1}' + X_n' = -F_n \end{array}\right\} \quad \ldots\ldots (103)$$

Diese Gleichungen sind ganz analog gebaut, wie die der Gruppe (22), daher können auch die Lösungen von dort hierher übernommen werden. Für den allgemeinsten Fall eines $n$feldrigen Trägers erhält man analog nach den Gleichungen (42) mit Rücksicht auf den Wert f_1' und das negative Zeichen der Absolutglieder in den Gleichungen (103) folgende Lösungen:

$$\left.\begin{array}{l} X_1' = -k\frac{6}{h^2}\frac{J}{J_o}[f_1'' + f_2 k + \ldots + f_\xi k^{\xi-1} + \ldots + f_n k^{n-1}] \\ X_r' = -\frac{k}{1-k^2}\frac{6}{h^2}\frac{J}{J_o}[f_1'' k^{r-1} + \ldots + f_\xi k^{r-\xi} + \ldots + f_{r-1} k + f_2 \\ + f_{r+1} k + \ldots + f_\xi k^{\xi-r} + \ldots + f_n k^{n-r}] \text{ für } r = 2 \text{ bis } r = n-1 \\ X_n' = -k\frac{6}{h^2}\frac{J}{J_o}[f_1'' k^{n-1} + \ldots + f_\xi k^{n-\xi} + \ldots + f_{n-1} k + f_n] \end{array}\right\} \quad (104)$$

Diese Gleichungen stimmen in ihrer Bauart mit den Gleichungen (33) vollkommen überein, die seinerzeit unter Zugrundelegung eines konstanten Wertes c in

$$k = b\,c = \tfrac{1}{2}\left(a - \sqrt{a^2 - 4}\right),$$

für einen 10feldrigen Träger abgeleitet wurden [Abschnitt I, Gl. (24) bis (26)] Die Gleichungen (24) im Abschnitt I zeigen die verschiedenen Werte c_{10} bis c_1, die alle untereinander als gleich und mit dem konstanten Wert c nach Gleichung (26) identisch erklärt wurden (siehe die entsprechende Tabelle im Abschnitt III/4, Teil C). Diese Annahme bedingt nun in der weiteren Entwicklung kleine Fehler, deren Größe aber, wie der Nachweis für Vertikalbelastung im Abschnitt III/4, Teil C zeigt, so gering ist, daß diese Fehler als verschwindend klein betrachtet werden können.

In den Gleichungen (226) des soeben erwähnten Abschnittes sind die statisch unbestimmten Größen der Gleichungen (33) dargestellt, wie sie sich ohne die vereinfachende Annahme eines konstanten Wertes c ergeben würden. Den größten Einfluß eines konstanten Wertes c hat natürlich der in den Gleichungen (226) von diesem konstanten c am meisten abweichende Wert $c_{10} = 1$, welcher in den Reihen dieser Gleichungen stets im letzten oder ersten Posten bzw. in beiden gleichzeitig erscheint. Ersetzt man nun diesen Posten $c_{10} = 1$ durch $\frac{c}{c} = 1$, während alle anderen Werte $c_x = c$ angenommen werden, so erhält man bei gleichzeitiger Verallgemeinerung dieser Voraussetzungen auf einen $n$feldrigen Träger

in der Gleichung für X_1 den letzten Posten mit $\frac{1}{c} f_n k^{n-1}$,

" " " " X_n " ersten " " $\frac{1}{c} f_1'' k^{n-1}$,

in jeder anderen " " X_r " $\begin{Bmatrix} \text{ersten} \\ \text{letzten} \end{Bmatrix}$ " " $\begin{matrix} \frac{1}{c} f_1'' k^{r-1} \\ \frac{1}{c} f_n k^{n-r} \end{matrix}$.

Da nun nach Gleichung (29)

$$1 + k^2 = a\,k = c$$

ist, also

$$\frac{1}{c} = \frac{1}{1+k^2} = 1 - \frac{k^2}{1+k^2},$$

so wird demnach:

$$\frac{1}{c} f_n k^{n-1} = f_n k^{n-1} - \frac{k^2}{1+k^2} f_n k^{n-1}$$

$$\frac{1}{2} f_1'' k^{n-1} = f_1'' k^{n-1} - \frac{k^2}{1+k^2} f_1'' k^{n-1}$$

$$\frac{1}{c} f_1'' k^{r-1} = f_1'' k^{r-1} - \frac{k^2}{1+k^2} f_1'' k^{r-1}$$

$$\frac{1}{c} f_n k^{n-r} = f_n k^{n-r} - \frac{k^2}{1+k^2} f_n k^{n-r}.$$

Während nun bei Belastung durch Vertikalkräfte auf diese Differenzierung zwischen c_{10} und allen anderen Werten c_x keine Rücksicht genommen wurde, so soll dieser Unterschied hingegen hier in allen weiteren Ableitungen in der soeben angedeuteten Weise berücksichtigt werden, nicht der Fehler wegen, die hier absolut nicht größer werden als bei Vertikalbelastung, sondern gewisser Gesetzmäßigkeiten halber, die sich hier ergeben werden und die bei Nichtbeachtung dieser Unterschiede etwas verschleiert würden. Mit Rücksicht auf diese Bemerkungen lauten dann die Gleichungen (104)

$$\left.\begin{aligned} X_1' &= -k\frac{6}{h^2}\frac{J}{J_o}\left[f_1'' + f_2 k + \ldots + f_n k^{n-1} - \frac{k^2}{1+k^2} f_n k^{n-1}\right] \\ X_r' &= -\frac{k}{1-k^2}\frac{6}{h^2}\frac{J}{J_o}\Big[f_1'' k^{r-1} + \ldots + f_{r-1} k + f_r + f_{r+1} k + \ldots + f_n k^{n-r} \\ &\qquad - \frac{k^2}{1+k^2}\left(f_1'' k^{r-1} + f_n k^{n-r}\right)\Big] \\ X_n' &= -k\frac{6}{h^2}\frac{J}{J_o}\left[f_1'' k^{n-1} + \ldots + f_{n-1} k + f_n - \frac{k^2}{1+k^2} f_1'' k^{n-1}\right] \end{aligned}\right\}(105)$$

wobei nach Gleichung (72)

$$f_1'' = f_1 + \frac{1}{3}\frac{J_o}{J} f$$

ist. Obige Gleichungen lassen sich nun noch bedeutend vereinfachen und in Form von Formeln darstellen, wenn man nach Fig. 47 alle Momentenflächen $f_1, f_2 \ldots f_n$ und f durch die Fläche f_n des letzten Feldes in folgender Weise ausdrückt. Es ist

$$\left.\begin{aligned} f_n &= \frac{1}{2}\frac{H h}{n}\lambda = \frac{\lambda h}{2 n} H \\ f_{n-1} &= \frac{1}{2}\frac{3 H h}{n}\lambda = 3 f_n \\ f_{n-2} &= 5 f_n \\ &\ldots\ldots\ldots\ldots \\ f_\xi &= [2(n-\xi)+1] f_n \\ &\ldots\ldots\ldots\ldots \\ f_1 &= (2n-1) f_n \end{aligned}\right\} \quad \ldots\ldots\ldots \quad (106)$$

und

$$f = \frac{H h^2}{2} = n \frac{h}{\lambda} f_n .$$

Demnach geht dann f_1'' über in

$$f_1'' = f_1 + \frac{n}{3}\frac{J_o}{J}\frac{h}{\lambda} f_n$$

und da analog nach Gleichung (44)

$$\frac{h}{\lambda}\frac{J_o}{J} = \frac{6k}{(1-k)^2}$$

ist, erhält man schließlich

$$f_1'' = f_1 + \frac{2nk}{(1-k)^2} f_n \quad \ldots\ldots\ldots \quad (107)$$

Führt man zunächst nur obigen Wert f_1'' in die Gleichungen (105) ein, so lauten sie:

$$X_1' = -k\frac{6}{h^2}\frac{J}{J_o}\left\{f_1 + f_2 k + \ldots + f_n k^{n-1} + \frac{2nk}{(1-k)^2} f_n - \frac{k^2}{1+k^2} f_n k^{n-1}\right\}$$

$$X_r' = -\frac{k}{1-k^2}\frac{6}{h^2}\frac{J}{J_o}\left\{f_1 k^{r-1} + \ldots + f_{r-1} k + f_r + f_{r+1} k + \ldots + f_n k^{n-r}\right.$$
$$\left. + \frac{2nk}{(1-k)^2} f_n k^{r-1} - \frac{k^2}{1+k^2}\left[f_1 k^{r-1} + \frac{2nk}{(1-k)^2} f_n k^{r-1} + f_n k^{n-r}\right]\right\}$$

$$X_n' = -k\frac{6}{h^2}\frac{J}{J_o}\left\{f_1 k^{n-1} + \ldots + f_n + \frac{2nk}{(1-k)^2} f_n k^{n-1}\right.$$
$$\left. - \frac{k^2}{1+k^2}\left[f_1 + \frac{2nk}{(1-k)^2} f_n\right] k^{n-1}\right\}$$

Setzt man nun in diesen Gleichungen die Potenzreihen

$$\left.\begin{aligned} & f_n k^{n-1} + f_{n-1} k^{n-2} + \ldots + f_\xi k^{\xi-1} + \ldots + f_2 k + f_1 = B_1 f_n \\ & f_n k^{n-r} + \ldots + f_\xi k^{\xi-r} + \ldots + f_{r-1} k + f_r + f_{r-1} k + \ldots \\ & \qquad + f_\xi k^{r-\xi} + \ldots + f_1 k^{r-1} = B_r f_n \\ & f_n + f_{n-1} k + \ldots + f_\xi k^{n-\xi} + \ldots + f_1 k^{n-1} = B_n f_n \end{aligned}\right\} \quad (108)$$

so gehen sie über in

$$\left.\begin{aligned} X_1' &= -k \frac{6}{h^2} \frac{J}{J_o} f_n \left\{B_1 + \frac{2n}{(1-k)^2} k - \frac{k}{1+k^2} k^n\right\} \\ X_r' &= -\frac{k}{1-k^2} \frac{6}{h^2} \frac{J}{J_o} f_n \left\{B_r + \frac{2n}{(1-k)^2} k_r - \frac{k}{1+k^2} \left[2n - 1\right.\right. \\ &\qquad \left.\left. + \frac{2nk}{(1-k)^2}\right] k^r - \frac{k^2}{1+k^2} k^{n-r}\right\} \\ X_n' &= -k \frac{6}{h^2} \frac{J}{J_o} f_n \left\{B_n + \frac{2n}{(1-k)^2} k^n - \frac{k}{1+k^2} \left[2n - 1\right.\right. \\ &\qquad \left.\left. + \frac{2nk}{(1-k)^2}\right] k^n\right\} \end{aligned}\right\} \quad (109)$$

Da nach Gleichungen (106) die Flächen $f_n, f_{n-1} \ldots f_r \ldots f_1$ Vielfache der Fläche f_n sind, und zwar in der Weise, daß die Koeffizienten von f_r der Reihe nach die ungeraden Zahlen $1, 3, 5 \ldots 2n-1$ bilden, so lauten die Reihen B_r nach Gleichungen (108) z. B. für einen speziellen Fall von $n = 10$

für $r = 1$: $B_1 = k^9 + 3k^8 + 5k^7 + 7k^6 + 9k^5 + 11k^4 + 13k^3 + 15k^2 + 17k^1 + 19$

„ $r = 4$: $B_4 = k^6 + 3k^5 + 5k^4 + 7k^3 + 9k^2 + 11k + 13 + 15k + 17k^2 + 19k^3$

. . . .

„ $r = 10$: $B_{10} = 1 + 3k + 5k^2 + 7k^3 + 9k^4 + 11k^5 + 13k^6 + 15k^7 + 17k^8 + 19k^9$

Vergleicht man nun diese Reihen mit jenen in den Gleichungen (172), so sieht man, daß sie mit diesen vollkommen identisch sind. Für so gebaute Reihen werden im Teil C, Abschnitt III/2, b Summenformeln entwickelt werden, hier soll nur das Resultat von dort nach Gleichung (187) übernommen werden. Man erhält für B_r den Ausdruck

$$B_r = \frac{1+k}{1-k}\left[2(n-r) + 1 - \left(\frac{1}{1-k} + \frac{2n}{1+k}\right) k^r + \frac{1}{1-k} k^{n-r+1}\right]$$

der speziell nach für $r = 1$ und $r = n$ nach einigen Reduktionen die Form

$$B_1 = \frac{1}{(1-k)^2}\left[2n - 1 - (2n+1)k + (1+k)k^n\right]$$

$$B_n = \frac{1}{(1-k)^2}\left[1 + k - (2n+1)k + (2n-1)k^{n+1}\right]$$

annimmt.

Der Multiplikator vor den Klammerausdrücken der Gleichungen (109) läßt sich noch in folgender Weise vereinfachen. Da

$$H h = n \lambda \mathfrak{A}$$

ist, so wird

$$f_n = \frac{\lambda}{2n} H h = \frac{\lambda^2}{2} \mathfrak{A},$$

wobei der Auflagerdruck $\mathfrak{A}$ infolge der Belastung H im Hauptsystem als positiv einzuführen ist, wenn er nach aufwärts zeigt. Ersetzt man ferner analog nach Gleichung (44)

$$\frac{\lambda}{h} \frac{J}{J_o} = \frac{(1-k)^2}{6k},$$

so wird der zu X_1' und X_n' gehörige Multiplikator

$$-k \frac{6}{h^2} \frac{J}{J_o} f_n = -\frac{1}{2} \frac{\lambda}{h} \mathfrak{A} (1-k)^2 \quad \ldots \ldots \quad (110)$$

und der zu allen übrigen X_r' gehörige Multiplikator

$$-\frac{k}{1-k^2} \frac{6}{h^2} \frac{J}{J_o} f_n = -\frac{1}{2} \frac{\lambda}{h} \mathfrak{A} \frac{1-k}{1+k} \quad \ldots \ldots \quad (111)$$

Führt man nun in die Gleichungen (109) die oben gefundenen Summenformeln B_r und die Multiplikatoren nach Gleichung (110) und (111) ein, so erhält man nach Zusammenziehen gleichartiger Größen:

$$X_1' = -\frac{1}{2} \frac{\lambda}{h} \mathfrak{A} \left[2n - 1 - k + \frac{1 + 3k^2}{1 + k^2} k^n \right]$$

$$X_r' = -\frac{1}{2} \frac{\lambda}{h} \mathfrak{A} \left[2(n-r) + 1 - \frac{1 + 3k^2}{1 - k^4} (k^r - k^{n-r+1}) + \frac{2n}{1-k^4} k^{r+2} \right]$$

$$X_n' = -\frac{1}{2} \frac{\lambda}{h} \mathfrak{A} \left[1 + k - \frac{1 + 3k^2}{1 + k^2} k^n + \frac{2n}{1 + k^2} k^{n+2} \right]$$

Vernachlässigt man schließlich, was stets zulässig ist, die letzten Glieder in den beiden ersten Gleichungen und die zwei letzten Posten in X_n', setzt $1 - k^4 = 1$, so erhält man nun die endgültigen Formeln zur Bestimmung der statisch unbestimmten Größen X_r' mit:

$$X_1' = -\frac{1}{2} \frac{\lambda}{h} \mathfrak{A} [2n - 1 - k]$$

$$X_r' = -\frac{1}{2} \frac{\lambda}{h} \mathfrak{A} [2(n-r) + 1 - (1 + 3k^2)(k^r - k^{n-r+1})]$$

$$X_n' = -\frac{1}{2} \frac{\lambda}{h} \mathfrak{A} [1 + k].$$

Diese drei Gleichungen lassen sich noch in eine einzige vereinigen, wenn man

$$X_r' = -\frac{1}{2} \frac{\lambda}{h} \mathfrak{A} [2(n-r) + 1 - R_r] \quad \ldots \ldots \quad (112)$$

schreibt und R_r

$$\text{für } r = 1 \ldots R_1 = +k$$
$$,, \; r = n \ldots R_n = -k$$
$$,, \; r \gtrless {}^1_n \ldots R_r = (1 + 3k^2)(k^r - k^{n-r+1})$$

setzt.

Es sei nochmals hervorgehoben, daß $\mathfrak{A} = \frac{Hh}{n\lambda}$ den Auflagerdruck am linken festen Auflager bedeutet und positiv in Rechnung zu führen ist, wenn er nach aufwärts zeigt.

Ist das feste Auflager auf der rechten Seite des Trägers, so nehmen obige Gleichungen wegen der spiegelsymmetrischen Verhältnisse, die dann eintreten, folgende Form an:

$$X_1' = -\frac{1}{2}\frac{\lambda}{h}\mathfrak{B}[1 + k],$$

$$X_r' = -\frac{1}{2}\frac{\lambda}{h}\mathfrak{B}[2r - 1 + (1 + 3k)(k^r - k^{n-r+1}),$$

$$X_n' = -\frac{1}{2}\frac{\lambda}{h}\mathfrak{B}[2n - 1 - k]$$

oder $$X_r' = -\frac{1}{2}\frac{h}{\lambda}\mathfrak{B}[2r - 1 + R_r], \quad \ldots\ldots\ldots\ldots (113)$$

wobei $$R_1 = +k,$$
$$R_n = -k,$$
$$R_r = (1 + 3k^2)(k^r - k^{n-r+1}) \quad \text{für } r = 2 \text{ bis } r = n - 1$$

ist.

Jetzt bedeutet $\mathfrak{B} = \frac{Hh}{n\lambda}$ den Auflagerdruck am rechten festen Auflager, er ist positiv, wenn er nach aufwärts zeigt. Wirken mehrere Kräfte H auf den Träger, so ist in den Gleichungen (112), (113) $\mathfrak{A}$ bzw. $\mathfrak{B}$ für ΣH zu errechnen.

Als Kontrolle gilt in den Gleichungen (112) und (113) für zwei zur Trägermitte symmetrisch gelegene Felder die Beziehung

$$X_r' + X_{n-r+1}' = -\frac{n\lambda\mathfrak{A}}{h} = -H \quad \ldots\ldots (114)$$

wobei H entsprechend der Gleichung $Hh = n\lambda\mathfrak{A}$ mit Rücksicht auf die Festsetzung des Vorzeichens von $\mathfrak{A}$ als positiv anzusehen ist, wenn es ein positives $\mathfrak{A}$ hervorruft.

3. Die inneren Kräfte. Normalkraft, Querkraft und Biegungsmoment eines Querschnittes.

Die inneren Kräfte sind mit den äußeren auf den Querschnitt wirkenden Kräften, das sind die Normalkraft, die Querkraft und das Biegungsmoment, im Gleichgewicht und daher durch diese bestimmt.

Betreffs der Vorzeichen dieser Kräfte sollen wieder genau dieselben Regeln gelten wie bei Belastung durch Vertikalkräfte.

Eine Normalkraft ist demnach positiv als Zugkraft.

Eine Querkraft ist für einen horizontalen Stab positiv, wenn sie als Resultierende aller äußeren Kräfte links vom Schnitt nach aufwärts zeigt, für einen vertikalen Stab jedoch positiv, wenn sie als Resultierende aller äußeren Kräfte oberhalb des Schnittes nach rechts zeigt. Betrachtet man hingegen bei horizontalen Stäben den rechts vom Schnitt gelegenen Trägerteil, bei vertikalen jenen unterhalb des Schnittes, so ist die Querkraft positiv, wenn sie nach abwärts bzw. nach links gerichtet ist.

Ein Biegungsmoment ist für die Gurte positiv, wenn es unten Zug erzeugt, für die Vertikalen hingegen, wenn es links den Zug hervorruft.

Diese Festsetzungen stimmen bezüglich der Obergurtmomente mit jenen bei der Ableitung angenommenen nicht überein, denn ein Obergurtmoment wurde im Gegensatz zu hier als positiv erklärt, wenn es außen, also oben, Zug erzeugte. Nach den hier festgelegten Vorzeichen ist daher in der Gleichung (101)

$$Z_r' = +\tfrac{1}{2}\,\mathfrak{M}_{r,m}$$

das Moment mit entgegengesetztem Vorzeichen einzuführen und hier also in der Form

$$Z_r' = -\tfrac{1}{2}\,\mathfrak{M}_{r,m}$$

bei Bestimmung der Biegungsmomente zu verwenden, während die Gleichung $Y_r' = -\tfrac{1}{2}\,\mathfrak{Q}_r$ aufrechterhalten bleibt und X_r' mit seinem aus den Gleichungen (112), (113) gewonnenen Vorzeichen einzusetzen ist.

Normalkraft, Querkraft und Biegungsmoment werden aus entsprechenden Schnitten des statisch gleichwertigen Hauptsystems ermittelt und sollen diese Kräfte infolge der Belastung H allein in folgenden stets mit Kurrentbuchstaben bezeichnet werden. Ohne hier weiteres auszuführen — der Vorgang ist analog wie bei Vertikalbelastung I/5 — werden nur die Resultate angegeben.

a) Obergurt.

$$\left.\begin{aligned} N_r' &= \mathfrak{N}_r - X_r' \\ Q_r' &= +\tfrac{1}{2}\,\mathfrak{A} \\ M_{r,x}' &= \tfrac{1}{2}\,(\mathfrak{M}_{r,x} - X_r' h) \end{aligned}\right\} \quad \ldots\ldots\ldots \quad (115)$$

b) Untergut.

$$\left.\begin{aligned} N_r &= +X_r' \\ Q_r &= +\tfrac{1}{2}\,\mathfrak{A} \\ M_{r,x} &= \tfrac{1}{2}\,(\mathfrak{M}_{r,x} - X_r' h) \end{aligned}\right\} \quad \ldots\ldots\ldots \quad (116)$$

Aus den Gleichungen (115), (116) ist zu erkennen, daß die Gurtnormalkräfte und Gurtquerkräfte im ganzen Feld konstant sind. $\mathfrak{M}_{r,x}$ ist das Moment im Schnitte x des Obergurtes infolge der Belastung H des Hauptsystems, $\mathfrak{A}$ der linke Auflagerdruck infolge dieser Belastung, positiv, wenn er nach aufwärts zeigt.

c) Pfosten. Für einen beliebigen Pfosten r ist

$$\left.\begin{aligned} n_r &= 0 \\ q_r &= X'_r - X'_{r+1} \\ m_{r,y} &= (X'_r - X'_{r+1})\,y \end{aligned}\right\} \quad \ldots\ldots\ldots \quad (117)$$

y ist von Pfostenmitte nach abwärts positiv.

Für die Auflagerpfosten 0 und n erhält man, je nachdem das feste Auflager links oder rechts ist, folgende Gleichungen.

1. Festes Auflager links:

$$\left.\begin{aligned} n_0 &= -\tfrac{1}{2}\mathfrak{A}; & n_n &= -\tfrac{1}{2}\mathfrak{B} \\ q_0 &= \mathfrak{q}_0 - X'_1 = H - X'_1; & q_n &= X'_n \\ m_{0,y} &= (H - X'_1)\,y; & m_n &= X'_n\,y \end{aligned}\right\} \quad \ldots \quad (118)$$

2. Festes Auflager rechts:

$$\left.\begin{aligned} n_0 &= -\tfrac{1}{2}\mathfrak{A}; & n_n &= -\tfrac{1}{2}\mathfrak{B} \\ q_0 &= -X'_1; & q_n &= X'_n + \mathfrak{q}_n = X'_n + H \\ m_{0,y} &= -X'_1\,y; & m_{n,y} &= (X'_n + H)\,y \end{aligned}\right\} \quad \ldots \quad (119)$$

In den Gleichungen (118), (119) ist die Reaktion H positiv einzuführen, wenn sie nach links gerichtet ist, $\mathfrak{A}$ und $\mathfrak{B}$ die Auflagerdrücke infolge der Belastung H im Hauptsystem sind positiv, wenn sie nach aufwärts zeigen. Wirken mehrere Kräfte H, so tritt in allen Gleichungen die Resultierende ΣH an die Stelle von H.

III. Horizontalbelastung bei versenkter Fahrbahn.

Im folgenden werden nur die Formeln zur Ermittlung der statisch unbestimmten Größen mitgeteilt, der Rechenvorgang jedoch, der ganz analog einzuschlagen ist, wie im Abschnitt II wird nur flüchtig skizziert.

Der Belastungsfall sei ganz allgemein nach Fig. 48 gegeben, an jedem Pfosten greift also eine Einzelkraft H in beliebigem Punkte an.

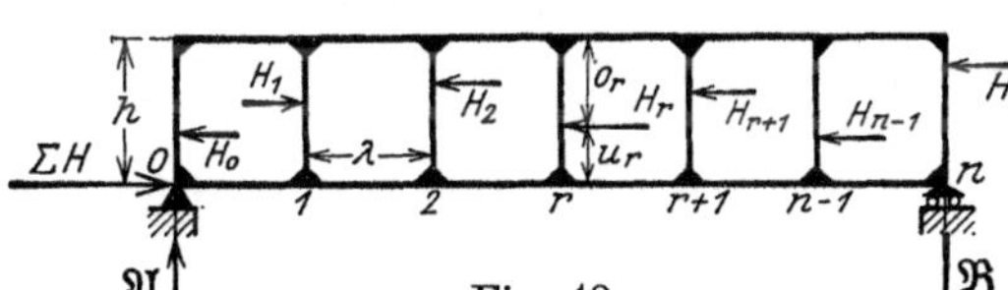

Fig. 48.

Bei der Wahl des Hauptsystems nach Fig. 47 werden die Formänderungen und Elastizitätsgleichungen ganz analog erhalten wie im Abschnitt II, nur sind hier auch die Momentenflächen der belasteten Pfosten zu berücksichtigen, ähnlich wie es seinerzeit durch die Gleichungen (72) für den Auflagerpfosten geschah. Durch entsprechende Verbindung der Elastizitätsgleichungen erhält man hier folgende, den Gleichungen (82), (83) analoge Gleichungen:

$$\frac{1}{2}\,\frac{h}{\lambda}\,\frac{J_o}{J}\,(M'_{r-1} - M'_r) - Z'_r = -\frac{1}{2\lambda}\,\mathfrak{f}_r \quad \ldots\ldots \quad (120)$$

$$\frac{3}{2}\,\frac{h}{\lambda}\,\frac{J_o}{J}\,(M'_{r-1} + M'_r) + \frac{\lambda}{2}\,Y'_r = -\frac{\lambda}{4}\,\mathfrak{O}_r \quad \ldots \quad (121)$$

Es ist f_r die Momentenfläche über dem Obergurt r im Hauptsystem, $\mathfrak{Q}_r$ die Querkraft in diesem Gurt. M'_{r-1} und M'_r sind neu eingeführte Unbekannte, und zwar ist

$$M'_r = \begin{cases} m'_r + \frac{1}{2}\frac{u_r}{h}\mathfrak{M}_{f,r} & \text{für Kraftangriff unter der Pfostenmitte} \quad (122) \\ m'_r - \frac{1}{2}\frac{o_r}{h}\mathfrak{M}_{k,r} & \text{,, ,, über ,, ,,} \quad (123) \end{cases}$$

In diesen Gleichungen ist nach obiger Figur 48

$\mathfrak{M}_{f,r} = -H_r u_r$, das Moment von H_r in bezug auf den Ständerfußpunkt,

$\mathfrak{M}_{k,r} = +H_r o_r$, ,, ,, ,, ,, ,, ,, ,, ,, Ständerkopfpunkt,

das Vorzeichen ist **positiv**, wenn die Kraft im Sinne der Uhr dreht. m'_r ist das unbekannte Pfostenmittenmoment im Vierendeelträger.

Eine nach Abschnitt II analoge Kombination der Gleichungen (120), (121) führt auch hier zu den folgenden, der Gleichungsgruppe (93) entsprechenden Gleichungen:

$$\left.\begin{aligned} M'_0 + b'_1 M'_1 &= b'_1 \frac{\lambda}{h}\frac{J}{J_o} G_0 \\ b_1 M'_0 + M'_1 + b_1 M'_2 &= b_1 \frac{\lambda}{h}\frac{J}{J_o} G_1 \\ &\ldots\ldots\ldots\ldots \\ b_1 M'_{r-1} + M'_r + b_1 M'_{r+1} &= b_1 \frac{\lambda}{h}\frac{J}{J_o} G_r \\ &\ldots\ldots\ldots\ldots \\ b_1 M'_{n-2} + M'_{n-1} + b_1 M'_n &= b_1 \frac{\lambda}{h}\frac{J}{J_o} G_{n-1} \\ b'_1 M'_{n-1} + M'_n &= b'_1 \frac{\lambda}{h}\frac{J}{J_o} G_n \end{aligned}\right\} \quad \ldots \quad (124)$$

Es ist

$$b'_1 = \frac{1}{a'_1}; \qquad a'_1 = 2 + \frac{\lambda}{h}\frac{J}{J_o} \quad \ldots\ldots \quad (125)$$

$$b_1 = \frac{1}{a_1}; \qquad a_1 = 4 + \frac{\lambda}{h}\frac{J}{J_o} \quad \ldots\ldots \quad (126)$$

während alle Belastungsglieder G_r unabhängig, ob die Kraft H oberhalb oder unterhalb von der Pfostenmitte angreift, aus der Formel

$$G_r = \frac{1}{2}\frac{u_r}{h}\mathfrak{M}_{k,r} \quad \ldots\ldots \quad (127)$$

zu ermitteln sind. $\mathfrak{M}_{k,r}$ hat die vorhin erwähnte Bedeutung, u_r und h sind stets absolut, ohne Vorzeichen einzuführen.

Die Auflösung der Gleichungen (124) geschieht analog wie die der Gruppe (22), kleine Änderungen ergeben sich hier wegen des abweichenden Koeffizienten b_1'. Allgemeine Untersuchungen führten zu folgenden Ergebnissen für Träger mit ungerader Pfostenanzahl:

$$\left.\begin{aligned}
M_0' &= \mu_0[+\boldsymbol{G_0} - G_1 k + G_2 k^2 - G_3 k^3 + \ldots + G_n k^n] \\
M_1' &= \mu_1[-G_0' k + \boldsymbol{G_1} - G_2 k + G_3 k^2 - \ldots - G_n' k^{n-1}] \\
M_2' &= \mu[+G_0' k^2 - G_1 k + \boldsymbol{G_2} - G_3 k + \ldots + G_n' k^{n-2}] \\
&\ldots\ldots\ldots\ldots\ldots\ldots\ldots\ldots\ldots\ldots \\
M_r' &= \mu[\pm G_0' k^r \mp G_1 k^{r-1} \pm \ldots - G_{r-1} k + \boldsymbol{G_r} - G_{r+1} k \ldots \pm G_n' k^{n-r}] \\
&\ldots\ldots\ldots\ldots\ldots\ldots\ldots\ldots\ldots\ldots \\
M_{n-1}' &= \mu_1[-G_0' k^{n-1} + G_1 k^{n-2} - \ldots - G_{n-2} k + \boldsymbol{G_{n-1}} - G_n' k] \\
M_n' &= \mu_0[+G_0 k^n - G_1 k^{n-1} + \ldots - G_{n-1} k + \boldsymbol{G_n}]
\end{aligned}\right\} \quad (128)$$

In M_r' gelten die oberen Vorzeichen, wenn r gerade, die unteren für ungerades r. Die Gleichungen für M_0', M_1', M_{n-1}' und M_n' besitzen den Multiplikator μ_0, μ_1, alle übrigen den Multiplikator μ. Es ist

$$\mu_0 = \frac{1}{a_1' - k} \frac{\lambda}{h} \frac{J}{J_o} \quad \ldots\ldots\ldots \quad (129)$$

$$\mu_1 = a_1 k \mu_0 \quad \ldots\ldots\ldots \quad (130)$$

$$\mu = \frac{k}{1 - k^2} \frac{\lambda}{h} \frac{J}{J_o} \quad \ldots\ldots\ldots \quad (131)$$

$$k = \tfrac{1}{2}\left[a_1 - \sqrt{a_1^2 - 4}\right] \quad \ldots\ldots \quad (132)$$

Die Belastungsglieder G_r sind durch die Formel (127) bestimmt, speziell ist aber in den Gleichungen M_2' bis M_{n-1}'

$$G_0' = \frac{b_1'}{b_1} G_o \quad \ldots\ldots\ldots \quad (133)$$

$$G_n' = \frac{b_1'}{b_1} G_n \quad \ldots\ldots\ldots \quad (134)$$

Im übrigen ist das Gesetz, nach welchem obige Reihen gebildet werden, leicht zu erkennen: Das erste Glied G_0 der ersten Reihe ist stets positiv, die ersten Glieder der weiteren Reihen wechseln das Vorzeichen, nach rechts hin setzt sich dann jede Reihe mit Zeichenwechsel fort. Daher sind bei ungerader Pfostenzahl das erste und letzte Glied einer jeden Reihe gleich, bei gerader Pfostenzahl ungleich bezeichnet. Die Hauptglieder $G_0, G_1 \ldots G_n$ in $M_0', M_1' \ldots M_n'$ sind stets positiv.

Ermittlung der statisch unbestimmten Größen Y_r' und Z_r'. Mit Hilfe der nun bekannten Werte M_r' findet man aus den Gleichungen (120) und (121):

$$Y_r' = -\frac{1}{2} \mathfrak{Q}_r - 3 \frac{h}{\lambda} \frac{J_o}{J} \frac{1}{\lambda} (M_{r-1}' + M_r') \quad \ldots\ldots \quad (135)$$

$$Z_r' = +\frac{1}{2} \mathfrak{M}_{r,m} + \frac{1}{2} \frac{h}{\lambda} \frac{J_o}{J} (M_{r-1}' - M_r') \quad \ldots\ldots \quad (136)$$

In diesen Gleichungen ist $\mathfrak{Q}_r$ die Querkraft im Obergurt des Feldes r, $\mathfrak{M}_{r,m}$ das Moment in der Mitte dieses Gurtes, infolge der Belastung H des Hauptsystems. Die Querkraft $\mathfrak{Q}_r$ ist positiv, wenn sie als Resultierende aller Kräfte links vom Schnitt nach aufwärts zeigt, $\mathfrak{M}_{r,m}$ ist positiv, wenn es im Obergurt oben Zug erzeugt.

Zu bemerken ist noch, daß die Formel (127) unabhängig von der festen Auflagerung ist. Für feste Lagerung links oder rechts ist aber das Belastungsglied G_r stets aus der Gleichung

$$G_r = +\frac{1}{2}\frac{u_r}{h}\mathfrak{M}_{k,r} \qquad (127)$$

zu bestimmen, wobei $\mathfrak{M}_{k,r}$ positiv im Sinne der Uhr zählt.

Ermittlung der statisch unbestimmten Größen X_r'. Diese sind aus den Gleichungen (104) zu ermitteln, wenn man an Stelle der dortigen Werte f_r bzw. f_1'' die durch die Formel

$$f_r'' = f_r + \frac{1}{3}\frac{J_o}{J}\left[F_{r-1}\left(3 - 2\,\frac{o_{r-1}}{h}\right) - F_r\left(3 - 2\,\frac{o_r}{h}\right)\right] \quad . \quad . \quad (137)$$

bestimmten Werte einsetzt. Hierin bedeutet f_r die Momentenfläche über dem Obergurt r des Hauptsystems, F_{r-1} und F_r jene über die Pfosten $r-1$ und r, hervorgerufen durch die Belastung H. f_r ist positiv einzuführen, wenn der Gurt oben gezogen wird, F_{r-1} und F_r sind positiv, wenn auf der linken Seite der Pfosten Zug entsteht.

Ermittlung von Normalkraft, Querkraft und Biegungsmoment. Diese Kräfte sind aus dem statisch bestimmten Hauptsystem zu ermitteln, wenn dasselbe durch die Kräfte H und die statisch unbestimmten Größen X_r', Y_r' und Z_r', die durch die vorstehenden Formeln ermittelt wurden, belastet ist.

IV. Temperaturwirkungen.

Da die Lagerung des Tragwerkes als statisch bestimmt vorausgesetzt wird, so hat eine gleichmäßige Temperaturänderung aller Stäbe keine inneren Spannungen zur Folge, weil der Träger in seiner durch die Temperatur bewirkten Formänderung in keiner Weise behindert ist. Nur wenn verschiedene Tragwerksteile ungleichen Temperatureinflüssen ausgesetzt sind, erzeugen dieselben, wie im folgenden gezeigt wird, Spannungen in den einzelnen Stäben des Trägers.

Für praktische Fälle genügt die Berücksichtigung eines alleinigen Temperaturunterschiedes in den Gurten, wobei angenommen wird, daß über den ganzen Querschnitt derselben konstante Temperatur herrsche. Ist dieselbe t_o Grad im Obergurt, t_u Grad im Untergurt und $t_o < t_u$, so sei der Temperaturunterschied zwischen beiden $t = t_o - t_u$.

Die Temperatur aller Ständer möge vom Fuß bis zum Kopf gleichmäßig von t_u bis t_o zunehmen, innere Spannungen werden dadurch nicht erzeugt.

Der Berechnung der statisch unbestimmten Größen $X_{r,t}$, $Y_{r,t}$ und $Z_{r,t}$ infolge der Temperatureinwirkungen legt man wieder, analog wie für Vertikal- und Horizontalbelastung, das in Fig. 24 und 37 dargestellte Hauptsystem zugrunde. Durch die Wirkung der Temperatur werden die starren Stäbe eines jeden Feldes ihre gegenseitige Lage verändern. Mit Rücksicht auf die getroffene Annahme eines konstanten Temperaturunterschiedes t zwischen den Gurten allein, kann infolge der verschiedenen, aber gleichmäßigen Dehnungen derselben, nur eine Horizontalverschiebung der starren Stäbe eines jeden Feldes eintreten.

Hält man, entsprechend dem Abschnitt I/2, den Stab $\overline{OA}$ des r^{ten} Feldes in nebenstehender Fig. 49 fest, so ist bei bekanntem Ausdehnungskoeffizienten ε:

$$\left.\begin{aligned} \Delta \varphi_{r,t} &= 0 \\ \Delta x_{r,t} &= \varepsilon t \lambda \\ \Delta y_{r,t} &= 0 \end{aligned}\right\} \quad . \; . \; (138)$$

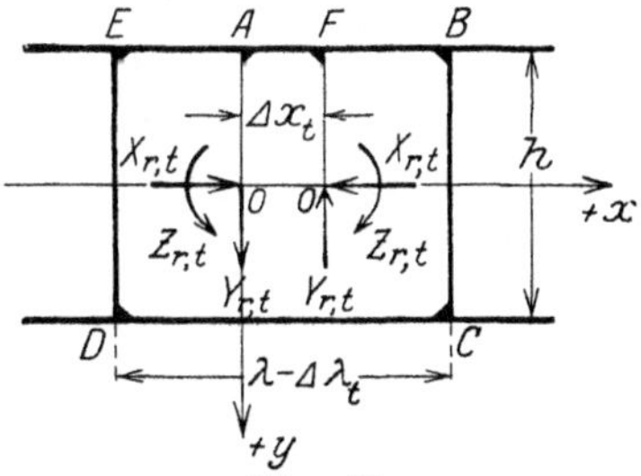

Fig. 49.

Um nun die statische Gleichwertigkeit zwischen Hauptsystem und Vierendeelträger herzustellen, müssen wieder Kräftegruppen $X_{r,t}$, $Y_{r,t}$ und $Z_{r,t}$ auf die starren Stäbe eines jeden Feldes wirken, um die durch die Temperatur hervorgerufenen Formänderungen rückgängig zu machen. Die Ermittlung der Formänderungen infolge $X_{r,t}$, $Y_{r,t}$, $Z_{r,t}$ und der weitere Vorgang zwecks Aufstellung der Elastizitätsgleichungen ist ganz analog wie der im Abschnitt I/2. Mit Hinweis darauf findet man hier, unter der Voraussetzung $J_o = J_u$, z. B. für das r^{te}-Feld folgende drei Elastizitätsgleichungen zur Ermittlung der statisch unbestimmten Größen:

$$\left.\begin{aligned} \Sigma \Delta \varphi = -\frac{\lambda h}{2EJ} Y_{r-1,t} + \frac{\lambda h}{2EJ} Y_{r+1,t} - \frac{h}{EJ} Z_{r-1,t} \\ + \frac{2}{E}\left[\frac{h}{J} + \frac{\lambda}{J_u}\right] Z_{r,t} - \frac{h}{EJ} Z_{r+1,t} = 0 \end{aligned}\right\} (139)$$

$$\Sigma \Delta x = \frac{h^3}{12EJ} X_{r-1,t} - \frac{h^2}{2E}\left[\frac{h}{3J} + \frac{\lambda}{J_u}\right] X_{r,t} + \frac{h^3}{12EJ} X_{r+1,t} + \varepsilon t \lambda = 0 \quad (140)$$

$$\left.\begin{aligned} \Sigma \Delta y = -\frac{\lambda^2 h}{4EJ} Y_{r-1,t} - \frac{\lambda^2}{2E}\left[\frac{h}{J} + \frac{\lambda}{3J_u}\right] Y_{r,t} - \frac{\lambda^2 h}{4EJ} Y_{r+1,t} \\ - \frac{\lambda h}{2EJ} Z_{r-1,t} + \frac{\lambda h}{2EJ} Z_{r+1,t} = 0 \end{aligned}\right\} (141)$$

Da man für jedes Feld drei analoge Gleichungen anschreiben kann, so reichen diese $3n$ Gleichungen zur Ermittlung der $3n$ statisch unbestimmten Größen aus.

Die Gleichungen (139) und (141) enthalten kein absolutes Glied, deshalb ist ohne weiteres zu erkennen, daß die entsprechenden $2n$

Gleichungen nur den Lösungen

$$Y_{r,t} = 0 \quad \ldots\ldots\ldots\ldots \quad (142)$$

$$Z_{r,t} = 0 \quad \ldots\ldots\ldots\ldots \quad (143)$$

genügen können.

Zur Ermittlung der statisch unbestimmten Größen $X_{r,t}$ bleiben also die n Gleichungen (140), die, etwas umgeformt, sich auch in folgender Art anschreiben lassen:

$$\left.\begin{aligned} -\frac{1}{2+6\frac{\lambda}{h}\frac{J}{J_u}} X_{r-1,t} + X_{r,t} - \frac{1}{2+6\frac{\lambda}{h}\frac{J}{J_u}} X_{r+1,t} \\ = \frac{6}{h^2}\frac{J}{J_u}\frac{1}{2+6\frac{\lambda}{h}\frac{J}{J_u}}\left[2\frac{\lambda}{h} E J_u \varepsilon t\right] \end{aligned}\right\} \quad \ldots (144)$$

Setzt man

$$2 + 6\frac{\lambda}{h}\frac{J}{J_u} = a\,,$$

$$\frac{1}{a} = b\,,$$

und den konstanten Klammerausdruck

$$2\frac{\lambda}{h} E J_u \varepsilon t = f \quad \ldots\ldots\ldots\ldots \quad (145)$$

so geht Gleichung (144) über in

$$-b X_{r-1,t} + X_{r,t} - b X_{r+1,t} = \frac{6b}{h^2}\frac{J}{J_u} f \quad \ldots\ldots \quad (146)$$

die in ihrem Bau mit der Grundgleichung (16) vollkommen identisch ist. Die Lösung der n analogen Gleichungen (146) wird deshalb auch mit der Lösung der n analogen Gleichungen (16), das ist Gleichungsgruppe (42), übereinstimmen. Mit Rücksicht darauf, daß alle Gleichungen (146) den konstanten Wert f enthalten, ergeben sich nun folgende, den Gleichungen (42) entsprechende Lösungen:

$$\left.\begin{aligned} X_{1,t} &= k\frac{6}{h^2}\frac{J}{J_u} f\,[1 + k + k^2 + \ldots + k^{n-2} + k^{n-1}] \\ X_{r,t} &= \frac{k}{1-k^2}\frac{6}{h^2}\frac{J}{J_u} f[k^{r-1}+k^{r-2}+\ldots+k^2+k+1+k+k^2+\ldots+k^{n-r}]; \\ &\qquad\qquad \text{gültig für } r \gtrless {}^1_n \\ X_{n,t} &= k\frac{6}{h^2}\frac{J}{J_u} f\,[k^{n-1} + k^{n-2} + \ldots + k^2 + k + 1] \end{aligned}\right\} (147)$$

wobei k wieder durch

$$k = \tfrac{1}{2}\left(a - \sqrt{a^2 - 4}\right)$$

bestimmt wird.

Diese Gleichungen lassen sich noch vereinfachen, wenn man die Reihen in den eckigen Klammern durch Summenformeln ausdrückt.

Die Reihe in $X_{1,t}$ bzw. $X_{n,t}$ ist eine geometrische mit n Gliedern, dem Anfangsgliede 1 und dem Quotienten k, ihre Summe daher

$$S_1 = \frac{1-k^n}{1-k} \doteq \frac{1}{1-k} \quad \ldots\ldots\ldots \quad (148)$$

Die Summe S_r der Reihe in $X_{r,t}$ wird in folgender Weise gebildet:

$$S_r = \underbrace{k^{r-1} + k^{r-2} + \ldots + k^2 + k + 1}_{r\text{-Glieder}} + \underbrace{k + k^2 + \ldots + k^{n-r}}_{n-r\text{-Glieder}}$$

$$= \frac{1-k^r}{1-k} + k\frac{1-k^{n-r}}{1-k} = \frac{1+k}{1-k} - \frac{k^r + k^{n-r+1}}{1-k}.$$

Setzt man nun genügend genau genug:

$$\frac{1}{1-k} = (1+k)(1+k^2),$$

so wird

$$S_r = (1+k)(1+k^2)\{1 + k - (k^r + k^{n-r+1})\} \quad \ldots \quad (149)$$

Mit Rücksicht auf diese Summenformeln lassen sich die Gleichungen (147) noch entsprechend umformen. Es wird:

$$X_{1.t} = k\frac{6}{h^2}\frac{J}{J_u}\left(2\frac{\lambda}{h}EJ_u\varepsilon t\right)\frac{1}{1-k},$$

$$X_{r,t} = \frac{k}{1-k^2}\frac{6}{h^2}\frac{J}{J_u}\left(2\frac{\lambda}{h}EJ_u\varepsilon t\right)[(1+k)(1+k^2)\{1+k-(k^r+k^{n-r+1})\}].$$

Führt man nach Gleichung (44) für

$$\frac{\lambda}{h}\frac{J}{J_u} = \frac{(1-k)^2}{6k}$$

in obige Gleichung ein, so erhält man schließlich:

$$\left.\begin{aligned} X_{1,t} &= 2(1-k)\frac{EJ_u}{h^2}\varepsilon t \\ X_{r,t} &= (1+k^2)[1+k-(k^r+k^{n-r+1})]X_{1,t} \quad \ldots \quad \text{für } r \gtrless {}^1_n \\ X_{n,t} &= 2(1-k)\frac{EJ_u}{h^2}\varepsilon t \end{aligned}\right\} \quad (150)$$

Durch diese Gleichungen sind die statisch unbestimmten Größen X infolge Temperaturwirkungen bestimmt, mit deren Hilfe nun, entsprechend den Gleichungen (52) bis (68), die Normalkraft, Querkraft und das Biegungsmoment in jedem beliebigen Schnitt des Trägers ermittelt werden können.

Bezüglich Verwendung der Gleichungen (52) bis (68) ist nur zu erwähnen, daß darin die Größen X_r durch die entsprechenden Werte $X_{r,t}$ zu ersetzen sind, während alle in diesen Gleichungen durch Kurrentbuchstaben ausgedrückten Querschnittskräfte, die von der Belastung P im Hauptsystem herrühren, hier zu Null werden müssen, da ja keine äußeren Kräfte P zur Wirkung kommen.

V. Durchbiegungen.

Im folgenden sollen nur die Durchbiegungen infolge der Biegungsmomente ermittelt werden. Auch für den Vierendeelträger können die Mohr'schen Sätze zur Ermittlung der Durchbiegungslinie verwendet werden, sobald man die tatsächlich auf den Träger einwirkenden Momente und seine Abmessungen kennt. Da man nach dem in den Abschnitten I bis IV angegebenen Verfahren stets in der Lage ist, einer-

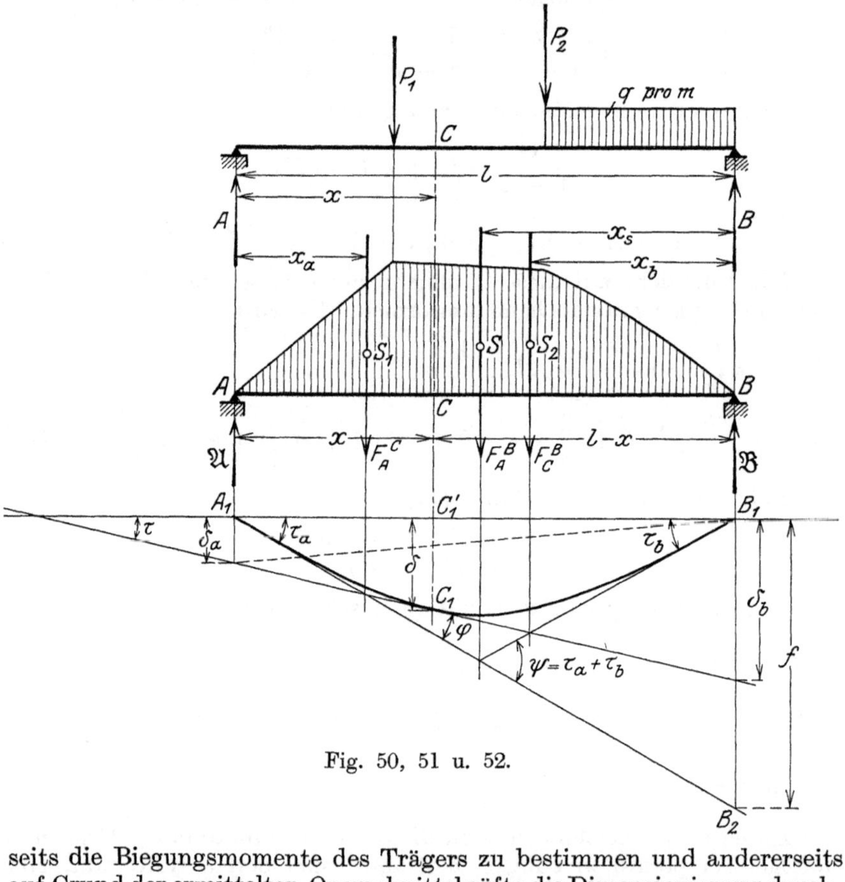

Fig. 50, 51 u. 52.

seits die Biegungsmomente des Trägers zu bestimmen und andererseits auf Grund der ermittelten Querschnittskräfte die Dimensionierung durchzuführen, so sind damit die Grundlagen für die Bestimmung der Durchbiegungslinie nach Mohr gegeben. Das Prinzip soll zunächst an einem frei aufliegenden Balken gezeigt werden.

Auf den frei aufliegenden Balken (Fig. 50) mit konstantem Trägheitsmoment J wirken beliebige Kräfte (erste Belastung), welche die Momentenfläche F_A^B (Fig. 51) erzeugen. Wird nun der Träger mit dieser Momentenfläche abermals belastet gedacht (zweite Belastung), so gibt die Momentenlinie dieser zweiten Belastung in Fig. 52, wie im folgenden nachzuweisen ist, bereits die Durchbiegungslinie des Trägers unter der Einwirkung der gegebenen Kräfte.

Zieht man in C_1 die Tangente an die Durchbiegungslinie, dann folgt aus Fig. 52 für die Durchbiegung δ des Punktes C in bezug auf die ursprüngliche horizontale Stabachse:

$$\delta = \frac{l-x}{l}\,\delta_a + \frac{x}{l}\,\delta_b \quad \ldots\ldots\ldots \quad (151)$$

Nach den Ausführungen im Teile A, Abschnitt I erhält man nun für die Durchsenkungen δ_a und δ_b in bezug auf die Tangente in C_1:

$$\delta_a = \frac{F_A^C}{EJ}\,x_a \quad \ldots\ldots\ldots \quad (152)$$

$$\delta_b = \frac{F_C^B}{EJ}\,x_b \quad \ldots\ldots\ldots \quad (153)$$

Durch diese Werte ist jetzt auch die Durchbiegung δ für einen beliebigen Trägerpunkt nach obiger Gleichung (151) bekannt, denn es wird

$$\delta = \frac{1}{EJ}\left[\frac{l-x}{l}\,F_A^C x_a + \frac{x}{l}\,F_C^B x_b\right] \quad \ldots\ldots \quad (154)$$

Mit dieser Gleichung ist eigentlich die Durchbiegungslinie vollkommen bestimmt, doch soll im folgenden noch der Nachweis erbracht werden, daß sie, wie vorhin bereits erwähnt, mit der $\frac{1}{EJ}$ fachen Momentenlinie der zweiten Belastung identisch ist.

Da die zweite Belastung F_A^B die Resultierende der beiden Teilflächen F_A^C und F_C^B ist, so wird:

$$F_C^B x_b = F_A^B x_S - F_A^C (l - x_a)$$

und damit

$$\delta = \frac{1}{EJ}\left[\frac{l-x}{l}\,F_A^C x_a + \frac{x}{l}\,F_A^B x_S - \frac{x}{l}\,F_A^C (l - x_a)\right]$$

$$= \frac{1}{EJ}\left[\left(\frac{1}{l}\,F_A^B x_S\right) x - F_A^C (x - x_a)\right].$$

Nun ist aber $\frac{1}{l}\,F_A^B x_S = \mathfrak{A}$ der linke Auflagerdruck infolge der zweiten Belastung, $\left(\frac{1}{l}\,F_A^B x_S\right) x = \mathfrak{A}\,x$ daher sein Moment in bezug auf den Querschnitt C, und weiter $-F_A^C (x - x_a)$ das Moment der Belastung F_A^C in bezug auf diesen Querschnitt, so daß also der ganze Klammerausdruck das Biegungsmoment $\mathfrak{M}_x$ im Querschnitt C des Trägers, hervorgerufen durch die zweite Belastung, darstellt und es wird

$$\delta = \frac{\mathfrak{M}_x}{EJ} \quad \ldots\ldots\ldots \quad (155)$$

d. h.: Bei frei aufliegenden Trägern ist die Durchbiegung eines Querschnittes in bezug auf die ursprünglich horizontale Stabachse gleich $\frac{1}{EJ}$ mal dem Biegungsmoment des Querschnittes, welches in demselben durch die gedachte zweite Belastung des Trägers erzeugt wird.

Auf Grund dieses Satzes findet man daher graphisch die EJ-fache Durchbiegungslinie als die Momentenlinie für die zweite Belastung.

Die Neigungswinkel von Tangenten der Biegelinie in bezug auf die Horizontale können in folgender Art ermittelt werden.

Die Senkung des Punktes B_1 in bezug auf die Tangente in A_1 ist

$$f = \frac{F_A^B}{EJ} x_S .$$

und da ihr Neigungswinkel τ_a als sehr kleiner Winkel anzusehen ist wird

$$\tau_a = \operatorname{tg} \tau_a = \frac{f}{l} = \frac{1}{EJ} \frac{F_A^B x_S}{l} .$$

Nun ist aber $\frac{F_A^B x_S}{l} = \mathfrak{A}$ der Auflagerdruck infolge der zweiten Belastung, daher folgt

$$\tau_a = \frac{1}{EJ} \mathfrak{A} \quad \ldots \ldots \ldots \ldots \quad (156)$$

d. h.: Der Neigungswinkel der deformierten Trägerachse im Auflager A ist gleich $\frac{1}{EJ}$ mal dem Auflagerdruck $\mathfrak{A}$ infolge der zweiten Belastung.

Ganz analog erhält man für

$$\tau_b = \psi - \tau_a = \frac{F_A^B}{EJ} - \frac{\mathfrak{A}}{EJ} = \frac{1}{EJ} \mathfrak{B} .$$

Der Neigungswinkel τ der Tangente in C_1 ergibt sich schließlich mit

$$\tau = \tau_a - \varphi = \frac{1}{EJ} \mathfrak{A} - \frac{1}{EJ} F_A^C = \frac{1}{EJ} (\mathfrak{A} - F_A^C) = \frac{1}{EJ} \mathfrak{Q}_x \quad (157)$$

d. h.: Der Neigungswinkel einer Tangente an die Biegungslinie ist gleich $\frac{1}{EJ}$ mal der Querkraft des Querschnittes infolge der zweiten Belastung des Trägers.

Sind die Trägheitsmomente des Trägers veränderlich, so ist als zweite Belastung die verzerrte Momentenfläche $\frac{M}{J}$ einzuführen. Die weiteren Überlegungen bleiben entsprechend aufrecht.

Die hier gefundenen Ergebnisse sind nun auf den Vierendeelträger in analoger Weise anzuwenden, denn sobald die Stabmomente und die Abmessungen bekannt sind, spielt die statische Unbestimmtheit des Tragwerkes keine Rolle mehr. Um z. B. die Biegelinie des Untergurtes zu ermitteln, wird man ihn mit der Momentenfläche (siehe Beispiel 1, Fig. 53, im folgenden Abschnitt VI) neuerdings belasten und nun die Durchsenkungen und Verdrehungen der Achse, wie für einen frei aufliegenden Balken bestimmen.

VI. Beispiele zur Berechnung von Vierendeelträgern.

(Vertikalbelastung, Horizontalbelastung, Temperatureinflüsse.)

Im folgenden sollen mehrere Beispiele — einige davon wurden schon des öfteren in der Literatur behandelt — die überraschend einfache Art der Berechnung von Vierendeelträgern nach der Methode des Verfassers zeigen.

Abgesehen von dem außerordentlich geringen Zeitaufwand sei noch besonders hervorgehoben, daß alle notwendigen Rechnungen mit dem Rechenschieber durchgeführt werden, ohne daß die Genauigkeit gegenüber anderen Methoden, bei welchen oft sehr vielstellige Zahlen die Zuhilfenahme einer Rechenmaschine notwendig machen, auch nur im geringsten leiden würde. Dies hängt eben, wie aus der bisherigen Abhandlung zu erkennen ist, mit dem Auftreten von scharf konvergierenden Potenzreihen nach k^x — eine Eigenart dieser Methode — auf das engste zusammen.

Daß sich schließlich die Resultate der Abhandlung als einfache, allgemeingültige Formeln ergeben, zu welchen man eben zwanglos durch den hier verfolgten Weg der Berechnung kommt, mag für die Zwecke der Praxis nur sehr erwünscht sein.

Im übrigen werden die nachfolgenden Beispiele — und jedes andere ist nach derselben Weise durchzuführen — die rasche und einfache, aber doch sehr genaue Berechnung dieser so hochgradig statisch unbestimmten Tragwerke zeigen.

Beispiel 1. Ein Vierendeelträger mit parallelen Gurten und acht Feldern sei für eine Spannweite von $h = 8\,\lambda = 32$ m und dem Verhältnis $\frac{\lambda}{h} = 1$ für eine ruhende Vertikalbelastung von 1000 kg in jedem Untergurtknoten zu berechnen (Fig. 53). [Armierter Beton 1910, Seite 216: Marcus, „Beitrag zur Theorie der Vierendeelschen Träger".]

Die im Abschnitt I für Vertikalbelastung abgeleitete Berechnung des Trägers wurde unter der Annahme durchgeführt, daß die Trägheitsmomente aller Gurte untereinander gleich seien, also $J_o = J_u$, und ebenso auch die Trägheitsmomente J aller Pfosten. Ferner wurde das Verhältnis $\frac{J}{J_u}$ und, falls man auch den Einfluß der Gurtnormalkräfte auf die Formänderung berücksichtigt, auch die Querschnittsfläche F der Gurte als bekannt vorausgesetzt. Für eine erste Berechnung jedoch, wie hier, sind die Querschnittabmessungen stets unbekannt und man wählt meist für $\frac{J}{J_u} = 1$ oder nimmt einen anderen entsprechenden Wert, während man die Wirkung der Normalkräfte auf die Formänderung überhaupt vernachlässigt, womit auch die Kenntnis der Gurtquerschnittflächen unnötig wird. Mit Rücksicht auf diese Bemerkungen kann nun die Berechnung des Trägers nach folgenden Punkten durchgeführt werden.

1. Gleichungen zur Ermittlung der Normalkraft, Querkraft und des Biegungsmomentes eines Querschnittes.

Nach Abschnitt I/5 sind diese Querschnittkräfte aus folgenden Gleichungen zu bestimmen:

a) Die Normalkraft eines Querschnittes

im Untergurt	aus	$N_r = +X_r$	(52)
„ Obergurt	„	$N'_r = -X_r$	(55)
„ Pfosten	„	$n_r = +\frac{1}{2} P_r$	(61)
in den Auflagerpfosten	„	$n_0 = -\frac{1}{2}(\mathfrak{A} - P_0)$	(62)
		$n_n = -\frac{1}{2}(\mathfrak{B} - P_n)$	(63)

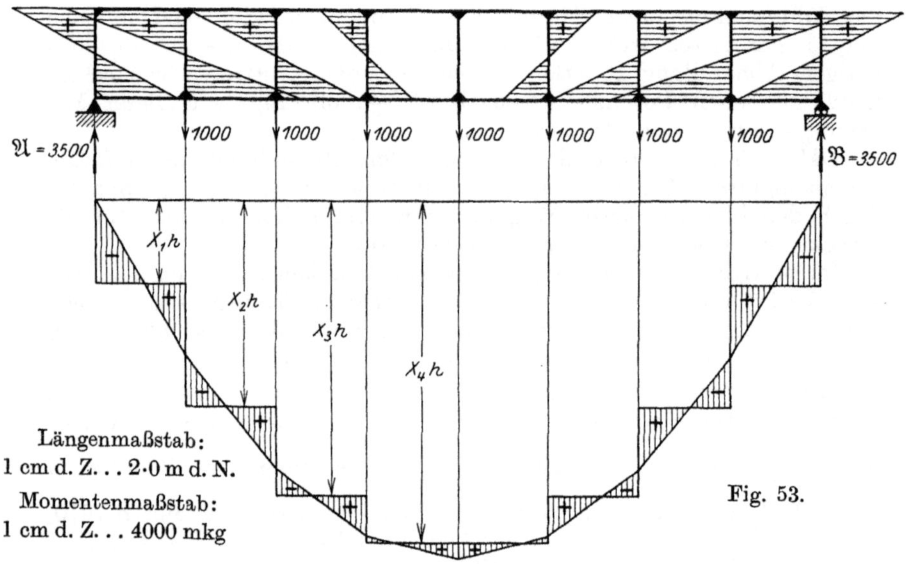

Fig. 53.

b) die Querkraft eines Querschnittes

im Untergurt	aus	$Q_r = \frac{1}{2} \mathfrak{Q}_r$	(53)
„ Obergurt	„	$Q'_r = \frac{1}{2} \mathfrak{Q}_r$	(57)
„ Pfosten	„	$q_r = X_r - X_{r+1}$	(64)

c) das Biegungsmoment eines Querschnittes

im Untergurt	aus	$M_{r,x} = \frac{1}{2}(\mathfrak{M}_{r,x} - X_r h)$	(54)
„ Obergurt	„	$M'_{r,x} = M_{r,x}$	(60)
„ Pfosten	„	$m_{r,y} = (X_r - X_{r+1})\, y$	(65)

In diesen Gleichungen bedeuten x, y die Koordinaten eines Querschnittes nach den in Fig. 38, 43, 44 festgelegten Achsenrichtungen eines Feldes, die Kurrentbuchstaben $\mathfrak{A}$, $\mathfrak{B}$, $\mathfrak{Q}$, $\mathfrak{M}$ einen Auflagerdruck, eine Querkraft bzw. ein Biegungsmoment im statisch bestimmten Hauptsystem (Fig. 37), welches unter derselben Belastung steht wie der statisch unbestimmte Träger; X_r, X_{r+1} sind statisch unbestimmte

Größen des Feldes r bzw. $r+1$, konstante Werte bei gegebener ruhender Belastung. Greifen die äußeren Kräfte P nur in den Knoten des Untergurtes an, wie hier, so wird auch nur dieser Gurt im Hauptsystem beansprucht und ist dasselbe in dieser Hinsicht mit einem achtfeldrigen frei aufliegenden Balkenträger nach Fig. 60 gleichwertig.

Wie aus obigen Gleichungen zu erkennen ist, sind die Normal- und Querkräfte innerhalb eines Feldes konstant, die Biegungsmomente jedoch veränderlich. Eine einfache Überlegung — der Momentenverlauf ist linear mit einem Nullpunkt im Felde — zeigt, daß die Gurtmomente eines Feldes ihre maximalen Werte in den Ecken desselben, die Pfostenmomente hingegen in den Fußpunkten bzw. Kopfpunkten erreichen. (Fußmomente und Kopfmoment eines Pfostens sind entgegengesetzt gleich.)

Im folgenden sollen nur diese Maximalmomente ermittelt werden. Die Gleichungen (54), (65) nehmen dann folgende Form an:

für ein linkes Eckmoment ist $M_{r,\left(-\frac{\lambda}{2}\right)} = \frac{1}{2}\left(\mathfrak{M}_{r,\left(-\frac{\lambda}{2}\right)} - X_r h\right)$

„ „ rechtes „ „ $\mathfrak{M}_{r,\left(+\frac{\lambda}{2}\right)} = \frac{1}{2}\left(\mathfrak{M}_{r,\left(+\frac{\lambda}{2}\right)} - X_r h\right)$

„ „ Pfostenfußmoment „ $m_{r,\left(+\frac{h}{2}\right)} = (X_r - X_{r+1})\,\frac{h}{2}\,.$

Aus dem bisher Gesagten ist zu erkennen, daß die Normalkraft, Querkraft und das Biegungsmoment eines Querschnittes bestimmt werden können, sobald die statisch unbestimmten Größen X_r (Abschnitt I/3) bekannt sind. Daher folgt

2. die Ermittlung der statisch unbestimmten Größen X_r.

a) Gleichungen zur Berechnung der Größen X_r. Nach den gegebenen Voraussetzungen kommen, entsprechend den Erörterungen im Abschnitt I/4, zur Ermittlung der statisch unbestimmten Größen X_r die Gleichungen (39) in Betracht. Nach diesen ist:

$$\left.\begin{aligned}
X_1 &= (1-k^2)\,\frac{1-k}{2}\,\frac{\lambda}{h}\sum_{\xi=1}^{\xi=n-1}\left(k^{\xi-1}\sum_{m=1}^{m=\xi}\mathfrak{Q}_m\right)\\
X_r &= \frac{1-k}{2}\,\frac{\lambda}{h}\left[\sum_{\xi=1}^{\xi=r-1}\left(k^{r-1-\xi}\sum_{m=1}^{m=\xi}\mathfrak{Q}_m\right)+\sum_{\xi=r}^{\xi=n-1}\left(k^{\xi-r}\sum_{m=1}^{m=\xi}\mathfrak{Q}_m\right)\right]\\
&\qquad \text{für } r=2 \text{ bis } r=n-1\\
X_n &= (1-k^2)\,\frac{1-k}{2}\,\frac{\lambda}{h}\sum_{\xi=1}^{\xi=n-1}\left(k^{n-1-\xi}\sum_{m=1}^{m=\xi}\mathfrak{Q}_m\right).
\end{aligned}\right\}\quad(39)$$

In diesen Gleichungen ist $\mathfrak{Q}_m$ die Querkraft im Felde m des Hauptsystems, k eine Konstante, die in folgender Weise bestimmt wird.

b) Ermittlung von k und der Potenzen k^x.

Nach Gleichung (30) ist

$$k = \tfrac{1}{2}\left(a - \sqrt{a^2-4}\right),$$

wobei a durch

$$a = 2 + 6 \frac{\lambda}{h} \frac{J}{J_u}$$

gegeben ist. Da hier $\frac{\lambda}{h} = 1$ und $\frac{J}{J_u} = 1$ ist, wird

$$a = 2 + 6 = 8$$

und

$$k = \tfrac{1}{2}(8 - \sqrt{60}) = 0{,}1270\,,$$

daher

$$k^2 = 0{,}0161$$
$$k^3 = 0{,}0020$$
$$k^4 = 0{,}0003$$
$$k^5 = 0{,}0000\,.$$

Für die ganze weitere Rechnung genügt es, die Potenzgrößen k^x, die mit steigendem x sehr rasch abnehmen und daher bald verschwindend klein werden, auf 4 Dezimalen zu entwickeln. Hier sind bereits alle Werte k^x für $x \geqq 5$ schon als Null anzusprechen.

c) Berechnung der Multiplikatoren. Es ist

$$1 - k^2 = 0{,}9839; \qquad \frac{1-k}{2} = \frac{0{,}8730}{2} = 0{,}4365; \qquad \frac{\lambda}{h} = 1;$$

daher:

$$(1 - k^2)\frac{1-k}{2}\frac{\lambda}{h} = m_1 = 0{,}9839 \cdot 0{,}4365 \cdot 1 = 0{,}4290\,,$$

$$\frac{1-k}{2}\frac{\lambda}{h} = m_2 = 0{,}4365\,.$$

d) Berechnung der Feldquerkräfte $\mathfrak{Q}_m$ im Hauptsystem. Die Querkräfte $\mathfrak{Q}_m$ des Hauptsystems stimmen bei alleiniger Belastung der Untergurtknoten mit denen eines gleich belasteten frei aufliegenden Trägers nach Fig. 54 überein. Daher ist:

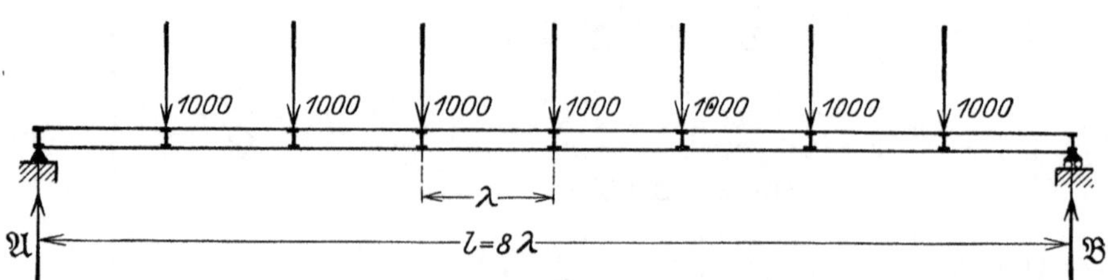

Fig. 54.

$$\mathfrak{Q}_1 = 3500 \text{ kg}; \qquad \mathfrak{Q}_5 = -\ 500 \text{ kg};$$
$$\mathfrak{Q}_2 = 2500 \text{ ,, }; \qquad \mathfrak{Q}_6 = -1500 \text{ ,, };$$
$$\mathfrak{Q}_3 = 1500 \text{ ,, }; \qquad \mathfrak{Q}_7 = -2500 \text{ ,, };$$
$$\mathfrak{Q}_4 = \ \ 500 \text{ ,, }; \qquad \mathfrak{Q}_8 = -3500 \text{ ,, }.$$

e) Berechnung der statisch unbestimmten Größen X_r nach den Gleichungen (39). Die Berechnung der Größen X_r geschieht nach diesen vorbereitenden Arbeiten, wie aus nachfolgender Zusammenstellung zu ersehen, am besten und übersichtlichsten tabellarisch. Wegen der symmetrischen Anordnung der Belastung genügt es, nur die Größen X_1 bis X_4 zu ermitteln.

3. Berechnung der Normalkraft, Querkraft und des Biegungsmomentes.

Zur Berechnung dieser Größen aus den Gleichungen (52) bis (65) benötigt man außer den statisch unbestimmten Größen X_r aus dem Hauptsystem noch die Auflagerdrücke, die Querkräfte, Normalkräfte und Biegungsmomente in den beanspruchten Stäben infolge der Belastung P.

Die Auflagerdrücke sind

$$\mathfrak{A} = \mathfrak{B} = 3500 \text{ kg},$$

die Querkräfte wurden bereits oben ermittelt, die Eckmomente ergeben sich nach Fig. 60 mit:

$$\mathfrak{M}_{1,\left(-\frac{\lambda}{2}\right)} = 0; \qquad \mathfrak{M}_{3,\left(+\frac{\lambda}{2}\right)} = \mathfrak{M}_{4,\left(-\frac{\lambda}{2}\right)} = 30000 \text{ mkg};$$

$$\mathfrak{M}_{1,\left(+\frac{\lambda}{2}\right)} = \mathfrak{M}_{2,\left(-\frac{\lambda}{2}\right)} = +14000 \text{ mkg}; \qquad \mathfrak{M}_{4,\left(+\frac{\lambda}{2}\right)} = 32000 \text{ mkg};$$

$$\mathfrak{M}_{2,\left(+\frac{\lambda}{2}\right)} = \mathfrak{M}_{3,\left(-\frac{\lambda}{2}\right)} = +24000 \text{ mkg}.$$

Wertet man nun die Gleichungen (52) bis (65) aus, so erhält man die in untenstehender Tabelle zusammengefaßten Resultate. Ein besseres Bild über den Momentenverlauf gibt allerdings die graphische Darstellung in Fig. 53.

Nach dem aus der Tabelle ersichtlichen Vorzeichen der Querschnittkräfte ist ihre Wirkungsweise bezüglich des Querschnittes nach den im Abschnitt I/5 angegebenen Regeln festzulegen.

4. Dimensionierung des Trägers auf Grund der unter 3 errechneten Ergebnisse.

5. Neuerliche Berechnung des Trägers auf Grund der ermittelten Querschnittabmessungen.

Da nun die Querschnittflächen und die Trägheitsmomente der Stäbe bekannt sind, kann man mit Rücksicht darauf eine neuerliche Berechnung durchführen und gleichzeitig auch die Wirkung der Gurtnormalkräfte auf die Formänderungen, entsprechend dem Abschnitt I/4c, erfassen.

Man wählt nun einen gemeinsamen mittleren Gurtquerschnitt F, ein mittleres Gurtträgheitsmoment $J_o = J_u$ und ein mittleres Pfostenträgheitsmoment J und führt die neuerliche Berechnung unter Zugrundelegung dieser über den ganzen Träger als konstant gedachten Größen punktweise genau so durch, wie hier unter 1 bis 4 für eine erste Berechnung gezeigt wurde. Auch die Ausgangsgleichungen (39)

ξ	$\mathfrak{Q}_m$	$\sum_{m=1}^{m=\xi} \mathfrak{Q}_m$	X_1	X_2	X_3	X_4
	kg	kg	kg	kg	kg	kg
1	$\mathfrak{Q}_1 = +3500$					
		$\mathfrak{Q}_1 = +3500$	$\mathfrak{Q}_1 = 3500$	$\mathfrak{Q}_1 = 3500$	$k \cdot 3500 = 445$	$k^2 \cdot 3500 = 56$
2	$\mathfrak{Q}_2 = +2500$					
		$\sum_1^2 \mathfrak{Q}_m = +6000$	$k \cdot 6000 = 762$	$\sum_1^2 \mathfrak{Q}_m = 6000$	$\sum_1^2 \mathfrak{Q}_m = 6000$	$k \cdot 6000 = 762$
3	$\mathfrak{Q}_3 = +1500$					
		$\sum_1^3 \mathfrak{Q}_m = +7500$	$k^2 \cdot 7500 = 121$	$k \cdot 7500 = 953$	$\sum_1^3 \mathfrak{Q}_m = 7500$	$\sum_1^3 \mathfrak{Q}_m = 7500$
4	$\mathfrak{Q}_4 = +\ 500$					
		$\sum_1^4 \mathfrak{Q}_m = +8000$	$k^3 \cdot 8000 = 16$	$k^2 \cdot 8000 = 128$	$k \cdot 8000 = 1016$	$\sum_1^4 \mathfrak{Q}_m = 8000$
5	$\mathfrak{Q}_5 = -\ 500$					
		$\sum_1^5 \mathfrak{Q}_m = +7500$	$k^4 \cdot 7500 = 2$	$k^3 \cdot 7500 = 15$	$k^2 \cdot 7500 = 121$	$k \cdot 7500 = 953$
6	$\mathfrak{Q}_6 = -1500$					
		$\sum_1^6 \mathfrak{Q}_m = +6000$	$k^5 \cdot 6000 = 0$	$k^4 \cdot 6000 = 2$	$k^3 \cdot 6000 = 12$	$k^2 \cdot 6000 = 97$
7	$\mathfrak{Q}_7 = -2500$					
		$\sum_1^7 \mathfrak{Q}_m = +3500$	$k^6 \cdot 3500 = 0$	$k^5 \cdot 3500 = 0$	$k^4 \cdot 3500 = 9$	$k^3 \cdot 3500 = 7$
	$\mathfrak{Q}_8 = -3500$					
		Summe $\sum(r)$:	$\sum(1) = 4401$	$\sum(2) = 10598$	$\sum(3) = 15103$	$\sum(4) = 17374$
		$m_1 \sum(1) =$	$0{,}429 \cdot 4401 =$			
		$\to X_1$:	**$X_1 = 1890$**			
		$m_2 \sum(r) =$		$0{,}4365 \cdot 10598 =$	$0{,}4365 \cdot 15103 =$	$0{,}4365 \cdot 17374 =$
		$\to X_r$:		**$X_2 = 4620$**	**$X_3 = 6590$**	**$X_4 = 7580$**

können, entsprechend den Erörterungen im Abschnitt I/4 c, wieder verwendet werden, nur ist jetzt der Wert k aus

$$k = \tfrac{1}{2}(a - \sqrt{a^2 - 4})$$

zu ermitteln, wobei aber a durch

$$a = 2 + 6 \frac{\lambda}{h} \frac{J}{J_u} \left(1 + 4 \frac{J_u}{F h^2}\right) \quad . \quad . \quad . \quad (50)$$

gegeben ist.

6. Einfluß der Temperatur.

Eventuell auftretende Temperaturspannungen werden immer gesondert berechnet. Das nachfolgende Beispiel 4 zeigt die Ermittlung von Temperaturspannungen.

Beispiel 2. Auf einen 6feldrigen Vierendeelträger von der Spannweite $l = 6\lambda = 24$ m und dem Verhältnis $\frac{\lambda}{h} = 1$ (Fig. 55) wirke im Obergurtknoten $m = 0$ eine Horizontalkraft H. Die Querschnittkräfte — Normalkraft, Querkraft und Biegungsmoment — für Gurte und Pfosten sind zu ermitteln. [Armierter Beton 1910, Seite 290.]

Die im Abschnitt II durchgeführte Berechnung für Horizontalbelastung wurde auf Grund der vereinfachenden Annahme abgeleitet, daß einerseits die Trägheitsmomente J der Pfosten, andererseits die Trägheitsmomente J_o und J_u der Ober- und Untergurte alle untereinander gleich groß seien. Unter dieser Voraussetzung kann die Berechnung des Trägers durchgeführt werden, wenn das Verhältnis $\frac{J}{J_o} = \frac{J}{J_u}$ bekannt ist.

Da nun hier und wie immer für eine erste Berechnung die Trägheitsmomente unbekannt sind, so muß man zwecks Durchführung der Aufgabe im vorhinein ein entsprechendes Verhältnis $\frac{J}{J_o}$ wählen, hier sei $\frac{J}{J_o} = 1$ angenommen

	Untergurt				Obergurt				Pfosten				
	U_1	U_2	U_3	U_4	O_1	O_2	O_3	O_4	V_0	V_1	V_2	V_3	V_4
Normalkraft in kg	+1890	+4620	+6590	+7580	−1890	−4620	−6590	−7580	−1750	+ 500	+ 500	+ 500	+ 500
Querkraft in kg	+1750	+1250	+ 750	+ 250	+1750	+1250	+ 750	+ 250	−1890	−2730	−1970	− 990	0
Biegungsmomente in mkg:													
linkes Eckmoment	−3780	−2240	−1180	− 160	−3780	−2240	−1180	− 160	—	—	—	—	—
rechtes Eckmoment . . .	+3220	+2760	+1820	+ 840	+3220	+2760	+1820	+ 840	—	—	—	—	—
Fußmoment	—	—	—	—	—	—	—	—	−3780	−5460	−3940	−1980	0

Mit Rücksicht auf diese Bemerkungen kann nun die Berechnung des Trägers nach folgenden Punkten der Reihe nach durchgeführt werden:

1. Gleichungen zur Ermittlung der Normalkraft, Querkraft und des Biegungsmomentes eines Querschnittes. Nach dem Abschnitt II/3 erhält man:

a) die Normalkraft eines Querschnittes

im Untergurt	aus	$N_r = X'_r$	(116)
„ Obergurt	„	$N'_r = \mathfrak{N}_r - X'_r$	(115)
„ Pfosten	„	$n_r = 0$	(117)
„ Auflagerpfosten	„	$n_0 = -\frac{1}{2}\mathfrak{A}; \quad n_n = -\frac{1}{2}\mathfrak{B}$	(118)

b) die Querkraft eines Querschnittes

im Untergurt	aus	$Q_r = +\frac{1}{2}\mathfrak{A}$	(116)
„ Obergurt	„	$Q'_r = +\frac{1}{2}\mathfrak{A}$	(115)
„ Pfosten	„	$q_r = X'_r - X'_{r+1}$	(117)
„ Auflagerpfosten	„	$q_0 = H - X'_1; \quad q_n = X'_n$	(118)

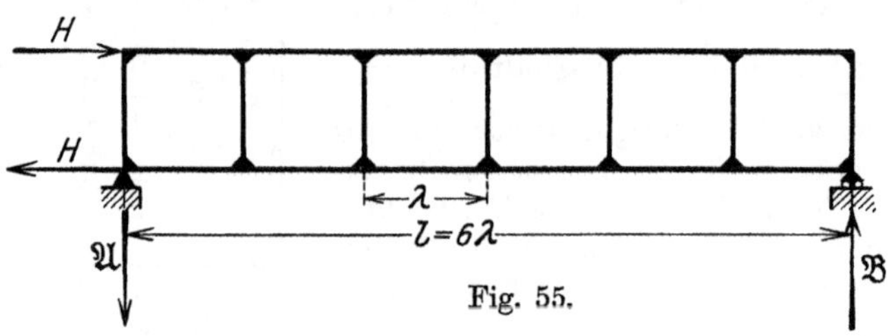

Fig. 55.

c) das Biegungsmoment eines Querschnittes

im Untergurt	aus	$M_{\mathfrak{r},x} = \frac{1}{2}(\mathfrak{M}_{r,x} - X'_r h)$	(116)
„ Obergurt	„	$M_{r,x} = \frac{1}{2}(\mathfrak{M}_{r,x} - X'_r h)$	(115)
„ Pfosten	„	$m_{r,y} = (X'_r - X'_{r+1})\,y$	(117)
„ Auflagerpfosten	„	$m_{0,y} = (H - X'_1)\,y; \quad m_{n,y} = X'_n\,y.$	(118)

In diesen Gleichungen bedeuten x, y die Koordinaten, $\mathfrak{M}_{r,x}$ und $\mathfrak{N}_r$ Moment und Normalkraft im betreffenden Schnitt, $\mathfrak{A}$ und $\mathfrak{B}$ die Auflagerkräfte im statisch bestimmten Hauptsystem, welches durch die gleichen Kräfte wie der statisch unbestimmte Träger belastet wird. Für den hier vorliegenden Fall werden im Hauptsystem nur die Obergurte und der linke Auflagerpfosten durch Momente beansprucht. Die Momente der Gurte sind positiv, weil sie unten Zug erzeugen, jene des Pfostens aber negativ, weil sie rechts Zug hervorrufen. $\mathfrak{A}$ ist hier negativ, da es nach abwärts zeigt, die Reaktion H ist in den Formeln als positiv einzuführen, weil sie unterhalb des Schnittes nach links gerichtet ist. Aus obigen Gleichungen ist also demnach zu erkennen, daß die Aufgabe mit der Kenntnis der statisch unbestimmten Größen X'_r (Abschnitt II/2, b) gelöst erscheint. Daher folgt

2. Die Ermittlung der statisch unbestimmten Größen X'_r.

a) Die Gleichungen zur Berechnung der Größen X'_r sind nach Abschnitt II/2 gegeben durch:

$$X'_r = -\frac{1}{2}\frac{\lambda}{h}\mathfrak{A}\,[2\,(n-r)+1-R_r] \quad . \quad . \quad . \quad . \quad . \quad (112)$$

Hierin ist das Restglied R

für $r = 1 \ . \ . \ . \ R_1 = k$,

„ $r = n \ . \ . \ . \ R_n = -k$,

„ $r \gtrless {}^{1}_{n} \ . \ . \ . \ R_r = (1 + 3\,k^2)(k^r - k^{n-r+1})$

und $\mathfrak{A}$ der Auflagerdruck in der linken Stütze des Hauptsystems infolge H in $m = 0$, positiv, wenn er nach aufwärts zeigt, negativ, wenn er nach abwärts gerichtet ist. Für den vorliegenden Fall ist

$$\mathfrak{A} = -\frac{H\,h}{n\,\lambda}.$$

b) Ermittlung der Restglieder. Es ist

$$k = \tfrac{1}{2}\left(a - \sqrt{a^2 - 4}\right) \quad . \quad . \quad . \quad . \quad . \quad . \quad . \quad . \quad . \quad (30)$$

und für

$$a = 2 + 6\,\frac{\lambda}{h}\,\frac{J}{J_u} = 2 + 6 = 8 \quad . \quad . \quad . \quad . \quad . \quad . \quad . \quad (40)$$

wird

$$k = \tfrac{1}{2}\left(8 - \sqrt{60}\right) = 0{,}1270$$

und

$$k^2 = 0{,}0161\,,$$
$$k^3 = 0{,}0020\,,$$
$$k^4 = 0{,}0003\,,$$
$$k^5 = 0{,}0000\,,$$
$$1 + 3\,k^2 = 1{,}0483\,.$$

Bei Entwicklung der Potenzen von k genügen 4 Dezimalen. Nun erhält man nach obigen Formeln folgende Restglieder:

$$R_1 = k \qquad = +0{,}1270\,,$$
$$R_2 = (1 + 3\,k^2)\,(k^2 - k^5) = 1{,}0483\,(0{,}0161 - 0) \qquad = +0{,}0169\,,$$
$$R_3 = (1 + 3\,k^2)\,(k^3 - k^4) = 1{,}0483\,(0{,}0020 - 0{,}0003) = +0{,}0018\,,$$
$$R_4 = (1 + 3\,k^2)\,(k^4 - k^3) = -R_3 \qquad = -0{,}0018\,,$$
$$R_5 = (1 + 3\,k^2)\,(k^5 - k^2) = -R_2 \qquad = -0{,}0169\,,$$
$$R_6 = -k \qquad = -0{,}1270\,.$$

c) Berechnung der statisch unbestimmten Größen X_r nach Gleichung (112). Da $\mathfrak{A} = -\dfrac{H\,h}{n\,\lambda}$ ist, so wird

$$X'_r = \frac{H}{2\,n}\,[2\,(n-r) + 1 - R_r]$$

also:

$$X_1' = \frac{H}{12}(11 - 0{,}127) = \frac{10{,}873}{12} H = 0{,}9060\,H\,,$$

$$X_2' = \frac{H}{12}(9 - 0{,}0169) = \frac{8{,}9831}{12} H = 0{,}7486\,H\,,$$

$$X_3' = \frac{H}{12}(7 - 0{,}0018) = \frac{6{,}9982}{12} H = 0{,}5832\,H\,,$$

$$X_4' = \frac{H}{12}(5 + 0{,}0018) = \frac{5{,}0018}{12} H = 0{,}4168\,H\,,$$

$$X_5' = \frac{H}{12}(3 + 0{,}0169) = \frac{3{,}0169}{12} H = 0{,}2514\,H\,,$$

$$X_6' = \frac{H}{12}(1 + 0{,}1270) = \frac{1{,}1270}{12} H = 0{,}0940\,H\,.$$

Wie zu ersehen, stimmt für diese Ergebnisse auch die Kontrolle nach Gleichung (114), daß nämlich

$$X_r' + X_{n-r+1}' = H \quad \ldots\ldots\ldots \quad (123)$$

sein muß, denn die Belastung H ist, weil sie ein negatives $\mathfrak{A}$ hervorruft, als negativ anzusprechen.

3. Berechnung der Normalkraft, Querkraft und des Biegungsmomentes nach den Gleichungen (115) bis (118).

Aus dem statisch bestimmten Hauptsystem folgt, daß der Auflagerdruck durch

$$\mathfrak{A} = -\frac{H h}{n \lambda} = -\frac{H}{6}$$

gegeben ist. Ferner ist die Normalkraft $\mathfrak{N}_r$ in den Untergurten für alle Felder Null. Die Pfostenquerkraft q_r im Hauptsystem ist mit Ausnahme des linken Auflagerpfostens Null. Für diesen letzteren ist

$$q_0 = +H\,.$$

Was die Biegungsmomente anlangt, so sollen nur die Eckmomente in den Obergurten und die Fußmomente der Pfosten ermittelt werden. Die Gleichungen (115), (117) nehmen dann folgende spezielle Form an:

für linke Gurteckmomente ist $x = -\frac{\lambda}{2}$, daher $M'_{r,\left(-\frac{\lambda}{2}\right)} = \frac{1}{2}\left(\mathfrak{M}_{r,\left(-\frac{\lambda}{2}\right)} - X_r' h\right)$

„ rechte „ „ $x = +\frac{\lambda}{2}$, „ $M'_{r,\left(+\frac{\lambda}{2}\right)} = \frac{1}{2}\left(\mathfrak{M}_{r,\left(+\frac{\lambda}{2}\right)} - X_r' h\right)$

„ Pfostenfußmomente „ $y = +\frac{h}{2}$, „ $m_{r\left(+\frac{h}{2}\right)} = (X_r' - X_{r+1}')\,\frac{h}{2}\,.$

Aus dem statisch bestimmten Hauptsystem ist nun

$$\mathfrak{M}_{1,\left(-\frac{\lambda}{2}\right)} = +Hh, \qquad \mathfrak{M}_{3,\left(+\frac{\lambda}{2}\right)} = \mathfrak{M}_{4,\left(-\frac{\lambda}{2}\right)} = +\tfrac{3}{6}Hh,$$

$$\mathfrak{M}_{1,\left(+\frac{\lambda}{2}\right)} = \mathfrak{M}_{2,\left(-\frac{\lambda}{2}\right)} = +\tfrac{5}{6}Hh, \qquad \mathfrak{M}_{4,\left(+\frac{\lambda}{2}\right)} = \mathfrak{M}_{5,\left(-\frac{\lambda}{2}\right)} = +\tfrac{2}{6}Hh,$$

$$\mathfrak{M}_{2,\left(+\frac{\lambda}{2}\right)} = \mathfrak{M}_{3,\left(-\frac{\lambda}{2}\right)} = +\tfrac{4}{6}Hh, \qquad \mathfrak{M}_{5,\left(+\frac{\lambda}{2}\right)} = \mathfrak{M}_{6,\left(-\frac{\lambda}{2}\right)} = +\tfrac{1}{6}Hh,$$

$$\mathfrak{M}_{6,\left(+\frac{\lambda}{2}\right)} = 0 .$$

Wertet man nun die Gleichungen (115) bis (118) mit Rücksicht auf die hier aus dem statisch bestimmten Hauptsystem ermittelten Querschnittkräfte und mit Rücksicht auf die unter Punkt 2 errechneten Werte X_r' aus, so erhält man folgende in der untenstehenden Tabelle zusammengestellte Ergebnisse:

		Normalkraft in kg	Querkraft in kg	Biegungsmomente in mkg		
				linkes Eckmoment	rechtes Eckmoment	Fußmoment
Untergurte	U_1	$+0{,}9060\,H$	$-0{,}0833\,H$	$+0{,}0470\,Hh$	$-0{,}0363\,Hh$	—
	U_2	$+0{,}7486\,H$	$-0{,}0833\,H$	$+0{,}0424\,Hh$	$-0{,}0409\,Hh$	—
	U_3	$+0{,}5832\,H$	$-0{,}0833\,H$	$+0{,}0418\,Hh$	$-0{,}0416\,Hh$	—
	U_4	$+0{,}4168\,H$	$-0{,}0833\,H$	$+0{,}0416\,Hh$	$-0{,}0418\,Hh$	—
	U_5	$+0{,}2514\,H$	$-0{,}0833\,H$	$+0{,}0409\,Hh$	$-0{,}0424\,Hh$	—
	U_6	$+0{,}0940\,H$	$-0{,}0833\,H$	$+0{,}0363\,Hh$	$-0{,}0470\,Hh$	—
Obergurte	O_1	$-0{,}9060\,H$	$-0{,}0833\,H$	—	—	—
	O_2	$-0{,}7486\,H$	$-0{,}0833\,H$	—	—	—
	O_3	$-0{,}5832\,H$	$-0{,}0833\,H$	gleich wie in den		—
	O_4	$-0{,}4168\,H$	$-0{,}0833\,H$	Untergurten		—
	O_5	$-0{,}2514\,H$	$-0{,}0833\,H$	—	—	—
	O_6	$-0{,}0940\,H$	$-0{,}0833\,H$	—	—	—
Pfosten	V_0	$+0{,}0833\,H$	$+0{,}0940\,H$	—	—	$+0{,}0470\,Hh$
	V_1	0	$+0{,}1574\,H$	—	—	$+0{,}0787\,Hh$
	V_2	0	$+0{,}1654\,H$	—	—	$+0{,}0827\,Hh$
	V_3	0	$+0{,}1664\,H$	—	—	$+0{,}0832\,Hh$
	V_4	0	$+0{,}1654\,H$	—	—	$+0{,}0827\,Hh$
	V_5	0	$+0{,}1574\,H$	—	—	$+0{,}0787\,Hh$
	V_6	$-0{,}0833\,H$	$+0{,}0940\,H$	—	—	$+0{,}0470\,Hh$

Nach den nun ermittelten Vorzeichen ist auch die Wirkungsweise der Normalkraft, Querkraft und des Biegungsmomentes entsprechend den im Abschnitt II/3 festgesetzten Regeln bestimmt.

4. Dimensionierung des Trägers auf Grund der unter 3 errechneten Resultate.

5. Neuerliche Berechnung des Trägers. Da nun die Querschnittabmessungen auf Grund der Dimensionierung bekannt sind, so kann man — wenn erforderlich — eine neuerliche Berechnung durchführen, indem man jetzt für das Verhältnis $\frac{J}{J_0}$ einen entsprechenden konstanten Mittelwert wählt. Im übrigen ist die ganze Durchführung genau so einzuhalten, wie sie unter 1 bis 4 gezeigt wurde.

6. Ermittelung von Temperaturspannungen bei eventuellen Temperaturunterschieden in den Gurten geschieht nach dem Beispiel 4.

Beispiel 3. Derselbe Träger wie im Beispiel 2 sei unter folgenden Belastungen zu berechnen:

a) Angriff einer Kraft H in $m = 2$;

b) „ „ „ $\frac{H}{n+1} = \frac{H}{7}$ in jedem Obergurtknoten;

c) „ „ „ $\frac{H}{2}$ in $m = 3$ und $\frac{H}{2}$ in $m = 5$;

d) „ „ „ $\frac{3}{4} H$ „ $m = 3$ „ $\frac{1}{4} H$ „ $m = 5$.

Alle vier Belastungsfälle a) bis d) besitzen ein und dieselbe Resultierende H, die also mit der Belastung im vorhergehenden Beispiel übereinstimmt. Nach dem im Abschnitt II/1 eingangs erwähnten Satz 2 besitzen alle vier Belastungsfälle dieselben statisch unbestimmten Größen X_r', die also aus dem Beispiel 2 hierher übernommen werden können. Wie dann weiter aus den Gleichungen (115) bis (118) folgt, sind für alle vier Belastungsfälle die Querkräfte und Biegungsmomente in allen Stäben, die Normalkräfte nur in allen Untergurten und Pfosten mit jenen des vorhergehenden Beispiels identisch und können direkt von dort hierher übernommen werden. Für den vorliegenden Fall mehrerer Belastungsfälle mit konstanter Resultierenden unterscheiden sich also nur die Normalkräfte in den Obergurten, die durch die Gleichung $N_r' = \mathfrak{N}_r' - X_r'$ gegeben sind, voneinander. In der nachfolgenden Tabelle sind die Gurtnormalkräfte für die Belastungen im Beispiel 2 und 3 des Vergleiches halber zusammengestellt.

Normalkräfte in den Obergurten					
Stab	im Beispiel 2	im Beispiel 3 für den Belastungsfall			
		a	*b*	*c*	*d*
O_1	$-0{,}9060\,H$	$+0{,}0940\,H$	$-0{,}0489\,H$	$+0{,}0940\,H$	$+0{,}0940\,H$
O_2	$-0{,}7486\,H$	$+0{,}2514\,H$	$-0{,}0343\,H$	$+0{,}2514\,H$	$+0{,}2514\,H$
O_3	$-0{,}5832\,H$	$-0{,}5832\,H$	$-0{,}0118\,H$	$+0{,}4168\,H$	$+0{,}4168\,H$
O_4	$-0{,}4168\,H$	$-0{,}4168\,H$	$+0{,}0118\,H$	$+0{,}0832\,H$	$-0{,}1668\,H$
O_5	$-0{,}2514\,H$	$-0{,}2514\,H$	$+0{,}0343\,H$	$+0{,}2486\,H$	$-0{,}0014\,H$
O_6	$-0{,}0940\,H$	$-0{,}0940\,H$	$+0{,}0489\,H$	$-0{,}0940\,H$	$-0{,}0910\,H$

Beispiel 4. Die Spannweite eines Vierendeelträgers sei $l = 6\lambda = 24$ m, das Verhältnis $\frac{\lambda}{h} = 1$ und die Trägheitsmomente aller Stäbe seien konstant und untereinander gleich, also $J_o = J_u = J$. Die Temperatur t_o des Obergurtes sei um $t = 10°$ höher als die Temperatur t_u des Untergurtes, die Temperaturzunahme der Pfosten von t_u auf t_o verlaufe linear über die Pfostenhöhe, während die Gurttemperaturen t_o und t_u über den ganzen Querschnitt konstant seien. Es sind Normalkraft, Querkraft und Biegungsmoment infolge dieser Temperaturunter-

schiede unter der speziellen Annahme zu ermitteln, daß der Elastizitätsmodul $E = 24\,000\,000$ t/m², der Ausdehnungskoeffizient des Materials $\varepsilon = 0{,}000001$ und $J = 0{,}0015$ m⁴ sei. (Armierter Beton 1910, Heft 5, 6, 7.)

1. Gleichungen zur Ermittlung der Normalkraft, Querkraft und des Biegungsmomentes.

Mit Rücksicht auf die Bemerkungen am Schlusse des Abschnittes IV nehmen die Gleichungen (52) bis (65) zur Ermittlung von Normalkraft, Querkraft und Biegungsmoment infolge Temperaturwirkungen folgende Form an:

a) Die Normalkraft eines Querschnittes

im Untergurt	ist $N_r = + X_{r,t}$	aus Gl.	(52)
„ Obergurt	„ $N'_r = - X_{r,t}$	„ „	(55)
in einem Pfosten	„ $n_r = 0$	„ „	(61)
„ den Auflagerpfosten	„ $n_0 = 0;\quad n_n = 0$	„ „	(62), (63)

b) Die Querkraft eines Querschnittes

im Untergurt	ist $Q_r = 0$	aus Gl.	(53)
„ Obergurt	„ $Q'_r = 0$	„ „	(57)
in den Pfosten	„ $q_r = X_{r,t} - X_{r+1,t}$	„ „	(64)

c) Das Biegungsmoment eines Querschnittes

im Untergurt	ist $M_{r,x} = -\frac{1}{2} X_{r,t}\, h$	aus Gl.	(54)
„ Obergurt	„ $M'_{r,x} = -\frac{1}{2} X_{r,t}\, h$	„ „	(60)
in den Pfosten	„ $m_{r,y} = (X_{r,t} - X_{r+1,t})\, y$	„ „	(65)

In diesen Gleichungen bedeuten x, y die Koordinaten des betreffenden Querschnittes nach Fig. 38, 43, 44, $X_{r,t}$ und $X_{r+1,t}$ sind statisch unbestimmte Größen in den Feldern r und $r+1$ infolge der Temperaturwirkungen. Aus obigen Gleichungen ist zu erkennen, daß zur Ermittlung der Querschnittkräfte, die auch die inneren Spannungen bestimmen, nur die Kenntnis der statisch unbestimmten Größen $X_{r,t}$ notwendig ist. Daher folgt

2. die Ermittlung der statisch unbestimmten Größen $X_{r,t}$.

a) Gleichungen zur Ermittlung von $X_{r,t}$. Für die Ermittlung dieser Größen kommen nach Abschnitt IV die Gleichungen (150) in Betracht, wonach

$$\left.\begin{aligned} X_{1,t} &= 2\,(1-k)\,\frac{E\,J_u}{h^2}\,\varepsilon\, t \\ X_{r,t} &= (1+k^2)\,[1+k-(k^r+k^{n-r+1})]\,X_{1,t} \qquad \text{für } r=2 \text{ bis } r=n-1 \\ X_{n,t} &= 2\,(1-k)\,\frac{E\,J_u}{h^2}\,\varepsilon\, t \end{aligned}\right\} \quad (150)$$

Aus diesen Gleichungen ist zu ersehen, daß die Temperaturwirkungen in Feldern, die symmetrisch zur Trägermitte liegen, dieselben sind, weshalb die Kräfte $X_{r,t}$ nur für eine Trägerhälfte ermittelt zu werden brauchen.

b) Ermittlung von k und der Potenzen k^x. Nach Gleichung (30) ist

$$k = \tfrac{1}{2}\left(a - \sqrt{a^2 - 4}\right),$$

worin

$$a = 2 + 6\frac{\lambda}{h}\frac{J}{J_u} = 2 + 6 = 8\,.$$

Daher erhält man genügend genau auf 4 Dezimalen:

$$\begin{aligned} k &= 0{,}1270 \\ k^2 &= 0{,}0161 \\ k^3 &= 0{,}0020 \\ k^4 &= 0{,}0003 \\ k^5 &= 0{,}0000\,. \end{aligned}$$

c) Ermittlung der einzelnen Faktoren in den Gleichungen (150). Es ist

$$1 - k = 0{,}873; \qquad 1 + k^2 = 1{,}0161$$

und der Ausdruck $[1 + k - (k^r + k^{n-r+1})]$ wird

$$\begin{aligned} &\text{für } r = 2 \qquad 1{,}1270 - 0{,}0161 = 1{,}1109\,, \\ &\;\;,, \quad r = 3 \qquad 1{,}1270 - 0{,}0023 = 1{,}1247\,. \end{aligned}$$

Ferner ist

$$\begin{aligned} \frac{E J_u}{h^2}\varepsilon t &= \frac{24\,000\,000 \cdot 0{,}0015}{16}\,0{,}000\,001 \cdot 10 \\ &= \frac{24 \cdot 0{,}015}{16} \\ &= 0{,}0225\,. \end{aligned}$$

d) Berechnung der Größen $X_{r,t}$ aus den Gleichungen (150):

$$\begin{aligned} X_{1,t} &= 2(1 - k)\frac{E J_u}{h^2}\varepsilon t = 2 \cdot 0{,}873 \cdot 0{,}0225 \\ &= 0{,}393 \text{ Tonnen;} \\ X_{2,t} &= (1 + k^2)[1 + k - (k^2 + k^5)]\,X_{1,t} = 1{,}061 \cdot 1{,}1109 \cdot 0{,}393 \\ &= 0{,}442 \text{ Tonnen;} \\ X_{3,t} &= (1 + k^2)[1 + k - (k^3 + k^4)]\,X_{1,t} = 1{,}061 \cdot 1{,}1247 \cdot 0{,}393 \\ &= 0{,}448 \text{ Tonnen.} \end{aligned}$$

3. Berechnung der Normalkräfte, Querkräfte und Biegungsmomente.

Diese Kräfte werden aus den unter 1. angeführten Gleichungen (52) bis (65) ermittelt; man erhält folgende Resultate:

Nach den aus der Tabelle ersichtlichen Vorzeichen der Querschnittkräfte ist ihre Wirkung in bezug auf den Querschnitt nach den im Abschnitt I/5 festgelegten Regeln zu ermitteln.

Ferner wäre noch, wie aus den Gleichungen (52) bis (65) unter 1. zu erkennen ist, besonders hervorzuheben, daß infolge der Temperaturwirkungen die Normalkräfte und Querkräfte in allen Stäben, die Biegungsmomente nur in den Gurten innerhalb eines Feldes konstante Werte besitzen, während die Pfostenmomente einen linearen Verlauf über die Pfostenhöhe derart nehmen, daß Fuß- und Kopfmoment einander entgegengesetzt gleich sind.

Weiter ist noch zu bemerken, welch geringen Einfluß die Felderanzahl auf die Berechnung ausübt, sie drückt sich, wie aus den Gleichungen (150) zu erkennen, nur im Gliede k^{n-r+1} aus, welches bei $n > 6$, auch für Felder gegen die Mitte zu, schon verschwindend klein wird. Man kann daher im allgemeinen sagen, daß die Temperaturspannungen für alle Träger mit gleicher Feldbeschaffenheit, bei gleicher Temperaturdifferenz t zwischen den Gurten, dieselben sind, sobald $n \geqq 6$ ist. Daher wären auch für das Beispiel 1, vorausgesetzt, daß die Annahmen von hier auch dort zutreffend wären, mit geringen Abweichungen dieselben Resultate zu erwarten wie hier.

	Untergurt			Obergurt			Pfosten			
	U_1	U_2	U_3	O_1	O_2	O_3	V_0	V_1	V_2	V_3
Normalkräfte in kg	+3920	+4420	+4480	−3920	−4420	−4480	0	0	0	0
Querkräfte „ „	0	0	0	0	0	0	−3920	− 500	− 60	0
Biegungsmomente in mkg:										
1. Gurtmomente	−7480	−8840	−8960	−7480	−8840	−8960	—	—	—	—
2. Pfostenfußmomente . . .	—	—	—	—	—	—	−7480	−1000	−120	0

C. Berechnung des Vierendeelträgers für bewegliche Belastung. (Einflußlinien.)

I. Einflußlinien des frei aufliegenden Balkens.

Erklärung der Einflußlinien. Man spricht von der Einflußlinie einer Auflagerreaktion, von Einflußlinien einer Normalkraft, Querkraft oder eines Biegungsmomentes, von der Einflußlinie einer Durchbiegung usw., so daß unter dem allgemeinen Ausdruck „Einflußlinie einer Größe" stets an die Einflußlinie einer Kraft, eines Momentes, einer Durchbiegung usw. gedacht werden muß.

Allgemeines über Konstruktion und Zweck der Einflußlinien soll an dem speziellen Beispiel der Einflußlinie des Auflagerdruckes $\mathfrak{A}$ in Fig. 56 erklärt werden.

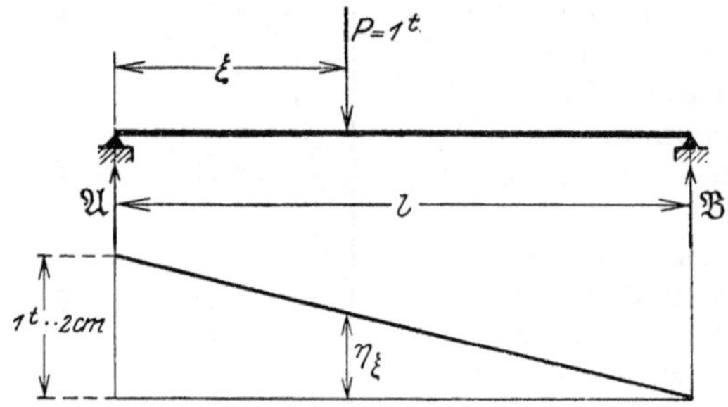

Längenmaßstab: 1 cm d. Z . . . ν m d. N. Kraftmaßstab: 1 t . . . 2 cm d. Z.

Fig. 56 u. 57.

Wandert eine Einzellast P über den Träger, so entspricht jeder Laststellung ein ganz bestimmter Wert des Auflagerdruckes $\mathfrak{A}$. Wirkt z. B. die Last P in der Entfernung ξ vom linken Auflager, so soll für diese Laststellung der Auflagerdruck $\mathfrak{A}$ die Größe η_ξ besitzen. Trägt man nun diesen Wert η_ξ als die zu ξ gehörige Ordinate von einer horizontalen Achse aus unterhalb der Last auf, führt dies analog für alle möglichen Laststellungen durch und verbindet die Endpunkte dieser Ordinaten, so erhält man die Einflußlinie des Auflagerdruckes $\mathfrak{A}$ für die wandernde Last P. Jede Ordinate η_ξ der Einflußlinie gibt dann die Größe des Auflagerdruckes $\mathfrak{A}$ an, wenn sich die Last in der Entfernung ξ am Träger befindet; die analytische Beziehung zwischen η und ξ liefert die Gleichung der Einflußlinie:

$$\eta = f(\xi) .$$

Die Einflußlinie wird stets für $P = 1$ Lasteinheit konstruiert und diese Last kurz als „$P = 1$" bezeichnet. Der Einfluß einer beliebigen Last Q ist dann durch $Q\,\eta_\xi$ bestimmt, wirken mehrere Lasten Q, also ein Lastenzug, auf den Träger, so erhält man seinen Einfluß, d. h. die Größe des Auflagerdruckes $\mathfrak{A}$ infolge dieses Lastenzuges durch den Ausdruck $\Sigma Q\,\eta_\xi$.

Die Einflußlinien dienen nun dazu, um für einen solchen beweglichen Lastenzug jene Stellung — die gefährlichste Stellung — zu finden, welche den Auflagerdruck $\mathfrak{A}$ zu einem Maximum macht. Dies geschieht durch Probieren in der Art, daß man den Lastenzug in verschiedene Laststellungen bringt, stets $\Sigma Q \eta_\xi$ bildet und jene Laststellung als die gefährlichste bezeichnet, bei welcher diese Summe ein Maximum wird

Diese Betrachtungen sind aber ganz allgemein für die Einflußlinien beliebiger Größen gültig.

Jeder Einflußlinie liegt also eine analytische Gleichung zugrunde, die mit Hilfe der Gleichgewichtsbedingungen gefunden wird. Man hat also zunächst stets die Gleichung der Einflußlinie zu ermitteln und aus dieser Gleichung heraus dann die Konstruktion derselben zu entwickeln. Die nachfolgenden Aufgaben sollen dies praktisch an der Hand der Einflußlinien des frei aufliegenden Balkens zeigen.

Aufgabe 1. Es ist die Einflußlinie für den linken Auflagerdruck $\mathfrak{A}$ eines frei aufliegenden Balkens zu ermitteln.

Die Last $P = 1$ bewege sich von rechts nach links über den Träger. Für irgendeine beliebige Laststellung in der Entfernung ξ vom linken Auflager erhält man für den Auflagerdruck stets die Gleichung:

$$\mathfrak{A}_\xi = P \frac{l - \xi}{l} = 1 \frac{l - \xi}{l}.$$

($\mathfrak{A}_\xi$ = Auflagerdruck $\mathfrak{A}$, hervorgerufen durch die Last $P = 1$ in ξ!) Trägt man diesen Wert $\mathfrak{A}_\xi$ für jede Laststellung als die zu ξ gehörige Ordinate $\eta = \mathfrak{A}_\xi$ von einer horizontalen Achse aus auf, so erhält man die Einflußlinie des Auflagerdruckes $\mathfrak{A}$, deren Gleichung dann durch

$$\eta = \frac{l - \xi}{l}$$

gegeben ist.

Da die Variablen ξ und η in erster Potenz erscheinen, stellt diese Gleichung eine Gerade vor, die bestimmt ist, sobald zwei Punkte derselben bekannt sind. Befindet sich die Last unendlich nahe dem rechten oder linken Auflager, so ist

$$\text{für } \xi = l - dl = l \;.\;.\;.\; \eta = \mathfrak{A}_l = 0$$
$$\text{,, } \xi = dl = 0 \;.\;.\;.\;.\;.\; \eta = \mathfrak{A}_0 = 1\,.$$

Durch diese beiden Gleichungen ist die Einflußlinie bestimmt, welche in Fig. 57 unter Zugrundelegung eines Kraftmaßstabes 1 t ... 2 cm konstruiert wurde. Jede Ordinate η in der Entfernung ξ gibt dann die Größe des Auflagerdruckes $\mathfrak{A}$, wenn eine Last 1 in dieser Entfernung ξ auf den Träger wirkt.

Aufgabe 2. Es ist die Einflußlinie für die Querkraft $\mathfrak{Q}_a$ im Schnitte $a - a$ zu ermitteln.

Rollt die Last $P = 1$ t von rechts nach links über den Träger, so ist für jede beliebige Laststellung rechts vom Schnitt $a - a$

$$\mathfrak{Q}_{a\,\xi} = \mathfrak{A}_\xi = 1 \cdot \frac{l - \xi}{l},$$

für jede beliebige Laststellung links vom Schnitt

$$\mathfrak{Q}_{a\,\xi} = \mathfrak{A}_\xi - P = 1 \cdot \frac{l-\xi}{l} - 1\,.$$

($\mathfrak{Q}_{a\,\xi}$ = Querkraft im Schnitt a, hervorgerufen durch die Last $P = 1$ in ξ!)

Trägt man den Wert $\mathfrak{Q}_{a\,\xi}$ z. B. im Maßstab 1 t . . . 2 cm als die zu ξ gehörige Ordinate $\eta = \mathfrak{Q}_{a,\,\xi}$ für alle Laststellungen von einer Horizontalen aus in Fig. 59 auf, so erhält man die Einflußlinie der Querkraft im Schnitte a. Ihre Gleichung ist:

$$\left.\begin{aligned} \eta &= \eta_{\mathfrak{A}} = \frac{l-\xi}{l} & \xi &\geqq a \\ \eta &= \eta_{\mathfrak{A}} + \eta_P = \frac{l-\xi}{l} - 1 & \xi &\leqq a \end{aligned}\right\}$$

Die Einflußlinie für $\xi \geqq a$ ist eine Gerade, die durch folgende zwei Punkte bestimmt ist:

für die Laststellung unendlich nahe vor B ist $\xi = l - dl = l$ und $\eta = \mathfrak{A}_\xi = 0$,
,, ,, ,, ,, ,, ,, A ,, $\xi = dl = 0$,, $\eta = \mathfrak{A}_\xi = 1$.

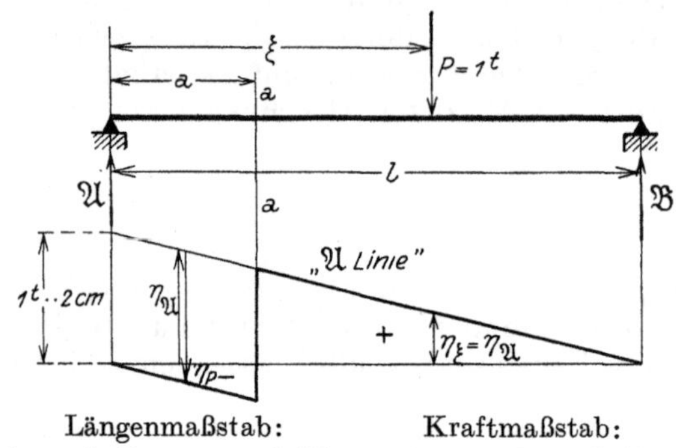

Längenmaßstab: 1 cm d. Z. . . . ν m d. N. Kraftmaßstab: 1 t . . . 2 cm d. Z.

Fig. 58 u. 59.

Die letztere Ordinate $\eta = 1$ hat nur konstruktiven Wert, da diese Linie ja nur rechts vom Schnitt als Einflußlinie Gültigkeit besitzt, wohl aber geben ihre Ordinaten $\eta = \mathfrak{Q}_{\mathfrak{A},\,\xi} = \mathfrak{A}_\xi = \eta_{\mathfrak{A}}$ stets den Einfluß des Auflagerdruckes $\mathfrak{A}_\xi$ auf die Querkraftbildung an, weshalb sie auch allgemein kurz als „$\mathfrak{A}$-Linie" bezeichnet wird. In diesem speziellen Fall ist sie mit der Einflußlinie des Auflagerdruckes $\mathfrak{A}$ identisch, während bei Einflußlinien anderer Größen die „$\mathfrak{A}$-Linie" der Einflußlinie des Auflagerdruckes im allgemeinen proportional ist. Deshalb bezeichnet man auch die oben ermittelten Ordinaten $\eta = 0$ kurz als den Einfluß auf die Querkraftbildung infolge $\mathfrak{A} = 0$ (Laststellung unendlich nahe vor B) und $\eta = 1$ als den Einfluß infolge $\mathfrak{A} = 1$ (Laststellung unendlich nahe vor A).

Die Gleichung der Einflußlinie links vom Schnitt zeigt, daß von dieser $\mathfrak{A}$-Linie noch ein konstanter Wert $\eta_P = -1$ abzuziehen ist, daher ist die Einflußlinie eine zur $\mathfrak{A}$-Linie parallele Gerade, welche durch den linken Auflagerdruck A geht, da für $\xi = dl = 0$, $\eta = 0$ wird.

Zusammenfassend kann man also erkennen, daß bei der Einflußlinienbildung — wenn die Last von rechts nach links über den Träger rollt — ein indirekter und ein direkter Einfluß der Last maßgebend ist. Solange die Last rechts vom Schnitt sich befindet, ist $\mathfrak{Q}_{a\,\xi} = \mathfrak{A}_\xi$, die Größe der Querkraft wird also nur vom Auflagerdruck $\mathfrak{A}$ beeinflußt und da $\mathfrak{A}$ wieder von der Laststellung P abhängig ist, so bezeichnet man diesen Einfluß wohl auch als indirekten Einfluß der Last P auf $\mathfrak{Q}_a$. Sobald aber die Last den Querschnitt überschreitet, ist $\mathfrak{Q}_{a\,\xi} = \mathfrak{A}_\xi - P$, es kommt also außer dem indirekten Einfluß von $\mathfrak{A}_\xi$ noch ein direkter Einfluß der Last P selbst bei der Querkraftbildung zur Geltung. Im vorliegenden Falle ist der direkte Einfluß der Last für jede Laststellung $\xi < a$ ein konstanter Abzug $\eta_P = -1$.

Die Gleichung der Einflußlinie lautet daher allgemein:

$$\eta = \eta_{\mathfrak{A}} + \eta_P ,$$

hierin zeigt $\eta_{\mathfrak{A}}$ den Einfluß des Auflagerdruckes, η_P den direkten Einfluß der Last auf die Querkraftbildung. Man kann aber die Querkrafteinflußlinie auch ableiten, wenn man die Last $P = 1$ von links nach rechts über den Träger rollen läßt und das Gleichgewicht des rechts vom Schnitt gelegenen Trägerteiles betrachtet. Dann ist nach Fig. 60, 61.

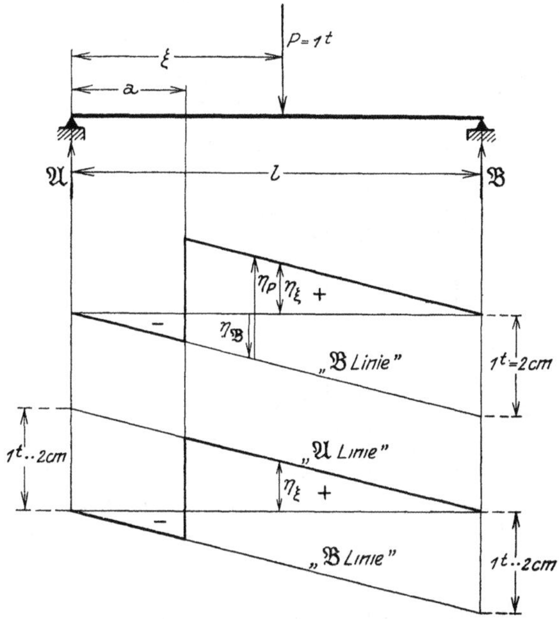

Längenmaßstab: 1 cm d. Z. . . ν m d. N. Kraftmaßstab: 1 t . . . 2 cm d. N.

Fig. 60, 61 u. 62.

$$\text{für } \xi \lesseqgtr a \;\ldots\; \mathfrak{Q}_{a\,\xi} = -\mathfrak{B} = -1\,\frac{\xi}{l}$$

$$\text{,,}\quad \xi \gtreqless a \;\ldots\; \mathfrak{Q}_{a\,\xi} = -\mathfrak{B} + P = -1\,\frac{\xi}{l} + 1 \,.$$

Setzt man $\mathfrak{Q}_{a\,\xi} = \eta$, so erhält man analog wie vorher als Gleichung der Einflußlinie

$$\left.\begin{aligned} \eta &= \eta_{\mathfrak{B}} = -\frac{\xi}{l} \\ \eta &= \eta_{\mathfrak{B}} + \eta_P = -\frac{\xi}{l} + 1 \end{aligned}\right\} \begin{aligned} &\xi \lesseqgtr a \\ &\xi \gtreqless a \end{aligned}$$

Analoge Betrachtungen wie früher führen hier zu einer „$\mathfrak{B}$-Linie", deren Ordinaten $\eta_{\mathfrak{B}}$ den Einfluß des Auflagerdruckes $\mathfrak{B}$ auf die Querkraftbildung zeigen, während $\eta_P = 1$ den direkten Einfluß von P auf $\mathfrak{Q}_{a\,\xi}$ darstellt, wenn $\xi \gtreqless a$ ist.

Ermittelt man schließlich die Querkraft aus den Gleichungen

$$\mathfrak{Q}_{a\,\xi} = -\mathfrak{B} \quad \text{für} \quad \xi \leqq a$$

und

$$\mathfrak{Q}_{a\,\xi} = +\mathfrak{A} \quad ,, \quad \xi \gtreqless a\,,$$

so erhält man als Gleichung der Einflußlinie

$$\left.\begin{aligned} \eta &= \eta_{\mathfrak{B}} \\ \eta &= \eta_{\mathfrak{A}} \end{aligned}\right\} \begin{aligned} &\xi \leqq a \\ &\xi \geqq a\,. \end{aligned}$$

Daraus erkennt man, daß zur Bildung der Querkrafteinflußlinie für jede Laststellung links vom Schnitt a—a die „$\mathfrak{B}$-Linie (der Einfluß des Auflagerdruckes $\mathfrak{B}$), für jede Laststellung rechts vom Schnitt die „$\mathfrak{A}$-Linie (Einfluß des Auflagerdruckes $\mathfrak{A}$) maßgebend ist (Fig. 62).

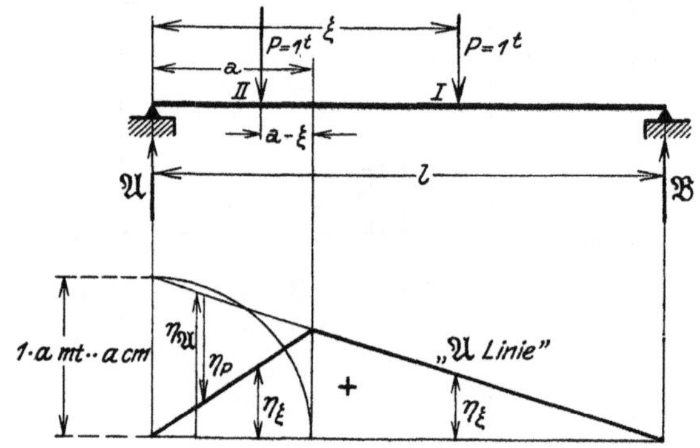

Längenmaßstab: 1 cm d. Z . . . ν m d. N. Momentenmaßstab: 1 cm d. Z . . . ν mt d. N.

Fig. 63 u. 64.

Aufgabe 3. Es ist die Einflußlinie für das Biegungsmoment des Querschnittes a—a zu ermitteln.

Läßt man die Last $P = 1$ t von rechts nach links über den Träger rollen und bestimmt die Momenteneinflußlinie aus den Gleichgewichtsbedingungen des links vom Schnitt gelegenen Trägerteiles, so ist

$$\left.\begin{aligned} \mathfrak{M}_{a\,\xi} &= \mathfrak{A}_{\xi}\, a \\ \mathfrak{M}_{a\,\xi} &= \mathfrak{A}_{\xi} a - P\,(a - \xi) \end{aligned}\right\} \begin{aligned} &\xi \geqq a \\ &\xi \lesseqgtr a \end{aligned}$$

($\mathfrak{M}_{a\,\xi}$ = Moment im Schnitt a, hervorgerufen durch die Last $P = 1$ in ξ!)

Trägt man stets den variablen Wert $\mathfrak{M}_{a\,\xi}$ als die zu ξ gehörige Ordinate η von einer horizontalen Achse aus auf (Fig. 64), so erhält man als Gleichung der Einflußlinie

$$\left.\begin{aligned} \eta &= \eta_{\mathfrak{A}} = 1 \cdot \frac{l - \xi}{l}\, a \\ \eta &= \eta_{\mathfrak{A}} + \eta_P = 1 \cdot \frac{l - \xi}{l} a - 1 \cdot (a - \xi) \end{aligned}\right\} \begin{aligned} &\xi \geqq a \\ &\xi \lesseqgtr a\,. \end{aligned}$$

Es bedeutet auch hier wieder $\eta = \eta_{\mathfrak{A}}$ die Gleichung der „$\mathfrak{A}$-Linie" (Einfluß des Auflagerdruckes $\mathfrak{A}$ auf die Momentenbildung), welche durch folgende zwei Punkte bestimmt erscheint:

$$\text{für} \quad \xi = l - dl = l \quad \text{ist} \quad \eta_{\mathfrak{A}} = 0$$

$$\text{„} \quad \xi = dl = 0 \quad \text{„} \quad \eta_{\mathfrak{A}} = +a\,.$$

Für jede Laststellung links vom Schnitt ist von dieser $\mathfrak{A}$-Linie — wie obige Gleichung zeigt — noch der direkte Einfluß der Last P, welcher durch die Gleichung

$$\eta_P = -1 \cdot (a - \xi)$$

gegeben ist, abzuziehen. Diese Abzüge nehmen linear mit der Abnahme von ξ zu, es ist speziell

$$\text{für} \quad \xi = a \;.\;.\;.\;.\;.\;.\; \eta_P = 0$$

$$\text{„} \quad \xi - dl = 0 \;.\;.\;.\; \eta_P = -a\,.$$

Dadurch ist die Momenteneinflußlinie bestimmt. Konstruiert man sie, wie in Fig. 64 angezeigt, so ist für den Momentenmaßstab dasselbe Verhältnis maßgebend wie für den Längenmaßstab der Zeichnung. Ist z. B.

im Längenmaßstab 1 cm d. Z. . . . . ν m der Natur, so ist auch
„ Momentenmaßstab 1 cm d. Z. . . . ν mt der Natur.

Man kann aber die Momenteneinflußlinie auch ermitteln, indem man die Last P von links nach rechts über den Träger rollen läßt und

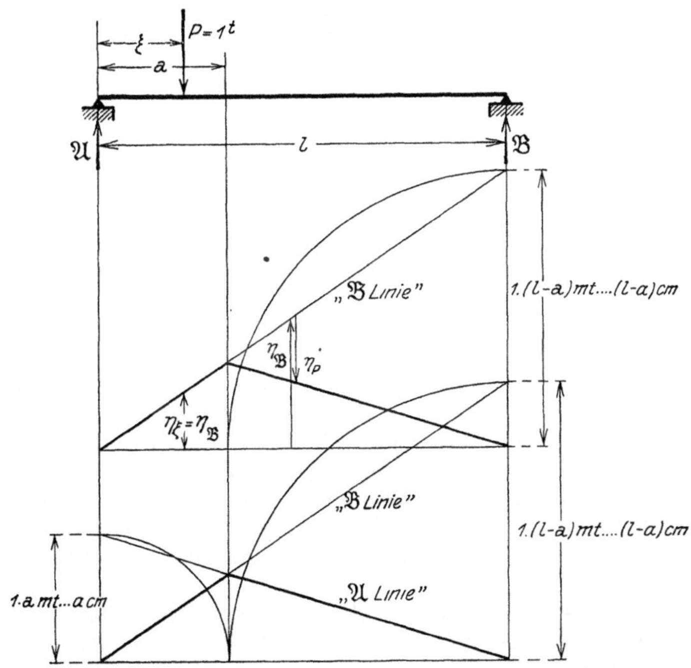

Längenmaßstab: 1 cm d. Z. . . . ν m d. N. Kraftmaßstab: 1 cm d. Z. . . . ν mt d. N.

Fig. 65, 66 u. 67.

die Gleichgewichtsbedingungen des rechts vom Schnitt gelegenen Trägerteiles dazu benutzt (Fig. 65, 66). Dann ist:

$$\left.\begin{aligned}\mathfrak{M}_{a\xi} &= \mathfrak{B}(l-a) \\ \mathfrak{M}_{a\xi} &= \mathfrak{B}(l-a) - P(\xi - a)\end{aligned}\right\}\begin{aligned}&\xi \leqq a \\ &\xi \gtreqq a\end{aligned}$$

oder die Gleichung der Einflußlinie

$$\left.\begin{aligned}\eta &= \eta_{\mathfrak{B}} = 1 \cdot \frac{\xi}{l}(l-a) \\ \eta &= \eta_{\mathfrak{B}} + \eta_P = 1\frac{\xi}{l}(l-a) - 1(\xi - a)\end{aligned}\right\}\begin{aligned}&\xi \leqq a \\ &\xi \gtreqq a\end{aligned}$$

Analog wie früher kommt man jetzt zu einer „$\mathfrak{B}$-Linie" (Einfluß des Auflagerdruckes $\mathfrak{B}$ auf die Momentenbildung), deren Gleichung

$$\eta = \eta_{\mathfrak{B}} = 1 \cdot \frac{\xi}{l}(l-a)$$

ist und durch folgende zwei Punkte bestimmt wird:

$$\begin{aligned}&\text{für} \quad \xi = d\,l = 0 \qquad &&\text{ist} \quad \eta_{\mathfrak{B}} = 0 \\ &\;\;,, \quad\; \xi = l - d\,l = l \qquad &&\;\;,, \quad \eta_{\mathfrak{B}} = +(l-a)\,.\end{aligned}$$

Der direkte Einfluß von P ist durch die jeweiligen Abzüge

$$\eta_P = -1(\xi - a)$$

gegeben, welche in linearem Verhältnis mit der Zunahme von ξ anwachsen und durch folgende zwei Werte bestimmt sind:

$$\begin{aligned}&\text{für} \quad \xi = a \qquad &&\text{ist} \quad \eta_P = 0 \\ &\;\;,, \quad\; \xi = l - d\,l = l \qquad &&\;\;,, \quad \eta_P = -(l-a)\,.\end{aligned}$$

Verwendet man schließlich die beiden Gleichungen

$$\left.\begin{aligned}\mathfrak{M}_{a\xi} &= \mathfrak{A}\,a \\ \mathfrak{M}_{a\xi} &= \mathfrak{B}(l-a)\end{aligned}\right\}\begin{aligned}&\xi \geqq a \\ &\xi \lesseqqgtr a\end{aligned}$$

zur Bildung der Einflußlinie, deren Gleichung dann durch

$$\left.\begin{aligned}\eta &= \eta_{\mathfrak{A}} \\ \eta &= \eta_{\mathfrak{B}}\end{aligned}\right\}\begin{aligned}&\xi \geqq a \\ &\xi \lesseqqgtr a\end{aligned}$$

gegeben ist, so folgt daraus analog wie bei der Querkrafteinflußlinie, daß rechts vom Schnitt die $\mathfrak{A}$-Linie, links davon die $\mathfrak{B}$-Linie, welche sich in der Querschnittvertikalen schneiden müssen, zur Bildung der Momenteneinflußlinie maßgebend ist (Fig. 67).

Aufgabe 4. Es ist die Einflußlinie der Querkraft $\mathfrak{Q}_a$ des Querschnittes a—a im Felde r eines frei aufliegenden Trägers zu ermitteln, wenn die Lastübertragung indirekt in den Anschlußpunkten der Querträger stattfindet.

Rollt die Last von rechts nach links über den Träger, so ist für das Gleichgewicht des links vom Schnitt gelegenen Trägerteiles für jede Laststellung:

$$\left.\begin{aligned}\mathfrak{Q}_{a\xi} &= \mathfrak{A}_\xi \\ \mathfrak{Q}_{a\xi} &= \mathfrak{A}_\xi - P\end{aligned}\right\}\begin{aligned}&\xi \geqq r\lambda \\ &\xi \lesseqqgtr (r-1)\lambda\end{aligned}$$

Die Gleichung der Einflußlinie ist daher

$$\left.\begin{aligned} \eta &= \eta_{\mathfrak{A}} = 1 \cdot \frac{l-\xi}{l} \\ \eta &= \eta_{\mathfrak{A}} + \eta_P = 1 \cdot \frac{l-\zeta}{l} - 1 \end{aligned}\right\} \begin{aligned} &\text{Last rechts vom Feld } r \\ &\text{,, links ,, ,, } r \end{aligned}$$

Daraus erkennt man, daß die *Einflußlinie rechts und links vom Felde sich in keiner Weise von der Querkrafteinflußlinie* dieses Querschnittes *bei direkter* Einwirkung der Belastung unterscheidet (Aufgabe 2). Es handelt sich daher noch um den Verlauf der Einflußlinie innerhalb des Feldes. Für irgendeine Laststellung im Felde selbst ist:

$$\mathfrak{Q}_{a\,\xi} = \mathfrak{A}_\xi - P\,\frac{r\lambda - \xi}{\lambda}\,.$$

Aus dieser Gleichung folgt, daß die *Einflußlinie innerhalb des Feldes eine Gerade ist*, die bestimmt ist, wenn man die Endpunkte der bereits bekannten Ordinaten η_{r-1} und η_r miteinander verbindet.

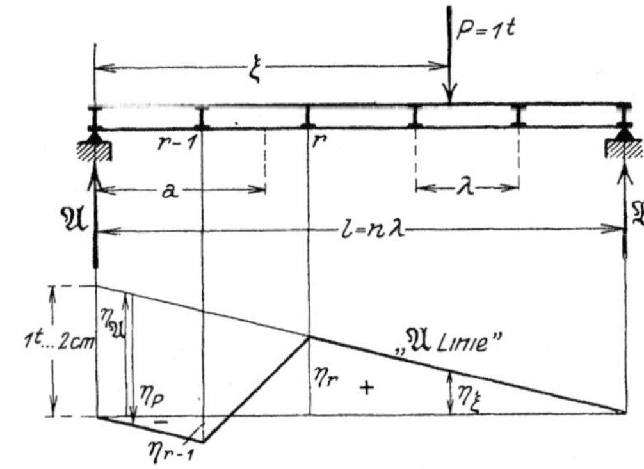

Längenmaßstab: 1 cm d. Z. . . . ν m d. N. Kraftmaßstab: 1 t . . . 2 cm d. Z.

Fig. 68 u. 69.

Es wird hier noch aufmerksam gemacht, daß bei gegebener Belastung auf jeden Querschnitt des Feldes die Querkraft in gleicher Größe wirkt, daher besitzen auch alle Querschnitte des Feldes ein und dieselbe Querkrafteinflußlinie.

Analog wie in Aufgabe 2 könnte man auch hier die Einflußlinie mit Hilfe der $\mathfrak{B}$-Linie bestimmen.

Aufgabe 5. Es ist die Einflußlinie des Biegungsmomentes $\mathfrak{M}_a$ im Querschnitt a—a des Feldes r eines frei aufliegenden Trägers zu bestimmen, wenn die Lastübertragung indirekt in den Anschlußpunkten der Querträger stattfindet.

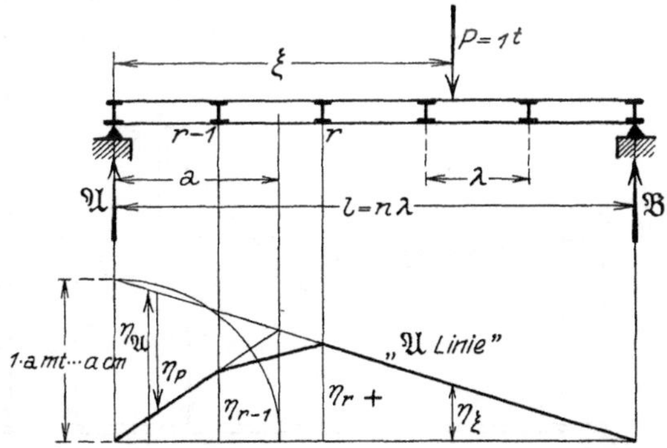

Längenmaßstab: 1 cm d. Z. . . . ν m d. N. Momentenmaßstab: 1 cm d. Z. . . . ν mt d. N.

Fig. 70 u. 71.

Rollt die Last $P = 1$ t von rechts nach links über den Träger, so ist aus dem Gleichgewicht des links vom Schnitt verbleibenden Trägerteiles für jede Laststellung:

$$\left.\begin{aligned}\mathfrak{M}_{a\,\xi} &= \mathfrak{A}_\xi\, a\\ \mathfrak{M}_{a\,\xi} &= \mathfrak{A}_\xi\, a - P\,(a-\xi)\end{aligned}\right\}\quad \begin{aligned}&\xi \gtreqless r\lambda\\ &\xi \lesseqgtr (r-1)\,\lambda\end{aligned}$$

Daraus ist dann für $\mathfrak{M}_{a\,\xi} = \eta$ die Gleichung der Einflußlinie:

$$\left.\begin{aligned}\eta &= \eta_{\mathfrak{A}} = 1\,\frac{l-\xi}{l}\,a\\ \eta &= \eta_{\mathfrak{A}} + \eta_P = 1\cdot\frac{l-\xi}{l}\,a - 1\cdot(a-\xi)\end{aligned}\right\}\quad \begin{aligned}&\text{Last rechts vom Felde } r\\ &\text{,, links ,, ,, } r\end{aligned}$$

Aus diesen beiden Gleichungen erkennt man ohne weiteres, daß sich die Einflußlinien rechts und links vom Felde von der Momenteneinflußlinie dieses Querschnittes bei direkter Belastung (Aufgabe 3) absolut nicht unterscheiden. Bewegt sich nun die Last im Felde selbst, so ist

$$\mathfrak{M}_{a\,\xi} = \mathfrak{A}_\xi\, a - P\,\frac{r\lambda - \xi}{\lambda}\,[a - (r-1)\,\lambda]\,.$$

Aus dieser Gleichung erkennt man, daß die Einflußlinie im Felde eine Gerade ist deren Ordinaten in den Feldgrenzen identisch sind mit den entsprechenden Ordinaten η_{r-1} und η_r der Einflußlinien links und rechts vom Felde.

Aus diesen Überlegungen geht also hervor, daß die Einflußlinie des Biegungsmomentes für irgendeinen Querschnitt im Felde r bei indirekter Belastung rechts und links vom Feld mit der Momenteneinflußlinie desselben Querschnittes bei direkter Belastung identisch ist, im Felde selbst aber wird sie erhalten, indem man die Endpunkte der Ordinaten η_{r-1} und η_r durch eine Gerade verbindet.

Ganz analog wie in Aufgabe 3 könnte man auch hier die Einflußlinie aus den Gleichgewichtsbedingungen des rechts vom Schnitt gelegenen Trägerteiles ermitteln.

Aufgabe 6. Die Momenteneinflußlinie eines Querschnittes sei in Fig. 72 gegeben. Wie muß der Träger belastet werden, wenn a) eine

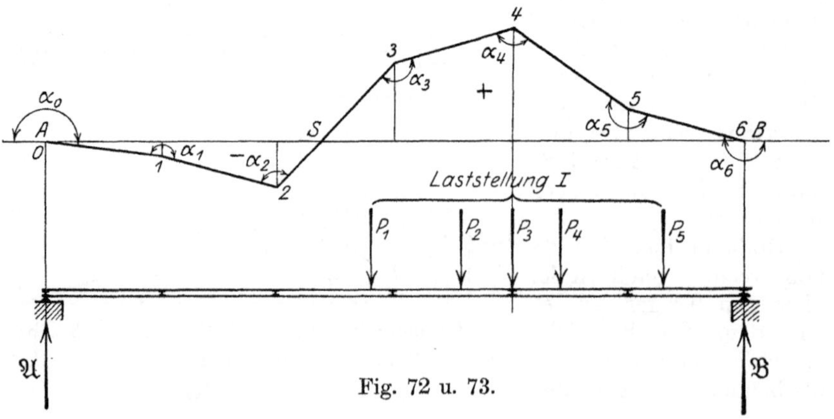

Fig. 72 u. 73.

stetige Streckenbelastung p t/m; b) ein Zug von Einzellasten P im Querschnitt das maximale Moment hervorrufen soll?

a) Liegt eine stetige Streckenbelastung p t/m vor, so wird man nur den rechts von der Lastscheide S befindlichen Trägerteil belasten, um das positive Maximalmoment zu bekommen, während eine Belastung des links von S gelegenen Teiles das größte negative Moment hervorrufen wird. Dann ist

$$+\max \mathfrak{M} = p \int_S^B \eta \, dx = +pF_e ,$$

$$-\max \mathfrak{M} = -p \int_A^S \eta \, dx = -pF_e' ,$$

wobei F_e und F_e' die positiven bzw. negativen Einflußflächen vorstellen.

b) Soll nun z. B. das positive Maximalmoment für einen gegebenen Zug von Einzellasten P ermittelt werden, so liegt die Sache nicht mehr so einfach. Man nennt jene Laststellung, die dieser Bedingung genügt, auch die gefährliche Laststellung in bezug auf den Querschnitt und wird zunächst ebenfalls trachten, den Lastenzug rechts von der Lastscheide S unterzubringen. Es gibt verschiedene Mittel und Kennzeichen, um die gefährliche Lastlage herauszufinden, doch sei in dieser Beziehung auf die einschlägige Literatur verwiesen. Nur ein Kennzeichen möge hier erwähnt werden: Bei der gefährlichsten Lastlage liegt stets eine der Lasten des Lastenzuges an einer ausspringenden Ecke der Einflußlinie. Als ausspringende Ecke der Einflußlinie bezeichnet man jene, bei welcher der Winkel $\alpha < 180°$ ist. In Fig. 72 sind daher 2, 3, 4 als ausspringende, 0, 1, 5, 6 als einspringende Ecken zu bezeichnen.

Bringt man nun den Lastenzug in die Stellung I (Fig. 73) und ist z. B. P_3 eine der schwersten Lasten des Zuges, so kann diese Laststellung möglicherweise schon das positive Maximalmoment hervorrufen, da ja eine Last, nämlich P_3, an der ausspringenden Ecke 4 der Einflußlinie steht. Das Moment für diese Laststellung wird aus der Einflußlinie mit

$$\mathfrak{M}_1 = \sum_1^n P_n \eta$$

berechnet. Nun verschiebt man den Lastenzug in eine zweite mögliche Stellung so, daß z. B. P_1 in 3, oder P_2 in 4 oder P_4 in 4 usw. zu liegen kommt und bildet dann für diese Laststellung II das Moment

$$\mathfrak{M}_2 = \sum_1^n P_n \eta .$$

Ist nun für jede Laststellung II, die durch Verschieben des Zuges nach links oder rechts erhalten wurde, $\mathfrak{M}_2$ stets kleiner als $\mathfrak{M}_1$, so ist die Stellung I bereits die gefährliche. Mit einiger Übung wird man durch wenige Versuchsstellungen rasch die gefährlichste Lastlage — auch ohne die Kenntnis besonderer Kennzeichen — herausfinden, die das positive $\mathfrak{M}_{\max}$ liefert.

Betreffs Ermittlung des negativen $\mathfrak{M}_{\max}$ ist ein analoger Vorgang einzuhalten.

Für die praktische Durchführung dieser Aufgabe wird der Lastenzug am besten auf durchsichtiges Papier gezeichnet, so daß man für jede Laststellung die Einflußordinaten bequem abgreifen kann, ohne sie erst tatsächlich einzeichnen zu müssen.

II. Gleichungen zur Ermittlung der Einflußlinien der Normalkräfte, Querkräfte und Biegungsmomente.

Zur Berechnung der Normal- und Querkräfte, sowie Biegungsmomente für Gurten und Pfosten wurden im Teil B, Abschnitt I/5 folgende Gleichungen ermittelt:

a) Untergurt: $N_r = + X_r$ . . . . (52)

$Q_r = + \frac{1}{2} \mathfrak{Q}_r$ . . . . (53)

$M_{r,x} = \frac{1}{2}[\mathfrak{M}_{r,x} - X_r h]$ . . . . (54)

b) Obergurt: $N_r' = - N_r = - X_r$ . . . . (55)

$Q_r' = + Q_r = + \frac{1}{2} \mathfrak{Q}_r$ . . . . (57)

$M_r' = + M_{r,x} = + \frac{1}{2}[\mathfrak{M}_{r,x} - X_r h]$ . . . . . (60)

c) Pfosten: $n_r = \pm \frac{1}{2} P_r$ Last am Untergurt / ,, ,, Obergurt . . . (61) (66)

Auflagerpfosten:

$$n_0 = \begin{cases} -\frac{1}{2}(\mathfrak{A} - P_0) & \text{Last am Untergurt} \quad (62) \\ -\frac{1}{2}(\mathfrak{A} + P_0) & \text{,, ,, Obergurt} \quad (67) \end{cases}$$

$$n_n = \begin{cases} -\frac{1}{2}(\mathfrak{B} - P_n) & \text{Last am Untergurt} \quad (63) \\ -\frac{1}{2}(\mathfrak{B} + P_n) & \text{,, ,, Obergurt} \quad (68) \end{cases}$$

$q_r = X_r - X_{r+1}$ . . . . (64)

$m_{r,y} = [X_r - X_{r+1}] y$ . . . . (65)

Aus diesen Gleichungen kann man ohne weiteres auch die Einflußlinien nach der im vorhergehenden Abschnitt besprochenen Art ableiten. Man läßt einfach eine Last $P = 1$ t von rechts nach links über den Träger rollen und berechnet zunächst den Wert jeder Größe nach den Gleichungen (52) bis (65), wenn sich die Last der Reihe nach in den einzelnen Knotenpunkten befindet, womit die Einflußordinaten für diese Laststellungen bestimmt sind. Da die Lastübertragung indirekt nur in den Knotenpunkten stattfindet, so ist die Einflußlinie innerhalb eines Feldes eine Gerade. Verbindet man also die Endpunkte aller obengenannten Einflußordinaten, so ist damit die Einflußlinie über den ganzen Träger ermittelt. Die weitere Abhandlung soll nun zeigen, daß es gar nicht notwendig sein wird, jede Einflußordinate für die Laststellungen in den Knotenpunkten zu rechnen, sie wird vielmehr einen bedeutend einfacheren Weg weisen.

Aus obigen Gleichungen (52) bis (66) erkennt man ferner, daß irgendeine dieser Größen entweder nur aus einer entsprechenden Größe des statisch bestimmten Hauptsystems allein oder in Verbindung mit der statisch Unbestimmten X_r gebildet wurde, daher wird auch ihre Einflußlinie aus der Einflußlinie der Größe im Hauptsystem und der der statisch Unbestimmten X_r zusammengesetzt werden können. Das Hauptsystem ist aber, wie schon öfters erwähnt, ein frei aufliegender statisch bestimmter Träger mit n Feldern, an dem die Lasten indirekt durch Vermittlung der Querträger in den Knotenpunkten des Untergurtes angreifen, daher sind auch alle Einflußlinien dieses Trägers nach den Aufgaben 1 bis 5 ohne weiteres zu ermitteln und daher bekannt. Es handelt sich deshalb darum, im folgenden zunächst die Einflußlinien der statisch unbestimmten Größen X_r zu bestimmen, womit dann durch entsprechende Zusammensetzung die Einflußlinien aller Querschnittkräfte des Vierendeelträgers ermittelt werden können.

Wegen der symmetrischen Verhältnisse des Stabwerkes sind die Einflußlinien der linken Trägerhälfte spiegelgleich mit denen der symmetrisch gelegenen Querschnitte der rechten Hälfte (Einflußlinie X_r spiegelgleich mit der Einflußlinie X_{n-r+1}), daher genügt es auch, die Einflußlinien X_r nur für die linke Trägerhälfte zu rechnen.

III. Einflußlinien der statisch unbestimmten Größen X_r.

1. Einflußlinien X_r eines 10feldrigen Trägers.

Für die Ableitung der Einflußlinien wird wieder das spezielle Beispiel eines $n = 10$feldrigen Trägers (Teil B, Abschnitt I/3) weiterbehandelt, so daß die Gleichungen (33) für die folgenden Untersuchungen herangezogen werden können. Um einen klaren Einblick in den Bildungsgang der Einflußlinien X zu bekommen, soll z. B. die Berechnung der Einflußlinie X_1 und X_4 Schritt für Schritt durchgeführt werden, woraus sich dann durch Analogie die übrigen Einflußlinien, welche denselben Gesetzen folgen, ergeben. Durch weitere vergleichende Betrachtungen werden dann die speziellen Resultate im nächsten Abschnitt IV verallgemeinert werden.

a) Ermittlung der Einflußlinie X_1.

Nach Gleichung (33) ist:

$$X_1 = \frac{6}{h^2} k [f_1 + f_2 k + f_3 k^2 + \ldots + f_9 k^8 + f_{10} k^9] .$$

Schreitet die Last $P = 1$ von rechts nach links über den Träger, so erhält man der Reihe nach die Einflußordinaten $\eta_9, \eta_8 \ldots \eta_2, \eta_1$ für die Laststellungen in den Knoten $\xi = 9, 8 \ldots 2, 1$ aus obiger Gleichung, indem man darin die entsprechenden Werte f_r einsetzt. $f_1, f_2 \ldots f_9, f_{10}$ sind, wie aus der Ableitung noch erinnerlich, die Momentenflächen über den einzelnen Feldern des Hauptsystems. Da die Pfosten und Obergurte des Hauptsystems (Fig. 24) durch Belastungen in den Knoten des Untergurtes nie beansprucht werden, so wird dasselbe in dieser Hinsicht mit einem $n$feldrigen frei aufliegenden Träger nach Fig. 74 identisch. Steht z. B. die Last $P = 1$ im Knoten $\xi = 9$,

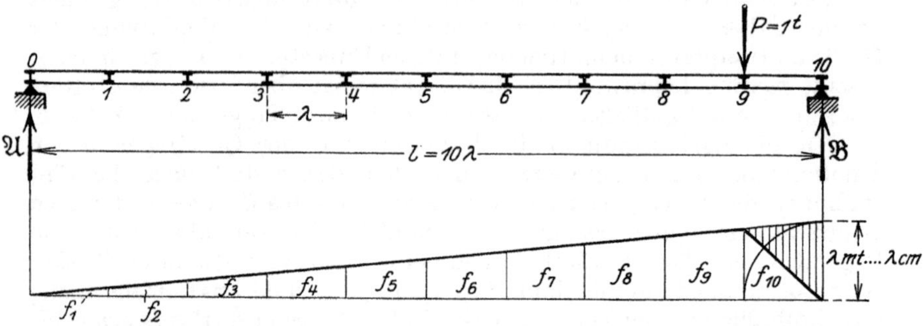

Längenmaßstab: 1 cm d. Z. . . . ν m d. N. Fig. 74 u. 75. Momentenmaßstab: 1 cm d. Z. . . . ν mt d. N.

so erhalten die Flächen f_r, wie aus dem Momentendiagramm dieser Belastung (Fig. 75) zu ersehen ist, folgende Werte:

$$f_1 = 1 \cdot \frac{\lambda^2}{2n};$$

$$f_2 = 3 \cdot \frac{\lambda^2}{2n} = 3 f_1;$$

$$f_3 = 5 \cdot \frac{\lambda^2}{2n} = 5 f_1;$$

. . . .

$$f_9 = 17 \cdot \frac{\lambda^2}{2n} = 17 f_1;$$

$$f_{10} = 19 \cdot \frac{\lambda^2}{2n} - \frac{\lambda^2}{2} = 19 f_1 - \frac{\lambda^2}{2};$$

Setzt man diese Werte in Gleichung (33) ein, so erhält man die Ordinate η_9 der Einflußlinie X_1 für die Laststellung $P = 1$ im Knoten 9:

$$\eta_9 = \frac{6}{h^2} k \left[f_1 (1 + 3k + 5k^2 + 7k^3 + \ldots + 17k^8 + 19k^9) - \frac{\lambda^2}{2} k^9\right]$$

und für

$$f_1 = \frac{\lambda^2}{2n}$$

ist

$$\eta_9 = 3k \left(\frac{\lambda}{h}\right)^2 \left[\frac{1}{n}(1 + 3k + 5k^2 + \ldots + 17k^8 + 19k^9) - k^9\right] \quad . \quad (158)$$

Führt man eine analoge Betrachtung z. B. für die Laststellung im Knoten 6 durch, o erhält man, wie aus dem Momentendiagramm für diese Laststellung (Fig. 76) ersichtlich ist, folgende Werte für f_r:

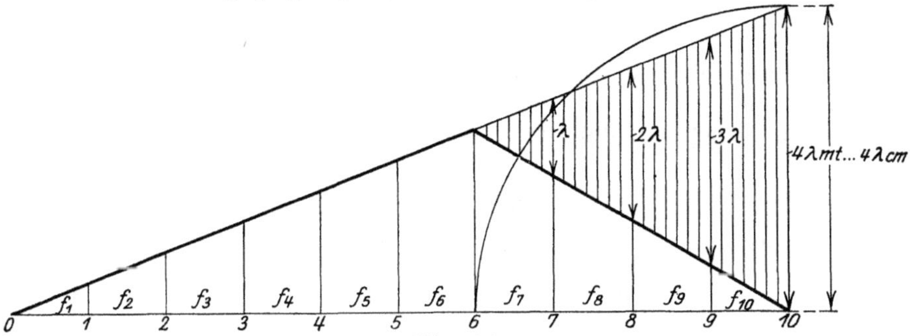

Fig. 76.

$$f_1 = \ 1\frac{4\lambda^2}{2n}; \qquad f_7 = 13\frac{4\lambda^2}{2n} - 1\frac{\lambda^2}{2} = 13 f_1 - 1\frac{\lambda^2}{2};$$

$$f_2 = \ 3\frac{4\lambda^2}{2n} = 3 f_1; \qquad f_8 = 15\frac{4\lambda^2}{2n} - 3\frac{\lambda^2}{2} = 15 f_1 - 3\frac{\lambda^2}{2};$$

$$\ldots \qquad \ldots$$

$$f_5 = \ 9\frac{4\lambda^2}{2n} = 9 f_1; \qquad f_{10} = 19\frac{4\lambda^2}{2n} - 7\frac{\lambda^2}{2} = 19 f_1 - 7\frac{\lambda^2}{2};$$

$$f_6 = 11\frac{4\lambda^2}{2n} = 11 f_1;$$

Aus diesen Gleichungen erkennt man übrigens, daß für eine beliebige Laststellung $P = 1$ in irgendeinem Knoten ξ die Momentenfläche f_r irgendeines Feldes folgenden Wert annimmt:

$$f_r = (2r - 1) f_1, \qquad \text{wenn } r \lesseqgtr \xi.$$

und

$$f_r = (2r - 1) f_1 - [2(r - \xi) - 1]\frac{\lambda^2}{2}, \qquad ,, \quad r > \xi,$$

Führt man obige Werte f_r wieder in Gleichung (33) ein, so erhält man die Ordinate η_6 der Einflußlinie X_1 für die Laststellung $P = 1$ im Knoten 6:

$$\eta_6 = \frac{6}{h^2} k [f_1 (1 + 3k + 5k^2 + \ldots + 17k^8 + 19k^9) - \frac{\lambda^2}{2}(k^6 + 3k^7 + 5k^8 + 7k^9)]$$

und für

$$f_1 = \frac{4\lambda^2}{2n}$$

ist:

$$\left.\begin{aligned} \eta_6 = 3k\left(\frac{\lambda}{h}\right)^2 \Big[\frac{4}{n}(1 + 3k + 5k^2 + \ldots + 17k^8 + 19k^9) \\ - k^6 (1 + 3k + 5k^2 + 7k^3)\Big] \end{aligned}\right\} \quad \ldots (159)$$

In den Gleichungen (158) und (159) erscheint vor dem Klammerausdruck der Multiplikator

$$m_1 = 3\,k\left(\frac{\lambda}{h}\right)^2,$$

den man zweckmäßig für späterhin noch in etwas anderer Form darstellen kann.

Nach Gleichung (36) ist:

$$\frac{\lambda}{h} = \frac{(1-k)^2}{6\,k},$$

daher wird

$$m_1 = 3\,k\left(\frac{\lambda}{h}\right)^2 = \frac{1}{2}\,\frac{\lambda}{h}\,(1-k)^2 \quad \ldots\ldots\ldots \quad (160)$$

Die Potenzreihe im Klammerausdruck der Gleichungen (158) und (159) wird mit

$$A_1 = 1 + 3\,k + 5\,k^2 + \ldots + 17\,k^8 + 19\,k^9$$

bezeichnet.

Stellt man nun auch die übrigen Ordinaten der Einflußlinie X_1 im selben Sinne dar, so erhält man der Reihe nach:

$$\left.\begin{aligned}
\eta_9 &= m_1\left[\frac{1}{n}A_1 - k^9\right]\\
\eta_8 &= m_1\left[\frac{2}{n}A_1 - k^8\,(1 + 3\,k)\right]\\
\eta_7 &= m_1\left[\frac{3}{n}A_1 - k^7\,(1 + 3\,k + 5\,k^2)\right]\\
\eta_6 &= m_1\left[\frac{4}{n}A_1 - k^6\,(1 + 3\,k + 5\,k^2 + 7\,k^3)\right]\\
\eta_5 &= m_1\left[\frac{5}{n}A_1 - k^5\,(1 + 3\,k + \ldots + 7\,k^3 + 9\,k^4)\right]\\
\eta_4 &= m_1\left[\frac{6}{n}A_1 - k^4\,(1 + 3\,k + \ldots + 9\,k^4 + 11\,k^5)\right]\\
\eta_3 &= m_1\left[\frac{7}{n}A_1 - k^3\,(1 + 3\,k + \ldots + 11\,k^5 + 13\,k^6)\right]\\
\eta_2 &= m_1\left[\frac{8}{n}A_1 - k^2\,(1 + 3\,k + \ldots + 13\,k^6 + 15\,k^7)\right]\\
\eta_1 &= m_1\left[\frac{9}{n}A_1 - k\,(1 + 3\,k + \ldots + 15\,k^7 + 17\,k^8)\right]
\end{aligned}\right\} \quad (161)$$

Die Gleichungen (161) geben einen klaren Einblick in die Gesetzmäßigkeit der aufeinanderfolgenden Einflußordinaten. Man erkennt sogleich, daß die Werte $m_1\frac{1}{n}A_1$, $m_1\frac{2}{n}A_1 \ldots m_1\frac{9}{n}A_1$ eine Gerade bilden müssen, die vom rechten Stützpunkt ausgeht und über dem linken Auflager eine Strecke

$$\mathfrak{A}_1 = m_1 A_1 = m_1 (1 + 3k + 5k^2 + \ldots + 17k^8 + 19k^9) \quad . \; (162)$$

abschneidet. Diese Linie heiße die „$\mathfrak{A}_1$-Linie", sie hat, wie in dem späteren Abschnitt IV noch gezeigt wird, eine analoge Bedeutung wie die erwähnten „$\mathfrak{A}$-Linien" in den Aufgaben 1 bis 5 im Abschnitt I dieses Teiles C. Von den Ordinaten η_9, η_8 ... dieser Linie sind, wie aus den Gleichungen (161) ersichtlich, der Reihe nach die Werte

$$\left.\begin{aligned} \alpha_{9,1} &= m_1 k^9 \\ \alpha_{8,1} &= m_1 k^8 (1 + 3k) \\ &\ldots\ldots\ldots\ldots \\ \alpha_{2,1} &= m_1 k^2 (1 + 3k + \ldots + 13k^6 + 15k^7) \\ \alpha_{1,1} &= m_1 k (1 + 3k + \ldots + 15k^7 + 17k^8) \end{aligned}\right\} \ldots \; (163)$$

abzuziehen. Nach der hier eingeführten Bezeichnungsweise gibt dann ganz allgemein $\alpha_{\xi,1}$ den Abzug von der Ordinate y_ξ der „$\mathfrak{A}_1$-Linie" an. Dann kann man auch die neun Gleichungen (161) zusammenfassen und allgemein als Gleichung der Einflußlinie X_1 anschreiben:

$$\eta_\xi = \frac{n - \xi}{n} \mathfrak{A}_1 - \alpha_{\xi,1} \quad \ldots\ldots\ldots \; (164)$$

Um einen Einblick über die Größenverhältnisse dieser Abzüge $\alpha_{\xi,1}$ zu bekommen, wurde die Einflußlinie X_1 für das der Ableitung zugrunde gelegte Beispiel $n = 10$, $J = J_o = J_u$, für die Verhältnisse $\frac{\lambda}{h} = \frac{1}{2}$, 1, $\frac{3}{2}$, 2 gerechnet und für $\frac{\lambda}{h} = \frac{1}{2}$ in Fig. 77 konstruiert.

Die errechneten Resultate nach den Gleichungen (18), (30), (160), (162) und (163) wurden in nachfolgender Tabelle zusammengestellt.

für $\frac{\lambda}{h}$ =	$\frac{1}{2}$	1	$\frac{3}{2}$	2
ist: a	5	8	11	14
k	0,2087	0,1270	$0,091\overline{7}$	$0,071\overline{8}$
m_1	0,1565	0,3810	0,6188	$0,861\overline{6}$
$\mathfrak{A}_1$	$0,302\overline{2}$	0,5635	0,8188	$1,071\overline{8}$
ferner die Abzüge:				
$\alpha_{1,1} = m_1 k\ (1 + 3k + \ldots + 17k^8)$	0,0631	0,0716	0,0751	0,0769
$\alpha_{2,1} = m_1 k^2 (1 + 3k + \ldots + 15k^7)$	0,0132	0,0091	0,0069	0,0055
$\alpha_{3,1} = m_1 k^3 (1 + 3k + \ldots + 13k^6)$	0,0027	0,0012	0,0006	0,0004
$\alpha_{4,1} = m_1 k^4 (1 + 3k + \ldots + 11k^5)$	0,0006	0,0001	0,0001	0,0000
$\alpha_{5,1} = m_1 k^5 (1 + 3k + \ldots + 9k^4)$	0,0000	0,0000	0,0000	
. . . .				

Während die Zahlen a, k und m_1 reine Verhältniszahlen sind, stellen die Zahlen für $\mathfrak{A}_1$ und die Abzüge $\alpha_{\xi,1}$ Tonnen vor, wenn man eine Last $P = 1$ t zwecks Ermittlung der Einflußordinaten über den Träger rollen läßt. Für die Konstruktion der Einflußlinie muß daher ein

Kraftmaßstab gewählt werden. Erkennt man schon aus den hier errechneten Werten für die Abzüge α, daß diese verhältnismäßig rasch verschwindend klein werden, so zeigt sich dies noch deutlicher in der graphischen Darstellung, wo man auch unter Zugrundelegung eines hinreichend großen Kraftmaßstabes nur die Abzüge in unmittelbarer Feldnähe berücksichtigen kann.

Wählt man z. B. 1 t . . . 10 cm, ein immerhin sehr großer Kraftmaßstab, so erhält man in der maßstäblichen Darstellung folgende Werte in cm:

für	$\frac{\lambda}{h}$	$\frac{1}{2}$	1	$\frac{3}{2}$	2	
ist:	$\mathfrak{A}_1$	3,02	5,6$\overline{4}$	8,19	10,72	cm
	$\alpha_{1,1}$	0,63	0,72	0,75	0,77	„
	$\alpha_{2,1}$	0,13	0,09	0,0$\overline{7}$	0,0$\overline{6}$	„
	$\alpha_{3,1}$	0,0$\overline{3}$	0,01	0,01	—	„
	$\alpha_{4,1}$	0,01	—	—	—	„

Man ersieht also aus dieser maßstäblichen Darstellung ganz deutlich, daß innerhalb der Grenzen $\frac{\lambda}{h} = \frac{1}{2}$ bis 2 auch bei Verwendung hinreichend großer Kraftmaßstäbe höchstens zwei Abzüge in unmittelbarer Feldnähe zur Darstellung kommen können, während alle übrigen

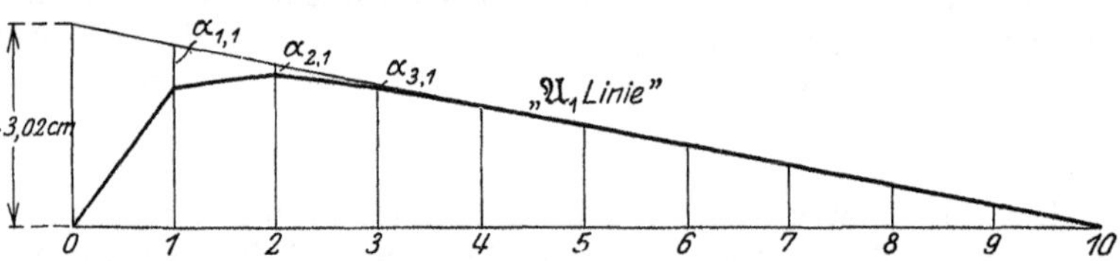

Kraftmaßstab: 1 t . . . 10 cm d. Z. Einflußlinie X_1. Fig. 77. Längenmaßstab: 1 cm d. Z. . . . ν m d N.

verschwinden, so daß die Ordinaten der Einflußlinie X_1 mit den Ordinaten der $\mathfrak{A}_1$-Linie zusammenfallen. **In dieser Erkenntnis liegt das Prinzip und der Vorteil der hier gebrachten Methode.** Fig. 77 zeigt die Einflußlinie X_1 für $\frac{\lambda}{h} = \frac{1}{2}$.

b. Ermittlung der Einflußlinie X_4.

Nach Gleichung (33) ist

$$X_4 = \frac{k}{1-k^2}\,\frac{6}{h^2}\,[f_1 k^3 + f_2 k^2 + f_3 k + f_4 + f_5 k + f_6 k^2 + \ldots + f_9 k^5 + f_{10} k^6]\,.$$

Rollt die Last $P = 1$ von rechts nach links über den Träger, so erhält man aus obiger Gleichung die Einflußordinaten $\eta_9, \eta_8 \ldots \eta_2, \eta_1$ für die Laststellungen in den Knoten $\xi = 9, 8 \ldots 2, 1$, indem man die diesen Laststellungen entsprechenden Werte f_r darin einsetzt. Um nun auch hier dieselbe Klarheit und Gesetzmäßigkeit zu erkennen, wie in der Darstellung der Einflußlinie X_1, muß man zwei gesonderte Betrachtungen durchführen, je nachdem die Last $P = 1$ sich rechts oder links vom Felde 4 bewegt.

1. Last rechts vom Felde.

Schreitet die Last $P = 1$ von rechts bis zur rechten Begrenzung des Feldes, das ist der Knoten 4, so werden sämtliche Flächen f_r als Vielfache der Fläche f_1 dargestellt. Für die Laststellungen im Knoten 9 und 6 können daher die Flächen f_r aus Fig. 75 und 76, für

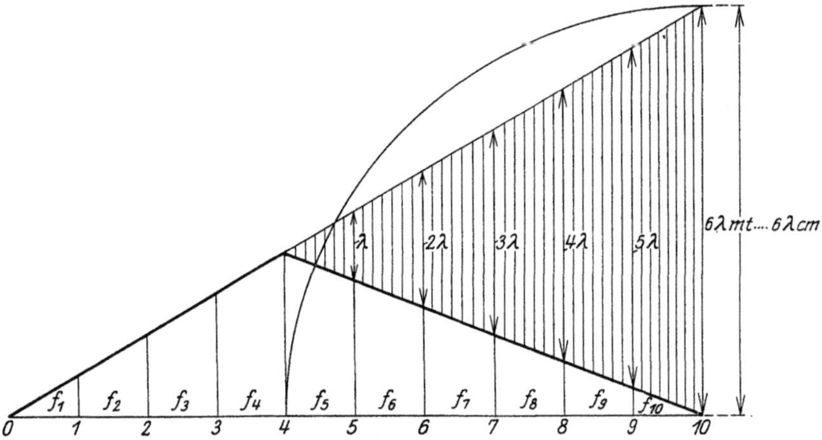

Fig. 78.

die Laststellung in der Feldgrenze im Knoten 4 aus der Fig. 78 entnommen werden. Für diese Laststellung folgt:

$$f_1 = 1 \cdot \frac{6\lambda^2}{2n}; \qquad f_5 = 9 \cdot \frac{6\lambda^2}{2n} - 1 \cdot \frac{\lambda^2}{2} = 9 f_1 - 1 \cdot \frac{\lambda^2}{2};$$

$$f_2 = 3 \cdot \frac{6\lambda^2}{2n} = 3 f_1; \qquad f_6 = 11 \cdot \frac{6\lambda^2}{2n} - 3 \cdot \frac{\lambda^2}{2} = 11 f_1 - 3 \cdot \frac{\lambda^2}{2};$$

$$f_3 = 5 \cdot \frac{6\lambda^2}{2n} = 5 f_1; \qquad \cdots\cdots\cdots\cdots$$

$$f_4 = 7 \cdot \frac{6\lambda^2}{2n} = 7 f_1; \qquad f_{10} = 19 \cdot \frac{6\lambda^2}{2n} - 11 \cdot \frac{\lambda^2}{2} = 19 f_1 - 11 \frac{\lambda^2}{2}.$$

Setzt man diese Werte in die Gleichung für X_4, so erhält man die Einflußordinate

$$\eta_4 = \frac{k}{1-k^2}\,\frac{6}{h^2}\Big[f_1(k^3 + 3k^2 + 5k + 7 + 9k + 11k^2 + \ldots + 19k^6) - \frac{\lambda^2}{2}(k + 3k^2 + 5k^3 + \ldots + 11k^6)\Big]$$

für
$$f_1 = \frac{6\lambda^2}{2n}$$
ist dann
$$\eta_4 = \frac{3k}{1-k^2}\left(\frac{\lambda}{h}\right)^2\left[\frac{6}{n}(k^3+3k^2+5k+7+9k+11k^2+\ldots+19k^6) - k(1+3k+5k^2+\ldots+11k^5)\right].$$

Für die Laststellung $P = 1$ im Knoten 6 erhält man ganz analog:
$$\eta_6 = \frac{3k}{1-k^2}\left(\frac{\lambda}{h}\right)^2\left[\frac{4}{n}(k^3+3k^2+5k+7+9k+11k^2+\ldots+19k^6) - k^3(1+3k+5k^2+7k^3)\right].$$

In diesen Gleichungen erscheint vor dem Klammerausdruck der Multiplikator
$$m_2 = \frac{3k}{1-k^2}\left(\frac{\lambda}{h}\right)^2,$$
den man wegen späterhin noch in etwas anderer Form darstellen kann. Nach Gleichung (36) ist
$$\frac{\lambda}{h} = \frac{(1-k)^2}{6k},$$
daher
$$m_2 = \frac{3k}{1-k^2}\left(\frac{\lambda}{h}\right)^2 = \frac{1}{2}\,\frac{\lambda}{h}\,\frac{1-k}{1+k} \quad \ldots\ldots \quad (165)$$

Im Klammerausdruck beider Gleichungen erscheint ein und dieselbe Potenzreihe, die im folgenden mit
$$A_4 = k^3+3k^2+5k+7+9k+11k^2+13k^3+15k^4+17k^5+19k^6$$
bezeichnet werden soll.

Ermittelt man nun analog sämtliche Einflußordinaten rechts vom Felde, so erhält man folgende Werte:
$$\left.\begin{aligned}
\eta_9 &= m_2\left[\frac{1}{n}A_4 - k^6\right]\\
\eta_8 &= m_2\left[\frac{2}{n}A_4 - k^5(1+3k)\right]\\
\eta_7 &= m_2\left[\frac{3}{n}A_4 - k^4(1+3k+5k^2)\right]\\
\eta_6 &= m_2\left[\frac{4}{n}A_4 - k^3(1+3k+5k^2+7k^3)\right]\\
\eta_5 &= m_2\left[\frac{5}{n}A_4 - k^2(1+3k+5k^2+7k^3+9k^4)\right]\\
\eta_4 &= m_2\left[\frac{6}{n}A_4 - k(1+3k+5k^2+7k^3+9k^4+11k^5)\right]
\end{aligned}\right\}\quad (166)$$

2. Last $P = 1$ links vom Felde 4.

Befindet sich die Last in der linken Feldgrenze im Knoten 3 oder in allen Stellungen links davon, so werden sämtliche Flächen f_r als Vielfache der Fläche f_{10} dargestellt. Für die Laststellung im Knoten 3 sind diese Flächen aus Fig. 79 zu entnehmen:

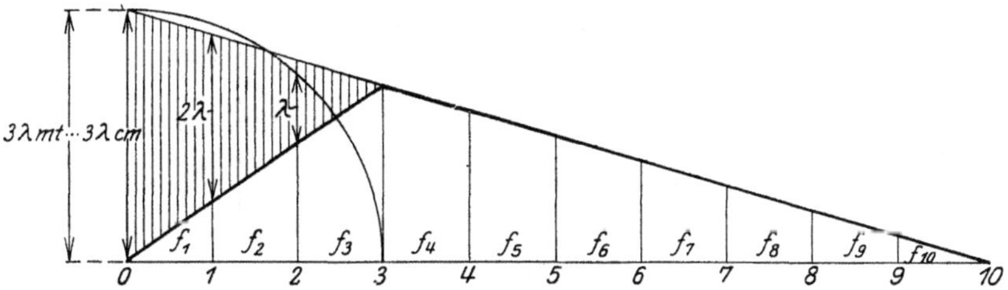

Fig. 79.

$$f_{10} = 1 \cdot \frac{3\lambda^2}{2n}, \qquad f_3 = 15 f_{10} - 1 \cdot \frac{\lambda^2}{2},$$

$$f_9 = 3 \cdot \frac{3\lambda^2}{2n} = 3 f_{10}, \qquad f_2 = 17 f_{10} - 3 \cdot \frac{\lambda^2}{2},$$

$$f_8 = 5 \cdot \frac{3\lambda^2}{2n} = 5 f_{10}, \qquad f_1 = 19 f_{10} - 5 \cdot \frac{\lambda^2}{2}.$$

$$\cdots\cdots\cdots$$

$$f_4 = 13 \cdot \frac{3\lambda^2}{2n} = 13 f_{10},$$

Setzt man diese Werte in Gleichung (33) für X_4 ein, so erhält man die Ordinate η_3 der Einflußlinie X_4:

$$\eta_3 = \frac{k}{1-k^2}\frac{6}{h^2}\Big[f_{10}(19k^3 + 17k^2 + 15k + 13 + 11k + 9k^2 + \ldots + 3k^5 + k^6) - \frac{\lambda^2}{2}(k + 3k^2 + 5k^3)\Big].$$

oder für

$$f_{10} = \frac{3\lambda^2}{2n}$$

ist:

$$\eta_3 = \frac{3k}{1-k^2}\left(\frac{\lambda}{h}\right)^2\Big[\frac{3}{n}(19k^3 + 17k^2 + 15k + 13 + 11k + 9k^2 + \ldots + 3k^5 + k^6) - k(1 + 3k + 5k^2)\Big].$$

Führt man für die weiteren Laststellungen links vom Felde im Knoten 2 und 1 die analogen Betrachtungen durch, so erhält man die Einflußordinate η_2 und η_1. In allen diesen Ordinaten links vom Felde erscheint die Potenzreihe

$$B_4 = 19k^3 + 17k^2 + 15k + 13 + 11k + 9k^2 + 7k^3 + 5k^4 + 3k^5 + k^6$$

Setzt man nach Gleichung (165) wieder

$$\frac{3k}{1-k^2}\left(\frac{\lambda}{h}\right)^2 = \frac{1}{2}\frac{\lambda}{h}\frac{1-k}{1+k} = m_2,$$

so ergeben sich die Einflußordinaten links vom Felde in folgender Form:

$$\left.\begin{aligned} \eta_3 &= m_2\left[\frac{3}{n}B_4 - k(1+3k+5k^2)\right] \\ \eta_2 &= m_2\left[\frac{2}{n}B_4 - k^2(1+3k)\right] \\ \eta_1 &= m_2\left[\frac{1}{n}B_4 - k^3\right] \end{aligned}\right\} \quad \ldots\ldots \quad (167)$$

Aus den Gleichungen (166) und (167) ergeben sich nun nachstehende Folgerungen:

In den Gleichungen (166) müssen die Werte $m_2\frac{1}{n}A_4$, $m_2\frac{2}{n}A_4 \ldots m_2\frac{6}{n}A_4$ die Ordinaten einer Geraden bilden, die vom rechten Stützpunkt ausgeht, über dem linken eine Strecke

$$\mathfrak{A}_4 = m_2 A_4 = m_2[k^3 + 3k^2 + 5k + 7 + 9k + 11k^2 + \ldots + 17k^5 + 19k^6] \quad (168)$$

abschneidet und als „$\mathfrak{A}_4$-Linie“ bezeichnet wird. Von den Ordinaten dieser Linie sind in den Knoten 4 bis 9 der Reihe nach die folgenden Werte

$$\left.\begin{aligned} \alpha_{4,4} &= m_2 k(1+3k+5k^2+\ldots+11k^5) \\ \alpha_{5,4} &= m_2 k^2(1+3k+5k^2+\ldots+9k^4) \\ &\ldots\ldots\ldots\ldots \\ \alpha_{9,4} &= m_2 k^6 \end{aligned}\right\} \quad \ldots \quad (169)$$

abzuziehen, um die Einflußordinaten η_4 bis η_9 zu erhalten. In der weiteren Abhandlung soll nun ganz allgemein mit $\alpha_{\xi,r}$ der Abzug von der Ordinate der $\mathfrak{A}_r$-Linie im Knoten ξ bezeichnet werden.

Aus der Gleichungsgruppe (167) hingegen erkennt man, daß die Werte $m_2\frac{1}{n}B_4$, $m_2\frac{2}{n}B_4$ und $m_2\frac{3}{n}B_4$ die Ordinaten einer Geraden bilden, die vom linken Stützpunkt ausgeht und über dem rechten eine Strecke

$$\mathfrak{B}_4 = m_2 B_4 = m_2[19k^3 + 17k^2 + 15k + 13 + 11k + 9k^2 + \ldots + 3k^5 + k^6] \quad (170)$$

abschneidet und als „$\mathfrak{B}_4$-Linie“ bezeichnet werden möge. Die Abzüge von den Ordinaten dieser Linie in den Knoten 3, 2 und 1, welche analog den Abzügen $\alpha_{\xi,r}$ von einer $\mathfrak{A}_r$-Linie allgemein mit $\beta_{\xi,r}$ bezeichnet werden sollen, sind dann der Reihe nach:

$$\left.\begin{aligned} \beta_{3,4} &= m_2 k(1+3k+5k^2) \\ \beta_{2,4} &= m_2 k^2(1+3k) \\ \beta_{1,4} &= m_2 k^3 \end{aligned}\right\} \quad \ldots\ldots \quad (171)$$

Aus dem nachfolgenden speziellen Beispiel wird man abermals erkennen, daß diese Abzüge α und β wieder nur in unmittelbarer Feldnähe berücksichtigt werden können, da sie für die weiter abgelegenen Ordinaten rasch verschwindend klein werden. Dann fällt aber die Einflußlinie X_4 mit der $\mathfrak{A}_4$- bzw. $\mathfrak{B}_4$-Linie zusammen, weshalb allgemein die Kenntnis dieser $\mathfrak{A}$- und $\mathfrak{B}$-Linien von grundlegender Bedeutung für die Konstruktion der Einflußlinien X ist.

Um einen zahlenmäßigen Einblick in die Verhältnisse zu bekommen, wird die Einflußlinie X_4 für das spezielle Beispiel $n = 10$, $J = J_u = J_o$ für die Verhältnisse $\frac{\lambda}{h} = \frac{1}{2}, 1, \frac{3}{2}, 4$ gerechnet und für $\frac{\lambda}{h} = \frac{1}{2}$ graphisch dargestellt. Die folgende Tabelle zeigt die nach Gleichungen (18), (30), (165), (168), (170), (169) und (171) errechneten Resultate:

für	$\frac{\lambda}{h}$	$\frac{1}{2}$	1	$\frac{3}{2}$	2
ist:	a	5	8	11	14
	k	0,2087	0,1270	0 091$\bar{7}$	0,07$\bar{1}$8
	m_2	0,163$\bar{7}$	0,387$\bar{3}$	0,6240	0,8660
	$\mathfrak{A}_4$	1,7505	3,500$\bar{1}$	5,2500	7,0000
	$\mathfrak{B}_4$	3,2415	6,4975	9,7491	13,0000
ferner die Abzüge:					
	$\alpha_{8,4}$	0,0000	—	—	—
	$\alpha_{7,4}$	0,000$\bar{1}$	0,000$\bar{1}$	0,000$\bar{1}$	—
	$\alpha_{6,4}$	0,0028	0,0012	0,0006	0,0004
	$\alpha_{5,4}$	**0,0137**	**0,0092**	**0,0069**	**0,0056**
	$\alpha_{4,4}$	**0,065$\bar{9}$**	**0,07$\bar{2}$8**	**0,0757**	**0,0774**
	$\beta_{3,4}$	**0,0630**	**0,0719**	**0,0753**	**0,077$\bar{2}$**
	$\beta_{2,4}$	**0,0116**	**0,0086**	**0,0067**	**0,0054**
	$\beta_{1,4}$	0,0015	0,0008	0,000$\bar{5}$	0,0003

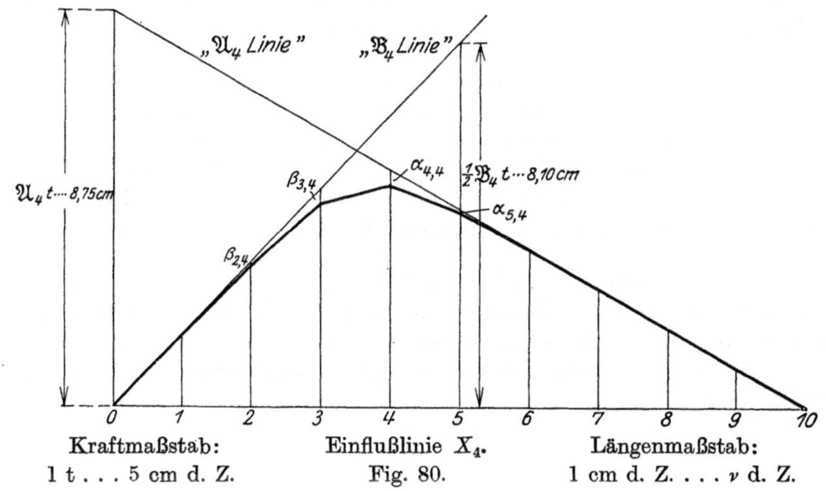

Kraftmaßstab: 1 t . . . 5 cm d. Z.

Einflußlinie X_4.
Fig. 80.

Längenmaßstab: 1 cm d. Z. . . . ν d. Z.

Zur graphischen Darstellung der Einflußlinie X_4 (Fig. 80) für das Verhältnis $\frac{\lambda}{h} = \frac{1}{2}$ soll ein Kraftmaßstab 1 t ... 5 cm gewählt werden. In der folgenden Tabelle sind die maßstäblichen Werte in cm eingetragen:

für	$\frac{\lambda}{h}$	$\frac{1}{2}$	1	$\frac{3}{2}$	2	
ist:	$\mathfrak{A}_4$	8,75	17,50	26,25	35,00	cm
	$\mathfrak{B}_4$	16,21	32,49	48,75	65,00	„
	$\alpha_{8,4}$	0,00	—	—	—	„
	$\alpha_{7,4}$	0,00	—	—	—	„
	$\alpha_{6,4}$	0,01	0,01	—	—	„
	$\alpha_{5,4}$	**0,07**	**0,05**	**0,03**	**0,03**	„
	$\alpha_{4,4}$	**0,33**	**0,36**	**0,38**	**0,39**	„
	$\beta_{3,4}$	**0,32**	**0,36**	**0,38**	**0,39**	„
	$\beta_{2,4}$	**0,06**	**0,04**	**0,03**	**0,03**	„
	$\beta_{1,4}$	0,01	0,00	0,00	0,00	„

Hieraus erkennt man ganz deutlich, daß höchstens je 2 Abzüge α und β in unmittelbarer Feldnähe graphisch berücksichtigt werden können.

c) Einflußlinien X_2, X_3 und X_5.

Führt man unter Zugrundelegung der Gleichungen (33) für diese Einflußlinien dieselben Betrachtungen durch wie für X_1 und X_4, so gelangt man zu analogen Ergebnissen [Gl. (174), (175), (177)].

Im allgemeinen erhält man für jede Einflußlinie X_r eine $\mathfrak{A}_r$- und $\mathfrak{B}_r$-Linie. Rechts vom Felde r ist die $\mathfrak{A}_r$-Linie, links davon die $\mathfrak{B}_r$-Linie maßgebend. Um von den Ordinaten dieser Linien zu den Einflußordinaten zu gelangen, sind kleine Werte $\alpha_{\xi,r}$ bzw. $\beta_{\xi,r}$ abzuziehen, die sich aber bei allen Einflußlinien nur in den Begrenzungsordinaten des Feldes und in den unmittelbar anschließenden bemerkbar machen, während sie in allen weiter abgelegenen verschwindend klein werden, so daß für diese Teile die Einflußlinie X_r mit der $\mathfrak{A}_r$- bzw. $\mathfrak{B}_r$ Linie identisch wird.

Um eine Verallgemeinerung der bisherigen Ergebnisse im nächsten Abschnitt an der Hand dieses speziellen Beispiels durch vergleichende Betrachtung durchführen zu können, sollen im folgenden alle $\mathfrak{A}$- und $\mathfrak{B}$-Werte sowie die Einflußordinaten der Einflußlinien X_1 bis X_5 angeschrieben werden:

1. $\mathfrak{A}$- und $\mathfrak{B}$-Werte der Einflußlinien X_1 bis X_5:

$$\left.\begin{array}{l}
\mathfrak{A}_1 = m_1 A_1 = m_1 (1 + 3k + 5k^2 + 7k^3 + 9k^4 + 11k^5 + 13k^6 + 15k^7 + 17k^8 + 19k^9) \\
\mathfrak{A}_2 = m_2 A_2 = m_2 (k + 3 + 5k + 7k^2 + 9k^3 + 11k^4 + 13k^5 + 15k^6 + 17k^7 + 19k^8) \\
\mathfrak{A}_3 = m_2 A_3 = m_2 (k^2 + 3k + 5 + 7k + 9k^2 + 11k^3 + 13k^4 + 15k^5 + 17k^6 + 19k^7) \\
\mathfrak{A}_4 = m_2 A_4 = m_2 (k^3 + 3k^2 + 5k + 7 + 9k + 11k^2 + 13k^3 + 15k^4 + 17k^5 + 19k^6) \\
\mathfrak{A}_5 = m_2 A_5 = m_2 (k^4 + 3k^3 + 5k^2 + 7k + 9 + 11k + 13k^2 + 15k^3 + 17k^4 + 19k^5) \\
\mathfrak{B}_5 = m_2 B_5 = m_2 (k^5 + 3k^4 + 5k^3 + 7k^2 + 9k + 11 + 13k + 15k^2 + 17k^3 + 19k^4) \\
\mathfrak{B}_4 = m_2 B_4 = m_2 (k^6 + 3k^5 + 5k^4 + 7k^3 + 9k^2 + 11k + 13 + 15k + 17k^2 + 19k^3) \\
\mathfrak{B}_3 = m_2 B_3 = m_2 (k^7 + 3k^6 + 5k^5 + 7k^4 + 9k^3 + 11k^2 + 13k + 15 + 17k + 19k^2) \\
\mathfrak{B}_2 = m_2 B_2 = m_2 (k^8 + 3k^7 + 5k^6 + 7k^5 + 9k^4 + 11k^3 + 13k^2 + 15k + 17 + 19k) \\
\mathfrak{B}_1 = m_1 B_1 = m_1 (k^9 + 3k^8 + 5k^7 + 7k^6 + 9k^5 + 11k^4 + 13k^3 + 15k^2 + 17k + 19)
\end{array}\right\} \quad . \quad (172)$$

2. Ordinaten der Einflußlinien X_1 bis X_5:

$$X_1: \quad \left.\begin{array}{l}
\eta_9 = \frac{1}{n}\mathfrak{A}_1 - m_1 k^9 \\
\eta_8 = \frac{2}{n}\mathfrak{A}_1 - m_1 k^8 (1 + 3k) \\
\eta_7 = \frac{3}{n}\mathfrak{A}_1 - m_1 k^7 (1 + 3k + 5k^2) \\
\eta_6 = \frac{4}{n}\mathfrak{A}_1 - m_1 k^6 (1 + 3k + 5k^2 + 7k^3) \\
\eta_5 = \frac{5}{n}\mathfrak{A}_1 - m_1 k^5 (1 + 3k + \ldots + 9k^4) \\
\eta_4 = \frac{6}{n}\mathfrak{A}_1 - m_1 k^4 (1 + 3k + \ldots + 11k^5) \\
\eta_3 = \frac{7}{n}\mathfrak{A}_1 - m_1 k^3 (1 + 3k + \ldots + 13k^6) \\
\eta_2 = \frac{8}{n}\mathfrak{A}_1 - m_1 k^2 (1 + 3k + \ldots + 15k^7) \\
\eta_1 = \frac{9}{n}\mathfrak{A}_1 - m_1 k (1 + 3k + \ldots + 17k^8)
\end{array}\right\} \quad . \; . \; . \quad (173)$$

$$X_2:\quad \left.\begin{aligned}
\eta_9 &= \frac{1}{n}\mathfrak{A}_2 - m_2 k^8\\
\eta_8 &= \frac{2}{n}\mathfrak{A}_2 - m_2 k^7 (1 + 3k)\\
\eta_7 &= \frac{3}{n}\mathfrak{A}_2 - m_2 k^6 (1 + 3k + 5k^2)\\
\eta_6 &= \frac{4}{n}\mathfrak{A}_2 - m_2 k^5 (1 + 3k + 5k^2 + 7k^3)\\
\eta_5 &= \frac{5}{n}\mathfrak{A}_2 - m_2 k^4 (1 + 3k + \ldots + 9k^4)\\
\eta_4 &= \frac{6}{n}\mathfrak{A}_2 - m_2 k^3 (1 + 3k + \ldots + 11k^5)\\
\eta_3 &= \frac{7}{n}\mathfrak{A}_2 - m_2 k^2 (1 + 3k + \ldots + 13k^6)\\
\eta_2 &= \frac{8}{n}\mathfrak{A}_2 - m_2 k\, (1 + 3k + \ldots + 15k^7)\\
\eta_1 &= \frac{1}{n}\mathfrak{B}_2 - m_2 k
\end{aligned}\right\} \quad . . (174)$$

$$X_3:\quad \left.\begin{aligned}
\eta_9 &= \frac{1}{n}\mathfrak{A}_3 - m_2 k^7\\
\eta_8 &= \frac{2}{n}\mathfrak{A}_3 - m_2 k^6 (1 + 3k)\\
\eta_7 &= \frac{3}{n}\mathfrak{A}_3 - m_2 k^5 (1 + 3k + 5k^2)\\
\eta_6 &= \frac{4}{n}\mathfrak{A}_3 - m_2 k^4 (1 + 3k + 5k^2 + 7k^3)\\
\eta_5 &= \frac{5}{n}\mathfrak{A}_3 - m_2 k^3 (1 + 3k + \ldots + 9k^4)\\
\eta_4 &= \frac{6}{n}\mathfrak{A}_3 - m_2 k^2 (1 + 3k + \ldots + 11k^5)\\
\eta_3 &= \frac{7}{n}\mathfrak{A}_3 - m_2 k\, (1 + 3k + \ldots + 13k^6)\\
\eta_2 &= \frac{2}{n}\mathfrak{B}_2 - m_2 k\, (1 + 3k)\\
\eta_1 &= \frac{1}{n}\mathfrak{B}_2 - m_2 k^2
\end{aligned}\right\} \quad . . (175)$$

$$\left.\begin{aligned}
X_4\colon\ \eta_9 &= \frac{1}{n}\,\mathfrak{A}_4 - m_2 k^6 \\
\eta_8 &= \frac{2}{n}\,\mathfrak{A}_4 - m_2 k^5 (1 + 3k) \\
\eta_7 &= \frac{3}{n}\,\mathfrak{A}_4 - m_2 k^4 (1 + 3k + 5k^2) \\
\eta_6 &= \frac{4}{n}\,\mathfrak{A}_4 - m_2 k^3 (1 + 3k + 5k^2 + 7k^3) \\
\eta_5 &= \frac{5}{n}\,\mathfrak{A}_4 - m_2 k^2 (1 + 3k + \ldots + 9k^4) \\
\eta_4 &= \frac{6}{n}\,\mathfrak{A}_4 - m_2 k\, (1 + 3k + \ldots + 11k^5) \\
\eta_3 &= \frac{3}{n}\,\mathfrak{B}_4 - m_2 k\, (1 + 3k + 5k^2) \\
\eta_2 &= \frac{2}{n}\,\mathfrak{B}_4 - m_2 k^2 (1 + 3k) \\
\eta_1 &= \frac{1}{n}\,\mathfrak{B}_4 - m_2 k^3
\end{aligned}\right\} \quad \ldots (176)$$

$$\left.\begin{aligned}
X_5\colon\ \eta_9 &= \frac{1}{n}\,\mathfrak{A}_5 - m_2 k^5 \\
\eta_8 &= \frac{2}{n}\,\mathfrak{A}_5 - m_2 k^4 (1 + 3k) \\
\eta_7 &= \frac{3}{n}\,\mathfrak{A}_5 - m_2 k^3 (1 + 3k + 5k^2) \\
\eta_6 &= \frac{4}{n}\,\mathfrak{A}_5 - m_2 k^2 (1 + 3k + 5k^2 + 7k^3) \\
\eta_5 &= \frac{5}{n}\,\mathfrak{A}_5 - m_2 k (1 + 3k + 5k^2 + 7k^3 + 9k^4) \\
\eta_4 &= \frac{4}{n}\,\mathfrak{B}_5 - m_2 k\, (1 + 3k + 5k^2 + 7k^3) \\
\eta_3 &= \frac{3}{n}\,\mathfrak{B}_5 - m_2 k^2 (1 + 3k + 5k^2) \\
\eta_2 &= \frac{2}{n}\,\mathfrak{B}_5 - m_2 k^3 (1 + 3k) \\
\eta_1 &= \frac{1}{n}\,\mathfrak{B}_5 - m_2 k^4
\end{aligned}\right\} \quad \ldots (177)$$

Aus den Gleichungen (173) bis (177) ergibt sich die allgemeine Form der Gleichung einer Einflußlinie X_r mit:

$$\left.\begin{aligned} \eta_\xi &= \frac{n-\xi}{n}\mathfrak{A}_r - \alpha_{\xi,r} \\ \eta_\xi &= \frac{\xi}{n}\mathfrak{B}_r - \beta_{\xi,r} \end{aligned}\right\} \begin{aligned} &\text{gültig rechts vom Felde } r, \text{ für } \xi \geqq r \\ &\text{,, links ,, ,, } r, \text{ ,, } \xi \leqq r-1 \end{aligned} \qquad (178)$$

2. Verallgemeinerung und Umformung der bisher gewonnenen speziellen Resultate.

a) Beliebiges Verhältnis $\frac{J}{J_u}$, Einfluß der Normalkräfte auf die Formänderung, Lastangriff in den Unter- oder Obergurtknoten.

Die Einflußlinien X im vorhergehenden Abschnitt wurden aus den Gleichungen (33) unter folgenden speziellen Annahmen abgeleitet: 1.) für eine Felderanzahl $n = 10$; 2.) für das Verhältnis $\frac{J}{J_u} = 1$; 3.) wurde der Einfluß der Normalkräfte auf die Formänderungen nicht berücksichtigt und 4.) wurde der Lastangriff in den Knoten des Untergurtes vorausgesetzt. In diesem Abschnitt sollen nun diese einschränkenden Annahmen fallen gelassen und die Ergebnisse, in bezug auf die Einflußlinien X, verallgemeinert werden.

Was zunächst Punkt 2, 3 und 4 anlangt, so sei auf Abschnitt 4 im Teile B verwiesen. Dort wurde gefunden, daß bei beliebigem Verhältnis $\frac{J}{J_u}$ und bei Berücksichtigung der Formänderungen infolge der Normalkräfte die Gleichungen (39) zur Ermittlung der statisch unbestimmten Größen X einzig und allein nur in dem Werte

$$k = \tfrac{1}{2}\left(a - \sqrt{a^2 - 4}\right)$$

in der Weise beeinflußt werden, daß für diesen allgemeinsten Fall der Wert a aus

$$a = 2 + 6\frac{\lambda}{h}\frac{J}{J_u}\left(1 + 4\frac{J_u}{F h^2}\right) \quad \ldots \ldots \ldots (50)$$

zu bilden ist, während er für den Spezialfall $\frac{J}{J_u} = 1$ und bei Vernachlässigung der Formänderung infolge der Normalkräfte aus

$$a = 2 + 6\frac{\lambda}{h}$$

gerechnet wurde.

Ist also ein bestimmter Wert für das Verhältnis $\frac{J}{J_u}$ und ein Mittelwert für den Gurtquerschnitt F gegeben, so ist damit auch der allgemeine Wert von k bestimmt und die Einflußlinien X können dann ganz analog wie im vorhergehenden Abschnitt ermittelt werden.

Betreffs des Lastangriffes in den Knoten des Unter- oder Obergurtes, also für „Fahrbahn unten" oder „Fahrbahn oben", wurde unter B, Abschnitt 4 gefunden, daß die statisch unbestimmten Größen X in beiden Fällen durch ein und dieselbe Gleichungsgruppe (39) zu ermitteln sind, weshalb auch die Einflußlinien X für beide Belastungsarten identisch sein müssen.

Es bleibt also hier einzig und allein nur die Verallgemeinerung der besonderen Resultate des vorhergehenden Abschnittes für beliebige Felderanzahl n durchzuführen. Wie aus den zusammengefaßten Anschreibungen der Gleichungen (172) bis (177) ohne weiteres zu erkennen ist, können diese Resultate ganz analog auf jede beliebige Felderzahl entsprechend erweitert werden. Im folgenden sollen nun, an der Hand dieser Gleichungen, die allgemeinen Bildungsgesetze der Werte $\mathfrak{A}$ und $\mathfrak{B}$ für beliebige Felderanzahl und hernach die der Abzüge $\alpha_{\xi,r}$ und $\beta_{\xi,r}$ behandelt werden.

b) Allgemeine Bildungsgesetze der Werte $\mathfrak{A}$ und $\mathfrak{B}$ für einen beliebigen $n$feldrigen Träger.

Aus der Gleichungsgruppe (172) erkennt man leicht, daß A_1 eine vollständige Potenzreihe aus 10, allgemein daher aus n Gliedern mit den Potenzgrößen $k^0 = 1$ bis $k^9 = k^{n-1}$ und den ungeraden Zahlen 1 bis $2n - 1$ als Koeffizienten, darstellt. Die Bildung der übrigen Reihen A und B ist ohne weiteres, sowohl für dieses spezielle Beispiel als auch für jede beliebige Felderanzahl, aus diesen Gleichungen herauszulesen. Die Reihen $\mathfrak{A}_1$ und $\mathfrak{B}_1$ besitzen den Multiplikator m_1, alle übrigen den Multiplikator m_2. Diese Ausnahme für $\mathfrak{A}_1$ und $\mathfrak{B}_1$ ist in der etwas abweichenden Form der ersten und letzten Gleichung der Gleichungsgruppe (22) bedingt.

Für beliebige Felderanzahl n können nun die Werte $\mathfrak{A}$ und $\mathfrak{B}$, wenn auch etwas umständlich, stets aus entsprechenden, den Gleichungen (111) analog nachgebildeten Gleichungen gerechnet werden.

Im folgenden wird aber ein anderes Verfahren gezeigt. Für die Ermittlung der Reihen $\mathfrak{A}$ und $\mathfrak{B}$ werden Summenformeln gebildet, wodurch eine weitere Vereinfachung erzielt wird und sich gleichzeitig ein tiefer Einblick in die Gesetzmäßigkeit der Einflußlinien aufschließt. Die Entwicklung der Summenformeln ist aus dem folgenden Rechnungsvorgange ohne weiteres ersichtlich, die Ableitung erfolgt an dem speziellen Beispiel für $n = 10$ Felder, die Resultate werden dann sofort verallgemeinert.

Ermittlung der Summenformel für die Reihe $\mathfrak{A}_1$.

Nach Gleichung (172) ist

$$A_1 = 1 + 3k + 5k^2 + 7k^3 + \ldots + 19k^9$$

addiert man dazu

$$S_1 = 1 + k + k^2 + k^3 + \ldots + k^9,$$

so ist:

$$A_1 + S_1 = 2 + 4k + 6k^2 + 8k^3 + \ldots + 20k^9.$$

Bildet man

$$A_1 - S_1 = 2k + 4k^2 + 6k^3 + \ldots + 18k^9$$

und subtrahiert

$$k(A_1 + S_1) = 2k + 4k^2 + 6k^3 \ldots + 18k^9 + 20k^{10}$$

so ist:

$$(A_1 - S_1) - k(A_1 + S_1) = -20k^{10}.$$

Führt man nun allgemein für

$$10 = n$$

ein, so ist:

$$k(A_1 + S_1) - (A_1 - S_1) = 2nk^n,$$

und daraus

$$A_1 = \frac{1+k}{1-k} S_1 - \frac{2nk^n}{1-k}.$$

Nun ist aber S_1 als Summe einer geometrischen Reihe von n Gliedern mit dem Anfangsgliede 1 und dem Quotienten k durch die Summenformel

$$S_1 = \frac{1-k^n}{1-k} \quad \ldots \ldots \ldots \ldots \quad (179)$$

bekannt und mit Rücksicht darauf wird

$$A_1 = \frac{1+k}{(1-k)^2} \cdot (1-k^n) - \frac{2nk^n}{1-k} \quad \ldots \ldots \quad (180)$$

oder auch

$$= \frac{1}{(1-k)^2} [1 + k - \{(2n+1)k^n - (2n-1)k^{n+1}\}] \quad . \; . \quad (181)$$

Bildet man nun

$$\mathfrak{A}_1 = m_1 A_1$$

mit

$$m_1 = \frac{1}{2} \frac{\lambda}{h} (1-k)^2 \quad \ldots \ldots \ldots \ldots \quad (160)$$

so ist:

$$\mathfrak{A}_1 = \frac{1}{2} \frac{\lambda}{h} [1 + k - \{(2n+1)k^n - (2n-1)k^{n+1}\}]$$

$$= \frac{1}{2} \frac{\lambda}{h} (1+k) \left[1 - \frac{(2n+1)k^n - (2n-1)k^{n+1}}{1+k}\right].$$

Setzt man vorübergehend

$$\frac{(2n+1)k^n-(2n-1)k^{n+1}}{1+k}=R,$$

so wird:

$$\mathfrak{A}_1=\frac{1}{2}\frac{\lambda}{h}(1+k)(1-R).$$

Aus einer speziellen Rechnung für $\frac{J}{J_u}=1$, $\frac{\lambda}{h}=\frac{1}{2}$, 1, $\frac{3}{2}$, 2 und $n=4, 6, 8$ ergeben sich folgende Werte für $1-R$:

$\frac{\lambda}{h}$	Felderanzahl					
	$n=4$		$n=6$		$n=8$	
	$1-R$	R in % von $\mathfrak{A}_1$	$1-R$	R in % von $\mathfrak{A}_1$	$1-R$	R in % von $\mathfrak{A}_1$
$\frac{1}{2}$	1 – 0,0118	−1,22	1 – 0,0007	−0,07	1 – 0,0000	—
1	1 – 0,0019	−0,19	1 – 0,0000	—	1 – 0,0000	—
$\frac{3}{2}$	1 – 0,0005	−0,05	1 – 0,0000	—	1 – 0,0000	—
2	1 – 0,0002	−0,02	1 – 0,0000	—	1 – 0,0000	—

Aus dieser Tabelle ersieht man, daß das Restglied R für alle in Betracht kommenden Verhältnisse gegenüber der Einheit verschwindend klein wird, so daß man es allgemein vernachlässigen kann. Dann ergibt sich für $\mathfrak{A}_1$ ein von der Felderanzahl unabhängiger Wert, der nur durch den Wert k und damit durch die Verhältnisse $\frac{J}{J_u}$ und $\frac{\lambda}{h}$ allein bestimmt wird. Es ist dann

$$\mathfrak{A}_1=\frac{1}{2}\frac{\lambda}{h}(1+k) \quad \text{. . . . . (182)}$$

Ermittlung der Summenformeln für die Reihen $\mathfrak{A}_r$, $\mathfrak{B}_r$ für $r>1$.

Nach Gleichung (172) ist z. B.

$$A_4=k^3+3k^2+5k+7+9k+11k^2+13k^3+15k^4+17k^5+19k^6.$$

Diese Reihe läßt sich in folgender Weise umformen:

$$A_4=7\left[\frac{k^3}{7}+\frac{3k^2}{7}+\frac{5k}{7}+1+\frac{9k}{7}+\frac{11k^2}{7}+\frac{13k^3}{7}+\frac{15k^4}{7}+\frac{17k^5}{7}+\frac{19k^6}{7}\right],$$

$$=7\left[1+2k+2k^2+2k^3+2k^4+2k^5+2k^6+\frac{k^4}{7}+\frac{3k^5}{7}+\frac{5k^6}{7}\right],$$

$$=7\left[1+2k(1+k+k^2+k^3+k^4+k^5)+\frac{k^4}{7}(1+3k+5k^2)\right],$$

$$A_4=7\left[1+2kS_1+\frac{k^4}{7}S_2\right] \quad \text{. . . . . (183)}$$

In Gleichung (183) ist S_1 die Summe einer geometrischen Reihe mit dem Anfangsgliede 1, dem Quotienten k und einer Gliederzahl $n_1 = 6$. Die Reihe mit der Summe S_2 ist vom selben Bau, wie die bereits behandelte Reihe A_1, sie besitzt $n_2 = 3$ Glieder, ihre Summe kann nach Gleichung (180) und (181) gebildet werden.

Formt man weiter z. B. die Reihe A_2 analog um wie die Reihe A_4, so erhält man:

$$\left.\begin{aligned} A_2 &= 3\Big[1 + 2k(1 + k + k^2 + k^3 + k^4 + k^5 + k^6 + k^7) \\ &\quad + \frac{k^2}{3}(1 + 3k + 5k^2 + 7k^3 + 9k^4 + 11k^5 + 13k^6)\Big] \\ &= 3\left[1 + 2k\,S_1 + \frac{k^2}{3}S_2\right] \end{aligned}\right\} . \tag{184}$$

Die Reihen mit den Summen S_1 und S_2 sind wieder vom gleichen Bau wie oben in Gleichung (183). Die Reihe S_1 besitzt aber hier $n_1 = 8$ Glieder, die Reihe S_2 hingegen $n_2 = 7$ Glieder. Es ist also nach diesen zwei besonderen Beispielen

$$\begin{aligned} &\text{für } r = 4 \qquad n_1 = 6 \quad \text{und} \quad n_2 = 3 \\ &\;\;,, \quad r = 2 \qquad n_1 = 8 \quad\;\; ,, \quad\;\; n_2 = 7. \end{aligned}$$

Durch eine vergleichende Betrachtung ergibt sich daher für einen $n$feldrigen Träger allgemein

$$\text{für } r = r \;.\;.\;.\; n_1 = n - r \;.\;.\;.\; n_2 = n - (2r - 1).$$

Dann ist die Summe

$$\begin{aligned} A_r &= (2r - 1)\Big[1 + 2k(1 + k + k^2 + \ldots + k^{n-r-1}) \\ &\quad + \frac{k^r}{2r-1}(1 + 3k + 5k^2 + \ldots + [2n - (4r - 1)]k^{n-2r}\Big] \\ &= (2r - 1)\left[1 + 2k\,S_1 + \frac{k^r}{2r-1}S_2\right] \;.\;.\;.\;.\;.\;.\;.\;.\;.\;.\;. \end{aligned} \tag{185}$$

Bildet man nun die Summen S_1 und S_2 nach den Gleichungen (179) und (180) mit Rücksicht auf die Gliederzahl $n_1 = n - r$ und $n_2 = n - (2r - 1)$, setzt dann diese Werte in Gleichung (185) ein, so erhält man nach einigen kleinen Umformungen den allgemeinen Ausdruck für die Reihe A_r mit

$$\begin{aligned} A_r = (2r - 1)\Big[\frac{1 + k}{1 - k} &+ \frac{1}{(2r - 1)(1 - k)^2} \\ &\{(1 + k)k^r - [(2n + 1)k - (2n - 1)k^2]\,k^{n-r}\}\Big]. \end{aligned} \tag{186}$$

Die allgemeine Summenformel für B_r erhält man durch folgende einfache Überlegung. Da der Rahmenträger zur Mittelvertikalen symmetrisch ist, so sind die Einflußlinien X_1 und X_9, X_2 und X_8 ... allgemein X_r und X_{n-r+1} spiegelgleich. Dann muß aber auch allgemein

$$B_r = A_{n-r+1}$$

sein.

Ersetzt man daher in Gleichung (186) r durch $n - r + 1$ und umgekehrt $n - r + 1$ durch r, so erhält man die allgemeine Summenformel

$$B_r = [2(n-r)+1]\left[\frac{1+k}{1-k} - \frac{1}{[2(n-r)+1](1-k)^2}\{[(2n+1)-(2n-1)k]k^r - (k+k^2)k^{n-r}\}\right] \quad (187)$$

Bildet man nun

$$\mathfrak{A}_r = m_2 A_r$$

$$\mathfrak{B}_r = m_2 B_r$$

mit

$$m_2 = \frac{1}{2}\frac{\lambda}{h}\frac{1-k}{1+k} \quad \ldots\ldots\ldots \quad (165)$$

so erhält man:

$$\mathfrak{A}_r = \frac{2r-1}{2}\frac{\lambda}{h}\left[1 + \frac{1}{2r-1}\left\{\frac{1}{1-k}k^r - \left(\frac{2nk}{1+k} + \frac{k}{1-k}\right)k^{n-r}\right\}\right] \quad (188)$$

$$\mathfrak{B}_r = \frac{2(n-r)+1}{2}\frac{\lambda}{h}\left[1 - \frac{1}{2(n-r)+1}\left\{\left(\frac{2n}{1+k} + \frac{1}{1-k}\right)k^r - \frac{k}{1-k}k^{n-r}\right\}\right] \quad (189)$$

Setzt man ferner:

$$\frac{1}{2r-1}\left\{\frac{1}{1-k}k^r - \left(\frac{2nk}{1+k} + \frac{k}{1-k}\right)k^{n-r}\right\} = R_{\mathfrak{A},r}$$

$$\frac{1}{2(n-r)+1}\left\{\left(\frac{2n}{1+k} + \frac{1}{1-k}\right)k^r - \frac{k}{1-k}k^{n-r}\right\} = R_{\mathfrak{B},r},$$

so wird

$$\mathfrak{A}_r = \frac{2r-1}{2}\frac{\lambda}{h}(1 + R_{\mathfrak{A},r}) \quad \ldots\ldots\ldots \quad (190)$$

und

$$\mathfrak{B}_r = \frac{2(n-r)+1}{2}\frac{\lambda}{h}(1 - R_{\mathfrak{B},r}) \quad \ldots\ldots \quad (191)$$

Die Werte $R_{\mathfrak{A},r}$ und $R_{\mathfrak{B},r}$ sind im Verhältnis zur Einheit, wie die nachfolgenden speziellen Rechnungen zeigen werden, recht kleine Größen, weshalb sie im folgenden stets als Restglieder $R_{\mathfrak{A}}$ und $R_{\mathfrak{B}}$ bezeichnet werden sollen. Wie man weiter erkennt, sind in diesen Resten die Koeffizienten der Potenzgrößen k^r und k^{n-r} unabhängig von r und daher für die Restglieder aller Reihen $\mathfrak{A}$ und $\mathfrak{B}$ konstante Größen. Mit Rücksicht darauf kann man diese Reste auch in folgender Form darstellen:

$$R_{\mathfrak{A},r} = \frac{1}{2r-1}[\mu_a k^r - \nu_a k^{n-r}] \quad \ldots\ldots\ldots \quad (192)$$

$$R_{\mathfrak{B},r} = \frac{1}{2(n-r)+1}[\nu_b k^r - \mu_b k^{n-r}] \quad \ldots\ldots \quad (193)$$

Hierin ist:

$$\mu_a = \frac{1}{1-k} \quad \ldots\ldots\ldots\ldots\ldots \quad (194)$$

$$\mu_b = \frac{k}{1-k} = k\,\mu_a \quad \ldots\ldots\ldots\ldots \quad (195)$$

$$\nu_b = \frac{2n}{1+k} + \frac{1}{1-k} \quad \ldots\ldots\ldots\ldots \quad (196)$$

$$\nu_a = \left(\frac{2n}{1+k} + \frac{1}{1-k}\right)k = k\,\nu_b \quad \ldots\ldots \quad (197)$$

Die Koeffizienten μ sind nur von k, daher auch nur von $\frac{J}{J_u}$ und von $\frac{\lambda}{h}$ abhängig, während auf die Koeffizienten ν auch noch die Felderanzahl n von Einfluß ist. Im übrigen soll hier bereits erwähnt werden, daß bei der Restbildung die zweiten Posten in den Gleichungen (192) und (193) ihrer Kleinheit wegen von ganz untergeordneter Bedeutung sind.

Zwecks zahlenmäßiger Ermittlung der Werte $\mathfrak{A}_r$ und $\mathfrak{B}_r$ lassen sich die Gleichungen (190) und (191) in noch günstigere Form bringen. Setzt man nämlich

$$\mu_a k^r - \nu_a k^{n-r} = R'_{\mathfrak{A},r} \quad \ldots\ldots\ldots \quad (198)$$

$$\nu_b k^r - \mu_b k^{n-r} = R'_{\mathfrak{B},r} \quad \ldots\ldots\ldots \quad (199)$$

so wird:

$$\mathfrak{A}_r = \tfrac{1}{2}[(2r-1) + R'_{\mathfrak{A},r}]\,\frac{\lambda}{h} \quad \ldots\ldots\ldots \quad (200)$$

$$\mathfrak{B}_r = \tfrac{1}{2}[2(n-r) + 1 - R'_{\mathfrak{B},r}]\,\frac{\lambda}{h} \quad \ldots\ldots \quad (201)$$

In dieser Form kann die Gleichung für $\mathfrak{A}_r$ auch zur Ermittlung von $\mathfrak{A}_1$ benützt werden, wenn man darin entsprechend der Gleichung (182)

$$R'_{\mathfrak{A},1} = k \quad \ldots\ldots\ldots\ldots \quad (202)$$

setzt. In allen anderen Gleichungen $\mathfrak{A}_r$ für $r \geqq 2$ sind die Restglieder $R'_{\mathfrak{A},r}$ jedoch ausnahmslos nach der Gleichung (198) zu ermitteln.

Mit Hilfe dieser Restglieder können die $\mathfrak{A}$- und $\mathfrak{B}$-Werte einerseits rasch und einfach ermittelt werden, andererseits aber ergibt sich durch diese Darstellungsweise, wie der folgende Abschnitt IV zeigen wird, ein klares und anschauliches Bild über die Größe der statisch Unbestimmten X im Verhältnis zu einer Normalkraft in den Gurten, die bei gleicher Belastung als Gelenkdruck in den Gelenken, welche man sich in der Mitte des Unter- und Obergurtes eingeschaltet denkt, entstehen würde.

In den beistehenden Tabellen 1 und 2 werden die speziellen Werte von $\mathfrak{A}_r$ und $\mathfrak{B}_r$, wie sie nach den Gleichungen (190) bis (197) errechnet wurden, für 16 verschiedene Trägersysteme mitgeteilt.

Tabelle 1.

Werte $\mathfrak{A}_r$ für Träger mit $n = 4$, 6, 8 und 10 Felder, bei $\frac{\lambda}{h} = \frac{1}{2}, 1, \frac{3}{2}, 2$ und $\frac{J}{J_u} = 1$.

r	$\frac{\lambda}{h}$	$\mathfrak{A}_r = \frac{2r-1}{2}\frac{\lambda}{h}(1+R_{\mathfrak{A}r})$	Felderanzahl $n=4$	$n=4$: $\frac{2r-1}{2}\frac{\lambda}{h}R_{\mathfrak{A}r}$ in % von $\mathfrak{A}_r$	$n=6$	$n=6$: $\frac{2r-1}{2}\frac{\lambda}{h}R_{\mathfrak{A}r}$ in % von $\mathfrak{A}_r$	$n=8$	$n=8$: $\frac{2r-1}{2}\frac{\lambda}{h}R_{\mathfrak{A}r}$ in % von $\mathfrak{A}_r$	$n=10$	$n=10$: $\frac{2r-1}{2}\frac{\lambda}{h}R_{\mathfrak{A}r}$ in % von $\mathfrak{A}_r$
1	$\frac{1}{2}$	$\mathfrak{A}_1 = \frac{1}{2}\frac{\lambda}{h}(1+R_{\mathfrak{A}1}) =$	$\frac{1}{2}\frac{\lambda}{h}\{1+$ 0,2087	17,27	$\frac{1}{2}\frac{\lambda}{h}\{1+$ 0,2087	17,27	$\frac{1}{2}\frac{\lambda}{h}\{1+$ 0,2087	17,27	$\frac{1}{2}\frac{\lambda}{h}\{1+$ 0,2087	17,27
	1		0,1276	11,27	0,1270	11,27	0,1270	11,27	0,1270	11,27
	$\frac{3}{2}$		0,0917	8,40	0,0917	8,40	0,0917	8,40	0,0917	8,40
	2		0,0718	6,70	0,0718	6,70	0,0718	6,70	0,0718	6,70
2	$\frac{1}{2}$	$\mathfrak{A}_2 = \frac{3}{2}\frac{\lambda}{h}(1+R_{\mathfrak{A}2}) =$	$\frac{3}{2}\frac{\lambda}{h}\{1+$ −0,0055	0,55	$\frac{3}{2}\frac{\lambda}{h}\{1+$ 0,0169	1,66	$\frac{3}{2}\frac{\lambda}{h}\{1+$ 0,0183	1,83	$\frac{3}{2}\frac{\lambda}{h}\{1+$ 0,0183	1,83
	1		0,0005	0,05	0,0060	0,60	0,0062	0,62	0,0062	0,62
	$\frac{3}{2}$		0,0009	0,09	0,0031	0,31	0,0031	0,31	0,0031	0,31
	2		0,0008	0,08	0,0018	0,18	0,0019	0,19	0,0019	0,19
3	$\frac{1}{2}$	$\mathfrak{A}_3 = \frac{5}{2}\frac{\lambda}{h}(1+R_{\mathfrak{A}3}) =$			$\frac{5}{2}\frac{\lambda}{h}\{1+$ −0,0019	0,19	$\frac{5}{2}\frac{\lambda}{h}\{1+$ 0,0021	0,21	$\frac{5}{2}\frac{\lambda}{h}\{1+$ 0,0023	0,23
	1				−0,0001	0,01	0,0005	0,05	0,0005	0,05
	$\frac{3}{2}$				−0,0000	0,00	0,0002	0,02	0,0002	0,02
	2				+0,0000	0,00	0,0001	0,01	0,0001	0,01
4	$\frac{1}{2}$	$\mathfrak{A}_4 = \frac{7}{2}\frac{\lambda}{h}(1+R_{\mathfrak{A}4}) =$					$\frac{7}{2}\frac{\lambda}{h}\{1-$ 0,0005	0,05	$\frac{7}{2}\frac{\lambda}{h}\{1+$ 0,0003	0,03
	1						0,0000	0,00	0,0000	0,00
	$\frac{3}{2}$						0,0000	0,00	0,0000	0,00
	2						0,0000	0,00	0,0000	0,00
5	$\frac{1}{2}$	$\mathfrak{A}_5 = \frac{9}{2}\frac{\lambda}{h}(1+R_{\mathfrak{A}5}) =$							$\frac{9}{2}\frac{\lambda}{h}\{1-$ 0,0001	0,01
	1								0,0000	0,00
	$\frac{3}{2}$								0,0000	0,00
	2								0,0000	0,00

Tabelle 2.

Werte $\mathfrak{B}_r$ für Träger mit $n = 4$, 6, 8 und 10 Felder, bei $\frac{\lambda}{h} = \frac{1}{2}$, 1, $\frac{3}{2}$, 2 und $\frac{J}{J_u} = 1$.

r	$\frac{\lambda}{h}$	$\mathfrak{B}_r = \frac{2(n-r)+1}{2} \frac{\lambda}{h} (1 - R_{\mathfrak{B}r})$	Felderanzahl $n=4$: $\frac{2(n-r)+1}{2} \frac{\lambda}{h} (1 - R_{\mathfrak{B}r})$	$n=4$: $\frac{2(n-r)+1}{2} \frac{\lambda}{h} R_{\mathfrak{B}r}$ in % von $\mathfrak{B}_r$	$n=6$: $\frac{2(n-r)+1}{2} \frac{\lambda}{h} (1 - R_{\mathfrak{B}r})$	$n=6$: $\frac{2(n-r)+1}{2} \frac{\lambda}{h} R_{\mathfrak{B}r}$ in % von $\mathfrak{B}_r$	$n=8$: $\frac{2(n-r)+1}{2} \frac{\lambda}{h} (1 - R_{\mathfrak{B}r})$	$n=8$: $\frac{2(n-r)+1}{2} \frac{\lambda}{h} R_{\mathfrak{B}r}$ in % von $\mathfrak{B}_r$	$n=10$: $\frac{2(n-r)+1}{2} \frac{\lambda}{h} (1 - R_{\mathfrak{B}r})$	$n=10$: $\frac{2(n-r)+1}{2} \frac{\lambda}{h} R_{\mathfrak{B}r}$ in % von $\mathfrak{B}_r$
1	$\frac{1}{2}$	$\mathfrak{B}_2 =$	$\frac{5}{2} \frac{\lambda}{h} \{1 - 0{,}0664\}$	7,11	$\frac{9}{2} \frac{\lambda}{h} \{1 - 0{,}0541\}$	5,72	$\frac{13}{2} \frac{\lambda}{h} \{1 - 0{,}0486\}$	5,11	$\frac{17}{2} \frac{\lambda}{h} \{1 - 0{,}0456\}$	4,78
	1		0,0261	2,68	0,0211	2,16	0,0190	1,94	0,0179	1,82
	$\frac{3}{2}$		0,0140	1,42	0,0113	1,14	0,0102	1,03	0,0096	0,97
	2		0,0087	0,88	0,0070	0,72	0,0063	0,63	0,0060	0,60
2	$\frac{1}{2}$	$\mathfrak{B}_3 =$			$\frac{7}{2} \frac{\lambda}{h} \{1 - 0{,}0141\}$	1,43	$\frac{11}{2} \frac{\lambda}{h} \{1 - 0{,}0120\}$	1,21	$\frac{15}{2} \frac{\lambda}{h} \{1 - 0{,}0108\}$	1,09
	1				0,0034	0,34	0,0029	0,29	0,0026	0,26
	$\frac{3}{2}$				0,0013	0,13	0,0011	0,11	0,0010	0,10
	2				0,0006	0,06	0,0005	0,05	0,0005	0,05
3	$\frac{1}{2}$	$\mathfrak{B}_4 =$					$\frac{9}{2} \frac{\lambda}{h} \{1 - 0{,}0030\}$	0,30	$\frac{13}{2} \frac{\lambda}{h} \{1 - 0{,}0026\}$	0,26
	1						0 0004	0,04	0,0004	0,04
	$\frac{3}{2}$						0 0001	0,01	0,0001	0,01
	2						0,0000	0,00	0,0000	0,00
4	$\frac{1}{2}$	$\mathfrak{B}_5 =$							$\frac{11}{2} \frac{\lambda}{h} \{1 - 0{,}0006\}$	0,06
	1								0,0001	0,01
	$\frac{3}{2}$								0,0000	0,00
	2								0,0000	0,00

Aus diesen Tabellen erkennt man, daß die Restglieder tatsächlich sehr klein sind und ihr Einfluß meist nur wenige Zehntel Prozente von $\mathfrak{A}_r$ bzw. $\mathfrak{B}_r$ beträgt.

Die Reste $R_{\mathfrak{A},r}$ nehmen für ein und dasselbe Feld, also bei konstantem r und $\frac{\lambda}{h}$, mit steigender Felderanzahl n zu, nähern sich aber bald einem konstanten Maximalwert, auf welchen eine weitere Vermehrung der Felder keinen Einfluß mehr ausübt. Dies geht ohne weiteres aus der Formel

$$R_{\mathfrak{A},r} = \frac{1}{2r-1}\left[\mu_a k^r - \nu_a k^{n-r}\right]$$

hervor, in welcher nur der zweite Posten den Einfluß der Felderanzahl ausdrückt, der aber mit steigendem n bald verschwindend klein wird. Der Rest nähert sich dann für $n = \infty$ dem konstanten Grenzwert

$$R_{\mathfrak{A},r} = \frac{1}{2r-1}\mu_a k^r,$$

der in den praktischen Fällen schon bei verhältnismäßig geringer Felderanzahl erreicht wird.

Ferner erkennt man aus der Tabelle 1, daß für ein und denselben Träger, also bei konstantem n und $\frac{\lambda}{h}$, der Rest mit steigendem r, d. h. bei den Feldern gegen die Trägermitte hin ebenfalls sehr bald verschwindend klein wird.

Die Restglieder $R_{\mathfrak{B},r}$ sind gegenüber einer Änderung von n bei sonst gleichen Verhältnissen bedeutend empfindlicher wie die Reste $R_{\mathfrak{A},r}$. In der Formel

$$R_{\mathfrak{B},r} = \frac{1}{2(n-r)+1}\left[\nu_b k^r - \mu_b k^{n-r}\right]$$

ist der erste Posten

$$\frac{1}{2(n-r)+1}\nu_b k^r = \frac{1}{2(n-r)+1}\left(\frac{2n}{1+k} - \frac{1}{1-k}\right)k^r$$

besonders ausschlaggebend, er wird bei konstantem r und $\frac{\lambda}{h}$ mit steigendem n immer kleiner, während der zweite Posten hierbei bald verschwindet. Für $n = \infty$ ist der Grenzwert des Restes

$$R_{\mathfrak{B},r} = \frac{1}{1+k}k^r,$$

der bei praktisch in Betracht kommenden Fällen schon bei verhältnismäßig kleinem n erreicht wird.

Bei ein und demselben Träger, also konstantem n und $\frac{\lambda}{h}$, nehmen die Restglieder für die Felder gegen die Trägermitte zu, d. h. mit steigendem r, wie aus der Tabelle 2 zu ersehen ist, ebenfalls sehr rasch ab.

In Anbetracht des hohen Grades der statischen Unbestimmtheit dieser Systeme und des erforderlichen Genauigkeitsgrades würde, wie die beiden Tabellen 1 und 2 zeigen, in allen praktisch in Betracht kommenden Fällen eine Berücksichtigung der Reste für die Anfangsfelder mehr als genau genug erscheinen, während sie in allen übrigen Feldern vernachlässigt werden können. Die Bedeutung dieser Vernachlässigung soll in dem folgenden Abschnitt IV über Fixpunkte und Fixpunktmomente erörtert werden.

c) Allgemeine Bildungsgesetze der Abzüge $\alpha_{\xi r}$ und $\beta_{\xi r}$ für einen *n* feldrigen Rahmenträger.

Zunächst wird in Erinnerung gebracht, daß wegen der Spiegelgleichheit der Einflußlinien X_r und X_{n-r+1} folgende Wechselbeziehungen bestehen, die aus den Fig. 81, 82 ohne weiteres zu entnehmen sind.

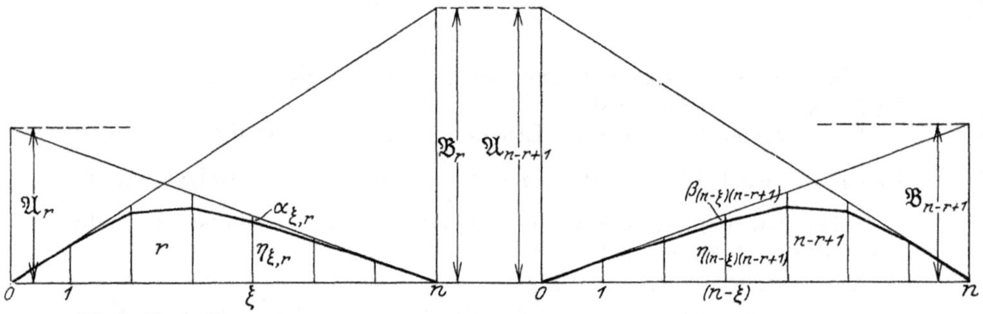

Einflußlinie X_r. Fig. 81 u. 82. Einflußlinie X_{n-r+1}.

1. Die „$\mathfrak{A}$-Linie“ der Einflußlinie X_r entspricht der „$\mathfrak{B}$-Linie“ der Einflußlinie X_{n-r+1} und umgekehrt. Daher wird

und
$$\left.\begin{aligned}\mathfrak{A}_r &= \mathfrak{B}_{n-r+1}\\ \mathfrak{B}_r &= \mathfrak{A}_{n-r+1}\end{aligned}\right\} \quad \ldots\ldots\ldots\ldots \quad (203)$$

2. Irgendein Abzug $\alpha_{\xi,r}$, das ist nach früherem der Abzug im Knoten ξ von der Ordinate der $\mathfrak{A}_r$-Linie in diesem Knoten, entspricht dem Abzug $\beta_{(n-\xi)(n-r+1)}$ von der Ordinate der $\mathfrak{B}_{n-r+1}$-Linie im Knoten $n - \xi$, also ist

und umgekehrt
$$\left.\begin{aligned}\alpha_{\xi,r} &= \beta_{(n-\xi)(n-r+1)}\\ \beta_{\xi,r} &= \alpha_{(n-\xi)(n-r+1)}\end{aligned}\right\} \quad \ldots\ldots\ldots\ldots \quad (204)$$

Diese Abzüge $\alpha_{\xi,r}$, $\beta_{\xi,r}$ sollen im folgenden der einfacheren Sprechweise halber auch öfter kurz als „Abzüge α, β“ bezeichnet werden.

3. Die Einflußordinate in einem Knoten ξ der Einflußlinie X_r ist dann von gleicher Größe mit der Einflußordinate im Knoten $n - \xi$ der Einflußlinie X_{n-r+1}, also

$$\eta_{\xi,r} = \eta_{(n-\xi)(n-r+1)} \quad \ldots\ldots\ldots\ldots \quad (205)$$

4. Da nach Gleichung (160) und (165)

$$m_1 = (1 - k^2)\, m_2 \, . \quad (206)$$

folgt, so ergibt sich für das spezielle Beispiel eines $n = 10$ feldrigen Rahmenträgers im vorhergehenden Abschnitt durch vergleichende Betrachtung der Gleichungen (173) bis (177) mit Rücksicht auf obengenannte Beziehungen 1 bis 3 nebenstehendes Schema für die Abzüge $\alpha_{\xi,r}$ und $\beta_{\xi,r}$:

Einflußlinie X_r	im Knoten	$\alpha_{1,r}$ 1	$\alpha_{2,r}$ 2	$\alpha_{3,r}$ 3	$\alpha_{4,r}$ 4	$\alpha_{5,r}$ 5	$\alpha_{6,r}$ 6	$\alpha_{7,r}$ 7	$\alpha_{8,r}$ 8	$\alpha_{9,r}$ 9	von den Ordinaten der Linie
		Abzüge									
X_1		$\alpha_{1,1}$	$(1-k^2)\,k\,\alpha_{2,2}$	$(1-k^2)\,k^2\alpha_{3,3}$	$(1-k^2)\,k^3\alpha_{4,4}$	$(1-k^2)\,k^4\alpha_{5,5}$	$(1-k^2)\,k^5\beta_{4,5} = (1-k^2)\,k^5\alpha_{6,6}$	$(1-k^2)\,k^6\beta_{3,4} = (1-k^2)\,k^6\alpha_{7,7}$	$(1-k^2)\,k^7\beta_{2,3} = (1-k^2)\,k^7\alpha_{8,8}$	$(1-k^2)\,k^8\beta_{1,2} = (1-k^2)\,k^8\alpha_{9,9}$	$\mathfrak{A}_1$
X_2	von den Ordinaten der $\mathfrak{B}_2$ Linie	$\beta_{1,2}$	$\alpha_{2,2}$	$k\,\alpha_{3,3}$	$k^2\alpha_{4,4}$	$k^3\alpha_{5,5}$	$k^4\alpha_{6,6}$	$k^5\alpha_{7,7}$	$k^6\alpha_{8,8}$	$k^7\alpha_{9,9}$	$\mathfrak{A}_2$
X_3	$\mathfrak{B}_3$	$k\,\beta_{1,2}$	$\beta_{2,3}$	$\alpha_{3,3}$	$k\,\alpha_{4,4}$	$k^2\alpha_{5,5}$	$k^3\alpha_{6,6}$	$k^4\alpha_{7,7}$	$k^5\alpha_{8,8}$	$k^6\alpha_{9,9}$	$\mathfrak{A}_3$
X_4	$\mathfrak{B}_4$	$k^2\beta_{1,2}$	$k\,\beta_{2,3}$	$\beta_{3,4}$	$\alpha_{4,4}$	$k\,\alpha_{5,5}$	$k^2\alpha_{6,6}$	$k^3\alpha_{7,7}$	$k^4\alpha_{8,8}$	$k^5\alpha_{9,9}$	$\mathfrak{A}_4$
X_5	$\mathfrak{B}_5$	$k^3\beta_{1,2}$	$k^2\beta_{2,3}$	$k\,\beta_{3,4}$	$\beta_{4,5}$	$\alpha_{5,5}$	$k\,\alpha_{6,6}$	$k^2\alpha_{7,7}$	$k^3\alpha_{8,8}$	$k^4\alpha_{9,9}$	$\mathfrak{A}_5$
		$\beta_{1,r}$	$\beta_{2,r}$	$\beta_{3,r}$	$\beta_{4,r}$	Abzüge					

Aus dieser Zusammenstellung erkennt man nun, daß zunächst nur die Strecken $\alpha_{1,1}$, $\alpha_{2,2}$ ... $\alpha_{5,5}$, $\beta_{4,5} = \alpha_{6,6}$, $\beta_{3,4} = \alpha_{7,7}$ ... $\beta_{1,2} = \alpha_{9,9}$ zu beiden Seiten der Diagonale, das sind die Abzüge von einer $\mathfrak{A}_r$- bzw. $\mathfrak{B}_r$-Linie in den Begrenzungsordinaten r und $r-1$ des Feldes r, zu berechnen sind, während alle übrigen Abzüge daraus nach folgenden, aus dem Schema abgeleiteten Formeln zu entwickeln sind.

Für die Einflußlinie X_1 folgt:

$$\alpha_{\xi,1} = (1 - k^2)\, k^{\xi - 1}\, \alpha_{\xi,\xi} \quad \text{für } \xi \geqq 2 \, . \quad (207)$$

für eine Einflußlinie X_r, wobei $r \geqq 2$, wird:

$$\alpha_{\xi,r} = k^{\xi - r}\, \alpha_{\xi,\xi} \quad \text{für } \xi \geqq r \quad (208)$$

$$\beta_{\xi,r} = k^{r-1-\xi}\, \beta_{\xi,\xi+1} \quad \text{für } \xi \leqq r - 1 \, . \quad (209)$$

Durch einige weitere Betrachtungen und Umformungen lassen sich wegen der Kleinheit dieser Werte noch bedeutende Vereinfachungen erzielen.

Eine spezielle zahlenmäßige Ermittlung dieser Abzüge wird nun zeigen, daß für alle Verhältnisse $\frac{\lambda}{h}$ und für beliebige Felderanzahl n alle Werte $k^x \alpha$ bzw. $k^x \beta$

für $x \geqq 3$ bereits so klein sind, daß sie graphisch überhaupt nicht mehr dargestellt werden können, als verschwindend klein daher aus jeder weiteren Betrachtung ausscheiden. Schon die Abzüge $k^2\alpha$ bzw. $k^2\beta$ kommen aus demselben Grunde meist nicht mehr in Betracht, sollen aber des Vergleiches halber in die weitere Untersuchung noch einbezogen werden.

Um dies zu beweisen und einen klaren Einblick in die Größenverhältnisse dieser Abzüge zu bekommen, wurden 12 verschiedene Trägertypen diesbezüglich untersucht und die Resultate in den folgenden Tabellen 3, 4 und 5 eingetragen.

Es wurden die Einflußlinien X — für die Verhältnisse $\frac{\lambda}{h} = \frac{1}{2}, 1, \frac{3}{2}$ und 2 — von je 4 vierfeldrigen, 4 sechsfeldrigen und 4 achtfeldrigen Trägern nach der bisher besprochenen Methcde berechnet, also die $\mathfrak{A}$- und $\mathfrak{B}$-Linien bestimmt und von den Ordinaten derselben die Strecken $\alpha_{\xi,r}$ und $\beta_{\xi,r}$ abgezogen.

Tabelle 3.

1. Träger mit $n=4$ Felder.

$\frac{\lambda}{h}$	$\alpha_{1,1}$		$(1-k^2)\,k\,\alpha_{2,2}$		$(1-k^2)\,k^2\,\alpha_{3,3}$		
$\frac{1}{2}$	36,7	1,82	8,04	1,47	1,90	1,72	%
1	20,2	0,22	3,07	0,28	0,54	0,27	%
$\frac{3}{2}$	13,8	0,12	1,69	0,00	0,24	0,03	%
2	10,6	0,00	1,02	0,00	0,13	0,03	%

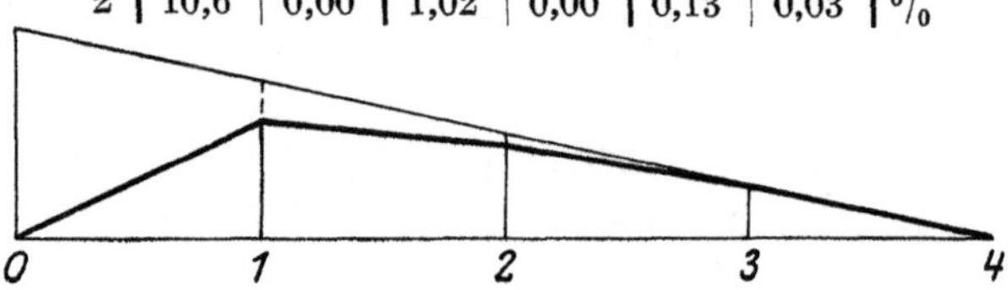

$\frac{\lambda}{h}$	$\beta_{1,2}$		$\alpha_{2,2}$		$k\,\alpha_{3,3}$		
$\frac{1}{2}$	13,3	12,24	17,5	3,33	4,03	3,66	%
1	10,6	5,12	9,9	0,78	1,68	0,84	%
$\frac{3}{2}$	6,62	2,09	6,9	0,30	0,91	0,34	%
2	5,34	1,25	5,3	0,12	0,59	0,12	%

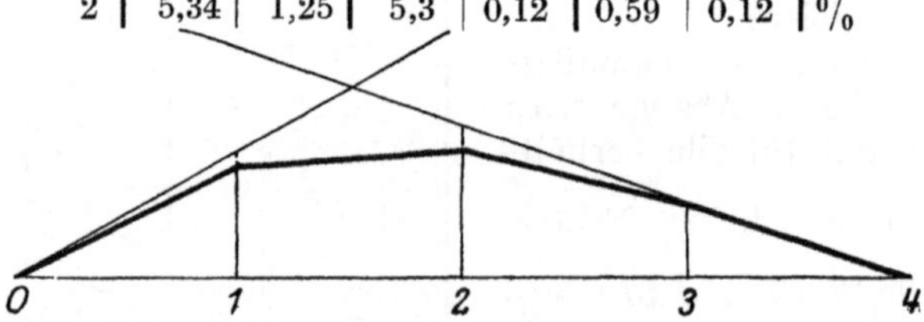

2. Träger mit $n = 6$ Felder.

$\frac{\lambda}{h}$	$\alpha_{1,1}$		$(1-k^2)\,k\,\alpha_{2,2}$		$(1-k^2)\,k^2\,\alpha_{3,3}$		$(1-k^2)\,k^3\,\alpha_{4,4}$	$(1-k^2)\,k^4\,\alpha_{5,5}$	
$\frac{1}{2}$	33,4	0,09	6,88	0,08	1,79	0	0,48	0,12	%
1	18,0	0	2,49	0	0,41	0	0,08	0,01	%
$\frac{3}{2}$	12,3	0	1,27	0	0,15	0	0,02	0	%
2	9,4	0	0,78	0	0,08	0	0	0	%

$\alpha_{4,4} = \beta_{2,3}$; $\alpha_{5,5} = \beta_{1,2}$.

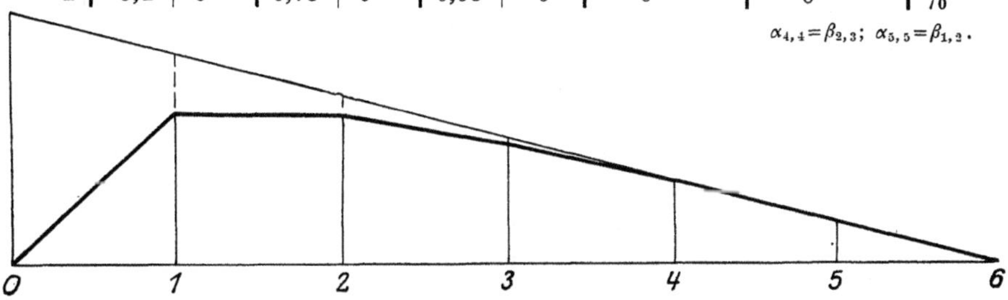

$\frac{\lambda}{h}$	$\beta_{1,2}$		$\alpha_{2,2}$		$k\,\alpha_{3,3}$		$k^2\,\alpha_{4,4}$		$k^3\,\alpha_{5,5}$	
$\frac{1}{2}$	10,7	9,90	14,7	0,18	3,55	0,18	0,98	0,13	0,24	%
1	7,20	3,45	7,76	0,04	1,25	0	0,23	0	0,05	%
$\frac{3}{2}$	5,44	1,72	5,28	0	0,59	0	0,07	0	0,02	%
2	5,34	1,25	4,00	0	0,37	0	0,04	0	0	%

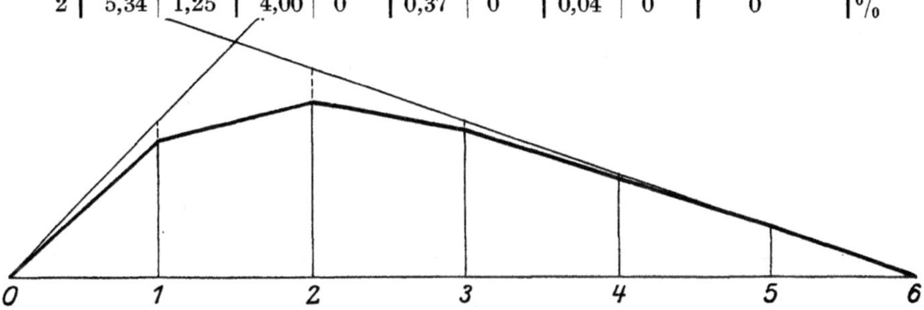

$\frac{\lambda}{h}$	$k\,\beta_{1,2}$		$\beta_{2,3}$		$\alpha_{3,3}$		$k\,\alpha_{4,4}$		$k^2\,\alpha_{5,5}$		
$\frac{1}{2}$	2,57	2,31	10,7	2,02	11,2	0,56	2,88	0,53	0,72	0,64	%
1	1,07	0,54	6,19	0,46	6,12	0,07	1,03	0,09	0,19	0,09	%
$\frac{3}{2}$	0,57	0,22	4,32	0,19	4,16	0,03	0,55	0	0,08	0,01	%
2	0,38	0,07	3,34	0,08	3,19	0	0,33	0	0,04	0,01	%

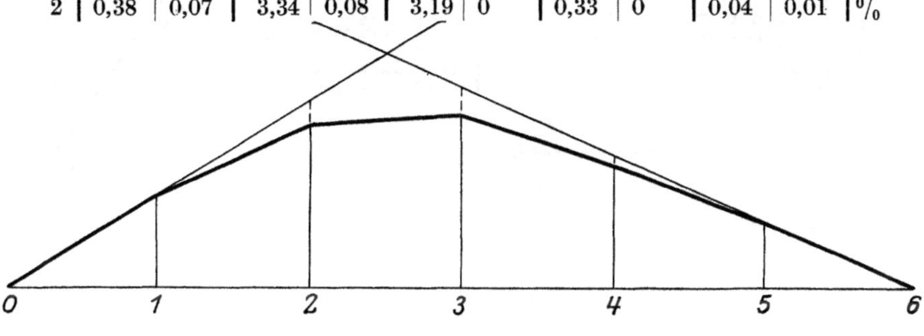

3. Träger mit $n = 8$ Felder.

$\frac{\lambda}{h}$	$\alpha_{1,1}$		$(1-k^2)\,k\,\alpha_{2,2}$		$(1-k^2)k^2\,\alpha_{3,3}$		$(1-k^2)k^3\,\alpha_{4,4}$	$(1-k^2)k^4\,\alpha_{5,5}$	$(1-k^2)k^5\,\alpha_{6,6}$	$(1-k^2)k^6\,\alpha_{7,7}$	
$\frac{1}{2}$	31,2	0	6,23	0	1,79	0	0,34	0,02	0,02	0,01	%
1	17,0	0	2,21	0	0,32	0	0,05	0	0	0	%
$\frac{3}{2}$	11,7	0	1,12	0	0,12	0	0,02	0	0	0	%
2	8,9	0	0,69	0	0,06	0	0	0	0	0	%

$\alpha_{5,5} = \beta_{3,4}; \quad \alpha_{6,6} = \beta_{2,3}; \quad \alpha_{7,7} = \beta_{1,2}.$

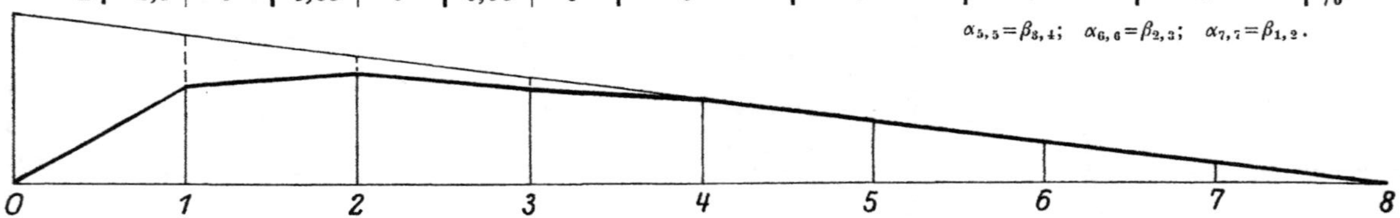

$\frac{\lambda}{h}$	$\beta_{1,2}$		$\alpha_{2,2}$		$k\,\alpha_{3,3}$		$k^2\,\alpha_{4,4}$		$k^3\,\alpha_{5,5}$	$k^4\,\alpha_{6,6}$	$k^5\,\alpha_{7,7}$	
$\frac{1}{2}$	9,72	9,02	13,0	0	2,96	0	0,73	0	0,19	0,06	0,01	%
1	6,58	3,16	6,87	0	0,99	0	0,15	0	0,03	0	0	%
$\frac{3}{2}$	5,00	1,58	4,67	0	0,49	0	0,06	0	0,01	0	0	%
2	4,02	0,95	3,54	0	0,29	0	0,03	0	0	0	0	%

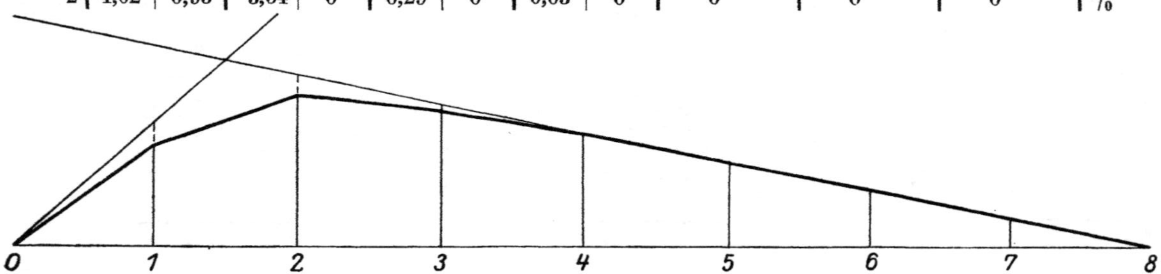

$\frac{\lambda}{h}$	$k\,\beta_{1,2}$		$\beta_{2,3}$		$\alpha_{3,3}$		$k\,\alpha_{4,4}$		$k^2\,\alpha_{5,5}$		$k^3\,\alpha_{6,6}$	$k^4\,\alpha_{7,7}$	
$\frac{1}{2}$	2,17	1,97	8,90	1,68	9,18	0,02	2,22	0,03	0,59	0	0,16	0,04	%
1	0,91	0,46	5,21	0,25	4,88	0	0,75	0	0,12	0	0,02	0	%
$\frac{3}{2}$	0,48	0,18	3,64	0,16	3,33	0	0,37	0	0,04	0	0,01	0	%
2	0,32	0,06	2,82	0,06	2,53	0	0,22	0	0.02	0	0	0	%

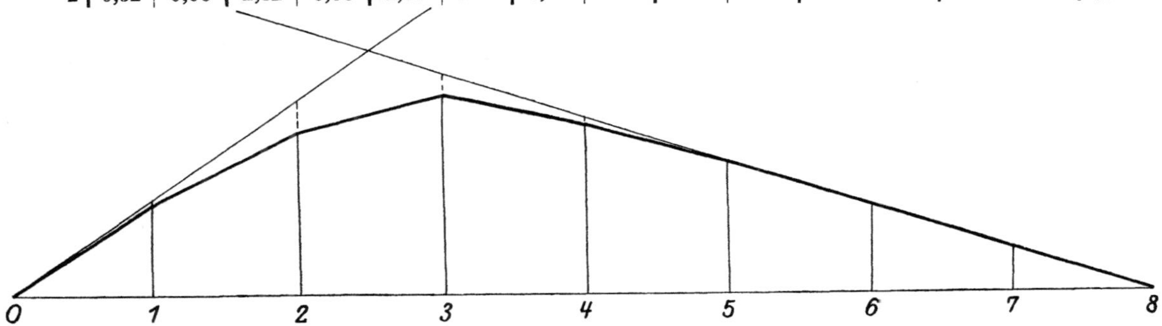

$\frac{\lambda}{h}$	$k^2\,\beta_{1,2}$		$k\,\beta_{2,3}$		$\beta_{3,4}$		$\alpha_{4,4}$		$k\,\alpha_{5,5}$		$k^2\,\alpha_{3,6}$		$k^3\,\alpha_{7,7}$	
$\frac{1}{2}$	0,52	0,47	2,11	0,39	8,07	0,40	8,05	0,10	2,04	0,12	0,56	0,08	0,14	%
1	0,14	0,07	0,77	0,07	4,46	0,05	4,32	0,02	0,71	0	0,13	0	0,04	%
$\frac{3}{2}$	0,06	0,01	0,47	0	3,06	0,03	2,96	0	0,35	0	0,04	0	0,01	%
2	0,03	0,01	0,24	0	2,34	0	2,25	0	0,21	0	0,02	0	0	%

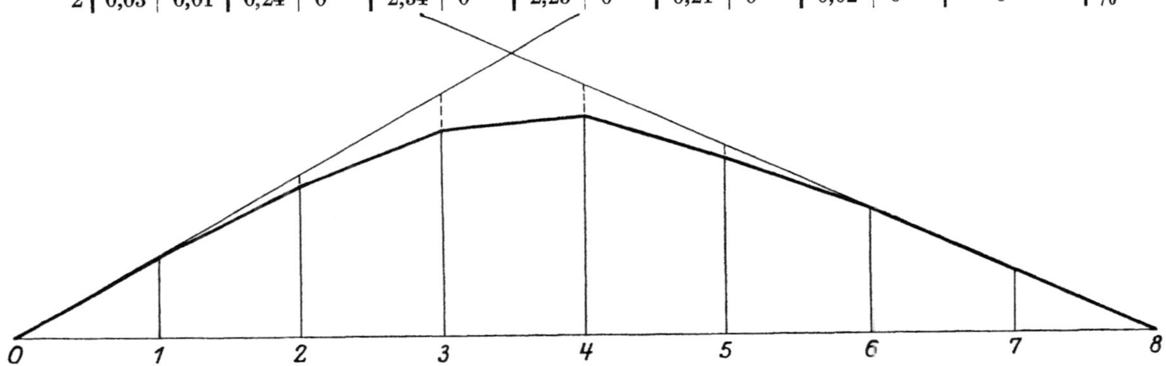

Tabelle 4.

Abzüge α nach Gleichung 210 und 211 in Millimeter des Kraftmaßstabes.

Kraftmaßstab für alle Verhältnisse $\frac{\lambda}{h}$ ist h cm d. Z. = 10 cm . . . 1 Tonne.

Für $\frac{\lambda}{h} = \frac{1}{2}, 1, \frac{3}{2}, 2$ ist dann $\lambda = 5, 10, 15$ bzw. 20 cm auf der Zeichnung.

Für $n = \infty$ ist $\alpha_{1,1} = \alpha_1 = \frac{1}{2}(1+k)\,k\,\lambda$ und $\alpha_{2,2} = \alpha_{3,3} = \ldots = \alpha_k = (1+k^2)\,\alpha_1$.

$\frac{\lambda}{h}$	n	$\alpha_{1,1}$	$\alpha_{2,2}$	$\alpha_{3,3}$	$\alpha_{4,4}$	$\alpha_{5,5}$	$\alpha_{6,6}$	$(1-k^2)\,k\alpha_{2,2}$	$k\,\alpha_{3,3}$	$k\,\alpha_{4,4}$	$k\,\alpha_{5,5}$	$(1-k^2)k^2\alpha_{3,3}$	$k^2\,\alpha_{4,4}$	$k^2\,\alpha_{5,5}$	$k^2\,\alpha_{6,6}$
$\frac{1}{2}$	4	6,0	$5,\bar{6}$	$\beta_{1,2}$				1,1	0,7			0,1			
	6	6,3	6,5	6,3	$\beta_{2,3}$	$\beta_{1,2}$		1,3	1,3	$1,\bar{2}$		0,3	0,3	0,2	
	8	6,3	6,6	$6,\bar{6}$	6,5	$\beta_{3,4}$	$\beta_{2,3}$	1,3	1,4	$1,\bar{4}$	$1,\bar{3}$	0,3	0,3	0,3	0,3
	∞	6,3	6,6	6,6	6,6			1,3	1,4	1,4	1,4	0,3	0,3	0,3	0,3
1	4	7,1	6,8	$\beta_{1,2}$				0,8	0,6			$0,\bar{1}$			
	6	7,2	7,3	7,2	$\beta_{2,3}$	$\beta_{1,2}$		$0,\bar{9}$	0,9	0,9		0,1	0,1	0,1	
	8	7,2	7.3	7,3	7,3	$\beta_{3,4}$	$\beta_{2,3}$	0,9	0,9	0,9	0,9	0,1	0,1	0,1	0,1
	∞	7,2	7,3	7,2	7,3			0,9	0,9	0,9	0,9	0,1	0,1	0,1	0,1
$\frac{3}{2}$	4	7,4	7,3	$\beta_{1,2}$				0,7	0,5			0,0			
	6	7,4	7,5	7,5	$\beta_{2,3}$	$\beta_{1,2}$		0,7	0,7	0,7		$0,\bar{1}$	$0,\bar{1}$	0,0	
	8	7,4	7,5	7,5	7,5	$\beta_{3,4}$	$\beta_{2,3}$	0,7	0,7	0,7	0,7	$0,\bar{1}$	$0,\bar{1}$	$0,\bar{1}$	$0,\bar{1}$
	∞	7,5	7,6	7,6	7,6			0,7	0,7	0 7	0,7	$0,\bar{1}$	$0,\bar{1}$	$0,\bar{1}$	$0,\bar{1}$
2	4	7,7	7,5	$\beta_{1,2}$				0,5	0,4			0,0			
	6	7,7	7,7	7,7	$\beta_{2,3}$	$\beta_{1,2}$		0,5	0,5	0,5		0,0	0,0	0,0	
	8	7,7	7,7	7,7	7,7	$\beta_{3,4}$	$\beta_{2,3}$	0,5	0 5	0,5	0,5	0,0	0,0	0,0	0,0
	∞	7,7	7,7	7,7	7,7			0,5	0,5	0,5	0,5	0,0	0,0	0,0	0,0

Tabelle 5.

Maßstäbliche Darstellung der Abzüge β nach Gleichung 219 in Millimeter des Kraftmaßstabes.

Kraftmaßstab für alle Verhältnisse $\frac{\lambda}{h}$ ist h cm d. Z. = 10 cm . . . 1 Tonne.

Für $\frac{\lambda}{h} = \frac{1}{2}, 1, \frac{3}{2}, 2$ ist dann $\lambda = 5, 10, 15$ bzw. 20 cm auf der Zeichnung.

Für $n = \infty$ ist nach Gl. (220): . . . $\beta_k = \alpha_k = (1 + k^2)\, \alpha_1$

$\frac{\lambda}{h}$	n	$\beta_{1,2}$	$\beta_{2,3}$	$\beta_{3,4}$	$k\beta_{1,2}$	$k\beta_{2,3}$	$k\beta_{3,4}$	$k^2\beta_{1,2}$	$k^2\beta_{2,3}$
	4	3,4			—				
$\frac{1}{2}$	6	3,4	$5,\bar{6}$		0,7				
	8	3,4	$5,\bar{6}$	6,3	0,7	1,2	—	$0,\bar{2}$	
	∞	6,6	6,6	6,6	1,4	1,4		0,3	
	4	4,9							
1	6	4,9	6,8		0,6				
	8	4,9	6,8	7,2	0,6	$0,\bar{9}$		$0,\bar{1}$	
	∞	7,3	7,3	7,3	0,9	0,9		0,1	
	4	5,7							
$\frac{3}{2}$	6	5,7	7,3		0,5				
	8	5,7	7,3	7,5	0,5	$0,\bar{7}$		0,0	
	∞	7,5	7,6	7,6	0,7	0,7		$0,\bar{1}$	
	4	6,2							
2	6	6,2	7,5		0,4				
	8	6,2	7,5	7,7	0,4	0,5		0,0	
	∞	7,7	7,7	7,7	0,5	0,5		0,0	

Um zunächst nun eine Vorstellung über die Größe dieser Abzüge im Verhältnis zu der dazugehörigen Ordinate der Einflußlinie X zu bekommen, wurden sie in Prozenten dieser Ordinaten berechnet und in Tabelle 3 diese Beträge in den Spalten oberhalb der entsprechenden Einflußordinaten — bei zweiteiligen in der linken Hälfte derselben — eingetragen.

Aus dieser tabellarischen Übersicht ist nun die Berechtigung der früher erwähnten Vernachlässigung aller Abzüge von der Form $k^x \alpha$ bzw. $k^x \beta$, wenn $x \geqq 3$ ist, ohne weiteres einzusehen.

Aus Tabelle 3 ist man zwar über die prozentuelle Größe dieser Abzüge in bezug auf die dazugehörigen Einflußordinaten entsprechend orientiert, doch sollen im folgenden noch einige Betrachtungen über ihre graphische Darstellung angestellt werden.

Sind die Einflußlinien X einmal rechnerisch ermittelt, so müssen sie auch graphisch dargestellt werden. Um nun ein klares Bild über die Größe dieser Abzüge α und β bei der graphischen Darstellung zu erhalten, wird ein sehr großer Kraftmaßstab, z. B. 1 t . . . 10 cm d. Z gewählt. (Im allgemeinen empfiehlt es sich, als Kraftmaßstab zum Auftragen der Einflußlinien X die Trägerhöhe h in cm der Zeichnung als Einheit zu wählen.) Für die früher erwähnten 12 Trägertypen sind nun in Tabelle 4 und 5 die Abzüge α und β in Millimeter dieses Kraftmaßstabes angegeben, wobei nach dem vorhin Gesagten für jede 𝔄- oder 𝔅-Linie jeweils nur die drei Abzüge α, $k\alpha$, $k^2\alpha$ bzw. β, $k\beta$, $k^2\beta$ berücksichtigt wurden (Schema Seite 135).

Aus dieser maßstäblichen Darstellung erkennt man nun zunächst — trotz des verhältnismäßig sehr großen Kraftmaßstabes — wieder ohne weiteres, daß alle Abzüge $k^2\alpha$ bzw. $k^2\beta$ graphisch nicht mehr gut zur Darstellung gebracht werden können. Ferner zeigt sich noch die sehr wichtige Tatsache, welch geringen graphisch noch darstellbaren Einfluß die Felderanzahl n bei gegebenem Verhältnis $\frac{\lambda}{h}$ auf diese Werte besitzt! Speziell die Werte α streben, wie aus der Tabelle ersichtlich und aus den folgenden rechnerischen Betrachtungen noch hervorgehen wird, sehr rasch einem konstanten Grenzwerte zu, der einer unendlich großen Felderanzahl, also einem $n = \infty$ entspricht, wobei aber zu erkennen ist, daß praktisch diese unendliche Felderanzahl schon mit $n \geqq 6$ erreicht wird!

Die Werte β sind von der Felderanzahl, wie die rechnerische Untersuchung auch noch zeigen wird, überhaupt unabhängig. Im übrigen unterscheidet sich, wie aus Tabelle 4 zu ersehen, nur der Wert $\beta_{1,2}$ wesentlich von allen übrigen, die sich ebenfalls sehr rasch einem konstanten Grenzwert nähern.

Diese auf Grund von anschaulichen Betrachtungen und Überlegungen gefundenen Resultate sollen nun durch die weitere rechnerische Untersuchung noch näher beleuchtet werden.

Berechnung der Abzüge $\alpha_{\xi,r}$.

Die Werte $\alpha_{1,1}$, $\alpha_{2,2}$ . . . allgemein $\alpha_{\xi,\xi}$ sind, wie aus dem speziellen Beispiel [Gl. (173) bis (177)] durch Verallgemeinerung sofort abzuleiten ist, durch folgende Gleichungen gegeben:

$$\alpha_{1,1} = m_1 k \underbrace{(1 + 3k + 5k^2 + \ldots + (2n - 3)\,k^{n-2})}_{n-1 \text{ Glieder}}$$

und

$\alpha_{2,2}$, $\alpha_{3,3}$ oder allgemein $\alpha_{\xi,\xi}$ durch

$$\alpha_{\xi,\xi} = m_2 k \underbrace{\{1 + 3k + 5k^2 + \ldots + [2(n - \xi) - 1]\,k^{n-\xi-1}\}}_{n-\xi \text{ Glieder}}.$$

Die Klammerausdrücke sind analog gebaut wie die Reihe A_1, wendet man die Summenformel Gleichung (181) an, so erhält man nach einigen Umformungen:

$$\alpha_{1,1} = \frac{1}{2}(1 + k)\,k\,\frac{\lambda}{h} - \left[\frac{1}{2}(1 + k) + (n - 1)(1 - k)\right] k^n \frac{\lambda}{h} \quad . \; (210)$$

$$\alpha_{\xi,\xi} = \frac{1}{2}\,\frac{1}{1-k}\,k\,\frac{\lambda}{h} - \left[\frac{1}{2}\,\frac{1}{1-k} + (n - \xi)\frac{1}{1+k}\right] k^{n+1-\xi}\,\frac{\lambda}{h} \quad (211)$$

In diesen Gleichungen ist der zweite Posten von der Felderanzahl n abhängig, er wird theoretisch für $n = \infty$ Null, praktisch jedoch ist diese unendliche Felderanzahl schon mit $n \geqq 6$ erreicht, in welchem Falle dieser Posten gegenüber dem ersten verschwindend klein wird, so daß er bei Berechnung der Abzüge α stets vernachlässigt werden kann. Dann aber erhält man einen von jeder endlichen Felderanzahl n unabhängigen konstanten Wert $\alpha_{1,1}$, während alle übrigen Werte $\alpha_{2,2}$, $\alpha_{3,3} \ldots \alpha_{\xi,\xi}$ einander gleich werden und ebenfalls von n unabhängige konstante Größen vorstellen.

Der Einfachheit halber sollen nun diese konstanten Werte, die eigentlich einer unendlich großen Felderanzahl entsprechen, kurz mit α_1 bzw. α_k bezeichnet werden. Man erhält sie aus den Gleichungen (210), (211) mit

$$\alpha_1 = \frac{1}{2}(1 + k)\, k \frac{\lambda}{h} = k\, \mathfrak{A}_1 \quad \ldots \ldots \ldots \ldots \quad (212)$$

$$\alpha_k = \frac{1}{2} \frac{1}{1 - k}\, k \frac{\lambda}{h} = \frac{1}{1 - k^2}\alpha_1 \doteq (1 + k^2)\,\alpha_1 \quad \ldots \quad (213)$$

Mit Rücksicht auf diese konstanten Werte findet man nun an Stelle der Gleichungen (207), (208) die folgenden:

zur Bestimmung der Abzüge $\alpha_{\xi,1}$ von der $\mathfrak{A}_1$-Linie:

$$\alpha_{\xi,1} = (1 - k^2)\, k^{\xi - 1}\,\alpha_k = k^{\xi - 1}\,\alpha_1 \quad \ldots \ldots \quad (214)$$

zur Bestimmung der Abzüge $\alpha_{\xi,r}$ von allen übrigen $\mathfrak{A}_r$-Linien:

$$\alpha_{\xi,r} = k^{\xi - r}\,\alpha_k \quad \ldots \ldots \ldots \ldots \quad (215)$$

Da nach früherem nur jeweils 3 Abzüge α von einer $\mathfrak{A}$-Linie in Betracht kommen, weil alle übrigen verschwindend klein werden, so wären nach diesen Gleichungen von der $\mathfrak{A}_1$-Linie die Werte

$\alpha_1 = k\,\mathfrak{A}_1$	in der Ordinate	1	der $\mathfrak{A}_1$-Linie,
$k\,\alpha_1$	,, ,, ,,	2	,, $\mathfrak{A}_1$- ,,
$k^2\,\alpha_1$	,, ,, ,,	3	,, $\mathfrak{A}_1$- ,,

abzuziehen, während von allen anderen $\mathfrak{A}_r$-Linien die Strecken

$\alpha_k = (1 + k^2)\,\alpha_1$	in der Ordinate	r	der $\mathfrak{A}_r$-Linie,
$k\,\alpha_k$	,, ,, ,,	$r + 1$	,, $\mathfrak{A}_r$- ,,
$k^2\,\alpha_k$	,, ,, ,,	$r + 2$	,, $\mathfrak{A}_r$- ,,

abzuziehen sind

Diese konstanten Abzüge wurden nun tatsächlich für die in Tabelle 3 angegebenen 12 Trägertypen berechnet und der Fehler gegenüber den genauen Abzügen in Prozenten der entsprechenden Einflußlinienordinate festgestellt und in der rechten Hälfte der zweiteiligen Spalten in Tabelle 3 eingetragen.

Aus dieser Zusammenstellung erkennt man, daß diese Fehler für das Verhältnis $\frac{\lambda}{h} = \frac{1}{2}$ ihre höchsten Werte erreichen. Der größte Fehler bleibt aber bei $n = 6$ und $\frac{\lambda}{h} = \frac{1}{2}$, 1, $\frac{3}{2}$ und 2 unter $^2/_{10}$ bzw. $^1/_{10}$, $^3/_{100}$, $^1/_{100}$ Prozent der Einflußordinate, nur bei der Einflußlinie X_3 erreicht er für $\frac{\lambda}{h} = \frac{1}{2}$ ungefähr $^6/_{10}$ Prozent. Bei $n = 8$ ist der Fehler in den Einflußlinien X_1, X_2 für alle Verhältnisse $\frac{\lambda}{h}$ schon Null, bei X_3 und X_4 erreicht er nur für $\frac{\lambda}{h} = \frac{1}{2}$ einige hundertstel Prozente. Da die konstanten Abzüge α_1 und α_k größer sind als die genauen Werte, so sei hier noch bemerkt, daß sich diese bei Verwendung von α_1 und α_k ergebenden Fehler derart bemerkbar machen, daß man die Einflußordinaten um die in der Tabelle angegebenen minimalen Prozente zu klein erhält. Die verschwindend kleinen Fehler rechtfertigen aber immerhin die Verwendung der konstanten Abzüge α_1 und α_k, sobald $n \geqq 6$ ist.

Für $n = 4$ ist der prozentuelle Wert des Fehlers allerdings größer. Vergleicht man jedoch in der maßstäblichen Darstellung der Tabelle 4 die genauen Werte α mit den konstanten, so ersieht man ganz deutlich, daß der Unterschied selbst in diesem großen Maßstab 1 t . . . 10 cm kaum zeichnerisch zum Ausdruck gebracht werden kann. Für kleinere Kraftmaßstäbe wird man daher ohne weiteres auch für vierfeldrige Rahmenträger die Abzüge α_1 und α_k nach Gleichung (212), (213) verwenden.

Vergleicht man weiter in der maßstäblichen Darstellung der Tabelle 4 die Werte α_1 und α_k, so erkennt man, daß sie sich — trotz des verhältnismäßig großen Kraftmaßstabes 1 t . . . 10 cm d. Z. — auch um nahezu verschwindende Größen unterscheiden, die graphisch kaum mehr berücksichtigt werden können. Nach Gleichung (213) ist ja $\alpha_k = (1 + k^2)\,\alpha_1$, also für $\frac{\lambda}{h} = \frac{1}{2}$, 1, $\frac{3}{2}$, 2 dann $\alpha_k = 1{,}044\,\alpha_1$ bzw. gleich $1{,}016\,\alpha_1$, $1{,}008\,\alpha_1$, $1{,}005\,\alpha_1$.

Es genügt daher für die praktische Darstellung der Einflußlinien vollkommen, wenn man mit nur einem konstanten Abzug α arbeitet. Im Prinzip ist es gleichgültig, mit welchem, doch soll aus früher erwähnten Gründen von nun an bei Ermittlung der Einflußlinien X der kleinere Wert α_1 als einziger konstanter Abzug eingeführt und kurz mit

$$\alpha = \alpha_1 \doteq \alpha_k = \tfrac{1}{2}(1 + k)\,k\frac{\lambda}{h} \quad . \; . \; . \; . \; . \; . \; . \quad (216)$$

ohne jeden Zeiger bezeichnet werden.

Läßt man schließlich, wie schon früher erwähnt, auch die nur des Vergleiches halber mitgenommenen Abzüge $k^2\alpha$ fallen, so führen alle diese Betrachtungen mit Rücksicht auf die für die Praxis erwünschte Genauigkeit bei Ermittlung von Einflußlinien zu folgendem wichtigen Schlußsatz:

Zur Darstellung einer Einflußlinie X_r ist rechts vom Felde r die $\mathfrak{A}_r$-Linie maßgebend. Man kommt von dieser Linie zu den Einflußordinaten von X_r, indem man, ohne

Rücksicht auf die Felderanzahl, von der rechten Begrenzungsordinate r und der darauffolgenden $r+1$ den konstanten Wert

$$\alpha = \tfrac{1}{2}(1+k)k\frac{\lambda}{h} = k\mathfrak{A}_1 \qquad \text{bzw.} \qquad k\alpha$$

abzieht (siehe Schema Seite 147), während alle weiter rechts gelegenen Ordinaten mit denen der Einflußlinie X_r identisch sind.

Berechnung der Abzüge $\beta_{\xi,r}$.

Wie aus dem speziellen Beispiel im Abschnitt III/1 noch erinnerlich, wird eine Einflußlinie X_r links vom Felde r mit Hilfe einer $\mathfrak{B}_r$-Linie in der Weise ermittelt, daß man von den Ordinaten dieser Linie gewisse Strecken β abziehen muß, um zu den Einflußordinaten zu kommen.

Da nun ein Feld r links und rechts von den Knoten $r-1$ und r begrenzt wird, so soll die Ordinate $r-1$ einer $\mathfrak{B}_r$-Linie auch kurz als die linke Begrenzungsordinate des Feldes r bezeichnet werden und ein Abzug β von dieser Ordinate, als Abzug von der $\mathfrak{B}_r$-Linie, in der Begrenzungsordinate $r-1$ des r^{ten} Feldes.

Nach der früher eingeführten Schreibweise bezeichnen dann $\beta_{1,2}$, $\beta_{2,3}$, ... $\beta_{\xi,\xi+1}$ die Abzüge von der $\mathfrak{B}_2$, $\mathfrak{B}_3$ ... $\mathfrak{B}_\xi$-Linie in den Begrenzungsordinaten $1, 2, \ldots \xi$ des Feldes $2, 3, \ldots \xi+1$. Da nun diese Werte als Abzüge in der linken Begrenzungsordinate eines Feldes auch durch einen einzigen Zeiger allein eindeutig gekennzeichnet sind, so sollen sie im folgenden immer nur mit einem Zeiger verwendet werden. Dann bedeutet z. B. β_2 den Abzug von der $\mathfrak{B}_3$-Linie in der Begrenzungsordinate 2 des dritten Feldes.

Wie nun aus dem Schema Seite 135 ersichtlich ist, können alle anderen Abzüge β durch diese Abzüge in den Begrenzungsordinaten ausgedrückt werden, eine einfache Überlegung führt dann auf die Gleichung:

$$\beta_{\xi,r} = k^{(r-1)-\xi}\,\beta_\xi \quad \ldots\ldots\ldots \quad (217)$$

wobei $\xi \lesseqgtr r-1$ ist.

Aus den Gleichungen (173) bis (177) folgt dann zur Berechnung von β_ξ durch Verallgemeinerung der Ausdruck:

$$\beta_\xi = m_2 k[1 + 3k + 5k^2 + \ldots + (2\xi - 1)k^{\xi-1}] \quad . \; . \quad (218)$$

oder, wenn man für den Klammerausdruck die Summenformel Gleichung (181) für $n = \xi$ Glieder anwendet, die Gleichung:

$$\beta_\xi = \frac{1}{2}\frac{1}{1-k}k\frac{\lambda}{h} - \left[\frac{1}{2}\frac{1}{1-k} + \xi\frac{1}{1+k}\right]k^{\xi+1}\frac{\lambda}{h} \quad . \; . \quad (219)$$

Aus dieser Gleichung sieht man zunächst, daß die Abzüge β_ξ in den Begrenzungsordinaten und damit auch alle übrigen Werte β von der Felderanzahl n gänzlich unabhängig sind und nur von der Ordnungszahl ξ beeinflußt werden.

Würde man nun den zweiten Posten in obiger Gleichung gegenüber dem ersten vernachlässigen, also $\xi = \infty$ setzen, so käme man — ähnlich wie bei den Abzügen α — wieder zu einem einzigen für alle Felder konstanten Abzug

$$\beta_k = \frac{1}{2} \frac{1}{1-k} k \frac{\lambda}{h} \qquad (220)$$

der dem Werte β_ξ für das Mittelfeld eines Trägers mit unendlich großer Felderanzahl entspräche und nach Gleichung (213) mit dem konstanten Wert α_k identisch wäre. Für die 12 Trägertypen in Tabelle 3 wurden nun die Abzüge $\beta_{\xi,r}$ nach Gleichung (217) unter Zugrundelegung eines konstanten Wertes $\beta_\xi = \beta_k$ gerechnet und die Fehler gegenüber den genauen Abzügen, in Prozenten der entsprechenden Einflußlinienordinate, in der rechten Hälfte der zweiteiligen Spalten eingetragen.

Man ersieht aus dieser tabellarischen Zusammenstellung, daß vor allem in $\beta_{1,2}$ und allen damit zusammenhängenden Werten β durch Verwendung dieses konstanten Abzuges β_k wesentliche Fehler auftreten, so daß die Einflußordinate bis zu 10% zu klein erhalten werden kann. Die übrigen Abzüge $\beta_{2,3}$ und $\beta_{3,4}$ nähern sich ziemlich rasch dem konstanten Werte β_k, und zwar um so mehr, je größer das Verhältnis $\frac{\lambda}{h}$ ist. Bei $\frac{\lambda}{h} \geqq 1$ könnte man sie eigentlich für die Zwecke der Praxis bereits als identisch mit β_k annehmen. Ein wesentlicher Fehler durch Verwendung von β_k tritt also, wie bereits oben erwähnt, und übrigens auch aus der maßstäblichen Darstellung in Tabelle 5 erkenntlich, nur in $\beta_{1,2}$ auf.

Nach diesen Erörterungen wäre also für die praktische Ermittlung der Einflußlinien auch die Annahme eines konstanten Abzuges $\beta_k = \alpha_k = \alpha$ in sämtlichen linken Begrenzungsordinaten der verschiedenen $\mathfrak{B}_r$-Linien, mit Ausnahme von β_1, ohne weiteres gerechtfertigt. Im nachfolgenden Schema sollen aber trotzdem die verschiedenen Werte $\beta_1, \beta_2 \ldots \beta_{r-1}$ beibehalten werden, da sich bei Berechnung dieser Werte ohne wesentliche Mehrarbeit ohnehin rasch der konstante Wert β_k einstellt.

Nach all diesen Betrachtungen ergibt sich also folgender Schlußsatz: Zur Darstellung einer Einflußlinie X_r ist links vom Felde r die $\mathfrak{B}_r$-Linie maßgebend. Man kommt von dieser Linie zu den Einflußordinaten von X_r, indem man von der linken Begrenzungsordinate $r-1$ und der vorhergehenden $r-2$ den Wert

$$\beta_{r-1} \quad \text{bzw.} \quad k\beta_{r-2}$$

abzieht (Schema Seite 147), während alle weiter links gelegenen Ordinaten mit denen der Einflußlinie X_r identisch sind. Hiebei sind die Werte $\beta_1, \beta_2 \ldots \beta_{r-1}$, die von der Felderanzahl unabhängig sind, nach folgenden Gleichungen zu bilden:

$$\left.\begin{aligned}
\beta_1 &= m\,\frac{\lambda}{h}\\
\beta_2 &= m\,(1+3\,k)\,\frac{\lambda}{h}\\
\beta_3 &= m\,(1+3\,k+5\,k^2)\,\frac{\lambda}{h}\\
&\ldots\ldots\ldots\ldots\\
\beta_\xi &= m\,[1+3\,k+\ldots+(2\,\xi-1)\,k^{\xi-1}]\,\frac{\lambda}{h}
\end{aligned}\right\}\quad\ldots\quad(221)$$

wobei

$$m = \frac{1}{2}\,\frac{1-k}{1+k}\,k \quad\ldots\ldots\ldots\quad (222)$$

Es wird hier nochmals bemerkt, daß sich meist bei allen Verhältnissen $\frac{\lambda}{h}$, β_3 und alle weiteren Werte β_ξ von dem früher erwähnten konstanten Abzug $\beta_k \doteq \alpha = k\,\mathfrak{A}_1$ nicht mehr unterscheiden.

Zusammenfassend folgt also nach den vorstehenden Betrachtungen folgendes Schema für die Abzüge α und β von den $\mathfrak{A}_r$- bzw. $\mathfrak{B}_r$-Linien:

Schema für die Abzüge α und β von den $\mathfrak{A}$- bzw. $\mathfrak{B}$-Linien.

Einflußlinie X_1		$\alpha_{1,r}$	$\alpha_{2,r}$	$\alpha_{3,r}$	$\alpha_{4,r}$	$\alpha_{5,r}$	$\alpha_{6,r}$	...	...	...	Abzüge von der
X_1		α	$k\alpha$	0	—	—	—	—	—		$\mathfrak{A}_1$
X_2	$\mathfrak{B}_2$	β_1	α	$k\alpha$	0	—	—	—	—		$\mathfrak{A}_2$
X_3	$\mathfrak{B}_3$	$k\beta_1$	β_2	α	$k\alpha$	0	—	—	—		$\mathfrak{A}_3$
X_4	$\mathfrak{B}_4$ Linie	0	$k\beta_2$	β_3	α	$k\alpha$	0	—	—		$\mathfrak{A}_4$ Linie
X_5	$\mathfrak{B}_5$	—	0	$k\beta_3$	β_4	α	$k\alpha$	0	—		$\mathfrak{A}_5$
X_6	$\mathfrak{B}_6$	—	—	0	$k\beta_4$	β_5	α	$k\alpha$	0		$\mathfrak{A}_6$
⋮	⋮						...	...	...		⋮
	Abzüge von der	$\beta_{1,r}$	$\beta_{2,r}$	$\beta_{3,r}$	$\beta_{4,r}$	$\beta_{5,r}$	...	...	...		

Es ist:

$$\alpha = \tfrac{1}{2}(1+k)\,k\,\frac{\lambda}{h} = k\,\mathfrak{A}_1 \quad\ldots\ldots\ldots\quad (216)$$

$$\left.\begin{aligned}
\beta_1 &= m\,\frac{\lambda}{h}\\
\beta_2 &= m\,(1+3\,k)\,\frac{\lambda}{h}\\
\beta_3 &= m\,(1+3\,k+5\,k^2)\,\frac{\lambda}{h}\\
&\ldots\ldots\ldots\ldots\\
\beta_\xi &= m[1+3\,k+\ldots+(2\,\xi-1)\,k^{\xi-1}]\,\frac{\lambda}{h}
\end{aligned}\right\}\quad\ldots\quad(221)$$

und

$$m = \frac{1}{2}\,\frac{1-k}{1+k}\,k \quad\ldots\ldots\ldots\quad (222)$$

Hier sei nochmals erwähnt, daß die Abzüge α und β von der Felderanzahl n unabhängig sind und daß sich die Werte β sehr rasch dem konstanten Werte α nähern, so daß für die praktisch in Betracht kommenden Fälle meist β_3 schon identisch mit α wird.

Für $n \geqq 6$ ist dieses Schema immer gültig und auch für $n = 4$ kann man es ohne weiteres verwenden. Will man jedoch für $n = 4$ die genauen Abzüge berücksichtigen, so sind diese nach dem folgenden Schema zu ermitteln.

Schema für die Abzüge α und β bei $n = 4$.

X_r		$\alpha_{1,r}$	$\alpha_{2,r}$	$\alpha_{3,r}$	Abzüge von der	
X_1		$\alpha_{1,1}$	$\alpha_{2,1}$	$\alpha_{3,1}$	$\mathfrak{A}_1$	Linie
X_2	$\mathfrak{B}_2$-Linie	$\beta_{1,2}=\alpha_{3,3}$	$\alpha_{2,2}$	$\alpha_{3,2}$	$\mathfrak{A}_2$	
	Abzüge von der	$\beta_{1,r}$				

Es ist:

$$\left.\begin{aligned}
&\beta_{1,2} = \alpha_{3,3} = m\frac{\lambda}{h}\,; \qquad \alpha_{3,2} = m k \frac{\lambda}{h}\,; \qquad \alpha_{3,1} = m_1' k^2 \frac{\lambda}{h}\\
&\alpha_{2,2} = m(1+3k)\frac{\lambda}{h}\,; \qquad \alpha_{2,1} = m_1' k (1+3k)\frac{\lambda}{h}\,;\\
&\alpha_{1,1} = m_1'(1+3k+5k^2)\frac{\lambda}{h}\,;\\
&\text{und}\\
&m = \frac{1}{2}\,\frac{1-k}{1+k}\,k\\
&m_1' = \frac{1}{2}(1-k)^2 k
\end{aligned}\right\} \qquad (223)$$

3. Zusammenfassung aller Ergebnisse zur Konstruktion der Einflußlinien X_r.

Für jede Belastung, gleichgültig ob in den Knoten des Unter- oder Obergurtes angreifend („Fahrbahn unten“ oder „Fahrbahn oben“), werden die Einflußlinien der statisch unbestimmten Größen X immer nach den folgenden Zusammenfassungen ermittelt und stets positiv erhalten.

Als gegeben ist zu betrachten:
die Felderanzahl n;
das Verhältnis $\dfrac{\lambda}{h} = \dfrac{\text{Feldweite}}{\text{Trägerhöhe}}$;
der Lastangriff, also „Fahrbahn oben“ oder „Fahrbahn unten“;
das Verhältnis

$$\frac{J}{J_u} = \frac{\text{Mittelwert des Trägheitsmomentes aller Pfostenquerschnitte}}{\text{Mittelwert des Trägheitsmomentes aller Gurtquerschnite}}.$$

Nun sind der Reihe nach folgende Arbeiten durchzuführen:

a) Allgemeine vorbereitende Arbeiten, deren Ergebnisse auch zur Konstruktion aller anderen Einflußlinien benötigt werden. Man bestimme:

$$a = 2 + 6\frac{\lambda}{h}\frac{J}{J_u} = \ldots \quad (40)$$

Hierbei ist zu bemerken, daß für eine erste Berechnung $\frac{J}{J_u} = 1$ angenommen wird, da die Trägheitsmomente der Querschnitte im vorhinein ja nicht bekannt sind. Auf Grund einer ersten Dimensionierung kann dann die Rechnung mit bestimmtem Verhältnis $\frac{J}{J_u}$ noch einmal wiederholt werden. Dann wird aber für die Ermittlung der statisch unbestimmten Großen X vorausgesetzt, daß die Gurtträgheitsmomente einander gleich und über den ganzen Träger konstant seien, also $J_o = J_u$, und daß ferner alle Pfosten gleiches und konstantes Trägheitsmoment J besitzen. Für das Verhältnis $\frac{J}{J_u}$ sind nun Mittelwerte zu wählen. Weiter sind zu ermitteln:

$$k = \tfrac{1}{2}\left(a - \sqrt{a^2 - 4}\right) = \ldots \quad (30)$$

$k,\ k^2,\ k^3 \ldots k^{n-1}$ bis auf 4 Dezimalen;

$$1 + k = \ldots; \qquad \frac{1}{1+k} = \ldots; \qquad \frac{1}{2}\frac{1-k}{1+k} = \ldots;$$

$$1 - k = \ldots; \qquad \frac{1}{1-k} = \ldots; \qquad (1-k)^2 = \ldots$$

$$m = \frac{1}{2}\frac{1-k}{1+k}k = \ldots; \quad m' = 2m = \ldots; \quad m'' = (1-k)m' = \ldots \quad (222)$$

$$\left.\begin{aligned} \mu_a &= \frac{1}{1-k} = \ldots; & \nu_b &= 2n\frac{1}{1+k} + \frac{1}{1-k} = \ldots \\ \mu_b &= k\mu_a = \ldots & \nu_a &= k\nu_b = \ldots; \end{aligned}\right\} \quad (194) \text{ bis } (197)$$

$$R'_{\mathfrak{A},1} = k = \ldots \quad (202)$$

$$\left.\begin{aligned} R'_{\mathfrak{A},r} &= \mu_a k^r - \nu_a k^{n-r} = \ldots \\ R'_{\mathfrak{B},r} &= \nu_b k^r - \mu_b k^{n-r} = \ldots \end{aligned}\right\} \left\{\begin{array}{l} \text{für } r \geqq 2 \text{ bis } r = \frac{n}{2}\text{, wenn} \\ n \text{ gerade oder bis } r = \frac{n+1}{2}, \\ \text{wenn } n \text{ ungerade ist} \end{array}\right\} (198),\ 199)$$

b) Gleichung der Einflußlinie, Ermittlung der $\mathfrak{A}$- und $\mathfrak{B}$-Werte, sowie der Abzüge α und β.

1. Die Gleichung einer Einflußlinie X_r ist:

$$\eta_\xi = \left\{\begin{array}{l} \frac{n-\xi}{n}\mathfrak{A}_r - \alpha_{\xi,r} \\ \frac{\xi}{n}\mathfrak{B}_r - \beta_{\xi,r} \end{array}\right\} \text{ für } \left\{\begin{array}{l} \xi \geqq r \\ \xi \leqq r-1 \end{array}\right\} \quad \ldots \quad (178)$$

2. Schematische Darstellung einer Einflußlinie X_r:

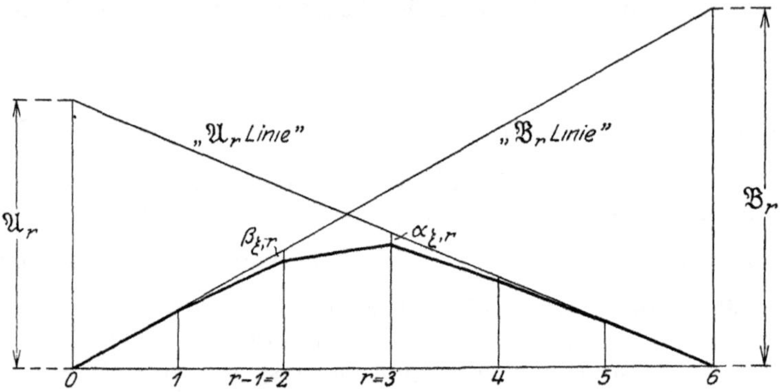

Schematische Darstellung der Einflußlinie $X_r = X_3$.
Fig. 83.

3. Ermittlung der $\mathfrak{A}_r$- und $\mathfrak{B}_r$-Werte:

$$\mathfrak{A}_1 = \frac{1}{2}(1+k)\frac{\lambda}{h} \quad \ldots \ldots \ldots \ldots \quad (182)$$

$$\mathfrak{A}_r = \frac{1}{2}[2r - 1 + R'_{\mathfrak{A},r}]\frac{\lambda}{h} \qquad \text{für } r \geqq 2 \quad \ldots \quad (200)$$

$$\mathfrak{B}_r = \frac{1}{2}[2(n-r) + 1 - R'_{\mathfrak{B},r}]\frac{\lambda}{h} \qquad ,, \; r \geqq 2 \quad \ldots \quad (201)$$

Alle Werte $\mathfrak{A}$ und $\mathfrak{B}$ werden nach diesen Gleichungen stets positiv erhalten.

4. Ermittlung der Abzüge α und β.

$$\alpha = k\,\mathfrak{A}_1 = \frac{1}{2}(1+k)\,k\frac{\lambda}{h} \quad \ldots \ldots \ldots \quad (216)$$

$$\left.\begin{aligned} \beta_1 &= m\frac{\lambda}{h} \\ \beta_2 &= m(1+3k)\frac{\lambda}{h} \\ \beta_3 &= m(1+3k+5k^2)\frac{\lambda}{h} \\ &\ldots\ldots\ldots\ldots \\ \beta_\xi &= m[1+3k+\ldots+(2\xi-1)k^{\xi-1}]\frac{\lambda}{h} \end{aligned}\right\} \quad \ldots \quad (221)$$

$$m = \frac{1}{2}\frac{1-k}{1+k}k \quad \ldots \ldots \ldots \ldots \quad (222)$$

c) Graphische Darstellung der Einflußlinien X_r nach dem Muster der Fig. 77, 80 und mit Rücksicht auf das Schema Seite 147 für die Abzüge α und β.

Als Maßstab zur graphischen Darstellung eignet sich am besten der Kraftmaßstab h cm der Zeichnung ... 1 t. Dann ist in der maßstäblichen Darstellung:

$$\left.\begin{aligned}\mathfrak{A}_1 &= \{\tfrac{1}{2}(1+k)\lambda\}\ \text{cm}\\ \mathfrak{A}_r &= \{\tfrac{1}{2}[2r-1+R'_{\mathfrak{A}r}]\lambda\}\ \text{cm}\\ \mathfrak{B}_r &= \{\tfrac{1}{2}[2(n-r)+1-R'_{\mathfrak{B}r}]\lambda\}\ \text{cm}\end{aligned}\right\}\ \ldots\ (224)$$

$$\left.\begin{aligned}\alpha &= k\,\mathfrak{A}_1 = \{\tfrac{1}{2}k(1+k)\lambda\}\ \text{cm}\\ \beta_\xi &= \{m[1+3k+\ldots+(2\xi-1)k^{\xi-1}]\lambda\}\ \text{cm}\end{aligned}\right\}\ \ldots\ (225)$$

Hierbei ist λ überall in cm der Zeichnung einzuführen, um diese Größen in cm des Kraftmaßstabes zu erhalten.

Mit Hilfe der jetzt bekannten Einflußlinien X_r können nun alle von X_r abhängigen Einflußlinien, das sind die der Gurt- und Pfostenmomente, sowie die der Pfostenquerkräfte ohne weiteres gezeichnet werden. Ehe jedoch in eine nähere Betrachtung derselben eingegangen wird, soll der Fehler bestimmt werden, der allen bisherigen Ableitungen durch Annahme eines konstanten Wertes c bzw. $b\,c = k$ in der Gleichungsgruppe (27) anhaftet.

4. Fehler in den Einflußlinien X_r durch Annahme eines konstanten Wertes c bzw. $bc = k$.

Die Einflußlinien X_r wurden unter der Annahme abgeleitet, daß sämtliche Werte c der Gleichungsgruppe (23) untereinander gleich groß und konstant seien, also

$$c_{10} = c_9 = c_8 = \ldots = c = \frac{1}{2b^2}\left[1-\sqrt{1-4b^2}\,\right]\ \ldots\ (26)$$

Die Werte c unterscheiden sich tatsächlich um kleine Größen voneinander, daher müssen in den mit konstantem c errechneten Einflußlinien X_r kleine Fehler auftreten, deren Größe in diesem Abschnitt festgestellt werden soll.

Um nun einen Einblick in diese Fehleruntersuchung zu bekommen, müssen die Gleichungsgruppen (31) und (32) hier noch einmal in ihrer ursprünglichen Form [Gl. (23)] unter Beibehalten der verschiedenen Werte $c_1, c_2 \ldots$ angeschrieben werden.

An Stelle der Gleichungen (31) tritt dann folgende Gleichungsgruppe:

$$X_1 = \frac{6}{h^2}\,b\,c_1[f_1 + f_2 b\,c_2 + f_3 b^2 c_2 c_3 + \ldots + f_{10} b^9 c_2 c_3 \ldots c_9 c_{10}]$$

$$X_2 = b\,c_2 X_1 + \frac{6}{h^2}\,b\,c_2[f_2 + f_3 b\,c_3 + f_4 b^2 c_3 c_4 + \ldots + f_{10} b^8 c_3 c_4 \ldots c_9 c_{10}]$$

$$X_3 = b\,c_3 X_2 + \frac{6}{h^2}\,b\,c_3[f_3 + f_4 b\,c_4 + f_5 b^2 c_4 c_5 + \ldots + f_{10} b^7 c_4 c_5 \ldots c_9 c_{10}]$$

$$X_4 = b\,c_4 X_3 + \frac{6}{h^2}\,b\,c_4[f_4 + f_5 b\,c_5 + f_6 b^2 c_5 c_6 + \ldots + f_{10} b^6 c_5 c_6 \ldots c_9 c_{10}]$$

. . . .

$$X_9 = b\,c_9 X_8 + \frac{6}{h^2}\,b\,c_9[f_9 + f_{10} b\,c_{10}]$$

$$X_{10} = b\,c_{10} X_9 + \frac{6}{h^2}\,f_{10}\,b\,c_{10}$$

Ganz analog treten an Stelle der Gleichungsgruppe (32) folgende Gleichungen:

$$X_1 = b\,c_{10}\,X_2 + \frac{6}{h^2}\,f_1\,b\,c_{10}$$

$$X_2 = b\,c_9\,X_3 + \frac{6}{h^2}\,b\,c_9\,[f_2 + f_1\,b\,c_{10}]$$

$$X_3 = b\,c_8\,X_4 + \frac{6}{h^2}\,b\,c_8\,[f_3 + f_2\,b\,c_9 + f_1\,b^2\,c_9\,c_{10}]$$

$$X_4 = b\,c_7\,X_5 + \frac{6}{h^2}\,b\,c_7\,[f_4 + f_3\,b\,c_8 + f_2\,b^2\,c_8\,c_9 + f_1\,b^3\,c_8\,c_9\,c_{10}]$$

. . . .

$$X_9 = b\,c_2\,X_{10} + \frac{6}{h^2}\,b\,c_2\,[f_9 + f_8\,b\,c_3 + f_7\,b^2\,c_3\,c_4 + \ldots + f_1\,b^8\,c_3\,c_4\ldots c_9\,c_{10}]$$

$$X_{10} = \frac{6}{h^2}\,b\,c_1\,[f_{10} + f_9\,b\,c_2 + f_8\,b^2\,c_2\,c_3 + \ldots + f_1\,b^9\,c_2\,c_3\ldots c_9\,c_{10}]$$

Durch Zusammenfassen je zwei entsprechender Gleichungen der vorstehenden Gruppen ergeben sich die folgenden Werte X_1 bis X_{10}:

$$\left.\begin{array}{l}
X_1 = \frac{6}{h^2} b c_1 [f_1 + f_2 b c_2 + f_3 b^2 c_2 c_3 + \ldots + f_{10} b^9 c_2 c_3 \ldots c_9 c_{10}] \\
X_2 = \frac{1}{1-b^2 c_2 c_{10}} \frac{6}{h^2} b c_2 [f_1 b c_{10} + f_2 + f_3 b c_3 + f_4 b^2 c_3 c_4 + \ldots + f_{10} b^8 c_3 c_4 \ldots c_9 c_{10}] \\
X_3 = \frac{1}{1-b^2 c_3 c_9} \frac{6}{h^2} b c_3 [f_1 b^2 c_9 c_{10} + f_2 b c_9 + f_3 + f_4 b c_4 + f_5 b^2 c_4 c_5 + \ldots + f_{10} b^7 c_4 c_5 \ldots c_9 c_{10}] \\
X_4 = \frac{1}{1-b^2 c_4 c_8} \frac{6}{h^2} b c_4 [f_1 b^3 c_8 c_9 c_{10} + \ldots + f_3 b c_8 + f_4 + f_5 b c_5 + \ldots + f_{10} b^6 c_5 c_6 \ldots c_9 c_{10}] \\
X_5 = \frac{1}{1-b^2 c_5 c_7} \frac{6}{h^2} b c_5 [f_1 b^4 c_7 c_8 c_9 c_{10} + \ldots + f_4 b c_7 + f_5 + f_6 b c_6 + \ldots + f_{10} b^5 c_6 c_7 \ldots c_9 c_{10}] \\
X_6 = \frac{1}{1-b^2 c_6 c_6} \frac{6}{h^2} b c_6 [f_1 b^5 c_6 c_7 \ldots c_9 c_{10} + \ldots + f_5 b c_6 + f_6 + f_6 b c_7 + \ldots + f_{10} b^4 c_7 c_8 c_9 c_{10}] \\
X_7 = \frac{1}{1-b^2 c_7 c_5} \frac{6}{h^2} b c_7 [f_1 b_6 c_5 c_8 \ldots c_9 c_{10} + \ldots + f_6 b c_5 + f_7 + f_8 b c_8 + \ldots + f_{10} b^3 c_8 c_9 c_{10}] \\
X_8 = \frac{1}{1-b^2 c_8 c_4} \frac{6}{h^2} b c_8 [f_1 b^7 c_4 c_5 \ldots c_9 c_{10} + \ldots + f_7 b c_4 + f_8 + f_9 b c_9 + f_{10} b^2 c_9 c_{10}] \\
X_9 = \frac{1}{1-b^2 c_9 c_3} \frac{6}{h^2} b c_9 [f_1 b^8 c_3 c_4 \ldots c_9 c_{10} + \ldots + f_8 b c_3 + f_9 + f_{10} b c_{10}] \\
X_{10} = \frac{1}{1-b^2 c_{10} c_2} \frac{6}{h^2} b c_{10} [f_1 b^9 c_2 c_3 \ldots c_9 c_{10} + \ldots + f_8 b^2 c_2 c_3 + f_9 b c_2 + f_{10}]
\end{array}\right\} \quad (226)$$

Diese Gleichungen stellen schon die Gleichungen der Einflußlinien vor, wenn man darin für eine wandernde Last $P = 1$ die jeder Laststellung entsprechenden Werte f_r der Momentenflächen einführt (Abschnitt III/1).

Betrachtet man zunächst, analog wie Seite 109, die Einflußlinie X_1 und ermittelt sich z. B. die Einflußordinate η_1 für die Laststellung $P = 1$ in $\xi = 6$, so hätte man in die Gleichung für X_1 der Gruppe (226) die Flächen f_r nach Fig. 76, die hier nochmals wiedergegeben wird (Fig. 84), einzuführen.

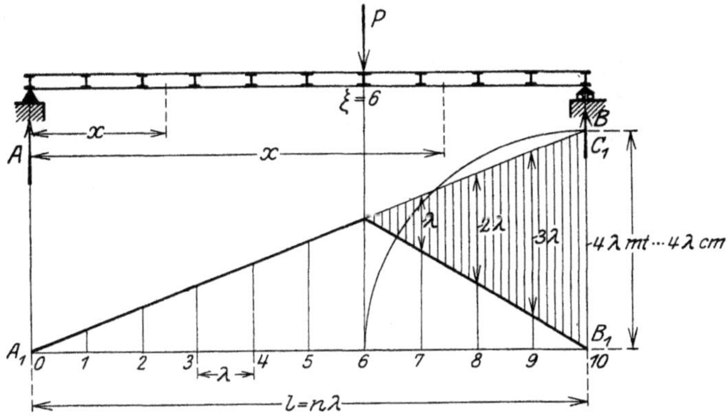

Fig. 84.

Die Ordinaten dieser Momentenlinie in einer beliebigen Entfernung x vom linken Auflager sind durch die Gleichung

$$y = \begin{cases} A\,x & \ldots x < \xi\,\lambda \\ A\,x - P\,(x - \xi\,\lambda) & \ldots x > \xi\,\lambda \end{cases}$$

gegeben, die Momentenflächen, die seinerzeit als Vielfache der Fläche f_1 ermittelt wurden, durch folgende Gleichungen bestimmt:

$$f_1 = 1 \cdot \frac{4\,\lambda^2}{2\,n}; \qquad f_7 = 13\,f_1 - 1 \cdot \frac{\lambda^2}{2};$$

$$f_2 = 3\,f_1; \qquad f_8 = 15\,f_1 - 3 \cdot \frac{\lambda^2}{2};$$

$$\ldots\ldots \qquad \ldots\ldots\ldots$$

$$f_6 = 11\,f_1; \qquad f_{10} = 19\,f_1 - 7 \cdot \frac{\lambda^2}{2}.$$

Wie aus der seinerzeitigen Ableitung ersichtlich ist, liefern in obigen Gleichungen nur die Vielfachen der Fläche f_1, also die Teilflächen des Dreiecks $A_1 B_1 C_1$, in der Gleichung für X_1, Beiträge zur Bildung der Ordinate 6 der $\mathfrak{A}_1$-Linie, während die in der Figur schraffierten Abzugsflächen, in der Gleichung für X_1, auf die Bildung des Abzuges α_6 von dieser Ordinate allein von Einfluß sind [Gl. (159)].

Da die Ordinaten der Dreiecksfläche $A_1 B_1 C_1$ durch $y = A\,x$ gegeben erscheinen, also nur vom Auflagerdruck A beeinflußt werden, so nennt man auch die Flächenteile dieses Dreieckes über den einzelnen Feldern des Trägers die Momentenflächen infolge des Auflagerdruckes A. Diese sind nach obigem für die Bildung der Ordinaten der $\mathfrak{A}_1$-Linie maßgebend.

Will man nun speziell die Ordinate der $\mathfrak{A}_1$-Linie über der linken Stütze A erhalten, das ist der früher immer mit „$\mathfrak{A}_1$“ bezeichnete Wert, so hat man die Last unendlich nahe an A heranzurücken. Für diese Laststellung in $x = dl$ wird dann der Auflagerdruck $A = 1$ und man erhält folgende Momentenlinie (Fig. 85).

Die Momentenflächen werden hier unendlich klein und sollen daher mit $\Delta f_1, \Delta f_2 \ldots$ bezeichnet werden. Nach der vorhin gegebenen Erklärung versteht man hier unter der Momentenfläche infolge des Auflagerdruckes A die über den einzelnen Feldern liegenden Teilflächen des Dreieckes $A_1 B_1 C_1$, welche mit $f_1, f_2 \ldots$ bezeichnet werden mögen.

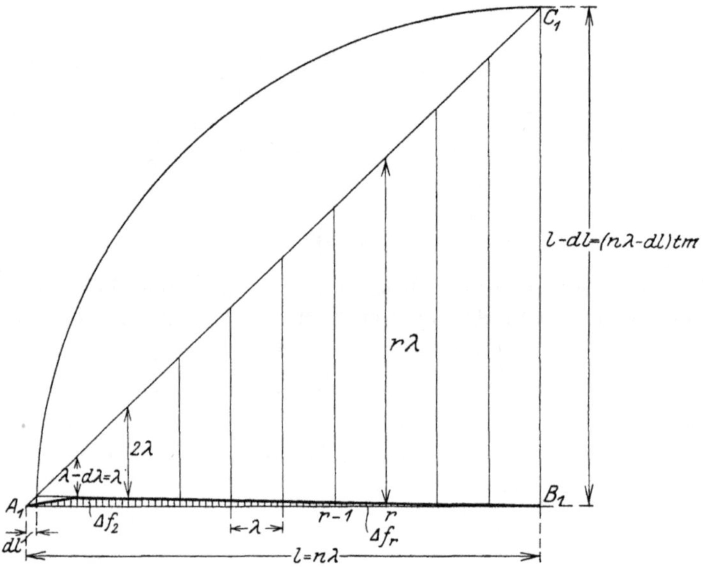

Fig. 85.

Um nun von diesen Flächen zu den wirklichen Momentenflächen Δf zu kommen, sind die in der Figur nichtschraffierten Flächen $f_1, f_2 \ldots$ abzuziehen. Dann ist:

$$\Delta f_1 = f_1 - f_1'$$
$$\Delta f_2 = f_2 - f_2' = 3 f_1 - 3 f_1'$$
$$\Delta f_3 = f_3 - f_3' = 5 f_1 - 5 f_1'.$$
$$\cdots\cdots\cdots\cdots$$

Führt man diese Werte Δf nun in die Gleichung für X_1 ein, so liefern, entsprechend den früheren Erörterungen, die Momentenflächen infolge des Auflagerdruckes A, also die Flächen $f_1, 3 f_1, 5 f_1 \ldots$ die Beiträge zur Bildung der Ordinate der $\mathfrak{A}_1$-Linie — in diesem Falle also die Strecke $\mathfrak{A}_1$ selbst —, während die Abzugsflächen $f_1', 3 f_1', 5 f_1' \ldots$ die Beiträge zur Bildung des Abzuges α von dieser Ordinate stellen.

Da nun hier $f_1' = f_1 = \frac{\lambda^2}{2}$ ist, wird auch der Abzug α gleich $\mathfrak{A}_1$, die tatsächliche Einflußordinate von X_1 daher Null. Dies ist auch richtig, denn für eine Laststellung über dem Auflager oder unendlich nahe davor muß $X_1 = 0$ sein.

Führt man nun die Werte $f_1 = \frac{\lambda^2}{2}$, $f_2 = 3f_1 = 3\frac{\lambda^2}{2}$, $f_3 = 5f_1 = 5\frac{\lambda^2}{2} \ldots$ in die Gleichung für X_1 ein, so liefert diese den Abschnitt der $\mathfrak{A}_1$-Linie über dem linken Auflager A.

Dieselbe Überlegung gilt auch für alle übrigen Einflußlinien X. Setzt man also analog in sämtlichen Gleichungen (226) obige Werte f infolge $A = 1$ ein, so erhält man die Abschnitte $\mathfrak{A}_r$, welche hier mit $\mathfrak{A}_{r,c}$ eingeführt werden sollen, während alle früher mit Hilfe des konstanten Wertes k ermittelten Größen $\mathfrak{A}_r$ [Gl. (172)] jetzt vorübergehend mit $\mathfrak{A}_{r,k}$ bezeichnet werden mögen.

Da ferner wegen der Spiegelgleichheit der Einflußlinien der linken und rechten Trägerhälfte

$$\mathfrak{A}_r = \mathfrak{B}_{n-r+1} \quad \ldots \ldots \ldots \ldots \quad (203)$$

ist, oder

$$\mathfrak{B}_r = \mathfrak{A}_{n-r+1} \quad \ldots \ldots \ldots \ldots \quad (203)$$

so liefern die Gleichungen X_5 bis X_{10} der Gruppe (226) für die Momentenflächen infolge $A = 1$ schon die Werte $\mathfrak{B}_{5,c}$ bis $\mathfrak{B}_{1,c}$. Es ist also:

$$\left.\begin{aligned}
\mathfrak{A}_{1,c} &= 3\left(\frac{\lambda}{h}\right)^2 b c_1 \,[1 + 3bc_2 + 5b^2c_2c_3 + 7b^3c_2c_3c_4 + \ldots + 19b^9c_2c_3\ldots c_9c_{10}]\\
\mathfrak{A}_{2,c} &= 3\left(\frac{\lambda}{h}\right)^2 \frac{bc_2}{1-b^2c_2c_{10}}[bc_{10} + 3 + 5bc_3 + 7b^2c_3c_4 + \ldots + \; +19b^8c_3c_4\ldots c_9c_{10}]\\
\mathfrak{A}_{3,c} &= 3\left(\frac{\lambda}{h}\right)^2 \frac{bc_3}{1-b^2c_3c_9}[b^2c_9c_{10} + 3bc_9 + 5 + 7bc_4 + \ldots + \; +19b^7c_4c_5\ldots c_9c_{10}]\\
\mathfrak{A}_{4,c} &= 3\left(\frac{\lambda}{h}\right)^2 \frac{bc_4}{1-b^2c_4c_8}[b^3c_8c_9c_{10} + 3b^2c_8c_9 + 5bc_8 + 7 + 9bc_5 + \ldots + 19b^6c_5c_6\ldots c_9c_{10}]\\
\mathfrak{A}_{5,c} &= 3\left(\frac{\lambda}{h}\right)^2 \frac{bc_5}{1-b^2c_5c_7}[b^4c_7c_8c_9c_{10} + \ldots + 7bc_7 + 9 + 11bc_6 + \ldots + 19b^5c_6c_7\ldots c_9c_{10}]\\
\mathfrak{A}_{6,c} &= 3\left(\frac{\lambda}{h}\right)^2 \frac{bc_6}{1-b^2c_6c_6}[b^5c_6c_7\ldots c_9c_{10} + \ldots + 9bc_6 + 11 + 13bc_7 + \ldots + 19b^4c_7c_8c_9c_{10}]\\
\mathfrak{A}_{7,c} &= 3\left(\frac{\lambda}{h}\right)^2 \frac{bc_7}{1-b^2c_7c_5}[b^6c_5c_6\ldots c_9c_{10} + \ldots + 11bc_5 + 13 + 15bc_8 + \ldots + 19b^3c_8c_9c_{10}]\\
\mathfrak{A}_{8,c} &= 3\left(\frac{\lambda}{h}\right)^2 \frac{bc_8}{1-b^2c_8c_4}[b^7c_4c_5\ldots c_9c_{10} + \ldots\ldots + 13bc_4 + 15 + 17bc_9 + 19b^2c_9c_{10}]\\
\mathfrak{A}_{9,c} &= 3\left(\frac{\lambda}{h}\right)^2 \frac{bc_9}{1-b^2c_9c_3}[b^8c_3c_4\ldots c_9c_{10} + \ldots\ldots\ldots + 15bc_3 + 17 + 19bc_{10}]\\
\mathfrak{A}_{10,c} &= 3\left(\frac{\lambda}{h}\right)^2 \frac{bc_{10}}{1-b^2c_{10}c_2}[b^9c_2c_3\ldots c_9c_{10} + \ldots\ldots\ldots + 17bc_2 + 19]
\end{aligned}\right\} \quad (227)$$

Der seinerzeit durch Gleichung (26) eingeführte konstante Wert c ist größer als die wirklichen Werte $c_1, c_2, c_3 \ldots$, der Unterschied ist jedoch sehr gering, was wieder einen außerordentlich geringen Fehler in $\mathfrak{A}_{r,k}$ und $\mathfrak{B}_{r,k}$ zur Folge hat. Um im vorhinein schon einen Einblick darüber zu bekommen, werden die allgemeinen und speziellen Werte $c_1, c_2, \ldots$ für das spezielle Beispiel $n = 10$ und die Verhältnisse $\frac{\lambda}{h} = \frac{1}{2}, 1, \frac{3}{2}, 2$ hier entwickelt. Nach den Gleichungen (24) geben die Werte c in Reihen aufgelöst:

$$\left.\begin{aligned}
c_{10} &= 1 \\
c_9 &= 1 + b^2 + b^4 + b^6 + b^8 + b^{10} + b^{12} + \ldots \\
c_8 &= 1 + b^2 + 2b^4 + 4b^6 + 8b^8 + 16b^{10} + 32b^{12} + \ldots \\
c_7 &= 1 + b^2 + 2b^4 + 5b^6 + 13b^8 + 34b^{10} + 89b^{12} + \ldots \\
c_6 &= 1 + b^2 + 2b^4 + 5b^6 + 14b^8 + 42b^{10} + 131b^{12} + \ldots \\
c_5 &= 1 + b^2 + 2b^4 + 5b^6 + 14b^8 + 42b^{10} + 132b^{12} + \ldots \\
c_4 &= c_5 = c_3 = c_2 = c_1 = c = \text{konstant}
\end{aligned}\right\} \quad (228)$$

Nach Gleichung (19) ist

$$b = \frac{1}{2 + 6\frac{\lambda}{h}},$$

daher folgen die für speziellen Werte von $\frac{\lambda}{h}$ folgende Potenzen von b:

für $\frac{\lambda}{h}$		$\frac{1}{2}$	1	$\frac{3}{2}$	2
ist:	b	0,200 000	0,125 000	0,090 909	0,071 42$\bar{9}$
	b^2	0,040 000	0,015 625	0,008 264	0,005 102
	b^4	0,001 600	0,000 244	0,000 068	0,000 026
	b^6	0,000 064	0,000 00$\bar{4}$	0,000 00$\bar{1}$	0,000 000
	b^8	0,000 00$\bar{3}$	0,000 000	0,000 000	
	b^{10}	0,000 000			

Aus den Reihen (228) ergeben sich nun folgende spezielle Werte von $c_1, c_2, c_3 \ldots c$:

für $\frac{\lambda}{h}$		$\frac{1}{2}$	1	$\frac{3}{2}$	2
ist:	c_{10}	1,000 000	1,000 000	1,000 000	1,000 000
	c_9	1,041 667	1,015 873	1,008 333	1,005 128
	c_8	1,043 478	1,016 128	1,008 403	1,005 154
	c_7	1,043 557	1,016 133	,,	,,
	c_6	1,043 566	,,	,,	,,
c_5 bis $c_1 = c$		,,	,,	,,	,,

Wie aus diesen speziellen Werten c sofort zu erkennen ist, wird sich der zu untersuchende Fehler am stärksten für ein Verhältnis $\frac{\lambda}{h} = \frac{1}{2}$ kennzeichnen, da für dieses Verhältnis die verschiedenen Werte c am meisten voneinander verschieden sind. Der Wert $c_{10} = 1$ unterscheidet sich von allen übrigen c am meisten, daher folgt, daß der Fehler in jener Einflußlinie X_r am stärksten zur Geltung kommen wird, wo Glieder mit dem Faktor c_{10} in erster Linie hervortreten. Aus den Gleichungen (226), (227) erkennt man, daß dies für die Einflußlinie X_2 der Fall ist, denn in $\mathfrak{A}_{2,c}$ tritt c_{10} erstens im Multiplikator auf und beeinflußt so sämtliche Glieder der Summe, zweitens erscheint c_{10} in einem Posten, der für die Bildung der Gesamtsumme an zweiter Stelle steht, einen gewissen Einfluß hat und ein Fehler darin sich daher auch in der Gesamtsumme geltend machen wird. Dieselbe Überlegung gilt auch für $\mathfrak{B}_{2,c}$. Im Multiplikator erscheint zwar c_9, das sich dem konstanten Werte c schon mehr anschmiegt, aber im Summengliede steht der Posten mit c_{10} mit einem großen Koeffizienten an zweiter Stelle für die Summenbildung. In allen anderen Gleichungen erscheint c_{10} in Gliedern, die auf die Gesamtsumme wegen ihres kleinen Wertes einen untergeordneten, oft verschwindenden Einfluß ausüben, so daß ein Fehler darin auch nicht stärker zur Geltung kommen wird.

Was nun die Felderanzahl anlangt, erkennt man, daß unter sonst gleichen Verhältnissen der Fehler mit steigender Felderanzahl relativ geringer wird, da sich die Gesamtsumme in den Werten $\mathfrak{A}_{r,c}$ und $\mathfrak{B}_{r,c}$ vergrößert. Je kleiner die Felderzahl, desto stärker muß der Fehler hervortreten, da erstens der Summenausdruck in den Gleichungen (227) verhältnismäßig kleiner wird und zweitens in jeder Gleichung selbst verhältnismäßig immer mehr Werte c auftreten, die sich vom konstanten Werte c unterscheiden. Daraus folgt zusammenfassend:

Durch Einführen eines konstanten Wertes c bzw. $b\,c = k$ tritt der dadurch in den Einflußlinien X hervorgerufene Fehler in den Ordinaten der Einflußlinie X_2 am stärksten hervor. Er wird zu einem Maximum bei einem möglichst kleinen Verhältnis $\frac{\lambda}{h}$ und bei möglichst geringer Felderanzahl n.

Diese allgemeinen Überlegungen werden auch durch eine spezielle Berechnung des Fehlers bestätigt. In der Tabelle 6 sind die Resultate solcher Fehlerrechnungen angegeben, der Rechnungsvorgang soll nachfolgend allgemein angezeigt werden.

Bezeichnet man in den Gleichungen (227), den Gleichungen (172) entsprechend, den Multiplikator mit $m_{r,c}$, den Summenausdruck mit $A_{r,c}$, so ist

$$\mathfrak{A}_{r,c} = m_{r,c}\,A_{r,c}\,.$$

Da der konstante Wert c größer ist als $c_1, c_2 \ldots$, so ist auch der damit errechnete Multiplikator der Gleichungen (172)

$$m_{r,k} > m_{r,c} \qquad \text{und} \qquad A_{r,k} > A_{r,c}\,.$$

Tabelle 6.

$$\mathfrak{A}_{r,k} = \mathfrak{A}_{r,c}(1+p).$$

$100\,p = 100\,\frac{p'}{1-p'}$

	$\mathfrak{A}_{1,k}$ $\frac{\lambda}{h}$				$\mathfrak{A}_{2,k}$ $\frac{\lambda}{h}$				$\mathfrak{A}_{3,k}$ $\frac{\lambda}{h}$				$\mathfrak{A}_{4,k}$ $\frac{\lambda}{h}$				$\mathfrak{A}_{5,k}$ $\frac{\lambda}{h}$				$\mathfrak{A}_{m,k} = \mathfrak{B}_{m,k}$ $\frac{\lambda}{h}$			
	$\frac{1}{2}$	1	$\frac{3}{2}$	2	$\frac{1}{2}$	1	$\frac{3}{2}$	2	$\frac{1}{2}$	1	$\frac{3}{2}$	2	$\frac{1}{2}$	1	$\frac{3}{2}$	2	$\frac{1}{2}$	1	$\frac{3}{2}$	2	$\frac{1}{2}$	1	$\frac{3}{2}$	2
4 Felder . . .	0,32	0,03	0	0	$0{,}7\bar{2}$	0,13	0,04	$0{,}0\bar{2}$	—	—	—	—	—	—	—	—	—	—	—	—	—	—	—	—
5 Felder . . .	—	—	—	—	—	—	—	—	—	—	—	—	—	—	—	—	—	—	—	—	$0{,}2\bar{8}$	0,04	0,01	0
6 Felder . . .	—	—	—	—	—	—	—	—	0,11	0,01	0	0	—	—	—	—	—	—	—	—	—	—	—	—
7 Felder . . .	0	0	0	0	0,38	$0{,}0\bar{8}$	$0{,}0\bar{3}$	$0{,}0\bar{1}$	—	—	—	—	—	—	—	—	—	—	—	—	0,06	$0{,}0\bar{1}$	0,00	0
8 Felder . . .	—	—	—	—	—	—	—	—	—	—	—	—	0,02	0	0	0	—	—	—	—	—	—	—	—
9 Felder . . .	—	—	—	—	—	—	—	—	—	—	—	—	—	—	—	—	—	—	—	—	0,01	0	0	0
10 Felder . . .	0	0	0	0	$0{,}3\bar{8}$	$0{,}0\bar{8}$	$0{,}0\bar{3}$	$0{,}0\bar{1}$	$0{,}0\bar{5}$	$0{,}0\bar{1}$	0	0	$0{,}0\bar{1}$	0	0	0	0	0	0	0	—	—	—	—

$$\mathfrak{B}_{r,k} = \mathfrak{B}_{r,c}(1+p).$$

$100\,p = \frac{100\,p'}{1-p'}$

	$\mathfrak{B}_{1,k}$ $\frac{\lambda}{h}$				$\mathfrak{B}_{2,k}$ $\frac{\lambda}{h}$				$\mathfrak{B}_{3,k}$ $\frac{\lambda}{h}$				$\mathfrak{B}_{4,k}$ $\frac{\lambda}{h}$				$\mathfrak{B}_{5,k}$ $\frac{\lambda}{h}$							
	$\frac{1}{2}$	1	$\frac{3}{2}$	2	$\frac{1}{2}$	1	$\frac{3}{2}$	2	$\frac{1}{2}$	1	$\frac{3}{2}$	2	$\frac{1}{2}$	1	$\frac{3}{2}$	2	$\frac{1}{2}$	1	$\frac{3}{2}$	2				
4 Felder . . .	—	—	—	—	$1{,}\bar{1}0$	0,26	0,10	$0{,}0\bar{5}$	—	—	—	—	—	—	—	—	—	—	—	—	—	—	—	—
5 Felder . . .	—	—	—	—	—	—	—	—	—	—	—	—	—	—	—	—	—	—	—	—	—	—	—	—
6 Felder . . .	—	—	—	—	—	—	—	—	$0{,}2\bar{4}$	$0{,}0\bar{4}$	0,01	0	—	—	—	—	—	—	—	—	—	—	—	—
7 Felder . . .	—	—	—	—	$0{,}9\bar{1}$	0,21	0,08	0,04	—	—	—	—	—	—	—	—	—	—	—	—	—	—	—	—
8 Felder . . .	—	—	—	—	—	—	—	—	—	—	—	—	0,05	0	0	0	—	—	—	—	—	—	—	—
9 Felder . . .	—	—	—	—	—	—	—	—	—	—	—	—	—	—	—	—	—	—	—	—	—	—	—	—
10 Felder . . .	—	—	—	—	$0{,}8\bar{6}$	0,20	$0{,}0\bar{8}$	$0{,}0\bar{4}$	$0{,}1\bar{9}$	$0{,}0\bar{3}$	$0{,}0\bar{1}$	0	0,04	0,00	0	0	0,01	0	0	0	—	—	—	—

Setzt man

$$m_{r,c} = m_{r,k} - \Delta m_r$$

$$A_{r,c} = A_{r,k} - \Delta A_r ,$$

so ist

$$\mathfrak{A}_{r,c} = (m_{r,k} - \Delta m_r)(A_{r,k} - \Delta A_r)$$

$$= m_{r,k} A_{r,k} - m_{r,k} \Delta A_r - \Delta m_r A_{r,k} + \Delta m_r \cdot \Delta A_r .$$

Da Δm_r, ΔA_r als kleine Größe zweiter Ordnung vernachlässigt wird und

$$m_{r,k} A_{r,k} = \mathfrak{A}_{r,k}$$

ist, so wird

$$\mathfrak{A}_{r,c} = \mathfrak{A}_{r,k} \left[1 - \left(\frac{\Delta A_r}{A_{r,k}} + \frac{\Delta m_r}{m_{r,k}}\right)\right] .$$

Setzt man für

$$\frac{\Delta A_r}{A_{r,k}} + \frac{\Delta m_r}{m_{r,k}} = p' ,$$

so ist

$$\mathfrak{A}_{r,c} = \mathfrak{A}_{r,k}(1 - p')$$

oder

$$\mathfrak{A}_{r,k} = \mathfrak{A}_{r,c}\left[1 + \frac{p'}{1 - p'}\right] .$$

Für

$$\frac{p'}{1 - p'} = p$$

wird

$$\mathfrak{A}_{r,k} = \mathfrak{A}_{r,c}(1 + p) .$$

Durch

$$100\,p = 100 \frac{p'}{1 - p'}$$

ist nun der Prozentsatz gegeben, um welchen $\mathfrak{A}_{r,k}$ größer als $\mathfrak{A}_{r,c}$ ist. Für die in Tabelle 6 angegebene Felderanzahl wurde der Fehler für die Verhältnisse $\frac{\lambda}{h} = \frac{1}{2}$, 1, $\frac{3}{2}$ und 2 nach dem hier angegebenen Vorgang in Prozenten von $\mathfrak{A}_{r,c}$ bestimmt. Wie daraus zu ersehen ist, beträgt der durchschnittliche Fehler kaum einige hundertstel Prozent, liegt also weit unter der zulässigen Fehlergrenze, so daß aus allen diesen Untersuchungen der wichtige Schluß folgt:

Die Annahme eines konstanten Wertes c in den Gleichungen (27) bzw. eines konstanten Wertes $b\,c = k$ in den Gleichungen (31) und (32) ist für jedes Verhältnis und für jede beliebige Felderanzahl gerechtfertigt. Der dadurch hervorgerufene Fehler in den Ordinaten der Einflußlinien X_r ist auch für die denkbar ungünstigsten Verhältnisse so klein, daß er als verschwindend betrachtet werden kann und praktisch in keinem Fall zur Geltung kommt.

IV. Fixpunkte eines Feldes und Fixpunktmomente.

Nach Gleichung (52) und (56) sind die Gurtnormalkräfte N_r bzw. N_r' des Unter- und Obergurtes im Felde r stets einander gleich, aber von entgegengesetzter Richtung. Der Untergurt wird immer gezogen, der

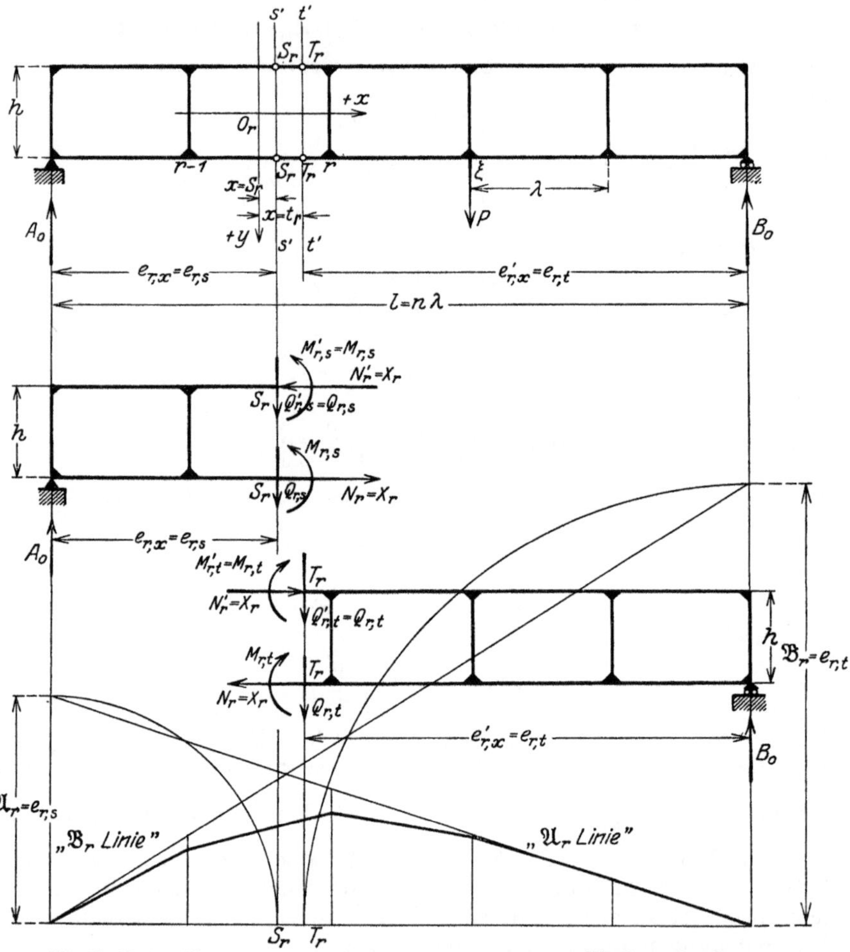

Einflußlinie X_2

Fig. 86—89.

Kraftmaßstab: h cm d. Z. . . . 1 Tonne

Obergurt immer gedrückt, die Größe der Normalkraft stimmt mit der der statischen Unbestimmten X_r überein. Es ist also

$$N_r = -N_r' = X_r. \qquad (56)$$

In diesem Abschnitt soll nun die Einflußlinie X_r mit Rücksicht auf diese Beziehung von einem neuen Gesichtspunkt aus hergeleitet werden. Durch Vergleich der erhaltenen Resultate mit denen des

Abschnittes III/1 und III/2 kommt man zu den neuen Begriffen Fixpunkte eines Feldes und Fixpunktmomente, ferner zur statischen Erklärung der $\mathfrak{A}$- und $\mathfrak{B}$-Linien, der Abzüge α und β, sowie der Restglieder $R'_{\mathfrak{A},r}$ und $R'_{\mathfrak{B},r}$, die bis jetzt durch rein analytische Operationen gefunden, noch ihrer statischen Erklärung entbehren.

Es sei ein beliebiger Vierendeelträger mit n Feldern in allen seinen Abmessungen gegeben und im Knoten ξ mit einer Last P belastet (Fig. 86).

Solange sich die Last P rechts vom Felde r befindet, also $\xi \geqq r$ ist, gilt für jeden beliebigen Schnitt im Felde r in der Entfernung x von der Feldmitte mit Berücksichtigung der Gleichung (56) und (60), daß nämlich

$$M'_{r,x} = M_{r,x} \quad \ldots \ldots \ldots \ldots \quad (60)$$

ist, folgende Gleichgewichtsbedingung für den links verbleibenden Trägerteil (Fig. 87):

$$A_0 e_{r,x} - X_r h - 2 M_{r,x} = 0,$$

oder daraus

$$X_r = \frac{e_{r,x}}{h} A_0 - \frac{2 M_{r,x}}{h} \quad \ldots \ldots \ldots \quad (229)$$

Wählt man speziell

$$x = R'_{\mathfrak{A},r} \frac{\lambda}{2} = s_r . \quad \ldots \ldots \ldots \ldots \quad (230)$$

so wird mit Rücksicht auf Gleichung (200)

$$e_{r,x} = e_{r,s} = [2r - 1 + R'_{\mathfrak{A},r}] \frac{\lambda}{2} = h \mathfrak{A}_r .$$

Steht nun die Last P links vom Felde r, ist also $\xi \leqq r - 1$, so gilt analog für jeden Schnitt im Felde in der Entfernung x von der Feldmitte für den rechts verbleibenden Trägerteil (Fig. 88) die Gleichgewichtsbedingung:

$$B_0 e'_{r,x} - X_r h - 2 M_{r,x} = 0,$$

oder

$$X_r = \frac{e'_{r,x}}{h} B_0 - \frac{2 M_{r,x}}{h} . \quad \ldots \ldots \ldots \quad (231)$$

Wählt man hier speziell

$$x = R'_{\mathfrak{B},r} \frac{\lambda}{2} = t_r , \quad \ldots \ldots \ldots \ldots \quad (232)$$

so wird mit Rücksicht auf Gleichung (201)

$$e'_{r,x} = e'_{r,t} = [2(n - r) + 1 - R'_{\mathfrak{B},r}] \frac{\lambda}{2} = h \mathfrak{B}_r .$$

Die Schnittpunkte S_r und T_r in der Entfernung s_r bzw. t_r von der Feldmitte sollen nun als die zur $\mathfrak{A}_r$- bzw. $\mathfrak{B}_r$-Linie gehörigen Fixpunkte des Feldes r bezeichnet werden, die Momente $M_{r,s}$ und $M_{r,t}$ in diesen Querschnitten als die Fixpunktmomente. Die Lage der Fixpunkte eines jeden Feldes ist durch die Gleichungen (230) und (232) gegeben, sie ist von der Belastung des Trägers unabhängig und nur durch die Abmessungen desselben bestimmt. Mit Hilfe der Fixpunkte können, wie im weiteren gezeigt werden wird, sämtliche Einflußlinien der statisch unbestimmten Größe X und alle davon abhängigen ermittelt werden.

Führt man für $e_{r,x}$ bzw. $e'_{r,x}$ die Werte $e_{r,s}$ und $e_{r,t}$ in Gleichung (229) bzw. (231) ein, so erhält man

$$X_r = A_0 \mathfrak{A}_r - \frac{2 M_{r,s}}{h}, \quad \text{wenn } \xi \gtreqless r,$$

und

$$X_r = B_0 \mathfrak{B}_r - \frac{2 M_{r,t}}{h}, \quad \text{wenn } \xi \lesseqgtr r - 1.$$

Diese beiden Gleichungen liefern die Ordinaten η_ξ der Einflußlinie X_r, wenn man an Stelle der ruhenden Last P eine wandernde Einzellast $P = 1$ t über den Träger rollen läßt und dann für die Laststellungen in den aufeinanderfolgenden Knoten ξ der Reihe nach die entsprechenden Auflagerdrücke

$$A_0 = \frac{n - \xi}{n} \cdot 1,$$

$$B_0 = \frac{\xi}{n} \cdot 1$$

in obige Gleichungen einführt. Dann erhält man die Gleichung der Einflußlinie X_r, deren Ordinaten durch folgende zwei Gleichungen gegeben erscheinen, mit:

$$\eta_\xi = \begin{cases} \left(\dfrac{n - \xi}{n} \mathfrak{A}_r - \dfrac{2 M_{r,s}}{h}\right) \ldots \xi \gtreqless r \\ \left(\dfrac{\xi}{n} \mathfrak{B}_r - \dfrac{2 M_{r,t}}{h}\right) \ldots \xi \lesseqgtr r - 1 \end{cases} \quad \ldots \quad (233)$$

Der erste Posten dieser Gleichungen ist nichts anderes als die Gleichung der $\mathfrak{A}_r$- bzw. $\mathfrak{B}_r$-Linie. Ihre Ordinaten geben also nach den vorstehenden Betrachtungen den Einfluß des Auflagerdruckes A_0 bzw. B_0 auf die Gurtkraft X_r an, wenn man diese aus dem Schnitt *ss* bzw. *tt* ermittelt, je nachdem die Last rechts oder links vom Felde steht. Vergleicht man ferner Gleichung (233) mit der identischen Gleichung (178)

$$\eta = \begin{cases} \dfrac{n - \xi}{n} \mathfrak{A}_r - \alpha_{\xi,r} & \xi > r \\ \dfrac{\xi}{n} \mathfrak{B}_r - \beta_{\xi,r} & \xi < r - 1 \end{cases} \quad \ldots \quad (178)$$

so folgt

$$\alpha_{\xi,r} = \frac{2 M_{r,s}}{h}$$

$$\beta_{\xi,r} = \frac{2 M_{r,t}}{h}.$$

Die Abzüge α und β zeigen also den Einfluß der Fixpunktmomente auf die Gurtkraft X_r, wenn diese aus den gewählten Schnitten ss bzw. tt ermittelt wird.

Umgekehrt folgen durch diese Beziehungen auch die Gleichungen zur Ermittlung der Einflußlinien der Fixpunktmomente mit

$$M_{r,s} = \frac{h}{2} \alpha_{\xi,r} \ldots \xi \geqq r,$$

$$M_{r,t} = \frac{h}{2} \beta_{\xi,r} \ldots \xi \leqq r - 1.$$

Wie bereits im Abschnitt III/2c über die allgemeinen Bildungsgesetze der Abzüge $\alpha_{\xi,r}$ und $\beta_{\xi,r}$ an der Hand der Tabelle 3 gezeigt wurde, werden diese Abzüge und damit auch die Fixpunktmomente $M_{r,s}$ bzw. $M_{r,t}$ für Laststellungen in den weiter vom Feld abgelegenen Knoten rasch verschwindend klein, was **konstruktiv der Wirkung von Gelenken in den Fixpunkten** gleichkommt.

Würde man für sämtliche Laststellungen auf die Abzüge α und β (Fixpunktmomente) verzichten — dies entspräche der Annahme von Gelenken in den Fixpunkten S_r bzw. T_r —, so wäre die Gurtkraft X_r identisch mit dem Gelenkdruck in diesen gedachten Gelenken und als ihre Einflußlinie bliebe dann nur die Gleichung der $\mathfrak{A}_r$- bzw. $\mathfrak{B}_r$-Linie übrig:

$$\eta_\xi = \begin{cases} \dfrac{n-\xi}{n} \mathfrak{A}_r & \ldots \xi \geqq r, \\[2ex] \dfrac{\xi}{n} B_r & \ldots \xi \leqq r - 1. \end{cases}$$

Inwieweit diese Annahme zutreffend ist, zeigt am besten Tabelle 3 des obenerwähnten Abschnittes. Nach Gleichung (200), (201) ist nun

$$\mathfrak{A}_r = \tfrac{1}{2}[2r - 1 + R'_{\mathfrak{A}\,r}] \frac{\lambda}{h},$$

$$\mathfrak{B}_r = \tfrac{1}{2}[2(n-r) + 1 - R'_{\mathfrak{B}\,r}] \frac{\lambda}{h};$$

die Restglieder $R'_{\mathfrak{A},r}$ und $R'_{\mathfrak{B},r}$ sind verhältnismäßig sehr klein, eine Vernachlässigung derselben wurde bereits im Abschnitt III/2b an der Hand der Tabellen 1 und 2 eingehend besprochen. Hier kann nach den Erörterungen dieses Abschnittes, da die Fixpunktentfernung von den Auflagern $e_{r,s} = h\,\mathfrak{A}_r$ und $e_{r,t} = h\,\mathfrak{B}_r$ ist, eine solche Vernachlässigung statisch mit dem Zusammenfallen der Fixpunkte S_r und T_r in der Feldmitte erklärt werden. Hält man nun nebst dieser Vernachlässigung auch den früher erwähnten Verzicht der Abzüge α und β aufrecht, so könnte nun die Gurtkraft $N_r = X_r$ als der Gelenkdruck in gedachten Gelenken in der Feldmitte angesehen werden. Ihre Einflußlinie wäre dann:

$$\eta_\xi = \begin{cases} \dfrac{n-\xi}{n} \dfrac{2r-1}{2} \dfrac{\lambda}{h} & \ldots \xi \geqq r, \\[2ex] \dfrac{\xi}{n} \dfrac{2(n-r)+1}{2} \dfrac{\lambda}{h} & \ldots \xi \leqq r - 1. \end{cases}$$

Während nun, wie aus dem vorhergehenden Abschnitt III/2b, c zu entnehmen, eine solche Vernachlässigung der Restglieder in den Randfeldern einerseits und eine Vernachlässigung der Abzüge α und β für Laststellungen in unmittelbarer Feldnähe andererseits nicht mehr gut tunlich erscheint, so zeigen doch die Tabellen 1 bis 3 ganz übersichtlich, daß unter gewissen Umständen diese vereinfachten Annahmen zu einer überschlägigen Berechnung der Gurtkraft $N_r = X_r$ ohne weiteres zulässig sind.

Auf jeden Fall gewinnt man durch diese Überlegungen ein sehr anschauliches Bild über die ungefähre Größe der Gurtnormalkraft.

Durch all diese Betrachtungen in diesem Abschnitt erhält man einen tiefen Einblick in die statischen Verhältnisse des Vierendeelträgers, sowie eine klare Erklärung über die statische Bedeutung der $\mathfrak{A}$- und $\mathfrak{B}$-Linie, der Abzüge α und β sowie der Restglieder $R'_{\mathfrak{A},r}$ und $R'_{\mathfrak{B},r}$, die in den vorhergehenden Kapiteln durch rein rechnerische Operationen gefunden wurden.

V. Einflußlinien der Gurtnormalkräfte.

Die Normalkräfte im Untergurt und Obergurt eines Rahmenträgers sind nach Gleichung (52) und (55) gegeben. Es ist

die Normalkraft im Untergurt $N_r = +X_r$ . . . . . . (52)

„ „ „ Obergurt $N'_r = -X_r$ . . . . . . (55)

Aus diesen Gleichungen folgt, daß die Einflußlinien der Gurtnormalkräfte mit den Einflußlinien X_r, welche in den vorhergehenden Abschnitten ermittelt wurden, identisch sind. Die Normalkraft im Untergurt ist stets ein Zug, die Normalkraft im Obergurt stets ein Druck, gleichgültig ob „Fahrbahn oben" oder „Fahrbahn unten" vorliegt.

VI. Einflußlinien der Gurtquerkräfte.

Für einen Vertikalschnitt durch den Rahmenträger im Felde r wurde nach den Gleichungen (53), (57) und (58) gefunden, daß für eine gegebene Belastung die Querkraft in beiden Gurten gleich groß, gleich gerichtet und für alle Querschnitte des Feldes konstant ist. Ihre Größe ist durch die Gleichung

$$Q_r = Q'_r = \tfrac{1}{2}\,\mathfrak{Q}_r \quad . \; . \; . \; . \; . \; . \; . \; . \; . \; . \quad (58)$$

gegeben. Hierin bedeutet $\mathfrak{Q}_r$ die Querkraft im Felde r des Hauptsystems, wenn dasselbe von denselben Kräften ergriffen wird wie der statisch unbestimmte Vierendeelträger.

Da die Kräfte nur in den Knoten vertikal wirken, so werden in den Feldern eines $n$feldrigen frei aufliegenden Trägers nach Fig. 109 dieselben inneren Kräfte hervorgerufen, wie in den Untergurten des Hauptsystems, wenn beide Träger bei gleichen Abmessungen unter derselben Belastung stehen. Dann sind aber auch die Biegungsmomente, Normalkräfte und Querkräfte in den Untergurten beider Träger gleich und die Einflußlinie Q_r ist dann nach obiger Gleichung (58) gleich der halben Einflußlinie $\mathfrak{Q}_r$ im Felde r des $n$feldrigen frei aufliegenden Trägers nach Fig. 109 und kann analog nach Beispiel 4 im Abschnitt I konstruiert werden (Fig. 110). Ihre Gleichung folgt aus Beispiel 4 mit

$$\eta = \left\{ \begin{array}{ll} \dfrac{1}{2}\dfrac{n-\xi}{n} & \xi \geqq r \\ -\dfrac{1}{2}\dfrac{\xi}{n} & \xi \leqq r-1 \end{array} \right\} \quad \ldots \ldots \quad (234)$$

Da die Gleichung (58) von dem Lastangriff in den Knoten des Ober- oder Untergurtes unabhängig ist, so erhält man auch für „Fahrbahn oben" oder „Fahrbahn unten" stets ein und dieselbe Einflußlinie für die Querkraft Q_r.

VII. Einflußlinien der Gurtmomente.

1. Ermittlung der Einflußliniengleichung.

Führt man einen Vertikalschnitt in der Entfernung x von der Mitte des Feldes r durch den Vierendeelträger, so sind, entsprechend den Gleichungen (54), (59), (60), das Moment $M'_{r,x}$ des Obergurtes und das Moment $M_{r,x}$ des Untergurtes einander gleich und vom selben Drehungssinn, gleichgültig ob „Fahrbahn unten" oder „Fahrbahn oben" vorliegt, daher ist

$$M'_{r,x} = M_{r,x} \quad \ldots \ldots \ldots \ldots \quad (60)$$

Mit Rücksicht auf diese Tatsache genügt es daher, im folgenden nur das Untergurtmoment $M_{r,x}$ zu behandeln. Nach Gleichung (54) ist

$$M_{r,x} = \tfrac{1}{2}(\mathfrak{M}_{r,x} - X_r h) \quad \ldots \ldots \ldots \quad (54)$$

hierin bedeutet $\mathfrak{M}_{r,x}$ das Moment im Schnitte x des Hauptsystems, X_r die statisch unbestimmte Größe des Feldes r. Die Einflußlinie von $\mathfrak{M}_{r,x}$ ist daher entsprechend den Aufgaben 3 und 5 im Abschnitt I, die der statisch unbestimmten Größe X_r nach Abschnitt III, bekannt.

Die Einflußlinie von $M_{r,x}$ ist nun, wie aus obiger Gleichung (54) zu ersehen, gleich der halben Differenz aus der Einflußlinie von $\mathfrak{M}_{r,x}$ und $X_r h$, die graphisch in jedem Falle einfach zu ermitteln ist. Durch einige Überlegungen läßt sich aber die Einflußlinie auch direkt erhalten.

Setzt man

$$x = \zeta \frac{\lambda}{2} \quad \ldots \ldots \ldots \ldots \quad (235)$$

so ist die Entfernung $\mathfrak{a}_x$ und $\mathfrak{b}_x$ des Schnittes von der linken bzw. rechten Stütze des Trägers (Fig. 90) durch folgende zwei Gleichungen gegeben:

$$\left. \begin{array}{l} \mathfrak{a}_x = [2r - 1 + \zeta]\dfrac{\lambda}{2} \\ \mathfrak{b}_x = [2(n-r) + 1 - \zeta]\dfrac{\lambda}{2} \end{array} \right\} \quad \ldots \ldots \quad (236)$$

Nach Aufgabe 3 und 5 im Abschnitt I ist die Gleichung der Einflußlinie des Momentes $\mathfrak{M}_{x,x}$:

$$y_\xi = \begin{cases} \dfrac{n-\xi}{n}\,\mathfrak{a}_x & \xi \geqq r\,, \\[2ex] \dfrac{\xi}{n}\,\mathfrak{b}_x & \xi \leqq r-1. \end{cases}$$

Die Ordinaten der Einflußlinie X_r sind nach Gleichung (178)

$$\eta_\xi = \begin{cases} \dfrac{n-\xi}{n}\,\mathfrak{A}_r - \alpha_{\xi,r} & \xi \geqq r\,, \\[2ex] \dfrac{\xi}{n}\,\mathfrak{B}_r - \beta_{\xi,r} & \xi \leqq r-1. \end{cases}$$

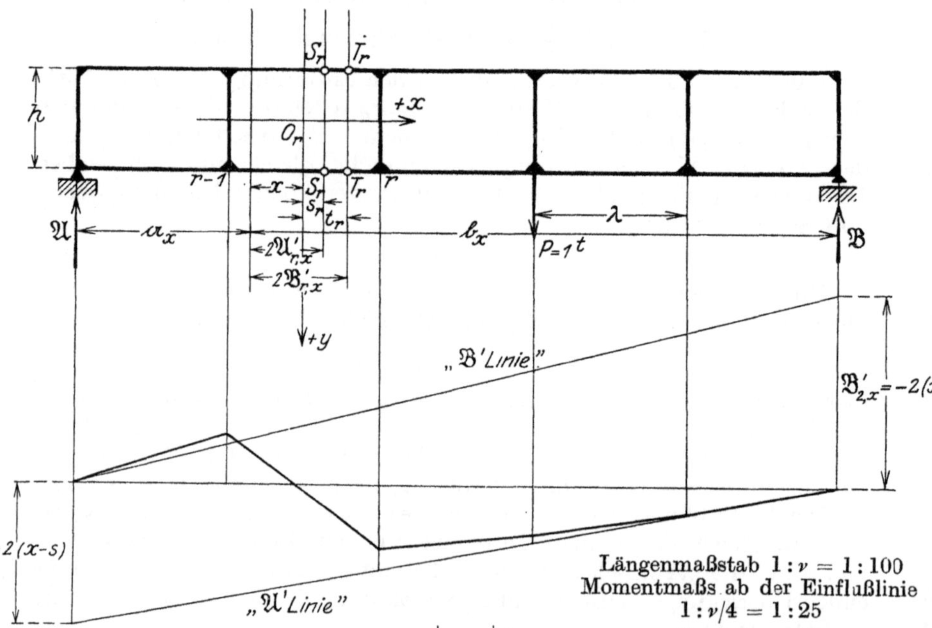

Längenmaßstab $1:\nu = 1:100$
Momentmaßs ab der Einflußlinie
$1:\nu/4 = 1:25$
Fig. 90 u. 91.

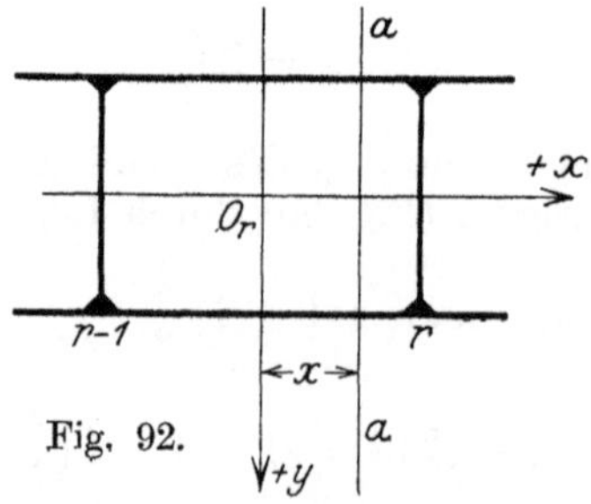

Fig. 92.

Bezeichnet man nun die Ordinaten der Einflußlinie $M_{r,r}$ allgemein mit η'_ξ, so ergibt sich ihre Gleichung entsprechend der Gleichung (54) aus der Differenz

$$\eta'_\xi = \tfrac{1}{2}[y_\xi - h\,\eta_\xi]$$

mit:

$$\eta'_\xi = \begin{cases} \dfrac{n-\xi}{n} \cdot \dfrac{1}{2}(\mathfrak{a}_x - h\,\mathfrak{A}_r) + \dfrac{h}{2}\,\alpha_{\xi,r} & \ldots \xi \geqq r, \\[2ex] \dfrac{\zeta}{n} \cdot \dfrac{1}{2}(\mathfrak{b}_x - h\,\mathfrak{B}_r) + \dfrac{h}{2}\,\beta_{\xi,r} & \ldots \xi \leqq r-1. \end{cases}$$

Setzt man $\frac{1}{2}(\mathfrak{a}_x - h\,\mathfrak{A}_r) = \mathfrak{A}'_{r,x}$, so wird mit Rücksicht auf Gleichung (236), (200) und (201)

$$\begin{aligned} \mathfrak{A}'_{r,x} &= \tfrac{1}{2}(\mathfrak{a}_x - h\,\mathfrak{A}_r) \\ &= (2r - 1 + \zeta)\frac{\lambda}{4} - (2r - 1 + R'_{\mathfrak{A},r})\frac{\lambda}{4} \\ &= (\zeta - R'_{\mathfrak{A},r})\frac{\lambda}{4} \qquad \ldots\ldots\ldots\ldots\ldots (237) \end{aligned}$$

und analog

$$\begin{aligned} \mathfrak{B}'_{r,x} &= \tfrac{1}{2}(\mathfrak{b}_x - h\,\mathfrak{B}_r) \\ &= [2(n-r) + 1 - \zeta]\frac{\lambda}{4} - [2(n-r) + 1 - R'_{\mathfrak{B},r}]\frac{\lambda}{4} \\ &= -(\zeta - R'_{\mathfrak{B},r})\frac{\lambda}{4} \qquad \ldots\ldots\ldots\ldots\ldots (238) \end{aligned}$$

Bezeichnet man weiters mit

$$\alpha'_{\xi,r} = \frac{h}{2}\,\alpha_{\xi,r} \qquad \ldots\ldots\ldots\ldots (239)$$

und

$$\beta'_{\xi,r} = \frac{h}{2}\,\beta_{\xi,r} \qquad \ldots\ldots\ldots\ldots (240)$$

so erhält man schließlich als Gleichung der Momenteneinflußlinie $M_{r,x}$:

$$\eta'_\xi = \begin{cases} \dfrac{n-\xi}{n}\,\mathfrak{A}'_{r,x} + \alpha'_{\xi,r} & \ldots \xi \geqq r \\[2ex] \dfrac{\xi}{n}\,\mathfrak{B}'_{r,x} + \beta'_{\xi,r} & \ldots \xi \leqq r-1 \end{cases} \qquad \ldots\ldots\ldots (241)$$

Aus dieser Gleichung folgt allgemein:

1. Zur Bildung einer Momenteneinflußlinie $M_{r,x}$ rechts vom Felde r benötigt man eine gerade Linie $\left(\frac{n-\xi}{n}\,\mathfrak{A}'_{r,x}\right)$ — sie heiße allgemein „$\mathfrak{A}'$-Linie —", welche vom rechten Stützpunkt B ausgeht und über dem linken Stützpunkt A die Strecke

$$\mathfrak{A}'_{r,x} = (\zeta - R'_{\mathfrak{A},r})\frac{\lambda}{4} \qquad \ldots\ldots\ldots (237)$$

abschneidet. Zu den Ordinaten r, $r+1$ ... dieser Linie sind die Größen

$$\alpha'_{\xi,r} = \frac{h}{2}\,\alpha_{\xi,r} \quad . \quad . \quad . \quad . \quad . \quad . \quad . \quad . \quad (239)$$

entsprechend den nachfolgenden Ausführungen zu bestimmen und zu addieren.

2. Zur Bildung einer Momenteneinflußlinie $M_{r,x}$ links vom Felde r benötigt man eine gerade Linie $\left(\frac{\zeta}{n}\,\mathfrak{B}'_{r,x}\right)$ — sie heiße allgemein „$\mathfrak{B}'$-Linie —, welche vom linken Stützpunkt A ausgeht und über dem rechten Stützpunkt B die Strecke

$$\mathfrak{B}'_{r,x} = -(\zeta - R'_{\mathfrak{B},r})\,\frac{\lambda}{4} \quad . \quad . \quad . \quad . \quad . \quad . \quad (238)$$

abschneidet. Zu den Ordinaten $r-1$, $r-2$, ... dieser Linie sind die Größen

$$\beta'_{\xi,r} = \frac{h}{2}\,\beta_{\xi,r} \quad . \quad . \quad . \quad . \quad . \quad . \quad . \quad . \quad (240)$$

entsprechend den nachfolgenden Ausführungen zu bestimmen und zu addieren.

2. Allgemeine Bildungsgesetze der Größen $\mathfrak{A}'_{r,x}$ und $\mathfrak{B}'_{r,x}$.

Diese Größen

$$\mathfrak{A}'_{r,x} = (\zeta - R'_{\mathfrak{A},r})\,\frac{\lambda}{4} \quad . \quad . \quad . \quad . \quad . \quad . \quad . \quad . \quad (237)$$

und

$$\mathfrak{B}'_{r,x} = -(\zeta - R'_{\mathfrak{B},r})\,\frac{\lambda}{4} \quad . \quad . \quad . \quad . \quad . \quad . \quad (238)$$

können für jeden beliebigen Schnitt eines Feldes in der Entfernung $x = \zeta\,\frac{\lambda}{2}$ von der Feldmitte ohne weiteres gerechnet werden, da

$$R'_{\mathfrak{A},r} = \mu_a\,k^r - \nu_a\,k^{n-r} \quad . \quad . \quad . \quad . \quad . \quad . \quad . \quad . \quad (198)$$

$$R'_{\mathfrak{B},r} = \nu_b\,k^r - \mu_b\,k^{n-r} \quad . \quad . \quad . \quad . \quad . \quad . \quad . \quad . \quad (199)$$

durch die Gleichungen

$$\left.\begin{aligned} \mu_a &= \frac{1}{1-k}, & \nu_b &= \frac{2n}{1+k} + \frac{1}{1-k}, \\ \mu_b &= k\,\mu_a, & \nu_a &= k\,\nu_b \end{aligned}\right\} \quad (194)\text{ bis }(197)$$

in jedem Falle gegeben ist.

Die Abschnitte $\mathfrak{A}'_{r,x}$ und $\mathfrak{B}'_{r,x}$ können aber durch folgende Überlegung noch viel besser bildlich veranschaulicht werden. Da

$$x = \zeta\,\frac{\lambda}{2}$$

und weiter die Entfernung der Fixpunkte S_r bzw. T_r des Feldes von der Feldmitte

$$s_r = R'_{\mathfrak{A},r}\,\frac{\lambda}{2} \;\ldots\ldots\ldots\ldots \quad (230)$$

$$t_r = R'_{\mathfrak{B},r}\,\frac{\lambda}{2} \;\ldots\ldots\ldots\ldots \quad (232)$$

ist, so wird mit Rücksicht auf Gleichung (237) und (238)

$$\mathfrak{A}'_{r,x} = \tfrac{1}{2}(x - s_r) \;\ldots\ldots\ldots \quad (242)$$

und

$$\mathfrak{B}'_{r\,x} = -\tfrac{1}{2}(x - t_r) \;\ldots\ldots\ldots \quad (243)$$

Der Abschnitt $\mathfrak{A}'_{r,x}$ einer $\mathfrak{A}'$-Linie ist also gleich der halben Entfernung des Querschnittes x vom Fixpunkt S_r des Feldes. Er ist für sämtliche Querschnitte rechts von S_r positiv, für alle Querschnitte links davon negativ (Fig. 90).

Der Abschnitt $\mathfrak{B}'_{r,x}$ einer $\mathfrak{B}'$-Linie ist gleich der negativen halben Entfernung des Querschnittes x vom Fixpunkt T_r des Feldes. Er ist für alle Querschnitte rechts von T_r negativ, für alle Querschnitte links davon positiv (Fig. 90).

Bei direkter Entnahme dieser Strecken aus der Zeichnung ist bei Festlegung des Momentenmaßstabes zu bedenken, daß diese Strecken Momente, der Dimension nach also Metertonnen oder Meterkilogramm vorstellen, je nachdem die Belastung in Tonnen oder Kilogramm gegeben ist. Entnimmt man sie also direkt in Zentimeter aus der Zeichnung, so gilt für den Momentenmaßstab dasselbe Verhältnis $1 : \nu$ wie für den Längenmaßstab der Zeichnung. So wäre z. B. für einen Längenmaßstab $1 : \nu = 1 : 50$ der entsprechende Momentenmaßstab 1 cm d. Z. . . . 50 cmt, wenn die Lasten in Tonnen gegeben sind. Im allgemeinen wird man für den Momentenmaßstab meist kleinere Verhältnisse als $1 : \nu$ wählen.

Gurteckmomente und Maximalmomentenlinien eines Feldes. Ist also die Lage der Fixpunkte in jedem Felde bekannt, so kann man die Abschnitte $\mathfrak{A}'_{r,x}$ und $\mathfrak{B}'_{r,x}$ ohne weiteres aus der Zeichnung entnehmen. Jedem Querschnitt eines Feldes entsprechen nach den Gleichungen (242), (243) bestimmte Abschnitte $\mathfrak{A}'$ und $\mathfrak{B}'$, folglich sind dann auch die $\mathfrak{A}'$- und $\mathfrak{B}'$-Linien der verschiedenen Querschnitte des Feldes voneinander verschieden. Durch die frühere Betrachtung, welche auf Gleichung (242), (243) führte, erhielt man eine klare Vorstellung über die zu einem bestimmten Querschnitt gehörenden Abschnitte $\mathfrak{A}'$ und $\mathfrak{B}'$, und man erkennt aus dieser Betrachtung ohne weiteres, daß diese und damit auch die Ordinaten der $\mathfrak{A}'$- und $\mathfrak{B}'$-Linien für die Eckmomente eines Feldes ihre maximalen positiven und negativen Werte erreichen.

Die Zuschläge $\alpha'_{\xi,r}$ und $\beta'_{\xi,r}$ zu den entsprechenden Ordinaten der $\mathfrak{A}'$- und $\mathfrak{B}'$-Linien eines Querschnittes [Gl. (241)] sind aber, wie aus Gleichung (239), (240) in Verbindung mit Gleichung (54) folgt, für alle Querschnitte eines Feldes dieselben.

Aus diesen Überlegungen folgt nun, daß die Auswertung jener Einflußlinie zum max $M_{\max}$ eines Feldes führen wird, bei welcher die Abschnitte $\mathfrak{A}'$ und $\mathfrak{B}'$ ihre extremen Werte erreichen, was nach obenstehenden Ausführungen für die beiden Gurteckmomente zutrifft, die daher für die Dimensionierung in erster Linie in Betracht kommen. Wie man aus Fig. 91 nach einer einfachen Überlegung leicht erkennen kann, werden in der linken Trägerhälfte die Einflußlinien der rechten Eckmomente eines Feldes stets die größten positiven, die der linken Eckmomente stets die größten negativen Maximalmomente des Feldes liefern.

Für das linke Eckmoment eines Feldes ist $\zeta = -1$, daher

$$\left.\begin{aligned} \mathfrak{A}'_{r,\left(-\frac{\lambda}{2}\right)} &= -(1 + R'_{\mathfrak{A},r})\,\frac{\lambda}{4} \\ \mathfrak{B}'_{r,\left(-\frac{\lambda}{2}\right)} &= +(1 + R'_{\mathfrak{B},r})\,\frac{\lambda}{4} \end{aligned}\right\} \quad \ldots\ldots\ldots (244)$$

Für das rechte Eckmoment eines Feldes ist $\zeta = +1$, daher

und

$$\left.\begin{aligned} \mathfrak{A}'_{r,\left(+\frac{\lambda}{2}\right)} &= +(1 - R'_{\mathfrak{A},r})\,\frac{\lambda}{4} \\ \mathfrak{B}'_{r,\left(+\frac{\lambda}{2}\right)} &= -(1 - R'_{\mathfrak{B},r})\,\frac{\lambda}{4} \end{aligned}\right\} \quad \ldots\ldots\ldots (245)$$

Über den Verlauf der Maximalmomentenlinie eines Feldes wird das spezielle Beispiel im Abschnitt XI/4, e näheren Aufschluß bringen.

Restglieder $R'_{\mathfrak{A},r}$ und $R'_{\mathfrak{B},r}$. Diese Restglieder sind nach den Gleichungen (198), (199) zu rechnen und wie man daraus ersieht, bleiben sie für alle Querschnitte innerhalb eines Feldes konstant. Im Verhältnis zum Werte ζ in Gleichung (237) und (238) sind sie von größerer oder geringerer Bedeutung, je nachdem sich die Querschnitte in der Nähe der Fixpunkte oder weiter davon entfernt befinden. Eine Vernachlässigung dieser Reste, entsprechend den Restgliedern $R_{\mathfrak{A}\,r}$ und $R_{\mathfrak{B}\,r}$ bei den Einflußlinien X_r, ist daher nicht ohne weiteres zulässig und kann höchstens nur für weiter von den Fixpunkten entfernte Querschnitte in Betracht gezogen werden.

Um einen Einblick über die Größe dieser Reste und ihre Bedeutung zu erhalten, wurden die Werte $\mathfrak{A}'_{r\left(+\frac{\lambda}{2}\right)}$ und $\mathfrak{B}'_{r\left(+\frac{\lambda}{2}\right)}$ der rechten Eckmomente aller Felder der linken Trägerhälfte, für Träger mit $n = 4$, 6 und 8 Felder und für Verhältnisse $\frac{\lambda}{h} = \frac{1}{2}$, 1, $\frac{3}{2}$, 2 gerechnet und in den folgenden Tabellen 7 und 8 zusammengestellt.

Würde man sämtliche Restglieder vernachlässigen, so bekäme man für alle Größen $\mathfrak{A}'$ und $\mathfrak{B}'$ den konstanten Wert $\pm\frac{\lambda}{4}$, die $\mathfrak{A}'$- und $\mathfrak{B}'$-Linien wären dann parallel zueinander. Wie man aus der Tabelle ersieht, wäre eine solche Vernachlässigung für die Anfangsfelder absolut

Tabelle 7.

Werte $\mathfrak{A}'_{r,\left(+\frac{\lambda}{2}\right)}$ für Träger mit $n = 4$, 6, 8 und 10 Felder, bei $\frac{\lambda}{h} = \frac{1}{2}$, 1, $\frac{3}{2}$, 2 und $\frac{J}{J_u} = 1$.

$\frac{\lambda}{h}$	$\mathfrak{A}'_{r,\left(+\frac{\lambda}{2}\right)}$	Felderanzahl $n=4$: $1-R'_{\mathfrak{A},r}$	$n=4$: $R'_{\mathfrak{A},r}\left(\frac{\lambda}{4}\right)$ in % von $\mathfrak{A}'_{r,\left(+\frac{\lambda}{2}\right)}$	$n=6$: $1-R'_{\mathfrak{A},r}$	$n=6$: $R'_{\mathfrak{A},r}\left(\frac{\lambda}{4}\right)$ in % von $\mathfrak{A}'_{r,\left(+\frac{\lambda}{2}\right)}$	$n=8$: $1-R'_{\mathfrak{A},r}$	$n=8$: $R'_{\mathfrak{A},r}\left(\frac{\lambda}{4}\right)$ in % von $\mathfrak{A}'_{r,\left(+\frac{\lambda}{2}\right)}$	$n=10$: $1-R'_{\mathfrak{A},r}$	$n=10$: $R'_{\mathfrak{A},r}\left(\frac{\lambda}{4}\right)$ n % von $\mathfrak{A}'_{r,\left(+\frac{\lambda}{2}\right)}$
$\frac{1}{2}$	$\mathfrak{A}'_{1,\left(+\frac{\lambda}{2}\right)} = +(1 - R'_{\mathfrak{A},1})\frac{\lambda}{4}$	1 − 0,2087	26,37	1 − 0,2087	26,37	1 − 0,2087	26,37	1 − 0,2087	26,37
1		0,1270	14,55	0,1270	14,55	0,1270	14,55	0,1270	14,55
$\frac{3}{2}$		0,0917	10,10	0,0917	10,10	0,0917	10,10	0,0917	10,10
2		0,0718	7,74	0,0718	7,74	0,0718	7,74	0,0718	7,74
$\frac{1}{2}$	$\mathfrak{A}'_{2,\left(+\frac{\lambda}{2}\right)} = +(1 - R'_{\mathfrak{A},2})\frac{\lambda}{4}$	1 − (− 0,0166)	1,63	1 − 0,0506	5,33	1 − 0,0548	5,80	1 − 0,0550	5,82
1		0,0016	0,16	0,0181	1,84	0,0185	1,88	0,0185	1,88
$\frac{3}{2}$		0,0028	0,28	0 0092	0,93	0,0093	0,94	0,0093	0,94
2		0,0024	0,24	0,0055	0,55	0,0056	0,56	0,0056	0,56
$\frac{1}{2}$	$\mathfrak{A}'_{3,\left(+\frac{\lambda}{2}\right)} = +(1 - R'_{\mathfrak{A},3})\frac{\lambda}{4}$			1 + 0,0097	0,96	1 − 0,0103	1,04	1 − 0,0115	1,16
1				0,0007	0,07	0,0023	0,23	0,0023	0,23
$\frac{3}{2}$				0,0000	0,00	0,0008	0,08	0,0008	0,08
2				− 0,000$\bar{1}$	0,0$\bar{1}$	0,0004	0,04	0,0004	0,04
$\frac{1}{2}$	$\mathfrak{A}'_{4,\left(+\frac{\lambda}{2}\right)} = +(1 - R'_{\mathfrak{A},4})\frac{\lambda}{4}$					1 + 0 0033	0,33	1 − 0,002$\bar{1}$	0,2$\bar{1}$
1						0,0002	0,02	0,0004	0,04
$\frac{3}{2}$						0,0000	0,00	0,000$\bar{1}$	0,0$\bar{1}$
2						0,0000	0,00	0,0000	0,00
$\frac{1}{2}$	$\mathfrak{A}'_{5,\left(+\frac{\lambda}{2}\right)} = +(1 - R'_{\mathfrak{A},5})\frac{\lambda}{4}$							1 + 0,0011	0,11
1								0,0000	0,00
$\frac{3}{2}$								0,0000	0,00
2								0,0000	0,00

Tabelle 8.

Werte $\mathfrak{V}'_{r,\left(+\frac{\lambda}{2}\right)}$ für Träger mit $n = 4$, 6, 8 und 10 Felder, bei $\frac{\lambda}{h} = \frac{1}{2}$, 1, $\frac{3}{2}$, 2 und $\frac{J}{J_u} = 1$.

$\frac{\lambda}{h}$	$\mathfrak{V}'_{r,\left(+\frac{\lambda}{2}\right)}$	Felderanzahl $n=4$: $1-R'_{\mathfrak{B},r}$	$n=4$: $R'_{\mathfrak{B},r}\frac{\lambda}{4}$ in % von $\mathfrak{V}'_{r,\left(+\frac{\lambda}{2}\right)}$	$n=6$: $1-R'_{\mathfrak{B},r}$	$n=6$: $R'_{\mathfrak{B},r}\frac{\lambda}{4}$ in % von $\mathfrak{V}'_{r,\left(+\frac{\lambda}{2}\right)}$	$n=8$: $1-R'_{\mathfrak{B},r}$	$n=8$: $R'_{\mathfrak{B},r}\frac{\lambda}{4}$ in % von $\mathfrak{V}'_{r,\left(+\frac{\lambda}{2}\right)}$	$n=10$: $1-R'_{\mathfrak{B},r}$	$n=10$: $R'_{\mathfrak{B},r}\frac{\lambda}{4}$ in % von $\mathfrak{V}'_{r,\left(+\frac{\lambda}{2}\right)}$
$\frac{1}{2}$	$\mathfrak{V}'_{2,\left(+\frac{\lambda}{2}\right)} = -(1-R'_{\mathfrak{B},2})\frac{\lambda}{4}$	1 − 0,3319	49,68	1 − 0,4870	94,93	1 − 0,6317	171,52	1 − 0,7758	346,03
1		1 − 0,1306	15,02	1 − 0,1902	23,49	1 − 0,2475	32,89	1 − 0,3048	43,84
$\frac{3}{2}$		1 − 0,0670	7,18	1 − 0,1016	11,31	1 − 0,1324	15,26	1 − 0,1632	19,50
2		1 − 0,0436	4,56	1 − 0,0632	6,75	1 − 0,0825	8,99	1 − 0,1017	11,32
$\frac{1}{2}$	$\mathfrak{V}'_{3,\left(+\frac{\lambda}{2}\right)} = -(1-R'_{\mathfrak{B},3})\frac{\lambda}{4}$			1 − 0,0994	11,04	1 − 0,1317	15,17	1 − 0,1619	19,32
1				1 − 0,0239	2,45	1 − 0,0314	3,24	1 − 0,0387	4,03
$\frac{3}{2}$				1 − 0,0092	0,93	1 − 0,0121	1,22	1 − 0,0150	1,52
2				1 − 0,0045	0,45	1 − 0,0059	0,59	1 − 0,0073	0,74
$\frac{1}{2}$	$\mathfrak{V}'_{4,\left(+\frac{\lambda}{2}\right)} = -(1-R'_{\mathfrak{B},4})\frac{\lambda}{4}$					1 − 0,0270	2,77	1 − 0,0338	3,45
1						1 − 0,0040	0,40	1 − 0,0049	0,49
$\frac{3}{2}$						1 − 0,0011	0,11	1 − 0,0014	0,14
2						1 − 0,0004	0,04	1 − 0,0005	0,05
$\frac{1}{2}$	$\mathfrak{V}'_{5,\left(+\frac{\lambda}{2}\right)} = -(1-R'_{\mathfrak{B},5})\frac{\lambda}{4}$							1 − 0,0069	0,69
1								1 − 0,0006	0,06
$\frac{3}{2}$								1 − 0,0001	0,01
2								1 − 0,0000	0,00

unzutreffend, da dadurch Fehler bis zu einigen hundert Prozent entstehen würden. Für die mittleren Felder nimmt der Fehler allerdings, besonders für größere Verhältnisse $\frac{\lambda}{h}$, rasch ab, immerhin ist aber eine gewisse Vorsicht betreffs Vernachlässigung dieser Reste am Platze.

3. Allgemeine Bildungsgesetze der Zuschläge $\alpha'_{\xi r}$ und $\beta'_{\xi r}$.

Wie aus der Gleichung (241) ersichtlich, sind zu den Ordinaten der 𝔄'- und 𝔅'-Linien die Werte $\alpha'_{\xi,r}$ bzw. $\beta'_{\xi,r}$ — welche im folgenden öfter der Einfachheit halber kurz als Zuschläge α' und β' bezeichnet werden mögen — zu addieren. Während nun, wie vorstehend schon einmal erwähnt, die Abschnitte 𝔄' und 𝔅' für jeden Querschnitt eines Feldes verschieden sind, behalten diese Zuschläge α', β' für jede 𝔄'- und 𝔅'-Linie aller Querschnitte innerhalb eines Feldes ihren konstanten Wert bei. Aus den Abzügen α und β werden sie nach den Gleichungen

$$\alpha'_{\xi,r} = \frac{h}{2}\,\alpha_{\xi,r} \quad \ldots \ldots \ldots \quad (239)$$

$$\beta'_{\xi,r} = \frac{h}{2}\,\beta_{\xi,r} \quad \ldots \ldots \ldots \quad (240)$$

durch Multiplikation mit $\frac{h}{2}$ erhalten, sind daher größer als diese und ihnen proportional, weshalb daraus ohne weiteres folgt, daß auch für die Zuschläge α' und β' ein analoges Schema, wie das von Seite 147 für die Abzüge α und β, aufgestellt werden kann.

Im Abschnitt III/2 c über die allgemeinen Bildungsgesetze der Abzüge $\alpha_{\xi,r}$ und $\beta_{\xi,r}$ kam man zu dem Schluß, daß erstens für jede Einflußlinie X_r nur je zwei Werte α und β in der rechten bzw. linken Begrenzungsordinate des Feldes und in der nächstfolgenden bzw. vorhergehenden berücksichtigt werden brauchen, da alle übrigen Abzüge, wie an der Hand der Tabelle 3 zu ersehen war, verschwindend klein werden und graphisch nicht mehr zur Darstellung gebracht werden können.

Ferner wurde zweitens nachgewiesen, daß sämtliche $\alpha_{\xi,\xi}$ sich nur um verschwindend kleine Werte voneinander unterscheiden, so daß mit einem einzigen konstanten Wert α, der einer Felderanzahl $n = \infty$ entspricht, gerechnet werden kann und daß die Werte $\beta_{\xi,\xi+1}$ sich sehr rasch diesem konstanten Wert α nähern.

Nach Gleichung (216) und (221) sind diese Werte α und β zu ermitteln und nach dem Schema Seite 147 von den 𝔄- bzw. 𝔅-Linien der jeweiligen Einflußlinien X_r abzuziehen.

Es fragt sich nun, ob diese beiden Behauptungen auch hier noch entsprechend aufrechterhalten werden können und ob auch das Schema von Seite 147 hier analog verwendet werden darf, da doch einerseits die Werte α' und β' größer als die Abzüge α und β, andererseits aber die Ordinaten der 𝔄'- und 𝔅'-Linien zu welchen sie addiert werden, verhältnismäßig viel kleiner sind als die entsprechenden Ordinaten der 𝔄- und 𝔅-Linien.

ad 1. Die Zuschläge α' und β' zu den Ordinaten der 𝔄'- bzw. 𝔅'-Linien sind, wie schon früher erwähnt, für sämtliche Querschnitte eines Feldes konstant, während die Ordinaten der 𝔄'- bzw. 𝔅'-Linien, zu welchen sie addiert werden, großen Veränderungen unterworfen sind, für die Eckmomente eines Feldes ihren größten Wert erreichen und für die Fixpunktmomente bis auf Null sinken. Daraus ergibt sich schon, daß auch die Zuschläge α' und β' im Verhältnis zu den jeweiligen Ordinaten der 𝔄'- und 𝔅'-Linien von geringerer oder größerer Bedeutung sind, je nachdem diese zu Querschnitten gehören, welche in größerer oder geringerer Entfernung von den Fixpunkten liegen.

Die Zuschläge α', β' sind nun, entsprechend den Abzügen α und β, in den Begrenzungsordinaten eines jeden Feldes am größten und nehmen nach rechts und links hin analog dem Schema Seite 193 sehr rasch ab. Es soll nun zunächst untersucht werden, wieviel solcher Zuschläge, ihrer Kleinheit wegen, im allgemeinen in den praktisch zur Verwendung kommenden Momentenmaßstäben überhaupt graphisch zur Darstellung gebracht werden können, zu welchem Zwecke nun vorerst eine kleine Betrachtung über die Wahl des Momentenmaßstabes folgen soll.

Gilt für den Längenmaßstab einer Zeichnung das Verhältnis $1 : \nu$, so wird für die praktisch in Betracht kommenden Belastungen ein 4- bis 5fach größeres Verhältnis, also 1 cm d. Z. . . . $\nu/4$ cmt oder 1 cm d. Z. . . . $\nu/5$ cmt, im Momentenmaßstab allgemein ausreichen.

Dann genügt z. B. einem Verhältnis 1 : 40 im Längenmaßstab der Zeichnung das Verhältnis 1 cm d. Z. . . . 10 cmt im Momentenmaßstab, wenn die Belastung in Tonnen gegeben ist. Nimmt man nun an, daß man als Grenze der Schätzung $^1/_{10}$ mm noch abzulesen oder aufzutragen imstande ist, so könnte in diesem Maßstab eine Genauigkeit $^1/_{10}$ mm . . . 100 cmkg erreicht werden, die wohl kaum bei praktisch in Betracht kommenden Fällen jemals erforderlich sein wird.

Nach diesen Betrachtungen sollen nun im folgenden für dieselben 12 Trägertypen wie im Abschnitt III/2 c, also für 4 vierfeldrige, 4 sechsfeldrige und 4 achtfeldrige Träger mit den Verhältnissen $\frac{\lambda}{h} = \frac{1}{2}$, 1, $\frac{3}{2}$ und 2 die Zuschläge $\alpha'_{\xi,r}$ und $\beta'_{\xi,r}$ nach den Gleichungen

$$\alpha'_{\xi,r} = \frac{h}{2}\,\alpha_{\xi,r}$$

$$\beta'_{\xi,r} = \frac{h}{2}\,\beta_{\xi,r}$$

gerechnet und in Tabelle 9 und 10 maßstäblich im Momentenmaßstab dargestellt werden. Bezugnehmend auf die Ergebnisse im Abschnitt III/2, c werden hier nur die drei Zuschläge α', $k\alpha'$, $k^2\alpha'$ bzw. β', $k\beta'$, $k^2\beta'$ ermittelt und durch die folgende Untersuchung im Nachhinein gezeigt, daß alle Werte $k^x \alpha'$ und $k^x \beta'$ für $x > 2$, ja selbst für $x = 2$, graphisch nicht mehr berücksichtigt werden können.

Für die maßstäbliche Darstellung gilt nun folgende Überlegung. Es wird — gleichgültig in welchem Maßstab $1 : \nu$ man auch zeichnet — die Trägerhöhe auf dem Papier stets mit $h = 10$ cm angenommen, so daß z. B. einem Verhältnis $1 : \nu = 1 : 40$ oder $1 : 50$ eine Trägerhöhe von 4 bzw. 5 m der Natur entspräche. Durch diese Festsetzung wird dann, unabhängig vom Längenmaßstab, für die Verhältnisse $\frac{\lambda}{h} = \frac{1}{2}, 1, \frac{3}{2}, 2$ die Feldweite $\lambda = 5, 10, 15, 20$ cm auf der Zeichnung.

Der Momentenmaßstab — zwecks Festlegung der Strecken $\alpha'_{\xi,r}$ und $\beta'_{\xi,r}$ — sei 1 cm d. Z. . . . $\nu/4$ cmt, ein Verhältnis, welches für die bei der Konstruktion von Einflußlinien verwendeten und praktisch gebräuchlichen Längenmaßstäbe $1 : 40$, $1 : 50$ bis $1 : 100$ immerhin noch einen genügend großen Momentenmaßstab bedingt.

Nach Gleichung (211) und (219) ist $\mu_r \frac{\lambda}{h}$ $(P = 1)$ die allgemeine Form zur Ermittlung der Abzüge α_r und β_r, wobei μ_r einen von k abhängigen veränderlichen Multiplikator bedeutet. Mit Rücksicht auf die Gleichungen (239), (240) ist dann

$$\mu_r \frac{\lambda}{h} (P = 1) \cdot \frac{h}{2} = \mu_r \frac{\lambda}{2} (P = 1)$$

die allgemeine Form der Gleichungen zur Ermittlung der Zuschläge α'_r und β'_r.

Für den Momentenmaßstab 1 cm d. Z. . . $\nu/4$ cmt erhält man die Werte α'_r und β'_r in Millimeter des Maßstabes aus dem Ausdruck

$$\left[\mu_r \frac{1}{2} \frac{\lambda \text{ in mm d. Natur}}{\nu/4} (P = 1 \text{ Tonne})\right] \text{mm d. Z.}$$

oder da $\frac{\lambda \text{ in mm d. N.}}{\nu} = \lambda$ in mm d. Z. ist, so erhält man als allgemeine Form zur maßstäblichen Bestimmung von α'_r bzw. β'_r: $(\mu_r \cdot 2\lambda)$ mm d. Z., wobei λ in mm der Zeichnung einzusetzen ist.

Der maßstäblichen Darstellung der Abzüge α und β der Tabelle 4 und 5 (Kraftmaßstab h cm d. Z. . . . 1 t) liegt die allgemeine Form $(\mu \lambda)$ Millimeter zugrunde, wobei λ ebenfalls in Millimeter der Zeichnung eingeführt wurde Daher folgt nun, daß im gewählten Momentenmaßstab 1 cm d. Z. . . $\nu/4$ cmt die Zuschläge α' und β' von der allgemeinen Form $(\mu 2\lambda)$ Millimeter maßstäblich in den folgenden Tabellen 9 und 10 die doppelte Länge der Abzüge α und β in Tabelle 4 und 5 erhalten müssen.

Aus dieser Zusammenstellung in den Tabellen erkennt man nun, daß auch in diesem verhältnismäßig sehr großen Momentenmaßstab im allgemeinen die Zuschläge $k^2 \alpha'$ bzw. $k^2 \beta'$ ihrer Kleinheit wegen — und dies folgt um so mehr für alle weiteren Zuschläge $k^x \alpha'$ und $k^x \beta'$, für welche $x > 2$ ist — nicht mehr berücksichtigt werden

Tabelle 9.

Maßstäbliche Darstellung der Zuschläge α' nach Gleichung (239) in Millimeter des Momentenmaßstabes.

Momentenmaßstab: 1 cm der Zeichnung stellt $\frac{\nu}{4}$ cmt dar. Längenmaßstab: $1:\nu$.

Für alle Verhältnisse $\frac{\lambda}{h} = \frac{1}{2}, 1, \frac{3}{2}, 2$ ist, unabhängig von ν, $h = 10$ cm der Zeichnung gewählt, daher $\lambda = 5, 10, 15, 20$ cm der Zeichnungslänge ist.

Für $n = \infty$ ist $\alpha'_{1,1} = \alpha'_1 = \frac{1}{2}(1+k)k \cdot 2\lambda$ mm und $\alpha'_{2,2} = \alpha'_{3,3} = \dots \alpha'_{\xi,\xi} = \alpha'_k = (1+k^2)\,\alpha'_1$ mm.

$\frac{\lambda}{h}$	Felderzahl n	$\alpha'_{1,1}$	$\alpha'_{2,2}$	$\alpha'_{3,3}$	$\alpha'_{4,4}$	$\alpha'_{5,5}$	$\alpha'_{6,6}$	$(1-k^2)k\alpha'_{2,2}$	$k\alpha'_{3,3}$	$k\alpha'_{4,4}$	$k\alpha'_{5,5}$	$(1-k^2)k^2\alpha'_{3,3}$	$k^2\alpha'_{4,4}$	$k^2\alpha'_{5,5}$	$k^2\alpha'_{6,6}$
$\frac{1}{2}$	4	12,0	11,2	$\beta'_{1,2}$				2,2	1,4			0,2			
	6	12,6	13,0	12,6	$\beta'_{2,3}$	$\beta'_{1,2}$		2,6	2,6	2,4		0,6	0,6	0,4	
	8	12,6	13,2	13,2	13,0	$\beta'_{3,4}$	$\beta'_{2,3}$	2,6	2,8	2,8	2,6	0,6	0,6	0,6	0,6
	∞	12,6	13,2	13,2	13,2			2,6	2,8	2,8	2,8	0,6	0,6	0,6	0,6
1	4	14,2	13,6	$\beta'_{1,2}$				1,6	1,2			0,2			
	6	14,4	14,6	14,4	$\beta'_{2,3}$	$\beta'_{1,2}$		1,8	1,8	1,8		0,2	0,2	0,2	
	8	14,4	14,6	14,6	14,6	$\beta'_{3,4}$	$\beta'_{2,3}$	1,8	1,8	1,8	1,8	0,2	0,2	0,2	0,2
	∞	14,4	14,6	14,6	14,6			1,8	1,8	1,8	1,8	0,2	0,2	0,2	0,2
$\frac{3}{2}$	4	14,8	14,6	$\beta'_{1,2}$				1,4	1,0			0,0			
	6	14,8	15,0	15,0	$\beta'_{2,3}$	$\beta'_{1,2}$		1,4	1,4	1,4		0,2	0,2	0,0	
	8	14,8	15,0	15,0	15,0	$\beta'_{3,4}$	$\beta'_{2,3}$	1,4	1,4	1,4	1,4	0,2	0,2	0,2	0,2
	∞	15,0	15,2	15,2	15,2			1,4	1,4	1,4	1,4	0,2	0,2	0,2	0,2
2	4	15,4	15,0	$\beta'_{1,2}$				1,0	0,8			0,0			
	6	15,4	15,4	15,4	$\beta'_{2,3}$	$\beta'_{1,2}$		1,0	1,0	1,0		0,0	0,0	0,0	
	8	14,4	15,4	15,4	15,4	$\beta'_{3,4}$	$\beta'_{2,3}$	1,0	1,0	1,0	1,0	0,0	0,0	0,0	0,0
	∞	15,4	15,4	15,4	15,4			1,0	1,0	1,0	1,0	0,0	0,0	0,0	0,0

Tabelle 10.

Maßstäbliche Darstellung der Zuschläge β nach Gleichung (240) in Millimeter des Momentenmaßstabes.

Momentenmaßstab: 1 cm der Zeichnung stellt $\frac{\nu}{4}$ cmt dar. Längenmaßstab: $1:\nu$.
Für alle Verhältnisse $\frac{\lambda}{h} = \frac{1}{2}$, 1, $\frac{3}{2}$, 2 ist, unabhängig von ν, $h = 10$ cm der Zeichnung gewählt, daher dann $\lambda = 5$, 10, 15, 20 cm Zeichnungslänge ist.
Für $n = \infty$ ist $\beta_k' \equiv \alpha_k' = (1 + k^2)\,\alpha_1'$ mm.

$\frac{\lambda}{n}$	Felderzahl n	$\beta'_{1,2}$	$\beta'_{2,3}$	$\beta'_{3,4}$	$k\beta'_{1,2}$	$k\beta'_{2,3}$	$k\beta'_{3,4}$	$k^2\beta'_{1,2}$	$k^2\beta'_{2,3}$
	4	6,8							
	6	6,8	11,2		1,4				
$\frac{1}{2}$	8	6,8	11,2	12,6	1,4	2,4		0,4	
	∞	13,2	13,2	13,2	2,8	2,8		0,6	
	4	9,8							
	6	9,8	13,6		1,2				
1	8	9,8	13,6	14 4	1,2	1,8		0,2	
	∞	14,6	14,6	14,6	1,8	1,8		0,2	
	4	11,4							
	6	11,4	14,6		1,0				
$\frac{3}{2}$	8	11,4	14,6	15,0	1,0	1,4		0,0	
	∞	15,2	15,2	15,2	1,4	1,4		0,2	
	4	12,4							
	6	12,4	15,0		0,8				
2	8	12,4	15,0	15,4	0,8	1,0		0,0	
	∞	15,4	15,4	15,4	1,0	1,0		0,0	

können. Damit ist also erwiesen, daß die eingangs erwähnte erste Behauptung auch hier bei den Momenteneinflußlinien analog wie für die Abzüge α und β aufrechterhalten werden kann und demnach bei jeder Momenteneinflußlinie, gleichgültig für welchen Querschnitt eines Feldes, nur je zwei Zuschläge α' bzw. β' in den Grenzordinaten des Feldes und in der nächstfolgenden bzw. vorhergehenden berücksichtigt werden brauchen (Schema Seite 187).

Was nun die prozentuellen Beträge der Zuschläge α' und β' in bezug auf die dazugehörigen Einflußordinaten anlangt, so sind dieselben hier natürlich, wegen der Veränderlichkeit der $\mathfrak{A}'$- und $\mathfrak{B}'$-Linien, für die verschiedenen Querschnitte innerhalb eines Feldes großen Schwankungen unterworfen und nehmen speziell für Querschnitte in der Nähe der Fixpunkte ganz bedeutende Werte an.

Da jedoch, wie im speziellen Beispiel des Abschnittes XI/4 e noch gezeigt wird, für eine angenäherte, aber hinreichend genaue Ermittlung der Maximalmomentenlinie eines Feldes die Kenntnis der Maximalwerte der Eckmomente allein schon genügt, so ist eine prozentuelle Ermittlung der Zuschläge α', β' in erster Linie für die Einflußlinien der Eckmomente von Interesse.

Für die erwähnten 12 Trägertypen zeigt nun die Tabelle 11 in jeder Spalte — bei zweiteiligen in der linken Hälfte derselben — für die rechten Eckmomente eines jeden Feldes die Zuschläge α' und β' in Prozenten der dazugehörigen Einflußordinate.

Diese Beträge erreichen, wie ein Vergleich mit Tabelle 3 zeigt, größere Werte als die, für die entsprechenden Abzüge α und β dort, doch ist auch hier ohne weiteres zu erkennen, daß die früher allgemein besprochene Berücksichtigung von nur zwei Zuschlägen α' und β' berechtigt ist.

ad 2. Es wurde eingangs die weitere Frage aufgeworfen, ob man auch bei den Momenteneinflußlinien, unabhängig von der Felderanzahl, mit einem konstanten Zuschlag α', der einer Felderanzahl $n = \infty$ entspricht, rechnen darf, wie man analog bei Ermittlung der Einflußlinien X_r mit einem konstanten Abzug α arbeiten kann und ob sich weiters hier die Werte β' ebenso rasch diesem konstanten α' nähern, wie dort die Werte β dem konstanten Abzug α.

Bei der Untersuchung dieser Frage handelt es sich, analog wie im Abschnitt III/2 c, um einen Vergleich der gegenseitigen Größenverhältnisse der Zuschläge $\alpha'_{\xi,\xi}$ und $\beta'_{\xi,\xi+1}$. Da nach Gleichung (239), (240)

$$\alpha'_{\xi,\xi} = \frac{h}{2}\,\alpha_{\xi,\xi}$$

und

$$\beta'_{\xi,\xi+1} = \frac{h}{2}\,\beta_{\xi,\xi+1}$$

ist, die Größen $\alpha'_{\xi,\xi}$ und $\beta'_{\xi,\xi+1}$ also den Größen $\alpha_{\xi,\xi}$ und $\beta_{\xi,\xi+1}$ proportional sind, so könnten die diesbezüglichen Untersuchungen für die Werte $\alpha_{\xi,\xi}$ und $\beta_{\xi;\xi+1}$ hier analog durchgeführt werden, ja man kann ohne weiteres die Resultate von dort hierher analog übernehmen, wenn sich der Nachweis erbringen läßt, daß der Proportionalitätsfaktor $\frac{h}{2}$ keine prinzipiellen Änderungen der dort gefundenen und hier analog zu verwertenden Ergebnisse bewirkt. Dies soll im folgenden für die Zuschläge α' und β' getrennt untersucht werden.

Im Abschnitt III/2 c wurden zunächst an Stelle der nur wenig voneinander verschiedenen Werte $\alpha_{\xi,\xi}$ die beiden konstanten, einer unendlichen Felderanzahl entsprechenden und daher von jeder endlichen Felderanzahl unabhängigen Zuschläge

$$\alpha_1 = \frac{1}{2}(1 + k)\,k\,\frac{\lambda}{h} \quad \text{für das erste Feld und}$$

$$\alpha_k = \frac{1}{2}\,\frac{1}{1-k}\,k\,\frac{\lambda}{h} \quad \text{,, alle übrigen Felder}$$

in die Untersuchung eingeführt. Daher müssen analog auch hier, entsprechend der Gleichung (239), an Stelle der Zuschläge $\alpha'_{\xi,\xi}$ die konstanten Werte

$$\alpha_1' = (1 + k)\, k \frac{\lambda}{4} \text{ für das erste Feld} \quad \ldots\ldots \quad (246)$$

und

$$\alpha_k' = \frac{1}{1 - k} \cdot k \frac{\lambda}{4} \quad \text{,, alle übrigen Felder} \quad \ldots \quad (247)$$

treten. Da aber weiter nach Gleichung (214), (215)

$$\alpha_{\xi,1} = k^{\xi - 1} \alpha_1 ,$$

$$\alpha_{\xi,r} = k^{\xi - r} \alpha_k \ldots r \geqq 2$$

ist, so ergeben sich hier analog

die Zuschläge zu den Ordinaten der $\mathfrak{A}_1'$-Linie mit

$$\alpha_{\xi,1}' = \frac{h}{2} \alpha_{\xi,1} = k^{\xi-1} \alpha_1' ,$$

die Zuschläge zu den Ordinaten aller übrigen $\mathfrak{A}_r'$-Linien mit

$$\alpha_{\xi,r}' = \frac{h}{2} \alpha_{\xi,r} = k^{\xi - r} \alpha_k' .$$

Berücksichtigt man vorläufig bei jeder $\mathfrak{A}'$-Linie noch drei solcher Zuschläge, so hätte man, diesen Gleichungen entsprechend, zu einer $\mathfrak{A}'$-Linie irgendeines Querschnittes

im Felde 1 die Zuschläge

$$\alpha_1', \; k\alpha_1', \; k^2\alpha_1' \text{ in den Ordinaten } 1, \; 2, \; 3,$$

im Felde $r \geqq 2$ die Zuschläge

$$\alpha_k', \; k\alpha_k', \; k^2\alpha_k' \text{ in den Ordinaten } r, \; r + 1, \; r + 2$$

zu addieren.

Für die der Untersuchung zugrunde liegenden 12 Trägertypen wurden diese konstanten Zuschläge gerechnet und in dem früher festgelegten Momentenmaßstab 1 cm d. Z ... $\nu/4$ cmt maßstäblich in der Tabelle 9 unter $n = \infty$ dargestellt. Man erkennt aus dieser Zusammenstellung, daß die Annahme von konstanten Zuschlägen α_1' und α_k' wegen des verschwindenden, graphisch kaum darstellbaren Unterschiedes zwischen ihnen und den genauen Werten α' vollkommen berechtigt erscheint.

Die Fehler, in Prozenten der Einflußordinaten, die durch Verwendung dieser konstanten Zuschläge gegenüber den genauen Werten entstehen, schwanken natürlich in weiten Grenzen, je nachdem Querschnitte in der Nähe der Fixpunkte oder weiter davon entfernt in Betracht kommen. Von besonderem Interesse sind diese prozentuellen Beträge für die Eckmomente, die, wie schon früher erwähnt, für die Bestimmung der Maximalmomentenlinie in erster Linie in Betracht kommen.

Für die rechten Eckmomente der vorhin erwähnten 12 Trägertypen wurden in Tabelle 11 die Fehler, welche durch Verwendung dieser konstanten Zuschläge gegenüber den genauen Werten entstehen, in Prozenten der dazugehörigen Einflußordinate in der rechten Hälfte der zweiteiligen Spalten eingetragen.

Diese Zusammenstellung läßt erkennen, daß die Fehler für alle Verhältnisse $\frac{\lambda}{h}$ unter der zulässigen Grenze bleiben, sobald die Felderanzahl $n \geqq 6$ ist, d. h. also, daß die den konstanten Werten α_1' und α_k' zugrunde liegende unendlich große Felderanzahl praktisch für $n \geqq 6$ bereits erreicht ist. Bei Trägern mit $n = 4$ Feldern erreichen die Fehler allerdings für kleinere Verhältnisse $\frac{\lambda}{h}$ einige Prozent, doch kann man in diesem Falle nach Belieben auch eine genaue Berechnung der Zuschläge α' und β' entsprechend den Gleichungen (223), (239), (240) unter Berücksichtigung des Schemas Seite 148 durchführen.

Ein Überblick über all diese Untersuchungen führt nun zu folgendem praktischen Ergebnis. Die konstanten Zuschläge α_1' und α_k' sind, wie die maßstäbliche Darstellung in Tabelle 9 zeigt, nur sehr wenig voneinander verschieden, ein Vergleich beider Werte zeigt ja, daß $\alpha_1' = (1 - k^2)\,\alpha_k'$, also für $\frac{\lambda}{h} = \frac{1}{2}, 1, \frac{3}{2}, 2$, $\alpha_1' = 0{,}956\,\alpha_k'$ bzw. $0{,}984\,\alpha_k'$, $0{,}992\,\alpha_k'$, $0{,}995\,\alpha_k'$ ist. Eine Berücksichtigung dieser geringen Unterschiede ist graphisch bei den gebräuchlichen Maßstäben nicht mehr gut möglich und mit Rücksicht auf die Praxis auch vollkommen zwecklos, weshalb im folgenden immer nur mit einem einzigen Zuschlag α' — ohne jeden Zeiger —, der durch die Gleichung

$$\alpha' = \alpha_k' \doteq \alpha_1' = \frac{1}{1-k} \cdot k\,\frac{\lambda}{4} \quad \ldots \ldots \quad (248)$$

gegeben ist, gerechnet werden soll. Daher folgt der wichtige Schlußsatz:

Zur Darstellung einer Momenteneinflußlinie für irgendeinen Querschnitt im Felde r ist rechts davon die entsprechende $\mathfrak{A}'$-Linie maßgebend. Man kommt von dieser Linie zu den Einflußordinaten, indem man ohne Rücksicht auf die Felderanzahl zu der rechten Begrenzungsordinate r des Feldes und der darauffolgenden $r+1$ den konstanten Wert

$$\alpha' = \frac{1}{1-k} \cdot k\,\frac{\lambda}{4} \qquad \text{bzw.} \qquad k\,\alpha'$$

addiert (Schema Seite 187), während alle weiter rechts gelegenen Ordinaten der $\mathfrak{A}'$-Linie mit denen der Momenteneinflußlinie identisch sind.

Was nun die Zuschläge $\beta_{\xi,r}'$ anbelangt, so werden dieselben aus der Gleichung

$$\beta_{\xi,r}' = \frac{h}{2}\,\beta_{\xi,r}$$

gerechnet, und da mit Rücksicht auf Gleichung (217)

$$\beta_{\xi,r} = k^{(r-1)-\xi}\,\beta_\xi$$

ist, so wird schließlich

$$\beta_{\xi,r}' = k^{(r-1)-\xi}\,\beta_\xi' \;\ldots\; (\xi \leqq r-1).$$

Hierin bedeutet, entsprechend den im Abschnitt III/2 c getroffenen Vereinbarungen, $\beta'_\xi \doteq \frac{h}{2}\beta_\xi$ den Zuschlag zu einer $\mathfrak{B}'$-Linie im Felde $\xi+1$ in der linken Begrenzungsordinate ξ dieses Feldes. Alle übrigen Zuschläge $\beta'_{\xi,r}$ können dann nach obiger Gleichung durch die Zuschläge β'_ξ in den linken Begrenzungsordinaten ausgedrückt werden, weshalb im folgenden nur diese in die weitere Untersuchung gezogen werden.

Diese Zuschläge β'_ξ sind mit Rücksicht auf Gleichung (219) gegeben durch:

$$\beta'_\xi = \frac{1}{1-k}\,k\,\frac{\lambda}{4} - \left[\frac{1}{2}\,\frac{1}{1-k} + \xi\,\frac{1}{1+k}\right] k^{\xi+1}\,\frac{\lambda}{2} \quad . \; . \quad (249)$$

Wie aus dieser Gleichung zu entnehmen ist, sind die Werte β'_ξ von der Felderanzahl n gänzlich unabhängig, sie werden nur von der Ordnungszahl ξ des Feldes beeinflußt. Für die Randfelder sind diese Zuschläge β'_ξ am kleinsten, nehmen aber für die Felder gegen die Mitte zu ziemlich rasch zu, wobei der zweite Posten mit steigendem ξ immer kleiner wird und theoretisch für $\xi = \infty$ den Wert Null besitzt. Dann nimmt β'_ξ den konstanten Wert

$$\beta'_k = \frac{1}{1-k}\,k\,\frac{\lambda}{4} \quad . \; . \; . \; . \; . \; . \; . \; . \; . \quad (250)$$

an, der also den Zuschlägen zur $\mathfrak{B}'$-Linie in den Mittelfeldern eines Trägers mit unendlich großer Felderanzahl entspricht und nach Gleichung (247) mit dem Wert α'_k identisch wird. Durchwegs mit diesem konstanten Wert β'_k zu rechnen ist wohl nicht gut zulässig, da dadurch, wie Tabelle 10 und 11 zeigt, in den Randfeldern zu große Fehler auftreten würden. Tabelle 11 zeigt speziell für die rechten Eckmomente, in der rechten Hälfte der zweiteiligen Spalten, diese Fehler in Prozenten der Einflußordinate, die oft ganz bedeutende Werte erreichen. Berücksichtigt man aber, daß die fehlerhaften Ordinaten andererseits meist sehr klein sind, so könnte man mit Rücksicht auf die Verhältnisse in der Praxis, ohne bedeutende Fehler zu begehen, vielleicht auch durchwegs mit dem konstanten Wert $\beta'_k \equiv \alpha'_k$ rechnen. Geschieht dies im folgenden trotzdem nicht, so ist dafür nur maßgebend, daß sich auch die genauen Werte β'_ξ ohne wesentliche Mehrarbeit leicht errechnen lassen und sich ohnehin sehr rasch dem konstanten Grenzwert β'_k nähern, ihn meist für $\xi \geqq 3$ bereits erreichen.

Berücksichtigt man weiter, wie unter 1. bereits bewiesen, daß von jeder $\mathfrak{B}'$-Linie in einem Felde r nur zwei Zuschläge, in der linken Begrenzungsordinate $r-1$ und in der vorgherehenden Ordinate $r-2$, in Betracht kommen, so führen alle diese Betrachtungen zu folgendem wichtigen Schlußsatz:

Zur Darstellung der Momenteneinflußlinie irgendeines Querschnittes im Felde r ist links vom Feld die entsprechende $\mathfrak{B}'$-Linie maßgebend. Man kommt von dieser Linie zu den Einflußordinaten, indem man zu der linken Begrenzungsordinate $r-1$ des Feldes und der unmittelbar vorhergehenden Ordinate $r-2$ den Wert

$$\beta'_{r-1} \qquad \text{bzw.} \qquad k\,\beta'_{r-2}$$

addiert (Schema Seite 187), während alle weiter links gelegenen Ordinaten der $\mathfrak{B}'$-Linie mit denen der Momenteneinflußlinie identisch sind. Hiebei sind die Werte β' nach folgenden, der Gleichungsgruppe (221) analogen Gleichungen zu bilden:

$$\left.\begin{aligned}
\beta'_1 &= m' \frac{\lambda}{4} \\
\beta'_2 &= m' (1 + 3k) \frac{\lambda}{4} \\
\beta'_3 &= m' (1 + 3k + 5k^2) \frac{\lambda}{4} \\
&\dots\dots\dots\dots \\
\beta_\xi &= m' [1 + 3k + \dots (2\xi - 1) k^{\xi-1}] \frac{\lambda}{4}
\end{aligned}\right\} \quad \dots (251)$$

$$m' = \frac{1-k}{1+k} \cdot k \quad \dots\dots\dots\dots (252)$$

Tabelle 11.

1. Träger mit $n = 4$ Felder.

$\frac{\lambda}{h}$	$\alpha'_{1,1}$		$(1-k^2)\, k\, \alpha'_{2,2}$		$(1-k^2)\, k^2\, \alpha'_{3,3}$		
$\frac{1}{2}$	28,9	1,37	10,1	1,91	2,85	2,55	%
1	17,8	0,23	3,75	0,26	0,73	0,37	%
$\frac{3}{2}$	12,8	0,05	1,90	0,09	0,26	0,09	%
2	9,95	0,00	1,15	0,04	0,14	0,04	%

$\alpha'_{3,3} = \beta'_{1,2}$.

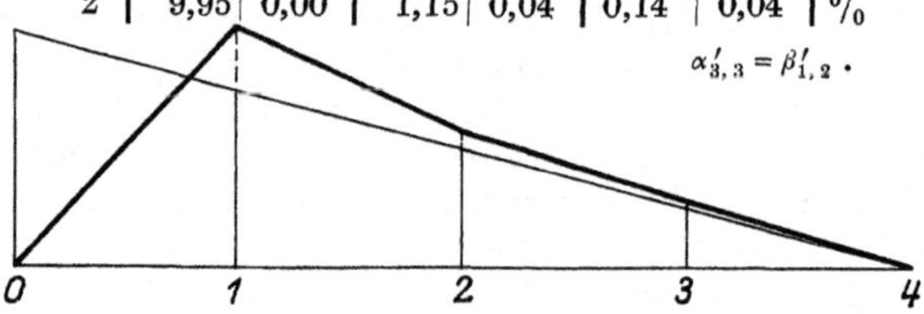

$\frac{\lambda}{h}$	$\beta'_{1,2}$		$\alpha'_{2,2}$		$k\, \alpha'_{33}$		
$\frac{1}{2}$	449,0	418,0	30,4	5,76	10,11	9,34	%
1	82,7	43,2	21,4	1,48	4,73	2,29	%
$\frac{3}{2}$	48,6	15,8	16,4	0,64	2,73	0,86	%
2	35,2	8,5	13,4	0,28	1,73	0,39	%

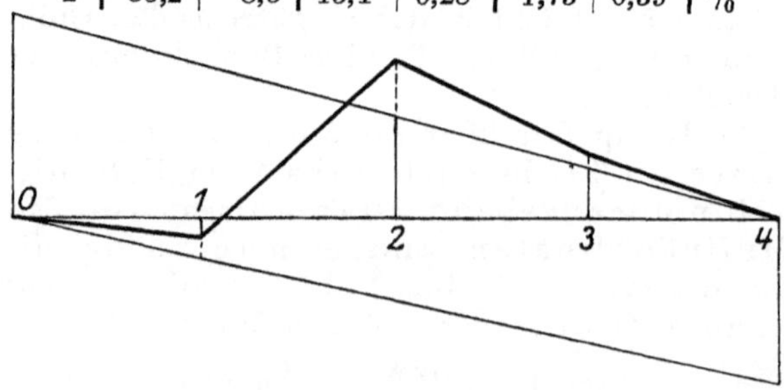

2. Träger mit $n=6$ Felder.

$\frac{\lambda}{h}$	$\alpha'_{1,1}$		$(1-k^2)\,k\,\alpha'_{2,2}$		$(1-k^2)\,k^2\,\alpha'_{3,3}$		$(1-k^2)\,k^3\,\alpha'_{4,4}$	$(1-k^2)\,k^4\,\alpha'_{5,5}$	
$\frac{1}{2}$	27,6	0,07	8,98	0,10	2,61	0,08	0,76	0,15	%
1	16,1	0,0	3,03	0,00	0,55	0,00	0,07	0,00	%
$\frac{3}{2}$	11,7	0,0	1,50	0,00	0,18	0,00	0,00	0,00	%
2	9,05	0,0	0,90	0,00	0,09	0,00	0,00	0,00	%

$\alpha'_{4,4} = \beta'_{2,3}$; $\alpha'_{5,5} = \beta'_{1,2}$.

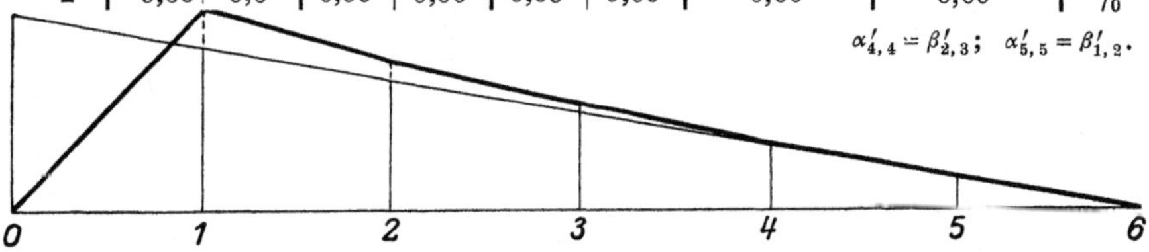

$\frac{\lambda}{h}$	$\beta'_{1,2}$		$\alpha'_{2,2}$		$k\,\alpha'_{3,3}$		$k^2\,\alpha'_{4,4}$		$k^3\,\alpha'_{5,5}$	
$\frac{1}{2}$	266,0	247,0	29,2	0,36	10,0	0,46	2,94	0,55	0,75	%
1	269,0	128,0	18,2	0,03	3,57	0,04	0,67	0,06	0,12	%
$\frac{3}{2}$	104,0	33,8	13,3	0,03	1,82	0,00	0,24	0,00	0,00	%
2	66,2	15,9	10,4	0,00	1,12	0,00	0,11	0,00	0,00	%

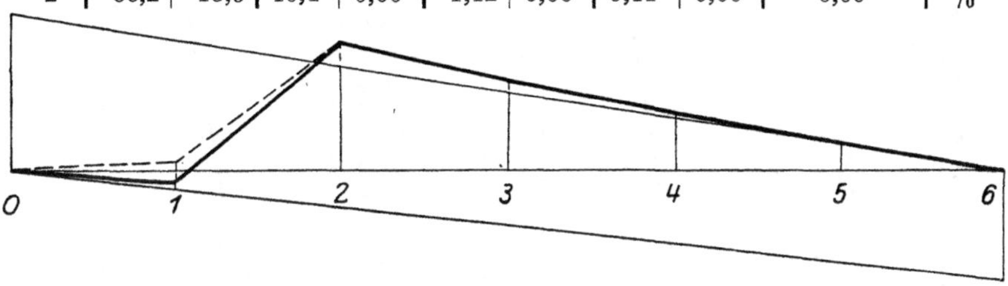

$\frac{\lambda}{h}$	$k\,\beta'_{1,2}$		$\beta'_{2,3}$		$\alpha'_{3,3}$		$k\,\alpha'_{4,4}$		$k^2\,\alpha'_{5,5}$		
$\frac{1}{2}$	22,3	21,7	283,0	53,6	33,3	1,59	12,1	2,27	3,44	3,10	%
1	8,26	4,00	71,8	4,97	22,3	0,25	4,90	0,34	0,82	0,41	%
$\frac{3}{2}$	4,42	1,39	41,8	1,63	16,7	0,10	2,58	0,12	0,36	0,12	%
2	2,72	0,62	29,5	0,62	13,3	0,00	1,60	0,06	0,19	0,05	%

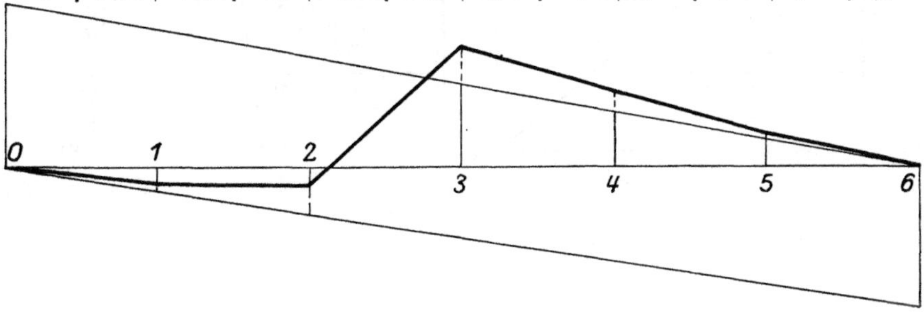

3. Träger mit $n=8$ Felder.

$\frac{\lambda}{h}$	$\alpha'_{1,1}$		$(1-k^2)\,k\,\alpha'_{2,2}$		$(1-k^2)k^2\alpha'_{3,3}$		$(1-k^2)k^3\alpha'_{4,4}$	$(1-k^2)k^4\alpha'_{5,5}$	$(1-k^2)k^5\alpha'_{6,6}$	$(1-k^2)k^6\alpha'_{7,7}$	
$\frac{1}{2}$	26,8	0,00	8,15	0,00	2,18	0,00	0,55	0,17	0,05	0,00	%
1	15,8	0,00	2,70	0,00	0,44	0,00	0,05	0,00	0,00	0,00	%
$\frac{3}{2}$	11,2	0,00	1,33	0,00	0,14	0,00	0,00	0,00	0,00	0,00	%
2	8,65	0,00	0,80	0,00	0,07	0,00	0,00	0,00	0,00	0,00	%

$\alpha'_{5,5}=\beta'_{3,4}$; $\alpha'_{6,6}=\beta'_{2,3}$; $\alpha'_{7,7}=\beta'_{1,2}$.

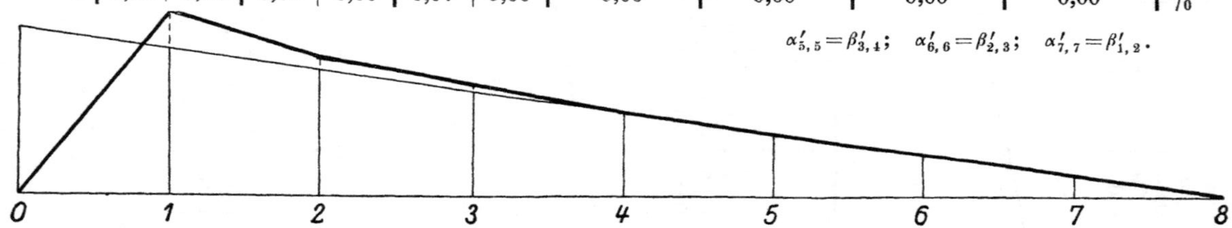

$\frac{\lambda}{h}$	$\beta'_{1,2}$		$\alpha'_{2,2}$		$k\,\alpha'_{3\,3}$		$k^2\,\alpha'_{4,4}$		$k^3\,\alpha'_{5\,5}$	$k^4\,\alpha'_{6,6}$	$k^5\,\alpha'_{7,7}$	
$\frac{1}{2}$	151,0	140,0	27,1	0,02	8,50	0,03	2,36	0,00	0,62	0,17	0,08	%
1	2240,0	1068,0	16,5	0,00	2,92	0,00	0,49	0,00	0,06	0,00	0,00	%
$\frac{3}{2}$	237,0	77,0	12,0	0,00	1,46	0,00	0,16	0,00	0,00	0,00	0,00	%
2	119,0	28,6	9,38	0,00	0,89	0,00	0,08	0,00	0,00	0,00	0,00	%

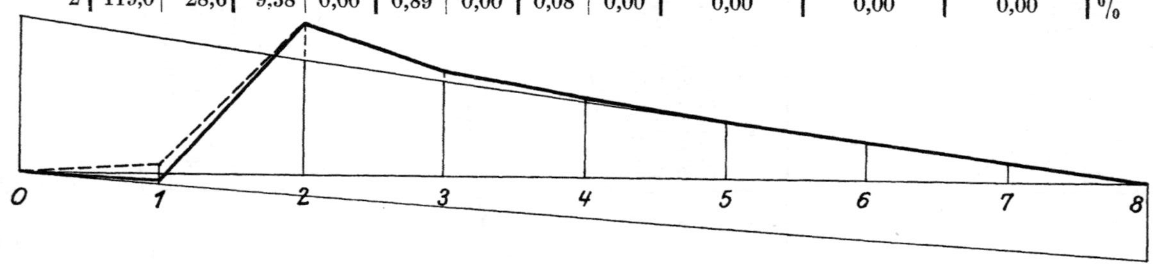

$\frac{\lambda}{h}$	$k\,\beta'_{12}$		$\beta'_{2,3}$		$\alpha'_{3,3}$		$k\,\alpha'_{44}$		$k^2\,\alpha'_{5,5}$		$k^3\,\alpha'_{6,6}$	$k^4\,\alpha'_{7,7}$	
$\frac{1}{2}$	35,8	33,0	4621,0	875,0	29,8	0,09	9,91	0,11	2,88	0,11	0,80	0,16	%
1	11,4	5,53	128,0	8,85	18,9	0,00	3,56	0,00	0,64	0,00	0,08	0,00	%
$\frac{3}{2}$	6,01	1,89	64,8	2,54	13,9	0,00	1,81	0,00	0,21	0,00	0,00	0,00	%
2	3,67	0,84	43,7	0,93	11,0	0,00	1,11	0,00	0,11	0,00	0,00	0,00	%

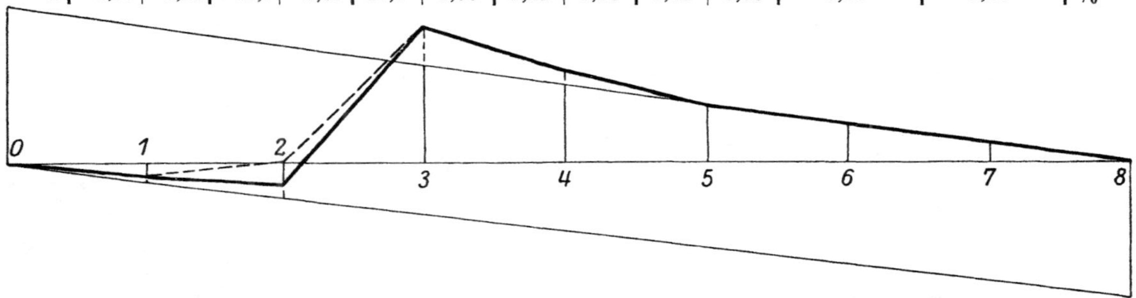

$\frac{\lambda}{h}$	$k^2\,\beta'_{1,2}$		$k\,\beta'_{2,3}$		$\beta'_{3,4}$		$\alpha'_{4,4}$		$k\,\alpha'_{5,5}$		$k^2\,\alpha'_{6,6}$		$k^3\,\alpha'_{7,7}$	
$\frac{1}{2}$	5,19	4,68	23,6	4,48	223,0	10,6	34,2	0,42	12,3	0,56	3,69	0,69	0,95	%
1	1,40	0,70	7,40	0,52	62,3	0,69	22,5	0,03	4,63	0,05	0,87	0,08	0,08	%
$\frac{3}{2}$	0,48	0,16	3,66	0,16	36,7	0,22	16,8	0,03	2,40	0,00	0,32	0,00	0,00	%
2	0,26	0,07	2,21	0,08	25,8	0,00	13,3	0,00	1,47	0,00	0,15	0,00	0,00	%

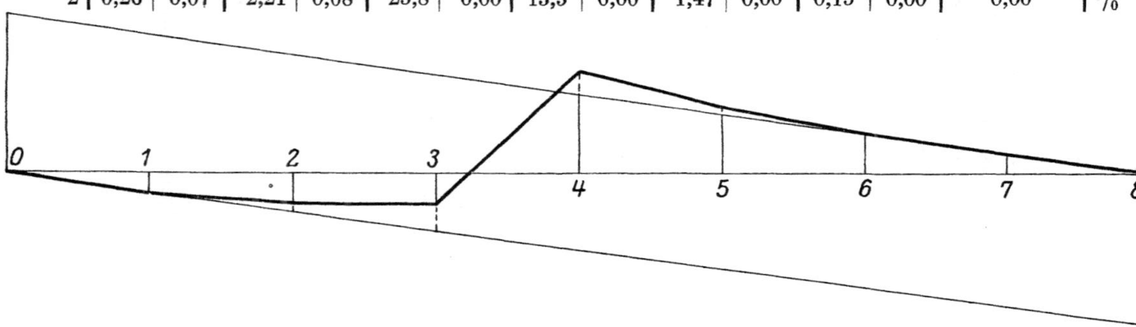

4. Zusammenfassung aller Ergebnisse zur Konstruktion einer Gurtmomenteneinflußlinie $M_{r,x}$.

Für einen Vertikalschnitt durch den Träger sind die Momente des Ober- und Untergurtes in diesem Schnitte, unter der Voraussetzung gleicher Gurtträgheitsmomente, von gleicher Größe und gleichem Drehungssinn, gleichgültig ob die Lasten in den Knoten des Ober- oder Untergurtes angreifen [Gl. (36), (41), (42)]. Es genügt daher, nur die Einflußlinie des Untergurtmomentes $M_{r,x}$ zu behandeln.

a) **Angabe und vorbereitende Arbeiten** sind dieselben wie Seite 148 und 149 und können daher als bekannt vorausgesetzt werden.

b) **Gleichung der Einflußlinie, Ermittlung der $\mathfrak{A}'$- und $\mathfrak{B}'$-Werte, sowie der Zuschläge α' und β'.**

Gleichung der Einflußlinie $M_{r,x}$ für den Querschnitt a—a (Fig. 37):

$$\eta'_\xi = \left\{ \begin{array}{ll} \left[\frac{n-\xi}{n} \mathfrak{A}'_{r,x} + \alpha'_{\xi,r}\right] & \ldots \xi \geqq r \\ \left[\frac{\xi}{n} \mathfrak{B}'_{r,x} + \beta'_{\xi,r}\right] & \ldots \xi \leqq r-1 \end{array} \right\} \quad \ldots \quad (241)$$

Schematische Darstellung einer Einflußlinie $M_{r,x}$ in Fig. 93:

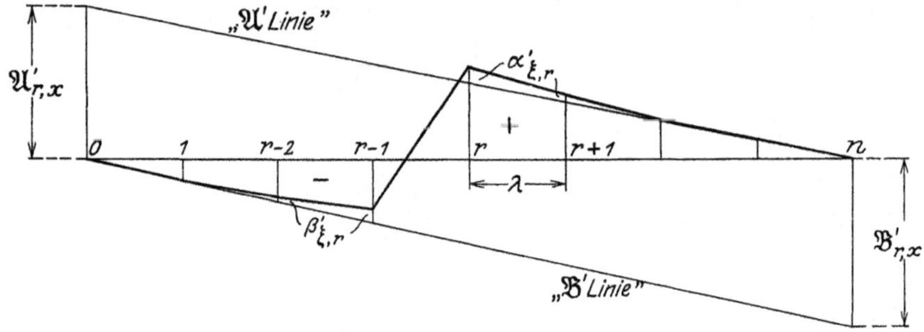

Schematische Darstellung einer Momenteinflußlinie für den Querschnitt X im Felde r.
Fig. 93.

Ermittlung der $\mathfrak{A}'$- und $\mathfrak{B}'$-Werte:

$$\mathfrak{A}'_{r,x} = +(\zeta - R'_{\mathfrak{A},r})\frac{\lambda}{4} \quad \ldots \ldots \quad (237)$$

$$\mathfrak{B}'_{r,x} = -(\zeta - R'_{\mathfrak{B},r})\frac{\lambda}{4} \quad \ldots \ldots \quad (238)$$

$$\zeta = \frac{x}{\frac{\lambda}{2}},$$

wobei x mit seinem Vorzeichen nach Fig. 92 einzusetzen ist. $R'_{\mathfrak{A},r}$ und $R'_{\mathfrak{B},r}$ ist nach den Gleichungen (162) bis (167) zu entwickeln.

Speziell ist für das linke Eckmoment eines Feldes $\zeta = -1$, daher

$$\left.\begin{aligned} \mathfrak{A}'_{r,\left(-\frac{\lambda}{2}\right)} &= -\left(1 + R'_{\mathfrak{A},r}\right)\frac{\lambda}{4} \\ \mathfrak{B}'_{r,\left(-\frac{\lambda}{2}\right)} &= +\left(1 + R'_{\mathfrak{B},r}\right)\frac{\lambda}{4} \end{aligned}\right\} \quad \ldots\ldots\ldots \quad (244)$$

Für das rechte Eckmoment ist $\zeta = +1$, daher

$$\left.\begin{aligned} \mathfrak{A}'_{r,\left(+\frac{\lambda}{2}\right)} &= +\left(1 - R'_{\mathfrak{A},r}\right)\frac{\lambda}{4} \\ \mathfrak{B}'_{r,\left(+\frac{\lambda}{2}\right)} &= -\left(1 - R'_{\mathfrak{B},r}\right)\frac{\lambda}{4} \end{aligned}\right\} \quad \ldots\ldots\ldots \quad (245)$$

Ermittlung der Zuschläge $\alpha'_{\xi,r}$ und $\beta'_{\xi,r}$:

Die Zuschläge $\alpha'_{\xi,r}$ zu den Ordinaten y_ξ einer $\mathfrak{A}'$-Linie sind für die verschiedenen $\mathfrak{A}'$-Linien aller Trägerquerschnitte ohne Unterschied des Feldes dieselben, während die Zuschläge $\beta'_{\xi,r}$ zu den Ordinaten y_ξ einer $\mathfrak{B}'$-Linie nur für die verschiedenen $\mathfrak{B}'$-Linien der Querschnitte innerhalb eines Feldes gleich bleiben. Sie sind nach den Gleichungen (248), (251) zu entwickeln und entsprechend dem nachfolgenden Schema zu addieren.

Schema für die Zuschläge α' und β'.

	Linie	$\alpha'_{1,r}$[1]	$\alpha'_{2,r}$	$\alpha'_{3,r}$	$\alpha'_{4,r}$	$\alpha'_{5,r}$	$\alpha'_{6,r}$	...	...	Zuschläge zu jeder ($\mathfrak{A}'$-Linie)	im Felde r
		α'	$k\alpha'$	0	—					$\mathfrak{A}'_{1,x}$-	1
$\mathfrak{B}'_{2,x}$-	2	β'_1	α'	$k\alpha'$	0	—				$\mathfrak{A}'_{2,x}$-	2
$\mathfrak{B}'_{3,x}$-	3	$k\beta'_1$	β'_2	α'	$k\alpha'$	0	—			$\mathfrak{A}'_{3,x}$-	3
$\mathfrak{B}'_{4,x}$-	4	0	$k\beta'_2$	β'_3	α'	$k\alpha'$	0	—		$\mathfrak{A}'_{4,x}$-	4
$\mathfrak{B}'_{5,x}$-	5	—	0	$k\beta'_3$	β'_4	α'	$k\alpha'$	0		$\mathfrak{A}'_{5,x}$-	5
$\mathfrak{B}'_{6,x}$-	6	—	—	0	$k\beta'_4$	β'_5	α'	$k\alpha'$	0	$\mathfrak{A}'_{6,x}$-	6
⋮	⋮						...	...		⋮	⋮
Zuschläge zu jeder	im Felde r	$\beta'_{1,r}$[1]	$\beta'_{2,r}$	$\beta'_{3,r}$	$\beta'_{4,r}$	$\beta'_{5,r}$	...	...			

Es ist:

$$\alpha' = \frac{1}{1-k} \cdot k\frac{\lambda}{4} \quad \ldots\ldots\ldots\ldots\ldots\ldots \quad (248)$$

[1]) Die Ordinaten der $\mathfrak{A}'$- bzw. $\mathfrak{B}'$-Linien, zu denen die Zuschläge α' bzw. β' addiert werden, sind durch die ersten Zeiger angezeigt.

$$\left.\begin{aligned}
\beta_1' &= m'\frac{\lambda}{4}\\
\beta_2' &= m'(1+3k)\frac{\lambda}{4}\\
\beta_3' &= m'(1+3k+5k^2)\frac{\lambda}{4}\\
&\ldots\ldots\ldots\ldots\\
\beta_\xi' &= m'[1+3k+5k^2+\ldots+(2\xi-1)k^{\xi-1}]\frac{\lambda}{4}
\end{aligned}\right\} \quad \ldots (251)$$

$$m' = \frac{1-k}{1+k}\cdot k \quad \ldots \ldots \ldots \ldots (252)$$

c) **Graphische Darstellung der Momenteneinflußlinien** nach dem Muster der Fig. 91 und 93 mit Berücksichtigung des obenstehenden Schemas für die Zuschläge α' und β'.

Wird ein Rahmenträger im Längenmaßstab $1 : \nu$ gezeichnet, so eignet sich bei Darstellung der Momenteneinflußlinien im allgemeinen ein $\varrho = 4$ bis 5fach größeres Verhältnis, also 1 cm d. Z. ... ν/ϱ cmt für den Momentenmaßstab. Entspricht also z. B. im Längenmaßstab 1 : 40, 1 cm d. Z. 40 cm d. N., so ist für einen $\varrho = 4$fach größeren Momentenmaßstab 1 cm d. Z. ... 10 cmt, wenn die Belastung in Tonnen gegeben ist. Dann ist in der maßstäblichen Darstellung allgemein:

$$\mathfrak{A}_{r,x}' = \left\{+(\zeta - R_{\mathfrak{A},r}')\,\varrho\frac{\lambda}{4}\right\}\text{cm} \quad \ldots \ldots (253)$$

$$\mathfrak{B}_{r,x}' = \left\{-(\zeta - R_{\mathfrak{B},r}')\,\varrho\frac{\lambda}{4}\right\}\text{cm} \quad \ldots \ldots (254)$$

und

$$\alpha' = \left\{\frac{1}{2}\frac{1}{1-k}k\varrho\frac{\lambda}{2}\right\}\text{cm} \quad \ldots \ldots (255)$$

$$\beta_\xi' = \left\{m'[1+3k+5k^2+\ldots+(2\xi-1)k^{\xi-1}]\,\varrho\frac{\lambda}{2}\right\}\text{cm} \;.\; (256)$$

Hierbei ist λ in allen diesen Gleichungen in Zentimeter der Zeichnung einzuführen, um die Größen $\mathfrak{A}'$ und $\mathfrak{B}'$, sowie die Zuschläge α' und β' in Zentimeter des Momentenmaßstabes 1 cm d Z. ... ν/ϱ cmt zu erhalten. Alle sonst vorkommenden Größen sind unbenannte Zahlen.

VIII. Einflußlinien der Pfostennormalkräfte.

Während es bei der Ermittlung aller anderen Einflußlinien ganz gleichgültig ist, ob die Lasten in den Obergurtknoten oder Untergurtknoten wirken, werden die Pfosten des Rahmenträgers verschieden beansprucht, je nachdem „Fahrbahn oben" oder „Fahrbahn unten" vorliegt.

Für die Normalkraft n_r in jedem Querschnitt des Pfostens r wurde die allgemeine Gleichung

$$n_r = \pm \frac{P_r}{2} \quad \begin{array}{l} \text{„Fahrbahn unten"} \;\ldots\ldots \quad (61) \\ \text{„Fahrbahn oben"} \;\ldots\ldots\ldots \quad (66) \end{array}$$

gefunden, während für den Auflagerpfosten die Gleichung

$$n_0 = \begin{cases} -\dfrac{\mathfrak{A} - P_0}{2} \text{ „Fahrbahn unten"} \;\ldots\ldots \quad (62) \\[2ex] -\dfrac{\mathfrak{A} + P_0}{2} \text{ „Fahrbahn oben"} \;\ldots\ldots \quad (67) \end{cases}$$

gilt. Hierin bedeutet P_r, P_0 die im Knoten r bzw. 0 wirkende Last, $\mathfrak{A}$ den statisch bestimmten Auflagerdruck des Rahmenträgers. Aus diesen Gleichungen ist also zu ersehen, daß die Normalkraft für alle Querschnitte eines Pfostens konstant ist und daß alle Pfosten mit Ausnahme des Auflagerpfostens gezogen werden, wenn die Lasten in den Untergurtknoten wirken, hingegen alle Pfosten ohne Ausnahme gedrückt werden, sobald die Lasten in den Obergurtknoten angreifen.

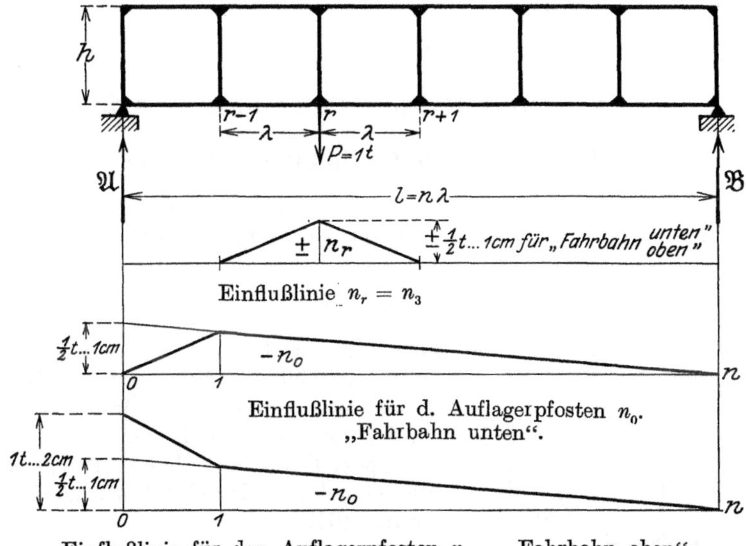

Einflußlinie für den Auflagerpfosten n_0. „Fahrbahn oben".
Kraftmaßstab für alle Figuren: h cm d. Z. = 2 cm . . . 1 Tonne.
Fig. 94—97.

Da nach Gleichung (61), (66) ein Pfosten r nur dann beansprucht wird, wenn eine Last im Knoten r selbst angreift, so ergibt sich die Einflußlinie für die im Pfosten r wirkende Normalkraft aus folgender Überlegung:

Für $P = 1$ t in r ist die Einflußordinate $\eta_r = \pm \frac{1}{2}$ t
„ $P = 1$ t „ $r - 1$ „ „ „ $\eta_{r-1} = 0$
„ $P = 1$ t „ $r + 1$ „ „ „ $\eta_{r+1} = 0$
„ $P = 1$ t „ allen anderen Knoten ist stets $\eta_\xi = 0$.

Da nun innerhalb des Feldes r und $r + 1$ die Einflußlinie einen geradlinigen Verlauf haben muß, so ist damit ohne weiteres ihre Konstruktion in Fig. 95 festgelegt.

Aus den Gleichungen (62), (67) folgt, daß der Auflagerpfosten stets mit der Kraft $\frac{\mathfrak{A}}{2}$ gedrückt wird, wenn im Auflagerknoten 0 keine Last wirkt. Die Einflußordinaten der Normalkraft n_0 sind daher die Hälfte von den Ordinaten der Einflußlinie des Auflagerdruckes $\mathfrak{A}$ (Aufgabe 1 im Abschnitt I), solange die Last $P = 1$ t in $r = 1$ oder rechts davon steht. Für $P = 1$ t im Auflagerknoten ist die Einflußordinate der Normalkraft n_0 bei „Fahrbahn unten" Null, bei „Fahrbahn oben" jedoch gleich minus 1 t. Aus diesen Überlegungen folgen die Einflußlinien n_0 in Fig. 96, 97.

Für die graphische Darstellung empfiehlt sich der Kraftmaßstab h cm d. Z. ... 1 Tonne.

IX. Einflußlinien der Pfostenquerkräfte.

1. Ermittlung der Einflußliniengleichung.

Die Pfostenquerkraft q_r in einem Querschnitt des Pfostens r ist, wie seinerzeit gefunden wurde, für alle Querschnitte desselben konstant und durch die Gleichung

$$q_r = X_r - X_{r+1} \quad \ldots\ldots\ldots\ldots \quad (64)$$

gegeben, gleichgültig ob die Lasten in den Untergurt- oder Obergurtknoten wirken. Sie wurde als positiv bezeichnet (Abschnitt I/5, Teil B), wenn sie in bezug auf den Schnitt $s\,s$ in Fig. 98 nach rechts zeigt.

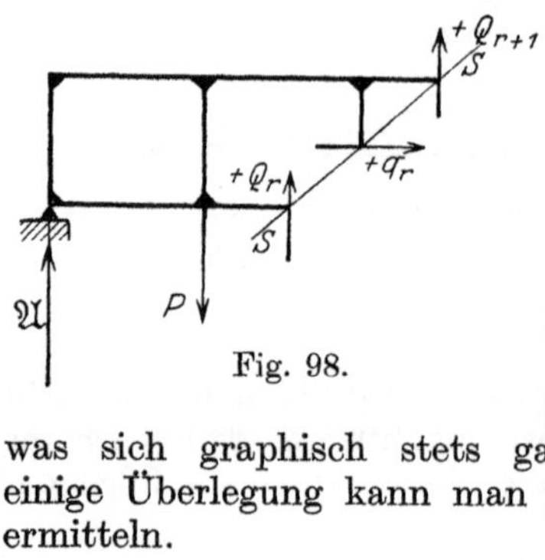

Fig. 98.

Speziell für den Auflagerpfosten ist die Gleichung der Querkraft nach Gleichung (64)

$$q_0 = -X_1 .$$

Die Einflußordinaten η''_ξ einer Einflußlinie q_r erhält man daher nach Gleichung (64) durch Subtraktion der Einflußlinie X_{r+1} von der Einflußlinie X_r, was sich graphisch stets ganz einfach durchführen läßt. Durch einige Überlegung kann man jedoch die Einflußlinien q_r auch direkt ermitteln.

Die Gleichung der Einflußlinie X_r ist:

$$\eta_{\xi,r} = \begin{cases} \dfrac{n-\xi}{n}\mathfrak{A}_r - \alpha_{\xi,r} & \ldots\ \xi \geqq r \\ \dfrac{\xi}{n}\mathfrak{B}_r - \beta_{\xi,r} & \ldots\ \xi \leqq r-1 \end{cases} \quad \ldots \quad (178)$$

und analog die Gleichung der Einflußlinie X_{r+1}:

$$\eta_{\xi,r+1} = \begin{cases} \dfrac{n-\xi}{n}\mathfrak{A}_{r+1} - \alpha_{\xi,r+1} & \ldots\ \xi \geqq r+1 \\ \dfrac{\xi}{n}\mathfrak{B}_{r+1} - \beta_{\xi,r+1} & \ldots\ \xi \leqq r. \end{cases}$$

Nach Gleichung (64) erhält man dann die Gleichung der Einflußlinie q_r durch

$$\eta''_\xi = \eta_{\xi,r} - \eta_{\xi,r+1}$$

oder

$$\eta''_{\xi,r} = \begin{cases} \dfrac{n-\xi}{n}(\mathfrak{A}_r - \mathfrak{A}_{r+1}) + (\alpha_{\xi,r+1} - \alpha_{\xi,r}) & \ldots\ \xi \geqq r+1 \quad (257\,\text{a}) \\ \left(\dfrac{n-r}{n}\mathfrak{A}_r - \alpha_{r,r}\right) - \left(\dfrac{r}{n}\mathfrak{B}_{r+1} - \beta_{r,r+1}\right) & \ldots\ \xi = r \quad . \quad (257\,\text{b}) \\ \dfrac{\xi}{n}(\mathfrak{B}_r - \mathfrak{B}_{r+1}) - (\beta_{\xi,r} - \beta_{\xi,r+1}) & \ldots\ \xi \leqq r-1 \quad (257\,\text{c}) \end{cases}$$

Die mittlere Gleichung dieser Gruppe läßt sich noch in anderer Form darstellen. Durch diese Umformung zeigt dann auch die Gleichung einer Einflußlinie q_r die analoge Gesetzmäßigkeit wie die Gleichungen aller übrigen bisher betrachteten Einflußlinien.

Die linke Begrenzungsordinate η_{r-1} einer Einflußlinie X_r wird im allgemeinen durch die Gleichung

$$\eta_{r-1} = \frac{r-1}{n}\mathfrak{B}_r - \beta_{r-1,r}$$

dargestellt. Es läßt sich jedoch nachweisen, daß diese Ordinate auch durch die Gleichung

$$\eta_{r-1} = \frac{n-(r-1)}{n}\mathfrak{A}_r - \alpha_{r-1,r},$$

wobei mit Rücksicht auf Abschnitt III/2 c, unabhängig von r, stets

$$\alpha_{r-1,r} = \frac{\alpha}{k}$$

ist, ausgedrückt werden kann. Dies folgt durch Verallgemeinerung aus dem speziellen Beispiel „Ermittlung der Einflußlinie X_4“ von Seite 114. Rechnet man in diesem Beispiel die Einflußordinate η_3, indem man die Werte f für die Laststellung $P = 1$ in 3 nach der dort unter 1. genannten Methode ermittelt und in Gleichung (33) einführt, so kommt man durch Verallgemeinerung zu obiger Gleichung für η_{r-1}.

Mit Rücksicht darauf kann man dann in Gleichung (257b) die linke Begrenzungsordinate

$$\eta_r = \frac{r}{n}\mathfrak{B}_{r+1} - \beta_{r,r+1}$$

der Einflußlinie X_{r+1} auch durch die Gleichung

$$\eta_r = \frac{n-r}{n}\mathfrak{A}_{r+1} - \alpha_{r,r+1},$$

wobei wieder

$$\alpha_{r,r+1} = \frac{\alpha}{k}$$

ist, darstellen. Gleichung (257b) erhält damit die Form

$$\eta_r'' = \frac{n-r}{n}(\mathfrak{A}_r - \mathfrak{A}_{r+1}) + (\alpha_{r,r+1} - \alpha_{r,r})$$

und Gleichung (257) geht über in:

$$\eta_\xi'' = \begin{cases} \dfrac{n-\xi}{n}(\mathfrak{A}_r - \mathfrak{A}_{r+1}) + (\alpha_{\xi,r+1} - \alpha_{\xi,r}) & \dots \xi \geqq r \\ \dfrac{\xi}{n}(\mathfrak{B}_r - \mathfrak{B}_{r+1}) - (\beta_{\xi,r} - \beta_{\xi,r+1}) & \dots \xi \leqq r-1 \end{cases}$$

Setzt man nun:

$$\mathfrak{A}_r - \mathfrak{A}_{r+1} = \mathfrak{A}_r'' \quad \dots\dots\dots \quad (258)$$

$$\mathfrak{B}_r - \mathfrak{B}_{r+1} = \mathfrak{B}_r'' \quad \dots\dots\dots \quad (259)$$

$$\alpha_{\xi,r+1} - \alpha_{\xi,r} = \alpha_{\xi,r}'' \quad \dots\dots\dots \quad (260)$$

$$\beta_{\xi,r} - \beta_{\xi,r+1} = \beta_{\xi,r}'' \quad \dots\dots\dots \quad (261)$$

so lautet schließlich die Gleichung der Einflußlinie q_r:

$$\eta_\xi'' = \begin{cases} \dfrac{n-\xi}{n}\mathfrak{A}_r'' + \alpha_{\xi,r}'' & \dots \xi \geqq r \\ \dfrac{\xi}{n}\mathfrak{B}_r'' - \beta_{\xi,r}'' & \dots \xi \leqq r-1 \end{cases} \quad \dots\dots \quad (262)$$

Aus dieser Gleichung folgt allgemein:

1. Zur Konstruktion einer Einflußlinie q_r rechts vom Pfosten r benötigt man eine gerade Linie $\left(\frac{n-\xi}{n}\mathfrak{A}_r''\right)$ — sie heiße allgemein $\mathfrak{A}''$-Linie —, welche vom rechten Stützpunkt ausgeht und auf der Vertikalen über dem linken Stützpunkt ein Stück $\mathfrak{A}_r''$ abschneidet. Zu den Ordinaten dieser Linie sind die Werte $\alpha_{\xi,r}''$ zu addieren.

2. Zur Konstruktion der Einflußlinie q_r links vom Pfosten r benötigt man eine gerade Linie $\left(\frac{\xi}{n}\mathfrak{B}_r''\right)$ — allgemein kurz als $\mathfrak{B}''$-Linie bezeichnet —, welche vom linken Stütz-

punkt ausgeht und auf der Vertikalen durch den rechten Stützpunkt eine Strecke $\mathfrak{B}_r''$ abschneidet. Von den Ordinaten dieser Linie sind die Werte $\beta_{\xi,r}''$ zu subtrahieren (Fig. 99).

2. Allgemeine Bildungsgesetze der Größen $\mathfrak{A}_r''$ und $\mathfrak{B}_r''$.

Nach Gleichung (255) und (256) ist

$$\mathfrak{A}_r'' = \mathfrak{A}_r - \mathfrak{A}_{r+1}$$

$$\mathfrak{B}_r'' = \mathfrak{B}_r - \mathfrak{B}_{r+1}\,.$$

Ermittlung der $\mathfrak{A}_r''$-Werte. Nach Gleichung (200) ist

$$\mathfrak{A}_r = \tfrac{1}{2}[2\,r - 1 + R_{\mathfrak{A},r}']\frac{\lambda}{h}$$

$$\mathfrak{A}_{r+1} = \tfrac{1}{2}[2\,r + 1 + R_{\mathfrak{A},r+1}']\frac{\lambda}{h}\,,$$

daher nach Gleichung (255)

$$\mathfrak{A}_r'' = -[1 - \tfrac{1}{2}(R_{\mathfrak{A},r}' - R_{\mathfrak{A},r+1}')]\frac{\lambda}{h} \quad \ldots\ldots \quad (263)$$

Da in der Gleichung

$$R_{\mathfrak{A},r}' = \mu_a\,k^r - \nu_a\,k^{n-r} \quad \ldots\ldots\ldots \quad (198)$$

der zweite Posten gegenüber dem ersten verschwindend klein ist, so wird genau genug

$$R_{\mathfrak{A},r+1}' = \mu_a\,k^{r+1} = k\,R_{\mathfrak{A},r}'$$

und

$$R_{\mathfrak{A},r}' - R_{\mathfrak{A},r+1}' = R_{\mathfrak{A},r}'(1 - k)\,.$$

Setzt man nun in Gleichung (263)

$$\tfrac{1}{2}(R_{\mathfrak{A},r}' - R_{\mathfrak{A},r+1}') = R_{\mathfrak{A},r}'\frac{1-k}{2} = R_{\mathfrak{A},r}'' \quad \ldots\ldots \quad (264)$$

so geht sie über in:

$$\mathfrak{A}_r'' = -[1 - R_{\mathfrak{A},r}'']\frac{\lambda}{h} \quad \ldots\ldots\ldots \quad (265)$$

wobei

$$R_{\mathfrak{A},r}'' = R_{\mathfrak{A},r}'\frac{1-k}{2} \quad \ldots\ldots\ldots\ldots \quad (264)$$

ist. Das Restglied $R_{\mathfrak{A},1}''$ bildet eine Ausnahme, denn für

$$R_{\mathfrak{A},1}' = k \quad \text{und} \quad R_{\mathfrak{A},2}' = \mu_a\,k^2$$

wird

$$R_{\mathfrak{A},1}'' = \tfrac{1}{2}[R_{\mathfrak{A},1}' - R_{\mathfrak{A},2}']\,,$$
$$= \tfrac{1}{2}[k - \mu_a\,k^2]\,,$$

oder, da

$$\mu_a = \frac{\mu_b}{k} \quad \ldots\ldots\ldots\ldots\ldots \quad (195)$$

ist, so wird

$$R_{\mathfrak{A},1}'' = k\,\frac{1-\mu_b}{2} = R_{\mathfrak{A},1}'\,\frac{1-\mu_b}{2} \quad \ldots\ldots \quad (266)$$

Da die Restglieder $R''_{\mathfrak{A},r}$ stets kleiner als 1 sind, so sind die $\mathfrak{A}''$-Werte für sämtliche Pfosten stets negativ.

Ermittlung der $\mathfrak{B}''_r$-Werte. Nach Gleichung (201) ist

$$\mathfrak{B}_r = \tfrac{1}{2}[2(n-r)+1-R'_{\mathfrak{B},r}]\frac{\lambda}{h},$$

$$\mathfrak{B}_{r+1} = \tfrac{1}{2}[2(n-r)-1-R'_{\mathfrak{B},r+1}]\frac{\lambda}{h},$$

daher nach Gleichung (259)

$$\mathfrak{B}''_r = +[1-\tfrac{1}{2}(R'_{\mathfrak{B},r}-R'_{\mathfrak{B},r+1})].$$

Da in der Gleichung

$$R'_{\mathfrak{B},r} = \nu_b k^r - \mu_b k^{n-r} \quad \dots\dots\dots \quad (199)$$

der zweite Posten für die Restbildung wieder verschwindend klein wird, so erhält man mit Rücksicht darauf analog, wie früher bei Ermittlung von $\mathfrak{A}''_r$, folgende Gleichung für $\mathfrak{B}''_r$:

$$\mathfrak{B}''_r = +[1-R''_{\mathfrak{B},r}]\frac{\lambda}{h} \quad \dots\dots\dots \quad (267)$$

wobei $R''_{\mathfrak{B},r}$ aus

$$R''_{\mathfrak{B},r} = R'_{\mathfrak{B},r}\frac{1-k}{2} \quad \dots\dots\dots \quad (268)$$

zu ermitteln ist.

Da die Reste $R''_{\mathfrak{B},r}$ immer kleiner als 1 sind, so sind die Werte $\mathfrak{B}''_r$ für sämtliche Pfosten stets positiv.

3. Allgemeine Bildungsgesetze der Werte $\alpha''_{\xi,r}$ und $\beta''_{\xi,r}$.

Nach den Gleichungen (260), (261) ist

$$\alpha''_{\xi,r} = \alpha_{\xi,r+1} - \alpha_{\xi,r}$$

$$\beta''_{\xi,r} = \beta_{\xi,r} - \beta_{\xi,r+1}.$$

Bezugnehmend auf die Erörterungen im Abschnitt III/2 c „über die allgemeinen Bildungsgesetze der Abzüge $\alpha_{\xi,r}$ und $\beta_{\xi,r}$" wird die Berechnung der Werte $\alpha''_{\xi,r}$ und $\beta''_{\xi,r}$ — im folgenden öfter kurz als Abzüge α'', β'' bezeichnet — tabellarisch nach obigen Gleichungen durchgeführt.

Da nach den Ausführungen im Abschnitt III/2 c mit Rücksicht auf Gleichung (216) und (213) der konstante Wert α auch durch

$$\alpha = \alpha_k = \frac{1}{2}\frac{1}{1-k}k\frac{\lambda}{h} \quad \dots\dots\dots \quad (213)$$

ersetzt werden kann, so ist dann nach obiger Tabelle

$$\alpha''_{r,r} = \frac{1}{2}\frac{\lambda}{h} \quad \dots\dots\dots \quad (269)$$

Da nun $\alpha''_{r,r}$ unabhängig von r ist, daher also bei jeder Einflußlinie q_r dieselben Abzüge α'' in Betracht kommen, so werden im fol-

Es ist

in den Ordinaten	$r-3$	$r-2$	$r-1$	r	$r+1$	$r+2$
der Abzug $\alpha_{\xi,r}$ von der $\mathfrak{A}_r$-Linie	—	—	—	α	$k\alpha$	$k^2\alpha$
,, ,, $\beta_{\xi,r}$,, ,, $\mathfrak{B}_r$-Linie	$k^2\beta_{r-3}$	$k\beta_{,-2}$	β_{r-1}	—	—	—
,, ,, $\alpha_{\xi,r+1}$,, ,, $\mathfrak{A}_{r+1}$-Linie	—	—	—	$\alpha_{r,r+1}=\frac{\alpha}{k}$	α	$k\alpha$
,, ,, $\beta_{\xi,r+1}$,, ,, $\mathfrak{B}_{,+1}$-Linie	$k^3\beta_{r-3}$	$k^2\beta_{,-2}$	$k\beta_{r-1}$	—	—	—
daher die Abzüge $\alpha''_{\xi,r}$, $\beta''_{\xi,r}$, das sind	$\beta''_{r-3,r}$	$\beta''_{r-2,}$	$\beta''_{r-1,r}$	$\alpha''_{r,r}$	$\alpha''_{r+1,r}$	$\alpha''_{r+2,r}$
aus $\alpha''_{\xi,r}=\alpha_{\xi,r+1}-\alpha_{\xi,r}$ =	—	—	—	$\frac{\alpha}{k}(1-k)$	$\alpha(1-k)$	$k\alpha(1-k)$
,, $\beta''_{\xi,r}=\beta_{\xi,r}-\beta_{\xi,r+1}$ =	$k^2\beta_{r-3}(1-k)$	$k\beta_{r-2}(1-k)$	$\beta_{r-1}(1-k)$	—	—	—
in den Ordinaten	$r-3$	$r-2$	$r-1$	r	$r+1$	$r+2$
der		$\mathfrak{B}''_r$-Linie			$\mathfrak{A}''_r$-Linie	

genden die Zeiger r weggelassen und $\alpha''_{r,r}$ stets durch α'' bezeichnet. Dann ist also nach der vorstehenden Tabelle:

$$\left.\begin{array}{lll} \alpha''_{r,r} &= \alpha'' & \text{der Abzug in der Ordinate } r \\ \alpha''_{r,r+1} &= k\,\alpha'' & \text{,, ,, ,, ,, ,, } r+1 \\ \alpha''_{r,r+2} &= k^2\,\alpha'' & \text{,, ,, ,, ,, ,, } r+2 \end{array}\right\} \quad . . (270)$$

von der $\mathfrak{A}''_r$-Linie einer Einflußlinie q_r.

Setzt man ferner

$$\left.\begin{array}{l} \beta_{r-1}(1-k) = \beta''_{r-1} \\ \beta_{r-2}(1-k) = \beta''_{r-2} \\ \cdot\quad\cdot\quad\cdot\quad\cdot\quad\cdot\quad\cdot\quad\cdot \\ \beta_\xi\quad(1-k) = \beta''_\xi \end{array}\right\} \quad . . . . (271)$$

so ist dann nach obiger Tabelle

$$\left.\begin{array}{lll} \beta''_{r-1,r} &= \beta''_{r-1} & \text{der Abzug in der Ordinate } r-1 \\ \beta''_{r-2,r} &= k\,\beta''_{r-2} & \text{,, ,, ,, ,, ,, } r-2 \\ \beta''_{r-3,r} &= k^2\,\beta''_{r-3} & \text{,, ,, ,, ,, ,, } r-3 \end{array}\right\} \quad (272)$$

von der $\mathfrak{B}''_r$-Linie einer Einflußlinie q_r.

Da weiter nach obigen Gleichungen (271) allgemein

$$\beta''_\xi = (1-k)\,\beta_\xi$$

ist, so wird mit Rücksicht auf Gleichung (218) auch

$$\beta''_\xi = (1-k)\,m\,[1 + 3k + 5k^2 + \ldots + (2\xi - 1)\,k^{\xi-1}]\,\frac{\lambda}{h},$$

$$= m''\,[1 + 3k + 5k^2 + \ldots + (2\xi - 1)\,k^{\xi-1}]\,\frac{\lambda}{h},$$

wobei

$$m'' = (1-k)\,m = \frac{1}{2}\,\frac{(1-k)^2}{1+k}\cdot k \quad . . . . (273)$$

ist und es ergeben sich für die Werte β''_ξ, entsprechend der Gleichungsgruppe (221), folgende Formeln:

$$\left.\begin{array}{l} \beta''_1 = m''\,\dfrac{\lambda}{h} \\[2ex] \beta''_2 = m''\,(1 + 3k)\,\dfrac{\lambda}{h} \\[2ex] \beta''_3 = m''\,(1 + 3k + 5k^2)\,\dfrac{\lambda}{h} \\[1ex] \cdot\quad\cdot\quad\cdot\quad\cdot\quad\cdot\quad\cdot\quad\cdot\quad\cdot\quad\cdot\quad\cdot\quad\cdot\quad\cdot\quad\cdot\quad\cdot \\[1ex] \beta''_\xi = m''\,[1 + 3k + 5k^2 + \ldots + (2\xi - 1)\,k^{\xi-1}]\,\dfrac{\lambda}{h} \end{array}\right\} \quad . . (274)$$

Ein Vergleich der Werte α'', β'' mit den Abzügen α und β bei den Einflußlinien X_r ergibt nun, daß die zu ein und derselben Ordinate gehörigen Abzüge β_ξ einer Einflußlinie X_r und β''_ξ der gleich bezeichneten Einflußlinie q_r, Größen gleicher Ordnung sind, während aber die zu gleichnamigen Ordinaten obengenannter Einflußlinien gehörigen Abzüge α''_ξ gegenüber den Abzügen α_ξ sozusagen Größen höherer Ordnung sind, was z. B. aus den Gleichungen

$$\alpha''_{r,r} = \alpha'' = \frac{1}{2}\frac{\lambda}{h} \quad \ldots\ldots\ldots\ldots \quad (269)$$

und

$$\alpha_{r,r} = \alpha = \frac{1}{2}\frac{1}{1-k}k\frac{\lambda}{h} \quad \ldots\ldots \quad (216)$$

ohne weiteres ersichtlich ist.

Während nun bei den Einflußlinien X_r nach den dortigen Ausführungen nur je zwei Abzüge β bzw. α berücksichtigt wurden, sind hier bei den Einflußlinien q_r wohl stets zwei Abzüge β'', aber immer drei Abzüge α'' aus dem eben erwähnten Grunde in Betracht zu ziehen.

Da ferner die Ordinaten einer $\mathfrak{A}''$-Linie und die Werte α'' und ebenso die Ordinaten einer $\mathfrak{B}''$-Linie und die Werte β'' stets entgegengesetzte Vorzeichen haben, so werden absolut genommen die Ordinaten dieser Linien durch die Werte α'' bzw. β'' stets verkleinert und in diesem Sinne daher einheitlich von den „Abzügen α'', β''" gesprochen.

Nach diesen Betrachtungen ergeben sich also folgende Schlußsätze betreffs der Abzüge α'' und β'':

1. Zur Darstellung einer Einflußlinie q_r ist rechts vom Pfosten r die $\mathfrak{A}''_r$-Linie maßgebend. Man kommt von dieser Linie zu den Einflußordinaten von q_r, indem man — unabhängig von der Felderanzahl — die konstanten Werte

$$\left.\begin{array}{lll} \alpha'' = \frac{1}{2}\frac{\lambda}{h} & \text{in der Ordinate} & r \\ k\alpha'' & \text{,, ,, ,,} & r+1 \\ k^2\alpha'' & \text{,, ,, ,,} & r+2 \end{array}\right\} \quad \ldots\ldots \quad (270)$$

algebraisch addiert (Schema Seite 199), während alle weiter rechts gelegenen Ordinaten der $\mathfrak{A}_r$-Linie mit denen der Einflußlinie q_r identisch sind.

2. Ganz analog ist für die Darstellung der Einflußlinie q_r links vom Pfosten r die $\mathfrak{B}''_r$-Linie maßgebend. Man kommt von ihr zu den Einflußordinaten von q_r, indem man — unabhängig von der Felderanzahl — die konstanten Werte

$$\left.\begin{array}{lll} \beta''_{r-1} & \text{in der Ordinate} & r-1 \\ k\beta''_{r-2} & \text{,, ,, ,,} & r-2 \end{array}\right\} \quad \ldots\ldots \quad (275)$$

algebraisch addiert (Schema Seite 199), während alle weiter links gelegenen Ordinaten der $\mathfrak{B}''_r$-Linie mit denen der Einflußlinie q_r identisch sind. Hierbei sind die Werte β''_ξ nach den Gleichungen (274) zu entwickeln.

Diesen Festsetzungen entsprechend rechnet man also auch hier, ebenso wie bei den Einflußlinien der Gurtnormalkräfte und Gurtmomente, durchwegs mit einem konstanten Wert α'', der einer Felderanzahl $n = \infty$ entspricht, die aber praktisch schon erreicht wird, sobald $n \geqq 6$ ist. Die Fehler, welche dadurch entstehen sind einerseits größer als die analogen bei den Einflußlinien X_r (Tabelle 3), andererseits aber kleiner als die entsprechenden Fehler bei den Einflußlinien der Gurtmomente (Tabelle 11). Daher wurde hier eine Fehlerrechnung unterlassen.

Will man übrigens für Träger mit $n < 6$ Feldern die genauen Abzüge α'' und β'' berücksichtigen, so empfiehlt es sich, die Einflußlinien $q_r = X_r - X_{r+1}$ durch graphische Subtraktion der Einflußlinien X zu ermitteln, wobei diese mit Rücksicht auf die genauen Abzüge α und β nach einem entsprechenden Schema (Seite 148) zu bestimmen sind.

4. Zusammenfassung aller Ergebnisse zur Konstruktion einer Pfostenquerkrafteinflußlinie q_r.

Für jede Belastung, gleichgültig ob die Lasten in den Knoten des Ober- oder Untergurtes angreifen, ist die Querkraft in allen Querschnitten eines Pfostens r die gleiche und durch die Gleichung

$$q_r = X_r - X_{r+1} \quad \ldots\ldots\ldots\ldots \quad (64)$$

gegeben.

Der Zusammenhang zwischen Richtung und Vorzeichen folgt aus Fig. 98.

a) **Angabe und vorbereitende Arbeiten** sind dieselben wie Seite 148 und 149 zur Ermittlung der Einflußlinien X_r, können daher als bekannt vorausgesetzt werden.

b) **Gleichung der Einflußlinien, Ermittlung der $\mathfrak{A}''$- und $\mathfrak{B}''$-Werte, sowie der Abzüge α'' und β''.**

Gleichung einer Einflußlinie q_r:

$$\eta''_\xi = \left\{ \begin{array}{ll} \dfrac{n-\xi}{n}\mathfrak{A}''_r + \alpha''_{\xi,r} & \ldots\ \xi \geqq r \\ \dfrac{\xi}{n}\mathfrak{B}''_r - \beta''_{\xi,r} & \ldots\ \xi \leqq r \end{array} \right\} \quad \ldots\ldots \quad (262)$$

Schematische Darstellung einer Einflußlinie q_r:

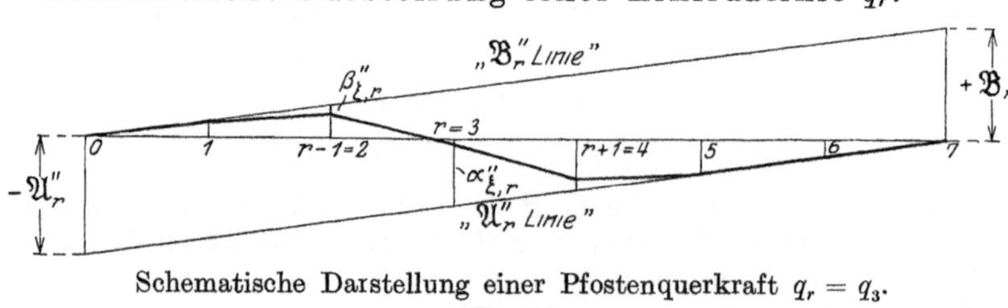

Schematische Darstellung einer Pfostenquerkraft $q_r = q_3$.
Fig. 99.

Ermittlung der $\mathfrak{A}_r''$- und $\mathfrak{B}_r''$-Werte:

$$\mathfrak{A}_r'' = -\left[1 - R_{\mathfrak{A},r}''\right]\frac{\lambda}{h} \quad \ldots\ldots\ldots \quad (265)$$

$$\mathfrak{B}_r'' = +\left[1 - R_{\mathfrak{B},r}''\right]\frac{\lambda}{h} \quad \ldots\ldots\ldots \quad (267)$$

wobei

$$R_{\mathfrak{A},1}'' = R_{\mathfrak{A},1}'\frac{1-\mu_b}{2} = k\frac{1-\mu_b}{2} \quad \ldots\ldots\ldots \quad (266)$$

$$R_{\mathfrak{A},r}'' = R_{\mathfrak{A},r}'\frac{1-k}{2} \ldots \text{ für } r \geqq 2 \quad \ldots\ldots \quad (264)$$

$$R_{\mathfrak{B},r}'' = R_{\mathfrak{B},r}'\frac{1-k}{2} \ldots \text{ für } r \geqq 2 \quad \ldots\ldots \quad (268)$$

ist, $R_{\mathfrak{A},r}'$ und $R_{\mathfrak{B},r}'$ aus Gleichung (202), (198), (199) zu ermitteln sind.

Die Restglieder R'' sind stets kleiner als 1, weshalb die $\mathfrak{A}''$-Werte stets negativ, die $\mathfrak{B}''$-Werte stets positiv sind.

Die Pfostenquerkraft für alle Querschnitte des Auflagerpfostens besitzt die Gleichung

$$q_0 = -X_1, \quad \ldots\ldots\ldots\ldots \quad (64)$$

daher ist ihre Einflußlinie mit der Einflußlinie $-X_1$ identisch.

Ermittlung der Abzüge α'' und β''.

Die Ordinaten einer $\mathfrak{A}''$-Linie und die dazugehörigen Werte α'', ferner die Ordinaten einer $\mathfrak{B}''$-Linie und die dazugehörigen Werte β'' haben stets entgegengesetzte Vorzeichen, daher sind die Ordinaten der $\mathfrak{A}''$- bzw. $\mathfrak{B}''$-Linien im absoluten Sinne um Werte α'' bzw. β'', — dem nachfolgenden Schema entsprechend, — zu verkleinern.

Schema der Abzüge α'' und β''.

Linie		$\alpha_{1,r}''$ [1]	$\alpha_{2,r}''$	$\alpha_{3,r}''$	$\alpha_{4,r}''$	$\alpha_{5,r}''$	$\alpha_{6,r}''$	...	...	...	...	Abzüge von der (Linie)	des Pfostens r
		α''	$k\alpha''$	$k^2\alpha''$	0	—						$\mathfrak{A}_1''$-	1
$\mathfrak{B}_2''$-	2	β_1''	α''	$k\alpha''$	$k^2\alpha''$	0	—					$\mathfrak{A}_2''$-	2
$\mathfrak{B}_3''$-	3	$k\beta_1''$	β_2''	α''	$k\alpha''$	$k^2\alpha''$	0	—				$\mathfrak{A}_3''$-	3
$\mathfrak{B}_4''$-	4	0	$k\beta_2''$	β_3''	α''	$k\alpha''$	$k^2\alpha''$	0	—			$\mathfrak{A}_4''$-	4
$\mathfrak{B}_5''$-	5		0	$k\beta_3''$	β_4''	α''	$k\alpha''$	$k^2\alpha''$	0	—		$\mathfrak{A}_5''$-	5
$\mathfrak{B}_6''$-	6			0	$k\beta_4''$	β_5''	α''	$k\alpha''$	$k^2\alpha''$	0	—	$\mathfrak{A}_6''$-	6
:	:			:	:	:	:	:	:	:		:	:
Abzüge von der	des Pfostens r	$\beta_{1,r}''$ [1]	$\beta_{2,r}''$	$\beta_{3,r}''$	$\beta_{4,r}''$	$\beta_{5,r}''$	...	...	...	...	...		

[1]) Die Ordinaten der $\mathfrak{A}''$- bzw. $\mathfrak{B}''$-Linien, von welchen die Abzüge α'' bzw. β'' weggenommen werden, sind durch die ersten Zeiger angezeigt.

Es ist:

$$\alpha'' = \frac{1}{2}\frac{\lambda}{h} \quad \dots \dots \dots \dots \dots \quad (269)$$

$$\left.\begin{aligned} \beta_1'' &= m''\frac{\lambda}{h} \\ \beta_2'' &= m''(1+3k)\frac{\lambda}{h} \\ \beta_3'' &= m''(1+3k+5k^2)\frac{\lambda}{h} \\ &\dots\dots\dots\dots\dots \\ \beta_\xi'' &= m''[1+3k+\ldots+(2\xi-1)k^{\xi-1}]\frac{\lambda}{h} \end{aligned}\right\} \quad \dots \quad (274)$$

$$m'' = \frac{1}{2}\frac{(1-k)^2}{1+k}k \quad \dots \dots \dots \dots \dots \quad (273)$$

c) **Graphische Darstellung der Einflußlinien q_r** nach dem Muster der Fig. 99 mit Berücksichtigung des vorstehenden Schemas für die Abzüge α'' und β''.

Als Maßstab zur graphischen Darstellung eignet sich am besten der Kraftmaßstab h cm d. Z. ... 1 Tonne. Dann ist in der maßstäblichen Darstellung:

$$\left.\begin{aligned} \mathfrak{A}_r'' &= \{-[1 - R_{\mathfrak{A},r}'']\lambda\} \text{ cm} \\ \mathfrak{B}_r'' &= \{+[1 - R_{\mathfrak{B},r}'']\lambda\} \text{ cm} \end{aligned}\right\} \quad \dots \dots \quad (276)$$

$$\left.\begin{aligned} \alpha'' &= \{\tfrac{1}{2}\lambda\} \text{ cm} \\ \beta_1'' &= \{m''\lambda\} \text{ cm} \\ \beta_2'' &= \{m''(1+3k)\lambda\} \text{ cm} \\ &\dots\dots\dots\dots\dots \\ \beta_\xi'' &= \{m''[1+3k+5k^2+\ldots+(2\xi-1)k^{\xi-1}]\lambda\} \text{ cm} \end{aligned}\right\} \quad . \quad (277)$$

Hierbei ist in diesen Gleichungen λ überall in Zentimeter der Zeichnung einzuführen, um die Strecken $\mathfrak{A}''$, $\mathfrak{B}''$, α'' und β'' in Zentimeter des Kraftmaßstabes h cm d. Z. ... 1 t zu erhalten. Alle übrigen noch vorkommenden Größen sind unbenannte Zahlen.

X. Einflußlinien der Pfostenmomente.

Aus nebenstehender Fig. 100 ergibt sich die Gleichung für ein Pfostenmoment in einem beliebigen Querschnitt y des Pfostens r mit

$$m_{r,y} = (X_r - X_{r+1})\,y - \left[(Y_r + Y_{r+1})\frac{\lambda}{2} + Z_r - Z_{r+1}\right]$$

Der Ausdruck in der eckigen Klammer ist nichts anderes als das Biegungsmoment in Pfostenmitte für $y = 0$. Nun wurde Seite 30 nachgewiesen, daß für jeden Pfosten das Biegungsmoment in der Mitte Null ist, so daß also dann für ein beliebiges Moment $m_{r,y}$ die Gleichung

$$m_{r,y} = (X_r - X_{r+1})\, y \quad . \quad . \quad . \quad . \quad . \quad . \quad . \quad . \quad . \quad (65)$$

bleibt, was übrigens schon seinerzeit [Gl. (65)] erwähnt wurde.

Betreffs des Vorzeichens wird in Erinnerung gebracht, daß das Biegungsmoment in einem Pfostenquerschnitt als positiv angesprochen wird, wenn es auf der linken Seite Zug erzeugt. Diese Annahme stimmt dann damit überein, daß das Moment der Kräfte X_r bzw. X_{r+1} positiv ist, wenn es in bezug auf einen gegebenen Querschnitt im Sinne der Uhr dreht.

Vergleicht man nun die Momentengleichung (65) mit der Gleichung der Pfostenquerkraft desselben Schnittes — sie ist übrigens für alle Schnitte die gleiche —

$$q_{r,y} = q_r = X_r - X_{r+1} \quad . \quad . \quad . \quad . \quad . \quad . \quad . \quad . \quad (64)$$

so erkennt man, daß man das Moment in irgendeinem Querschnitt y erhält, indem man einfach die konstante Pfostenquerkraft q_r mit y multipliziert.

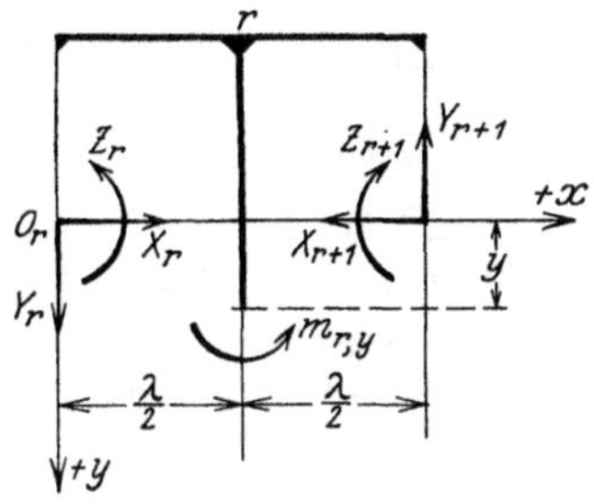

Fig. 100.

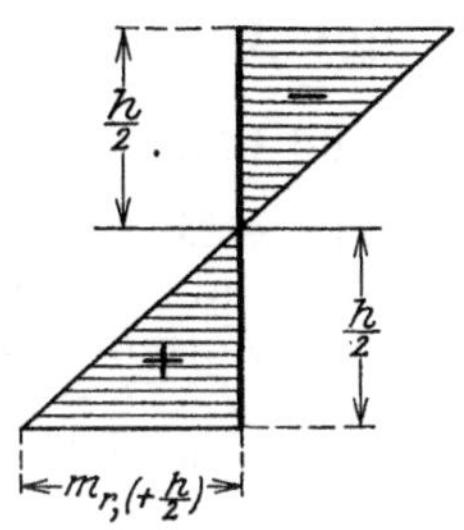

Fig. 101.

Für das weitere ist zunächst das Fußmoment $m_{r,\left(+\frac{h}{2}\right)}$ des Ständers r, von besonderem Interesse, welches durch die Gleichung

$$m_{r,\left(+\frac{h}{2}\right)} = [X_r - X_{r+1}]\frac{h}{2}$$

gegeben ist.

Früher wurde schon erwähnt, daß das Moment in Pfostenmitte für jede Laststellung gleich Null ist, und da ferner die Biegungsmomente nach Gleichung (65) sich für eine gegebene Laststellung linear über den Pfosten verteilen, so besitzt das Momentendiagramm eines Pfostens für jede Belastung die in Fig. 101 gezeichnete Form. Daraus ist ohne weiteres zu entnehmen, daß mit dem maximalen Wert des Fußmomentes $m_{r,\left(+\frac{h}{2}\right)}$ auch die Momente in allen übrigen Querschnitten gleichzeitig ihren Größtwert erreichen und daher nur das Maximum des Fußmomentes ermittelt werden braucht, um die Maximalmomentenlinie des Pfostens zu erhalten.

Dieser Wert ergibt sich aber ohne weiteres aus Gleichung (65), es ist

$$\max m_{r,\left(+\frac{h}{2}\right)} = \max\left[X_r - X_{r+1}\right]\frac{h}{2}$$
$$= \max q_r \cdot \frac{h}{2},$$

d. h. man hat einfach den aus der Einflußlinie q_r ausgewerteten maximalen Wert der Pfostenquerkraft $\max q_r$ mit $\frac{h}{2}$ zu multiplizieren, um $\max m_{r,\left(+\frac{h}{2}\right)}$ zu erhalten.

Nach diesen Erörterungen erspart man sich daher das Zeichnen jeder Einflußlinie $m_{r,y}$. Im übrigen sind ja die Einflußlinien der Pfostenquerkräfte jenen der Pfostenmomente proportional, so daß bei entsprechender Änderung des Maßstabes die Querkrafteinflußlinien auch als Momenteneinflußlinien betrachtet werden können.

XI. Zusammenfassung aller Ergebnisse des Teiles C in der Anwendung auf ein praktisches Beispiel.

Angabe und Voraussetzungen für die Durchführung der Berechnung.

Es sind die Einflußlinien der Normal- und Querkräfte, sowie die der Biegungsmomente in den Gurten und Pfosten eines 8feldrigen Vierendeelträgers zu ermitteln. Die Spannweite des Trägers ist $l = 8\lambda = 40$ m, die Feldlänge $\lambda = 5$ m, die Trägerhöhe $h = 4$ m. Der Lastangriff soll in den Knoten des Obergurtes stattfinden, also „Fahrbahn oben“ vorliegen.

Aus Abschnitt II ging hervor, daß die Einflußlinien aller Querschnittkräfte, gleichgültig ob „Fahrbahn oben“ oder „Fahrbahn unten“ vorliegt, konstruiert werden können, sobald die Einflußlinien der statisch unbestimmten Größen X_r, deren Ermittlung Abschnitt III behandelt, bekannt sind.

In diesem letztgenannten Abschnitt wurde nun gefunden, daß zur Ermittlung der Einflußlinien X_r stets das Verhältnis der Trägheitsmomente $\frac{J}{J_u}$ und die Gurtquerschnittsfläche F bekannt sein müssen. Da zur Berechnung der statisch unbestimmten Größen X_r die Trägheitsmomente J_u aller Gurtquerschnitte einerseits und ebenso die Trägheitsmomente J aller Pfostenquerschnitte andererseits als untereinander gleich und konstant vorausgesetzt wurden, so sind unter J, J_u und F Mittelwerte, der in Wirklichkeit — entsprechend den verschieden großen Querschnittskräften — variablen Querschnitte zu verstehen.

Für eine erste Berechnung des Trägers sind nun die Querschnitte noch ganz unbekannt. Bei der Durchführung einer solchen Berechnung vernachlässigt man zunächst den Einfluß der Normalkräfte auf die

Formänderung (Abschnitt III/2 a), womit die Kenntnis von F überflüssig wird, ferner wählt man für $\frac{J}{J_u}$ einen entsprechenden Wert, setzt meist $\frac{J}{J_u} = 1$ und führt unter diesen Voraussetzungen die Berechnung und Konstruktion der Einflußlinien durch, mit deren Hilfe man die maximalen Normalkräfte, Querkräfte und Biegungsmomente zur ersten Dimensionierung des Trägers findet.

Auf Grund der nun ermittelten Querschnitte ist man in der Lage, ein passendes Verhältnis $\frac{J}{J_u}$ und einen mittleren Gurtquerschnitt F festzusetzen, mit welchen man nun die ganze Berechnung, unter Zugrundelegung eines neu ermittelten Wertes k nach Gleichung (50) im Abschnitt III/2 a, noch einmal durchführt.

Nach diesen Bemerkungen können nun die Einflußlinien aller Querschnittkräfte nach der folgenden Anleitung, die auf jeden anderen Rahmenträger analog anzuwenden ist, ermittelt werden. Wegen der Symmetrieverhältnisse des Trägers genügen selbstverständlich die Einflußlinien für die ersten 4 Felder.

1. Vorbereitende Arbeiten für die Konstruktion der Einflußlinien:

$$\begin{array}{ll} \text{Felderanzahl} & n = 8\,, \\ \text{Feldweite} & \lambda = 5\ \text{m}\,, \\ \text{Höhe} & h = 4\ \text{m}. \end{array}$$

Es sind nun folgende Größen zu ermitteln:

$$\frac{\lambda}{h} = \frac{5}{4}\,,$$

$$a = 2 + 6\,\frac{\lambda}{h}\,\frac{J}{J_u} = 9{,}5 \quad \dots\dots\dots\dots \quad (40)$$

da für die erste Berechnung $\frac{J}{J_u} = 1$ angenommen wird. Ferner sind k aus

$$k = \tfrac{1}{2}\left[a - \sqrt{a^2 - 4}\right] = 0{,}106\overline{5} \quad \dots\dots\dots \quad (30)$$

und die Potenzen $k, k^2, \dots k^{n-2}$ zu entwickeln. Die Größe k ist stets eine sehr kleine Zahl, die Potenzen nehmen daher rasch ab. Da für die weitere Rechnung eine Genauigkeit von 4 Dezimalen in k^x hinreichend ist, so wird die Entwicklung jener Potenzen von k überflüssig, deren 4. Dezimale bereits Null ist. Daher für dieses Beispiel:

$$\begin{aligned} k^2 &= 0{,}0113 \\ k^3 &= 0{,}0012 \\ k^4 &= 0{,}0001 \\ k^5 &= 0{,}0000\,. \end{aligned}$$

Ferner ist zu bilden:

$$1 + k = 1{,}1065; \quad 1 - k = 0{,}8935; \quad \frac{1-k}{1+k} = \frac{0{,}8935}{1{,}1065} = 0{,}8075;$$

$$\frac{1}{1+k} = 0{,}9040; \quad \frac{1}{1-k} = 1{,}1190;$$

$$m = \frac{1}{2}\frac{1-k}{1+k}k = 0{,}4038 \cdot 0{,}1065 = 0{,}0430 \quad \ldots \quad (221)$$

$$m' = 2m = 0{,}0860 \quad \ldots \quad (252)$$

$$m'' = (1-k)\,m = \frac{1}{2}\frac{(1-k)^2}{1+k} \cdot k = 0{,}8935 \cdot 0{,}0430 = 0{,}0384 \quad (273)$$

$$\left.\begin{aligned} \mu_a &= \frac{1}{1-k} = 1{,}1190; \quad \nu_b = 2n\frac{1}{1+k} + \frac{1}{1-k} = 14{,}4700 + 1{,}1190 = 15{,}5890 \\ \mu_b &= k\,\mu_a = 0{,}1191; \quad \nu_a = k\,\nu_b = 1{,}6600 \end{aligned}\right\} \quad \text{(19 bis (19}$$

Nun sind die Restglieder nach den folgenden allgemeinen Formeln zu entwickeln:

$$R'_{\mathfrak{A},1} = k \quad \ldots \quad (202)$$

$$\left.\begin{aligned} R'_{\mathfrak{A},r} &= \mu_a k^r - \nu_a k^{n-r} \quad \ldots \quad (198) \\ R'_{\mathfrak{B},r} &= \nu_b k^r - \mu_b k^{n-r} \quad \ldots \quad (199) \end{aligned}\right\} r \geqq 2$$

Daher für dieses Beispiel:

$r = 2$: $\mu_a k^2 = 1{,}1190 \cdot 0{,}0113 = 0{,}0126$; $\quad \nu_a k^6 = 0{,}0000$;

$r = 3$: $\mu_a k^3 = 1{,}1190 \cdot 0{,}0012 = 0{,}0013$; $\quad \nu_a k^5 = 0{,}0000$;

$r = 4$: $\mu_a k^4 = 1{,}1190 \cdot 0{,}0001 = 0{,}0001$; $\quad \nu_a k^4 = 1{,}66 \cdot 0{,}0001 = 0{,}0002$;

$r = 2$: $\nu_b k^2 = 15{,}5890 \cdot 0{,}0113 = 0{,}1760$; $\quad \mu_b k^6 = 0{,}0000$;

$r = 3$: $\nu_b k^3 = 15{,}5890 \cdot 0{,}0012 = 0{,}0187$; $\quad \mu_b k^5 = 0{,}0000$;

$r = 4$: $\nu_b k^4 = 15{,}5890 \cdot 0{,}0001 = 0{,}0016$; $\quad \mu_b k^4 = 0{,}0000$;

daraus:

$$R'_{\mathfrak{A},1} = 0{,}1065;$$

$$R'_{\mathfrak{A},2} = 0{,}0126; \quad R'_{\mathfrak{B},2} = 0{,}1760;$$

$$R'_{\mathfrak{A},3} = 0{,}0013; \quad R'_{\mathfrak{B},3} = 0{,}0187;$$

$$R'_{\mathfrak{A},4} = -0{,}0001; \quad R'_{\mathfrak{B},4} = 0{,}0016.$$

Es zeigt sich hier in den Gleichungen (198), (199), wie schon allgemein im Abschnitt III/2 b erwähnt, daß die zweiten Posten bei Ermittlung der Restglieder fast in allen praktischen Fällen so klein sind, daß sie auf die Bildung des Restes gar keinen Einfluß haben. Ferner wurde in demselben Abschnitt über die Größe und Bedeutung der Restglieder sowie über eine eventuelle Vernachlässigung derselben gesprochen und an der Hand von vielen Beispielen nachgewiesen, daß die Restglieder nur für die ersten Felder eines Rahmenträgers in Betracht kommen, gegen die Mitte zu ihrer Kleinheit wegen jedoch vernachlässigt werden können, was auch hier zu entnehmen ist.

2. Einflußlinien der Gurtnormalkräfte.

Wie aus Abschnitt V hervorgeht, sind die Normalkräfte des Ober- und Untergurtes in einem Vertikalschnitt eines Feldes bei jeder Belastung einander gleich, aber entgegengesetzt gerichtet und in allen Querschnitten eines Feldes von gleicher Größe. Der Obergurt wird immer gedrückt, der Untergurt hingegen immer gezogen, ganz gleichgültig, ob die Lasten in den Knoten des Ober- oder Untergurtes angreifen. Daher genügt es, die Einflußlinien der Normalkräfte N_r in den Untergurten der einzelnen Felder zu ermitteln, die unabhängig von dem Lastangriff sind und daher durch „Fahrbahn oben“ oder „Fahrbahn unten“ in keiner Weise beeinflußt werden.

a) Gleichung einer Einflußlinie N_r:

$$\eta_\xi = \left\{\begin{array}{ll} \frac{n-\xi}{n}\mathfrak{A}_r - \alpha_{\xi,r} & \ldots \; \xi \geqq r \\ \frac{\xi}{n}\mathfrak{B}_r - \beta_{\xi,r} & \ldots \; \xi \leqq r-1 \end{array}\right\} \quad \ldots \quad (178)$$

Diese Gleichung sagt:

1. Zur Bildung einer Einflußlinie N_r rechts vom Felde r ist eine „$\mathfrak{A}_r$-Linie“ $\left(\frac{n-\xi}{n}\mathfrak{A}_r\right)$ notwendig, welche vom rechten Stützpunkt B ausgeht und über dem linken Stützpunkt A eine Strecke $\mathfrak{A}_r$ abschneidet. Von den Ordinaten dieser Linie sind nach Abschnitt III/2 c in $\xi = r$ und $r+1$ die Werte α und $k\alpha$ abzuziehen.
2. Zur Bildung einer Einflußlinie N_r links vom Felde r wird eine „$\mathfrak{B}_r$-Linie“ $\left(\frac{\xi}{n}\mathfrak{B}_r\right)$ benötigt, welche vom linken Stützpunkt A ausgeht und über dem rechten Stützpunkt B eine Strecke $\mathfrak{B}_r$ abschneidet. Von den Ordinaten dieser Linie sind nach obenerwähntem Abschnitt in $\xi = r-1$ und $r-2$ die Werte β_{r-1} und $k\beta_{r-2}$ abzuziehen.

b) Ermittlung der $\mathfrak{A}_r$- und $\mathfrak{B}_r$-Werte:

$$\mathfrak{A}_r = \tfrac{1}{2}[2r - 1 + R'_{\mathfrak{A},r}]\frac{\lambda}{h} \quad \ldots\ldots\ldots \quad (200)$$

$$\mathfrak{B}_r = \tfrac{1}{2}[2(n-r) + 1 - R'_{\mathfrak{B},r}]\frac{\lambda}{h} \quad \ldots\ldots \quad (201)$$

daher:

$$\mathfrak{A}_1 = 0{,}5533\,\frac{\lambda}{h};$$

$$\mathfrak{A}_2 = 1{,}5063\,\frac{\lambda}{h}; \qquad \mathfrak{B}_2 = 6{,}4120\,\frac{\lambda}{h};$$

$$\mathfrak{A}_3 = 2{,}5006\,\frac{\lambda}{h}; \qquad \mathfrak{B}_3 = 5{,}4907\,\frac{\lambda}{h};$$

$$\mathfrak{A}_4 = 3{,}5000\,\frac{\lambda}{h}; \qquad \mathfrak{B}_4 = 4{,}4992\,\frac{\lambda}{h}.$$

Mit den nun errechneten $\mathfrak{A}$- und $\mathfrak{B}$-Werten können die „$\mathfrak{A}$- und $\mathfrak{B}$-Linien" eines jeden Feldes nach einem zugrunde gelegten Kraftmaßstab gezeichnet werden.

c) Ermittlung der Abzüge $\alpha_{\xi, r}$ und $\beta_{\xi, r}$.

Nach den Betrachtungen im Abschnitt III/2 c sind von den $\mathfrak{A}_r$- bzw. $\mathfrak{B}_r$-Linien in den Ordinaten r, $r+1$ bzw. $r-1$ und $r-2$ Werte α und β abzuziehen, die allgemein nach dem Schema Seite 147 zu entwickeln sind. Für dieses spezielle Beispiel sind diese Abzüge α und β nach dem nachfolgenden Schema zu ermitteln und durchzuführen:

Schema für die Abzüge $\alpha_{\xi, r}$ und $\beta_{\xi, r}$.

		$\alpha_{1, r}$[1])	$\alpha_{2, r}$	$\alpha_{3, r}$	$\alpha_{4, r}$	$\alpha_{5, r}$	$\alpha_{6, r}$	$\alpha_{7, r}$	Abzüge $\alpha_{\xi, r}$ von der	des Feldes r
		α	$k\alpha$	0	—	—	—	—	$\mathfrak{A}_1$-	1
$\mathfrak{B}_2$- Linie	2	β_1	α	$k\alpha$	0	—	—	—	$\mathfrak{A}_2$- Linie	2
$\mathfrak{B}_3$- Linie	3	$k\beta_1$	β_2	α	$k\alpha$	0	—	—	$\mathfrak{A}_3$- Linie	3
$\mathfrak{B}_4$- Linie	4	0	$k\beta_2$	β_3	α	$k\alpha$	0	—	$\mathfrak{A}_4$- Linie	4
Abzüge $\beta_{\xi, r}$ von der	des Feldes r	$\beta_{1, r}$[1])	$\beta_{2, r}$	$\beta_{3, r}$	—	—	—	—		

Es ist, nach Abschnitt III/2 c, unabhängig von der Felderanzahl:

$$\alpha = \tfrac{1}{2}(1 + k)\, k \frac{\lambda}{h} \quad \ldots \ldots \ldots \quad (216)$$

$$\left.\begin{aligned} \beta_1 &= m \frac{\lambda}{h} \\ \beta_2 &= m(1 + 3k) \frac{\lambda}{h} \\ \beta_3 &= m(1 + 3k + 5k^2) \frac{\lambda}{h} \\ &\text{allgemein wäre:} \\ \beta_\xi &= m[1 + 3k + \ldots + (2\xi - 1) k^{\xi - 1}] \frac{\lambda}{h} \end{aligned}\right\} \quad \ldots \quad (221)$$

$$m = \frac{1}{2} \frac{1 - k}{1 + k} k \quad \ldots \ldots \ldots \quad (222)$$

Daher für dieses Beispiel:

$$\alpha = \tfrac{1}{2}(1 + k)\, k \frac{\lambda}{h} = 0{,}0588 \frac{\lambda}{h}$$

$$k\alpha = 0{,}1065 \cdot \alpha = 0{,}0063 \frac{\lambda}{h}$$

---

[1]) Die ersten Zeiger geben die Ordinaten an, von welchen die Werte α, β abzuziehen sind.

und

$$\beta_1 = m \frac{\lambda}{h} = 0{,}0430 \frac{\lambda}{h}; \qquad k\beta_1 = 0{,}0046 \frac{\lambda}{h}$$

$$\beta_2 = 0{,}0430 \cdot 1{,}3195 \frac{\lambda}{h} = 0{,}0568 \frac{\lambda}{h}; \qquad k\beta_2 = 0{,}0060 \frac{\lambda}{h}$$

$$\beta_3 = 0{,}0430 \cdot 1{,}3760 \frac{\lambda}{h} = 0{,}0592 \frac{\lambda}{h}.$$

d. Maßstäbliche Darstellung der Einflußlinien (Fig. 102—107).

Als Längenmaßstab werde das Verhältnis

$$1 : r = 1 : 200$$

gewählt. Dann ist:

$$h = 4 \text{ m d. N.} \;.\;.\;.\; 2 \text{ cm d. Z.}$$

$$\lambda = 5 \text{ m ,, ,,} \;.\;.\;.\; 2{,}5 \text{ cm ,, ,,}$$

$$l = 8\lambda = 40 \text{ m ,, ,,} \;.\;.\;.\; 20 \text{ cm ,, ,,}$$

Kraftmaßstab: Zum Auftragen der Einflußlinien empfiehlt sich als Kraftmaßstab h cm der Zeichnung ... 1 t zu wählen, hier also 2 cm ... 1 t.

Den Werten $\mathfrak{A}$, $\mathfrak{B}$, α und β liegt die allgemeine Form $\mu \frac{\lambda}{h}$ zugrunde, wobei μ einen veränderlichen Multiplikator anzeigt. Für den Maßstab h cm d. Z. ... 1 t erhalten daher alle diese Größen die allgemeine Form $(\mu\lambda)$ cm, wobei λ in Zentimeter der Zeichnung einzuführen ist, um die entsprechenden Größen in Zentimeter des Kraftmaßstabes zu bekommen. Dann ist in der maßstäblichen Darstellung allgemein:

$$\left.\begin{aligned} \mathfrak{A}_r &= \{\tfrac{1}{2}[2r - 1 + R'_{\mathfrak{A},r}]\lambda\} \text{ cm} \\ \mathfrak{B}_r &= \{\tfrac{1}{2}[2(n-r) + 1 - R'_{\mathfrak{B},r}]\lambda\} \text{ cm} \end{aligned}\right\} \;.\;.\;.\;.\;.\;.\;.\; (224)$$

$$\left.\begin{aligned} \alpha &= \{\tfrac{1}{2}(1+k)\,k\cdot\lambda\} \text{ cm} \\ \beta_\xi &= \{m[1 + 3k + \ldots + (2\xi - 1)k^{\xi-1}]\lambda\} \text{ cm} \end{aligned}\right\} \;.\;.\; (225)$$

Speziell für dieses Beispiel ist dann:

$\mathfrak{A}_1 = 0{,}5533 \cdot 2{,}5 = 1{,}38$ cm;

$\mathfrak{A}_2 = 1{,}5063 \cdot 2{,}5 = 3{,}76$ cm; $\qquad \mathfrak{B}_2 = 6{,}4120 \cdot 2{,}5 = 16{,}02$ cm;

$\mathfrak{A}_3 = 2{,}5006 \cdot 2{,}5 = 6{,}25$ cm; $\qquad \mathfrak{B}_3 = 5{,}4907 \cdot 2{,}5 = 13{,}73$ cm;

$\mathfrak{A}_4 = 3{,}5000 \cdot 2{,}5 = 8{,}75$ cm; $\qquad \mathfrak{B}_4 = 4{,}4992 \cdot 2{,}5 = 11{,}25$ cm;

$\alpha = 0{,}0588 \cdot 2{,}5 = 0{,}15$ cm; $\qquad \beta_1 = 0{,}0430 \cdot 2{,}5 = 0{,}11$ cm;

$k\alpha = 0{,}1065 \cdot 0{,}15 = 0{,}02$ cm; $\qquad k\beta_1 = 0{,}1065 \cdot 0{,}11 = 0{,}01$ cm;

$\beta_2 = 0{,}0568 \cdot 2{,}5 = 0{,}14$ cm;

$k\beta_2 = 0{,}1065 \cdot 0{,}14 = 0{,}02$ cm;

$\beta_3 = 0{,}0592 \cdot 2{,}5 = 0{,}15$ cm.

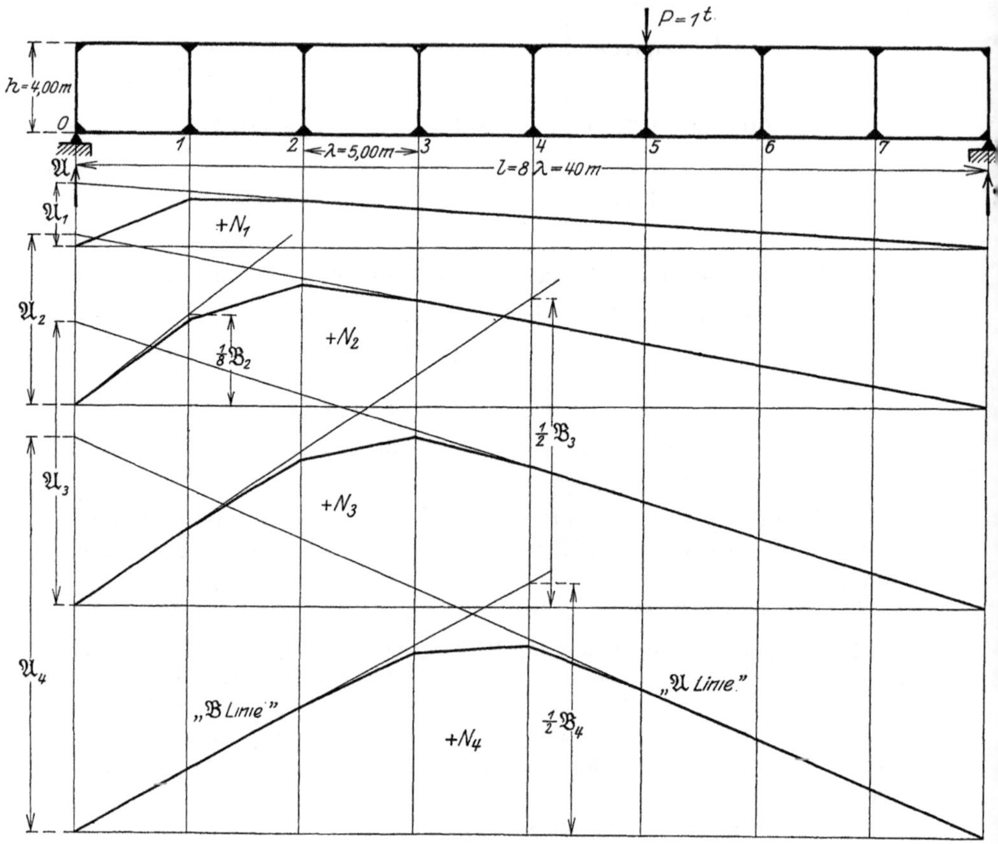

Einflußlinien der Normalkräfte N_r in den Untergurten.
Kraftmaßstab: h cm d. Z. = 2 cm . . . 1 Tonne. Längenmaßstab $1:\nu = 1:200$.
Fig. 102—107.

3. Einflußlinien der Gurtquerkräfte.

Im Abschnitt VI wurde gefunden, daß für einen Vertikalschnitt durch den Träger die Querkraft in beiden Querschnitten des Ober- und Untergurtes gleich groß und gleich gerichtet ist. Ferner wurde ermittelt, daß die Querkraft eines Gurtes für einen beliebigen Schnitt im Felde r des Rahmenträgers gleich der halben Querkraft für denselben Schnitt im Felde r eines frei aufliegenden Trägers (Fig. 53) von derselben Felderanzahl, Spannweite und Belastung ist, gleichgültig, ob ein Rahmenträger mit „Fahrbahn oben" oder „Fahrbahn unten" vorliegt.

Das Vorzeichen einer Querkraft wurde als positiv festgesetzt, wenn sie als Resultierende aller äußeren Kräfte links vom Schnitt nach aufwärts zeigt.

a) Die Gleichung einer Einflußlinie Q_r ist:

$$\eta_\xi = \left\{ \begin{array}{ll} \left\{\frac{n-\xi}{n}\,\frac{1}{2}\right\} & \ldots\ \xi \geqq r \\ \left\{-\frac{\xi}{n}\,\frac{1}{2}\right\} & \ldots\ \xi \lesseqgtr r-1 \end{array} \right\} \quad \ldots\ldots \quad (234)$$

Diese Gleichung sagt, daß die Einflußlinie von Q_r rechts vom Felde r mit einer $\mathfrak{A}$-Linie $\frac{n-\xi}{n}\,\frac{1}{2}$ zusammenfällt, die unabhängig von r für alle Felder dieselbe ist, vom rechten Stützpunkt B ausgeht und in der Vertikalen über dem linken Stützpunkt A im Kraftmaßstab h cm d. Z. ... 1 t ein Stück $\mathfrak{A} = \frac{1}{2}$ t, also $\frac{h}{2}$ cm abschneidet. Ganz analog ist die Einflußlinie links vom Felde r mit einer $\mathfrak{B}$-Linie $\left(-\frac{\xi}{n}\,\frac{1}{2}\right)$ identisch, die vom linken Stützpunkt A ausgeht, für alle Felder die gleiche ist und in der Vertikalen über dem rechten Stützpunkt B im Kraftmaßstab h cm d. Z. ... 1 t eine Strecke $\mathfrak{B} = -\frac{1}{2}$ t, also $\left(-\frac{h}{2}\right)$ cm abschneidet. Innerhalb des Feldes r ist die Einflußlinie eine Gerade.

Die Fig. 108 bis 110 stellen die Einflußlinien Q_1 bis Q_4 in obenerwähntem Kraftmaßstab dar (vgl. Aufgabe 4 im Abschnitt I).

4. Einflußlinien der Gurtmomente.

Führt man einen Vertikalschnitt durch den Träger, so ist nach Gleichung (60) das Moment des Obergurtes in diesem Schnitt von gleicher Größe und gleichem Drehungssinn wie das des Untergurtes, gleichgültig, ob die Lasten in den Knoten des Ober- oder Untergurtes angreifen. Es genügt daher, nur die Einflußlinien der Momente $M_{r,x}$ des Untergurtes zu ermitteln, welche für „Fahrbahn oben" und „Fahrbahn unten" dieselben bleiben.

Das Vorzeichen eines Gurtbiegungsmomentes wurde als positiv erklärt, wenn es in den unteren Fasern der Gurte Zug erzeugt. Das Vorzeichen von x ist aus Fig. 92 zu entnehmen.

a) Gleichung der Einflußlinie $M_{r,x}$ für einen Schnitt a—a in der Entfernung $x = \zeta\,\frac{\lambda}{2}$:

$$\eta'_\xi = \left\{ \begin{array}{ll} \frac{n-\xi}{n}\,\mathfrak{A}'_{r,x} + \alpha'_{\xi,r} & \xi \geqq r \\ \frac{\xi}{n}\,\mathfrak{B}'_{r,x} + \beta'_{\xi,r} & \xi \lesseqgtr r-1 \end{array} \right\} \quad \ldots\ldots \quad (241)$$

Diese Gleichung sagt, daß zur Bildung einer Momenteneinflußlinie $M_{r,x}$ die Kenntnis einer „$\mathfrak{A}'_{r,x}$-Linie" $\left(\frac{n-\xi}{n}\,\mathfrak{A}'_{r,x}\right)$ — kurz „$\mathfrak{A}'$-Linie" des Querschnittes genannt — notwendig ist, welche vom rechten

Stützpunkt B ausgeht und in der Vertikalen über dem linken Stützpunkt A eine Strecke $\mathfrak{A}'_{r,x}$ abschneidet. Zu den Ordinaten dieser Linie sind in $\xi = r$ und $r + 1$ die Größen α' bzw. $k\alpha'$ zu addieren. Analog

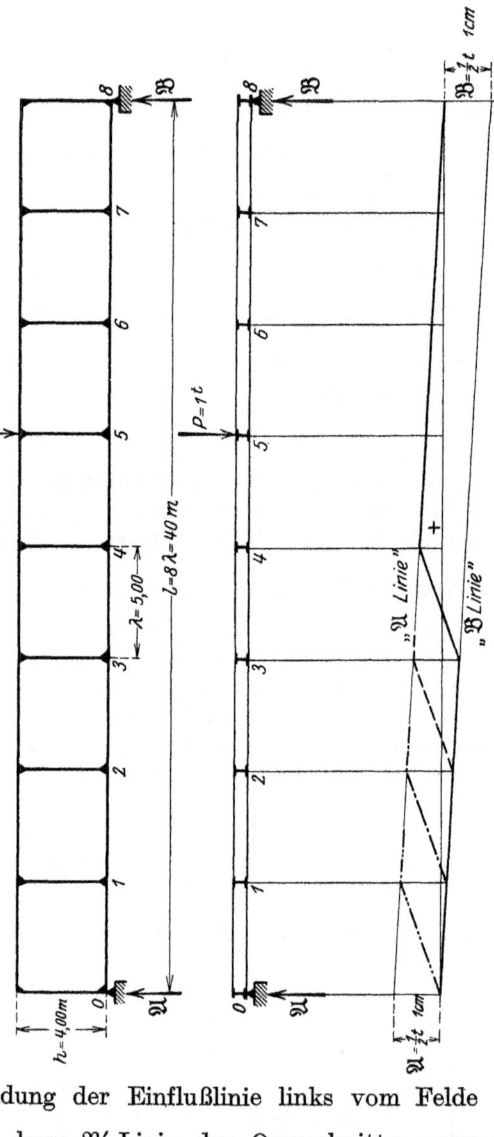

Längenmaßstab 1 : ν = 1 : 200

Kraftmaßstab

h cm d. Z. = 2 cm . . . 1 Tonne

Fig. 108—110.

Einflußlinien der Gurtquerkräfte Q_r:

Q_1 — · · — · · — im 1. Feld

Q_2 — · — · — „ 2. „

Q_3 — — — — „ 3. „

Q_4 ———

ist zur Bildung der Einflußlinie links vom Felde r eine $\mathfrak{B}'_{r,x}$-Linie $\left(\frac{\xi}{n}\mathfrak{B}'_{r,x}\right)$ — kurz $\mathfrak{B}'$-Linie des Querschnittes genannt — notwendig, die vom linken Stützpunkt A ausgeht und in der Vertikalen durch den rechten Stützpunkt B eine Strecke $\mathfrak{B}'_{r,x}$ abschneidet. Zu den Ordinaten dieser Linie sind in $\xi = r - 1$ und $r - 2$ die Größen β'_{r-1} bzw. $k\beta'_{r-2}$ zu addieren.

Wie im nachfolgenden Abschnitt e) noch näher ausgeführt wird, genügen im allgemeinen schon die Maximalwerte der Eckmomente eines Feldes allein zur Konstruktion der Maximalmomentenkurve desselben. Da auf Grund der Maximalmomentenlinie die Dimensionierung durchgeführt wird, so folgt daraus, daß die Einflußlinien der linken und rechten Eckmomente, deren Auswertung ja die absoluten Maxima liefert, von besonderer Bedeutung sind. Aus diesem Grunde wurden im folgenden die Einflußlinien der Eckmomente eines jeden Feldes gerechnet und in Fig. 111 bis 120 dargestellt, für das zweite Feld übrigens der allgemeinen Übersicht halber und zwecks Besprechung der Maximalmomentenlinie im Abschnitt e) auch noch die Einflußlinien für die Querschnitte in den Feldvierteln konstruiert.

b) Ermittlung der Werte $\mathfrak{A}'_{r,x}$ und $\mathfrak{B}'_{r,x}$:

Nach den allgemeinen Gleichungen ist:

$$\mathfrak{A}'_{r,x} = +(\zeta - R'_{\mathfrak{A},r})\frac{\lambda}{4} \quad \ldots\ldots\ldots \quad (237)$$

$$\mathfrak{B}'_{r,x} = -(\zeta - R'_{\mathfrak{B},r})\frac{\lambda}{4} \quad \ldots\ldots\ldots \quad (238)$$

$$\zeta = \frac{x}{\frac{\lambda}{2}},$$

wobei x mit seinem Vorzeichen einzuführen ist.

Speziell ist nun

für rechte Eckmomente $\zeta = +1$, daher:

$$\left.\begin{aligned} \mathfrak{A}'_{r,\left(+\frac{\lambda}{2}\right)} &= +(1 - R'_{\mathfrak{A},r})\frac{\lambda}{4} \\ \mathfrak{B}'_{r,\left(+\frac{\lambda}{2}\right)} &= -(1 - R'_{\mathfrak{B},r})\frac{\lambda}{4} \end{aligned}\right\} \quad \ldots\ldots \quad (245)$$

für linke Eckmomente $\xi = -1$, daher:

$$\left.\begin{aligned} \mathfrak{A}'_{r,\left(-\frac{\lambda}{2}\right)} &= -(1 + R'_{\mathfrak{A},r})\frac{\lambda}{4} \\ \mathfrak{B}'_{r,\left(-\frac{\lambda}{2}\right)} &= +(1 + R'_{\mathfrak{B},r})\frac{\lambda}{4} \end{aligned}\right\} \quad \ldots\ldots \quad (244)$$

Ferner ist im Felde 2 für das Moment im Querschnitt $x = +\frac{\lambda}{4}$ der Wert $\zeta = +\frac{1}{2}$ und daher

$$\mathfrak{A}'_{2,\left(+\frac{\lambda}{4}\right)} = +(\tfrac{1}{2} - R'_{\mathfrak{A},2})\frac{\lambda}{4},$$

$$\mathfrak{B}'_{2,\left(+\frac{\lambda}{4}\right)} = -(\tfrac{1}{2} - R'_{\mathfrak{B},2})\frac{\lambda}{4}.$$

Analog ist $\zeta = -\frac{1}{2}$ für den Querschnitt $x = -\frac{\lambda}{4}$ und daher

$$\mathfrak{A}'_{r,\left(-\frac{\lambda}{4}\right)} = -\left(\tfrac{1}{2} + R'_{\mathfrak{A},2}\right)\frac{\lambda}{4},$$

$$\mathfrak{B}'_{r,\left(-\frac{\lambda}{4}\right)} = +\left(\tfrac{1}{2} + R'_{\mathfrak{B},2}\right)\frac{\lambda}{4}.$$

Die Restglieder $R'_{\mathfrak{A},r}$ und $R'_{\mathfrak{B},r}$ sind stets kleiner als eins, daher behalten die $\mathfrak{A}'$- und $\mathfrak{B}'$-Werte der Eckmomente stets das vor der Klammer stehende Vorzeichen bei.

Da nun die Restglieder bereits in den vorbereitenden Arbeiten unter 1. ermittelt wurden, so ergeben sich aus obigen Gleichungen folgende spezielle Werte:

Rechte Eckmomente:

$$\mathfrak{A}'_{1,\left(+\frac{\lambda}{2}\right)} = +0{,}8935\frac{\lambda}{4};$$

$$\mathfrak{A}'_{2,\left(+\frac{\lambda}{2}\right)} = +0{,}9874\frac{\lambda}{4}; \qquad \mathfrak{B}'_{2,\left(+\frac{\lambda}{2}\right)} = -0{,}8240\frac{\lambda}{4};$$

$$\mathfrak{A}'_{3,\left(+\frac{\lambda}{2}\right)} = +0{,}9987\frac{\lambda}{4}; \qquad \mathfrak{B}'_{3,\left(+\frac{\lambda}{2}\right)} = -0{,}9813\frac{\lambda}{4};$$

$$\mathfrak{A}'_{4,\left(+\frac{\lambda}{2}\right)} = +1{,}0001\frac{\lambda}{4}; \qquad \mathfrak{B}'_{4,\left(+\frac{\lambda}{2}\right)} = -0{,}9984\frac{\lambda}{4}.$$

Linke Eckmomente:

$$\mathfrak{A}'_{1,\left(-\frac{\lambda}{2}\right)} = -1{,}1065\frac{\lambda}{4};$$

$$\mathfrak{A}'_{2,\left(-\frac{\lambda}{2}\right)} = -1{,}0126\frac{\lambda}{4}; \qquad \mathfrak{B}'_{2,\left(-\frac{\lambda}{2}\right)} = +1{,}1760\frac{\lambda}{4};$$

$$\mathfrak{A}'_{3,\left(-\frac{\lambda}{2}\right)} = -1{,}0013\frac{\lambda}{4}; \qquad \mathfrak{B}'_{3,\left(-\frac{\lambda}{2}\right)} = +1{,}0187\frac{\lambda}{4};$$

$$\mathfrak{A}'_{4,\left(-\frac{\lambda}{2}\right)} = -0{,}9999\frac{\lambda}{4}; \qquad \mathfrak{B}'_{4,\left(-\frac{\lambda}{2}\right)} = +1{,}0016\frac{\lambda}{4}.$$

Moment $M_{2,\left(+\frac{\lambda}{4}\right)}$ im Querschnitt $x = +\frac{\lambda}{4}$ des zweiten Feldes:

$$\mathfrak{A}'_{2,\left(+\frac{\lambda}{4}\right)} = +0{,}4874\frac{\lambda}{4}; \qquad \mathfrak{B}'_{2,\left(+\frac{\lambda}{4}\right)} = -0{,}3240\frac{\lambda}{4}.$$

Moment $M_{2,\left(-\frac{\lambda}{4}\right)}$ im Querschnitt $x = -\frac{\lambda}{4}$ des zweiten Feldes:

$$\mathfrak{A}'_{2,\left(-\frac{\lambda}{4}\right)} = -0{,}5126\frac{\lambda}{4}; \qquad \mathfrak{B}'_{2,\left(-\frac{\lambda}{4}\right)} = +0{,}6760\frac{\lambda}{4}.$$

Mit Hilfe dieser Werte kann man nun nach einem bestimmten Momentenmaßstab die $\mathfrak{A}'$- und $\mathfrak{B}'$-Linien konstruieren.

c) Ermittlung der Zuschläge $\alpha'_{\xi, r}$ und $\beta'_{\xi, r}$.

Nach den Betrachtungen des Abschnittes VII/3 sind zu den jeweiligen $\mathfrak{A}'$- und $\mathfrak{B}'$-Linien der Querschnitte im Felde r in den Ordinaten $\xi = r$, $r + 1$ bzw. $\xi = r - 1$ und $r - 2$ Werte α' bzw. β' zu addieren, die allgemein nach dem Schema Seite 187 zu entwickeln und zuzuschlagen sind.

Es wurde dort nachgewiesen, daß für alle $\mathfrak{A}'$- und $\mathfrak{B}'$-Linien der Querschnitte innerhalb eines Feldes diese Zuschläge α', β' konstant bleiben, daher sind z. B. hier zu den vier $\mathfrak{A}'$- und $\mathfrak{B}'$-Linien der Querschnitte $x = \left(-\frac{\lambda}{2}\right)$, $\left(-\frac{\lambda}{4}\right)$, $\left(+\frac{\lambda}{4}\right)$ und $\left(+\frac{\lambda}{2}\right)$ des zweiten Feldes in $\xi = r = 2$ und $\xi = r + 1 = 3$ sowie in $\xi = r - 1 = 1$ stets dieselben Werte α' bzw. β' zu addieren.

Für das spezielle Beispiel hier gilt genau das analoge Schema von Seite 206, wenn man sich die $\mathfrak{A}_r$- und $\mathfrak{B}_r$-Linie durch die $\mathfrak{A}'_{r, x}$- und $\mathfrak{B}'_{r, x}$-Linien, die jeweiligen Abzüge $\alpha_{\xi, r}$ und $\beta_{\xi, r}$ durch die Zuschläge $\alpha'_{\xi, r}$ und $\beta'_{\xi\, r}$ ersetzt denkt und letztere nach folgenden Gleichungen entwickelt:

$$\alpha' = \frac{1}{1 - k}\, k\, \frac{\lambda}{4} \quad \ldots \ldots \ldots \ldots \quad (248)$$

$$\left.\begin{aligned} \beta'_1 &= m'\, \frac{\lambda}{4} \\ \beta'_2 &= m'\,(1 + 3k)\, \frac{\lambda}{4} \\ \beta'_3 &= m'\,(1 + 3k + 5k^2)\, \frac{\lambda}{4} \\ &\ldots\ldots\ldots\ldots\ldots\ldots \\ \beta'_\xi &= m'\,[1 + 3k + \ldots + (2\xi - 1)\, k^{\xi - 1}]\, \frac{\lambda}{4} \end{aligned}\right\} \quad \ldots \quad (251)$$

$$m' = \frac{1 - k}{1 + k}\, k = 2m \quad \ldots \ldots \ldots \ldots \quad (252)$$

Daher für dieses Beispiel:

$$\alpha' = 0{,}1184\, \frac{\lambda}{4}, \qquad \beta'_1 = 0{,}0860\, \frac{\lambda}{4}, \qquad k\beta'_1 = 0{,}0092\, \frac{\lambda}{4},$$

$$k\,\alpha' = 0{,}0126\, \frac{\lambda}{4}, \qquad \beta'_2 = 0{,}1136\, \frac{\lambda}{4}, \qquad k\beta'_2 = 0{,}0120\, \frac{\lambda}{4}.$$

$$\beta'_3 = 0{,}1184\, \frac{\lambda}{4},$$

Sind die Abzüge α und β (Seite 206) für die Einflußlinien X bereits gerechnet worden, so kann man, da nach obigen Gleichungen die Koeffizienten von $\frac{\lambda}{4}$ doppelt so groß sind wie die von $\frac{\lambda}{h}$ in den Gleichungen (216), (221) für α und β, einfach die doppelten Koeffizienten von dort hierher übernehmen.

d) Maßstäbliche Darstellung der Einflußlinien.

(Fig. 111 bis 120.)

Als Längenmaßstab der Zeichnung wurde das Verhältnis $1 : \nu = 1 : 200$ gewählt. Behielte man nun für den Momentenmaßstab das-

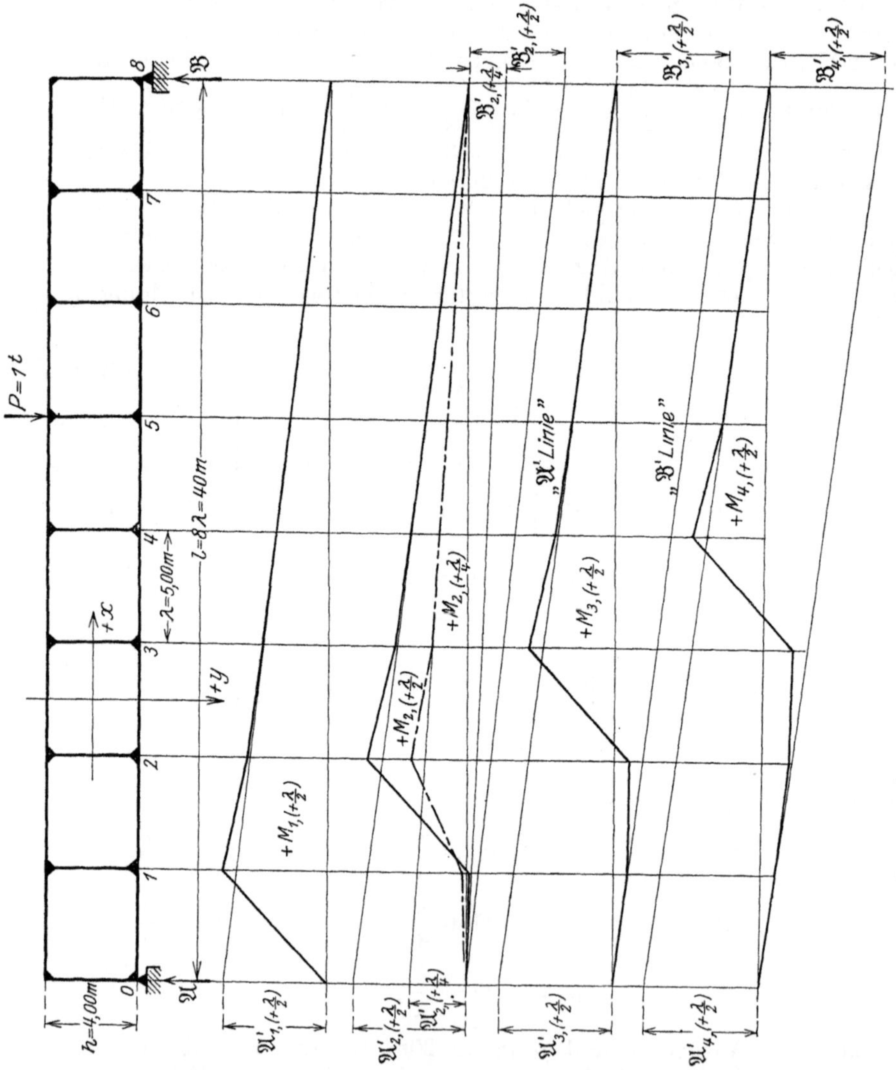

Fig. 111—115. Einflußlinien der rechten Eckmomente $M_{r\left(+\frac{2}{\lambda}\right)}$ in den Untergurten.
Längenmaßstab $1 : \nu = 1 : 200$. Momentenmaßstab $1 : \nu/4 = 1 : 50$; 1 cm d. Z. . . . 500 mkg.

selbe Verhältnis bei, so entspräche 1 cm d. Z. . . . 200 cmt, falls die Lasten in Tonnen gegeben sind. Dieser Maßstab wäre zum Auftragen und Auswerten der Einflußlinien wohl zu klein und es soll daher hier ein 4fach größerer, also 1 cm d. Z. . . . $\nu/4$ cmt gewählt werden.

Wenn man bedenkt, daß allgemein meist in einem Längenmaßstab 1 : 40 oder 1 : 50 gezeichnet wird, so wird ein 4- bis 5fach größerer Momentenmaßstab, also ein Verhältnis 1 cm d Z. . . 10 cmt, den Bedürfnissen der Praxis stets entsprechen.

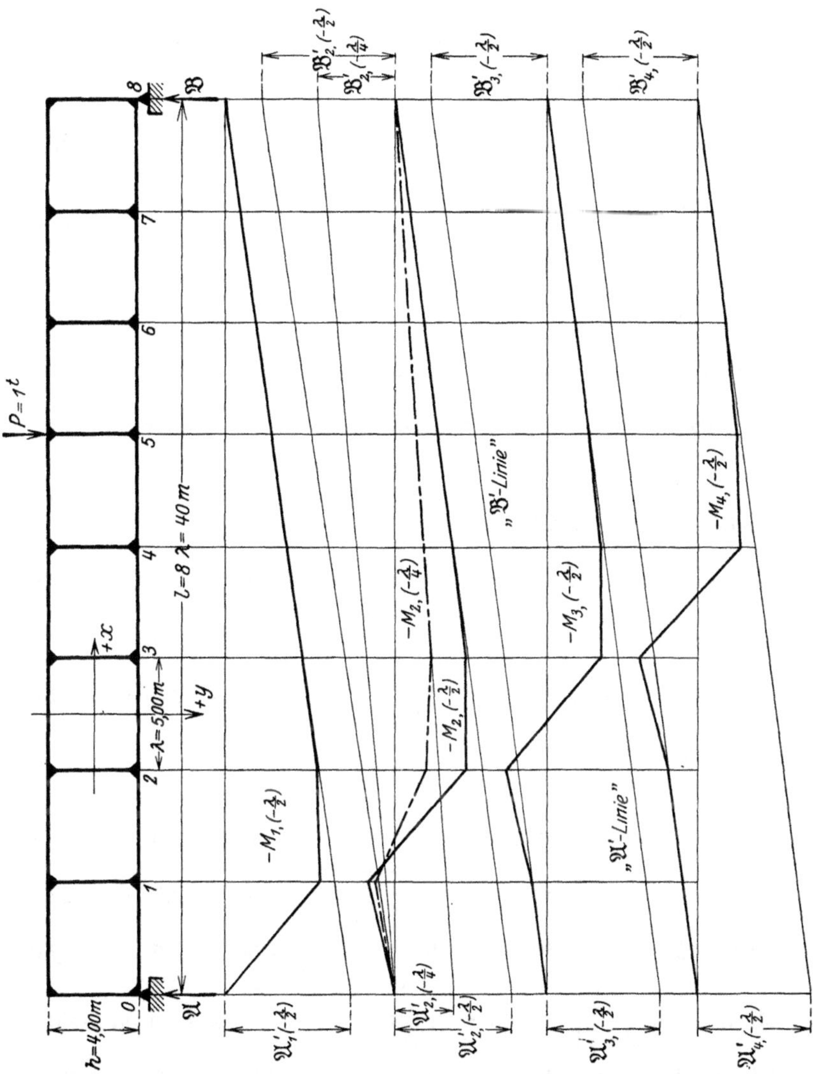

Längenmaßstab $1 : \nu = 1 : 200$. Momentenmaßstab $1 : \nu/4 = 1 : 50$ 1 cm d. Z. . . . 500 mkg. Einflußlinien der linken Eckmomente $M_{r,\left(-\frac{\lambda}{2}\right)}$ in den Untergurten.

Fig. 116—120.

Die Werte $\mathfrak{A}'$, $\mathfrak{B}'$, α' und β' wurden alle in der allgemeinen Form $\mu \dfrac{\lambda}{4}$ dargestellt, wobei μ einen veränderlichen Multiplikator anzeigt. Würde man, wie oben erwähnt, zunächst das Verhältnis $1 : \nu$ des Längenmaßstabes auch für den Momentenmaßstab beibehalten, so bekäme man alle diese Größen in Zentimeter dieses Maßstabes, indem man in obigen Formeln λ in Zentimeter der Zeichnung einführt. Wählt man aber ganz allgemein einen ϱfach größeren Momentenmaßstab, so erhalten alle vorhin erwähnten Größen als Strecken in Zentimeter dieses Maßstabes 1 cm d. Z. ... ν/ϱ cmt die allgemeine Form $\left(\mu \frac{\lambda}{4} \varrho\right)$ cm, wobei λ in Zentimeter der Zeichnung einzuführen ist. Daher erhält man:

$$\mathfrak{A}'_{r,x} = \left\{+ (\zeta - R'_{\mathfrak{A},r}) \frac{\lambda}{4} \cdot \varrho\right\} \text{cm} \quad \ldots \quad (253)$$

$$\mathfrak{B}'_{r,x} = \left\{- (\zeta - R'_{\mathfrak{B},r}) \frac{\lambda}{4} \cdot \varrho\right\} \text{cm} \quad \ldots \quad (254)$$

$$\alpha' = \left\{\frac{1}{1-k} k \frac{\lambda}{4} \cdot \varrho\right\} \text{cm} \quad \ldots \quad (255)$$

$$\beta'_\xi = \left\{m' [1 + 3k + 5k^2 + \ldots + (2\xi - 1)k^{\xi-1}] \frac{\lambda}{4} \varrho\right\} \text{cm}. \quad (256)$$

Wählt man speziell, wie eingangs festgesetzt, für dieses Beispiel $\varrho = 4$, so ist

für die rechten Eckmomente:

$\mathfrak{A}'_{1,\left(+\frac{\lambda}{2}\right)} = + 0{,}8935 \cdot 2{,}5 = + 2{,}23$ cm;

$\mathfrak{A}'_{2,\left(+\frac{\lambda}{2}\right)} = + 0{,}9874 \cdot 2{,}5 = + 2{,}47$ cm; $\mathfrak{B}'_{2,\left(+\frac{\lambda}{2}\right)} = - 0{,}8240 \cdot 2{,}5 = - 2{,}06$ cm;

$\mathfrak{A}'_{3,\left(+\frac{\lambda}{2}\right)} = + 0{,}9987 \cdot 2{,}5 = + 2{,}50$ cm; $\mathfrak{B}'_{3,\left(+\frac{\lambda}{2}\right)} = - 0{,}9813 \cdot 2{,}5 = - 2{,}45$ cm;

$\mathfrak{A}'_{4,\left(+\frac{\lambda}{2}\right)} = + 1{,}0001 \cdot 2{,}5 = + 2{,}50$ cm; $\mathfrak{B}'_{4,\left(+\frac{\lambda}{2}\right)} = - 0{,}9984 \cdot 2{,}5 = - 2{,}50$ cm;

für die linken Eckmomente:

$\mathfrak{A}'_{1,\left(-\frac{\lambda}{2}\right)} = - 1{,}1065 \cdot 2{,}5 = - 2{,}77$ cm;

$\mathfrak{A}'_{2,\left(-\frac{\lambda}{2}\right)} = - 1{,}0126 \cdot 2{,}5 = - 2{,}53$ cm; $\mathfrak{B}'_{2,\left(-\frac{\lambda}{2}\right)} = + 1{,}1760 \cdot 2{,}5 = + 2{,}94$ cm;

$\mathfrak{A}'_{3,\left(-\frac{\lambda}{2}\right)} = - 1{,}0013 \cdot 2{,}5 = - 2{,}50$ cm; $\mathfrak{B}'_{3,\left(-\frac{\lambda}{2}\right)} = + 1{,}0187 \cdot 2{,}5 = + 2{,}55$ cm,

$\mathfrak{A}'_{4,\left(-\frac{\lambda}{2}\right)} = - 0{,}9999 \cdot 2{,}5 = - 2{,}50$ cm; $\mathfrak{B}'_{4,\left(-\frac{\lambda}{2}\right)} = + 1{,}0016 \cdot 2{,}5 = + 2{,}50$ cm;

für das Moment $M_{2,\left(+\frac{\lambda}{4}\right)}$ im Querschnitt $x = + \frac{\lambda}{4}$ des zweiten Feldes:

$\mathfrak{A}'_{2,\left(+\frac{\lambda}{4}\right)} = + 0{,}4874 \cdot 2{,}5 = + 1{,}22$ cm; $\mathfrak{B}'_{2,\left(+\frac{\lambda}{4}\right)} = - 0{,}3240 \cdot 2{,}5 = - 0{,}81$ cm;

für das Moment $M_{2,\left(-\frac{\lambda}{4}\right)}$ im Querschnitt $x = - \frac{\lambda}{4}$ des zweiten Feldes:

$\mathfrak{A}'_{2,\left(-\frac{\lambda}{4}\right)} = - 0{,}5126 \cdot 2{,}5 = - 1{,}28$ cm; $\mathfrak{B}'_{2,\left(-\frac{\lambda}{4}\right)} = + 0{,}6760 \cdot 2{,}5 = + 1{,}69$ cm;

für die Zuschläge α' und β':

$$\alpha' = 0{,}1184 \cdot 2{,}5 = 0{,}30 \text{ cm};$$

$$k\,\alpha' = 0{,}0126 \cdot 2{,}5 = 0{,}03 \text{ cm};$$

$$\beta_1' = 0{,}0860 \cdot 2{,}5 = 0{,}21 \text{ cm}; \qquad k\,\beta_1' = 0{,}0092 \cdot 2{,}5 = 0{,}02 \text{ cm};$$

$$\beta_2' = 0{,}1136 \cdot 2{,}5 = 0{,}28 \text{ cm}; \qquad k\,\beta_2' = 0{,}0120 \cdot 2{,}5 = 0{,}03 \text{ cm};$$

$$\beta_3' = 0{,}0592 \cdot 2{,}5 = 0{,}30 \text{ cm};$$

e) Maximalmomentenlinien in den Feldern des Untergurtes.

Die Maximalmomentenlinie im Felde r wird allgemein erhalten, indem man für eine größere Anzahl von Querschnitten innerhalb des Feldes die Momenteneinflußlinien zeichnet und für den gegebenen Lastenzug betreffs Ermittlung der Maximalmomente auswertet, dieselben dann im Momentenmaßstab in der betreffenden Querschnittsordinate aufträgt und die so erhaltenen Punkte miteinander verbindet (Fig. 121).

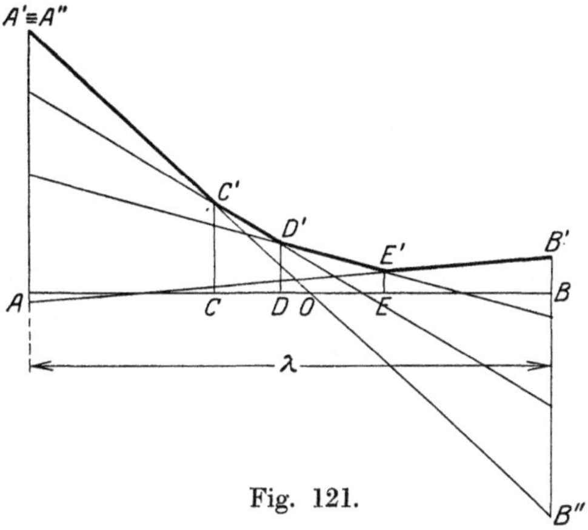

Fig. 121.

Die Maximalmomentenlinie ist bei direkter Belastung im allgemeinen eine Kurve, bei indirekter Belastung (Lastübertragung durch Längs- und Querträger) wie hier, allgemein ein Polygon, wie im folgenden noch näher ausgeführt werden soll.

Zunächst sei das aus Gleichung (54) folgende und für die weitere Untersuchung wichtige Ergebnis in Erinnerung gebracht, daß nämlich das Momentendiagramm eines Gurtstabes für irgendeine ruhende Belastung innerhalb des Feldes geradlinig verläuft und im Felde einen Nullpunkt besitzt (z. B. $A''B''$ in Fig. 121 mit dem Nullpunkt 0).

Die folgenden Betrachtungen mögen sich nur auf die Ermittlung der negativen Maximalmomentenlinie des Untergurtes im Felde 2 erstrecken.

Wünscht man z. B. den maximalen negativen Wert des linken Eckmomentes, so hat man die Einflußlinie dieses Querschnittes in Fig. 112 für die gefährlichste Stellung des beweglichen Lastenzuges — sie sei mit Stellung I bezeichnet — auszuwerten. Sucht man ferner z. B. für den Querschnitt C und noch für mehrere andere zwischen A und C liegende aus den dazugehörigen Einflußlinien in analoger Weise wie früher die maximalen negativen Momente und es würde sich nun zufällig herausstellen, daß man bei der Auswertung der Einflußlinien für alle diese Querschnitte ein und dieselbe Laststellung I als die gefährlichste findet, welche gleichzeitig in allen Querschnitten A bis C die maximalen negativen Momente hervorruft, so muß auf dieser Strecke AC das Momentendiagramm dieser Laststellung I mit der Maximalmomentenlinie identisch sein.

Ruft ferner eine andere Laststellung II des beweglichen Lastenzuges in allen Querschnitten zwischen C und D gleichzeitig die negativen Maximalmomente in denselben hervor, so ist auf dieser Strecke $\overline{CD}$ das Momentendiagramm dieser Laststellung II wiederum identisch mit der Maximalmomentenlinie (Fig. 121).

Ganz analog folgt dies auch für die weiteren Strecken $\overline{DE}$, $\overline{EB}$, und man erkennt aus diesen Überlegungen, daß die Maximalmomentenlinie eines Feldes ein Polygon bildet; jeder Polygonseite — die ja nichts anderes ist als eine Teilstrecke des Momentendiagrammes einer bestimmten Laststellung — entspricht dann eine neue gefährliche Stellung des beweglichen Lastenzuges, welche in allen der Polygonseite entsprechenden Querschnitten gleichzeitig die Maximalmomente hervorruft.

Um nun den tatsächlichen Verhältnissen zu entsprechen, müßte man jene Querschnitte C, D . . . ausmitteln, für welche der Lastenzug jedesmal verrückt werden müßte, um auf einer weiteren Strecke $\overline{CD}$, $\overline{DE}$ . . . die Maximalmomente hervorzurufen.

Für die praktische Ermittlung der Maximalmomentenlinie liegt die Sache aber viel einfacher. Konstruiert man z. B. für mehrere Querschnitte in den äußeren Vierteln eines Feldes die Einflußlinien und unterzieht sie einer näheren Betrachtung, so wird man herausfinden, daß in den weitaus meisten Fällen diejenige Laststellung I, welche das linke maximale negative Eckmoment hervorruft, auch in allen Querschnitten des ersten Viertels gleichzeitig die größten negativen Momente erzeugt, und daß andererseits eine andere Laststellung I′, welche das maximale negative rechte Eckmoment hervorruft, gleichzeitig auch in allen Querschnitten des letzten Viertels die größten negativen Momente zur Folge hat. Daraus folgt nun, daß das Momentendiagramm dieser Belastungen I und I′ in den äußeren Vierteln des Feldes mit der Maximalmomentenlinie identisch wird.

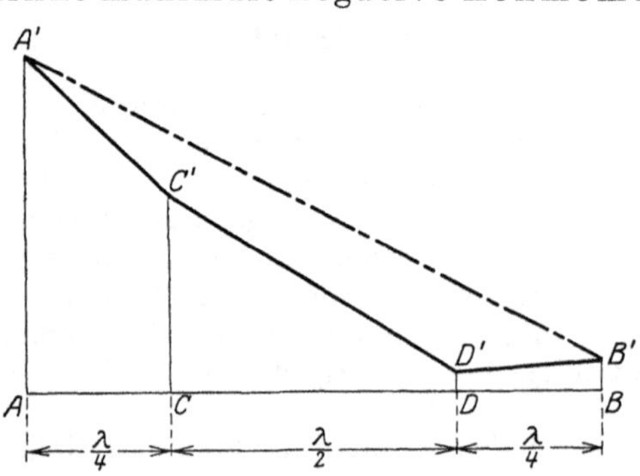

Fig. 122.

Wählt man also in Fig. 122 die Querschnitte C und D in den Viertelpunkten des Feldes und wertet die Einflußlinie des linken Eckmomentes und die des Querschnittes C mit der Laststellung I, die Einflußlinie des rechten Eckmomentes und die des Querschnittes D hingegen mit der Laststellung I′ aus und trägt in den Querschnittsordinaten die ermittelten Maximalmomente im gewählten Momentenmaßstab auf, so liefert die Verbindungslinie der Endpunkte $A'C'$ und $B'D'$ die Maximalmomentenlinie in den äußeren Vierteln des Feldes. Es ist nun hinreichend genau genug und spricht zugunsten der Sicherheit, wenn man die Punkte C' und D' miteinander verbindet und diese Linie als die Maximalmomentenlinie auf der Strecke CD erklärt.

Man kann mit Rücksicht auf die Praxis noch viel einfacher und immer noch genau genug in der Weise verfahren, daß man die Punkte A' und B' direkt miteinander verbindet und diese Linie als Maximalmomentenlinie ansieht. Die Vereinfachung wirkt zugunsten der Sicherheit.

Ganz analoge Betrachtungen führen zur positiven Maximalmomentenlinie eines Feldes.

5. Einflußlinie der Pfostennormalkräfte.

Je nachdem die Lasten in den Knoten des Ober- oder Untergurtes angreifen, werden die Pfosten des Trägers verschieden beansprucht. Für „Fahrbahn oben“ wie hier, ergibt sich nach dem Abschnitt VIII die Größe der Normalkraft aus folgenden Gleichungen.

Normalkraft im Auflagerpfosten:

$$n_0 = -\frac{\mathfrak{A} + P_0}{2} \quad \ldots \ldots \ldots \ldots \quad (67)$$

Normalkraft in jedem anderen Pfosten:

$$n_r = -\frac{P_r}{2} \quad \ldots \ldots \ldots \ldots \quad (66)$$

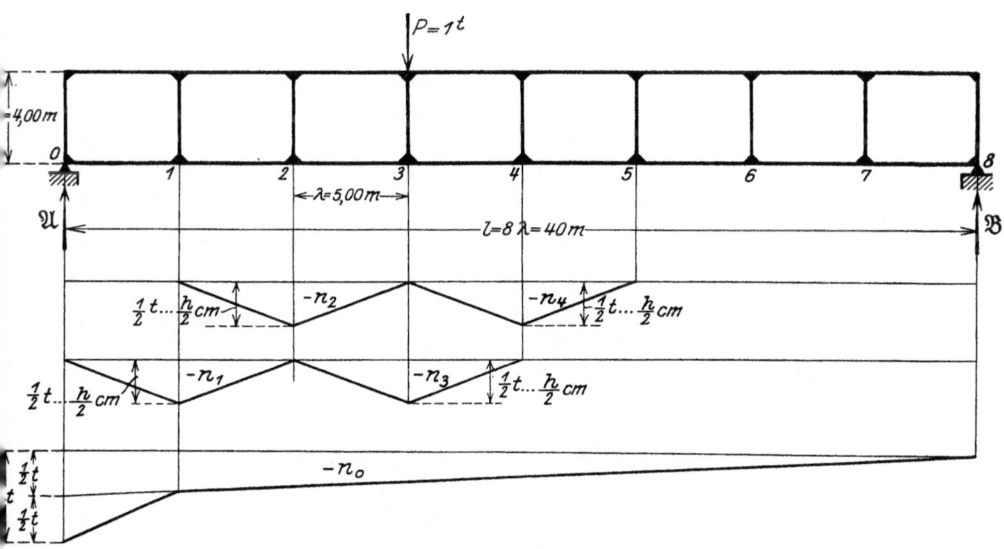

Einflußlinien der Normalkräfte in den Pfosten.
Längenmaßstab $1 : \nu = 1 : 200$. Kraftmaßstab h cm d. Z. = 2 cm ... 1 Tonne.
Fig. 123—126.

Hierin sind P_0, P_r die im Knoten 0 bzw. r angreifenden Lasten, $\mathfrak{A}$ der statisch bestimmte Auflagerdruck.

Aus diesen Gleichungen können mit Rücksicht auf die Erläuterungen des Abschnittes VIII, auf die hier verwiesen wird, die Einflußlinien ohne weiteres konstruiert werden (Fig. 123 bis 126).

6. Einflußlinien der Pfostenquerkräfte.

Die Querkraft in den verschiedenen Querschnitten eines Pfostens r ist bei gegebener Belastung in allen Querschnitten dieselbe, man spricht daher kurz von der Pfostenquerkraft q_r. Sie ist unabhängig von den Angriffspunkten der Last, bleibt also bei vorgeschriebener Belastung für „Fahrbahn oben" oder „Fahrbahn unten" dieselbe.

Ihr Vorzeichen wurde als positiv festgesetzt, wenn sie in bezug auf den Schnitt $s\,s$ in Fig. 98 nach rechts zeigt.

a) Gleichung einer Einflußlinie q_r:

$$\eta''_\xi = \left\{ \begin{array}{ll} \left. \begin{array}{l} \dfrac{n-\xi}{n}\mathfrak{A}''_r + \alpha''_{\xi,r} \\ \dfrac{\xi}{n}\mathfrak{B}''_r - \beta''_{\xi,r} \end{array} \right\} & \begin{array}{l} \ldots \xi \geqq r \\ \ldots \xi \leqq r-1 \end{array} \end{array} \right\} \quad \ldots \quad (262)$$

Diese Gleichung sagt, daß zur Bildung einer Einflußlinie q_r rechts vom Pfosten r eine $\mathfrak{A}''_r$-Linie $\left(\dfrac{n-\xi}{n}\mathfrak{A}''_r\right)$ — kurz $\mathfrak{A}''$-Linie des Pfostens r genannt — notwendig ist, welche vom rechten Stützpunkt B ausgeht und in der Vertikalen durch den linken Stützpunkt A eine Strecke $\mathfrak{A}''_r$ abschneidet. Zu den Ordinaten dieser Linie sind nach Abschnitt IX/3 in $\xi = r$, $r+1$ und $r+2$ die Werte $\alpha''_{\xi,r}$ zu addieren. Analog benötigt man zur Bildung der Einflußlinie q_r links vom Pfosten r eine $\mathfrak{B}''_r$-Linie $\left(\dfrac{\xi}{n}\mathfrak{B}''_r\right)$ — kurz als $\mathfrak{B}''$-Linie des Pfostens r bezeichnet —, welche vom linken Stützpunkt A ausgeht und in der Vertikalen durch den rechten Stützpunkt B eine Strecke $\mathfrak{B}''_r$ abschneidet. Von den Ordinaten dieser Linie sind nach obenerwähntem Abschnitt in $\xi = r-1$ und $r-2$ die Werte $\beta''_{\xi,r}$ zu subtrahieren.

b) Ermittlung der Werte $\mathfrak{A}''_r$ und $\mathfrak{B}''_r$.

$$\mathfrak{A}''_r = -[1 - R''_{\mathfrak{A},r}]\frac{\lambda}{h} \quad \ldots \ldots \ldots \quad (265)$$

$$\mathfrak{B}''_r = +[1 - R''_{\mathfrak{B},r}]\frac{\lambda}{h} \quad \ldots \ldots \ldots \quad (267)$$

wobei

$$R''_{\mathfrak{A},1} = R'_{\mathfrak{A},1}\frac{1-\mu_b}{2} = k\frac{1-\mu_b}{2} \quad \ldots\ldots \quad (266)$$

$$\left.\begin{aligned} R''_{\mathfrak{A},r} &= R'_{\mathfrak{A},r}\frac{1-k}{2} \\ R''_{\mathfrak{B},r} &= R'_{\mathfrak{B},r}\frac{1-k}{2} \end{aligned}\right\} \text{für } r \geqq 2 \quad \ldots \quad (264)\ (268)$$

Die Werte $R''_{\mathfrak{A},r}$, $R''_{\mathfrak{B},r}$ sind stets kleiner als eins, weshalb die Werte $\mathfrak{A}''_r$ stets negativ, $\mathfrak{B}''_r$ stets positiv sind.

Für dieses Beispiel ist:

$R''_{\mathfrak{A},1} = \quad 0{,}1065 \cdot 0{,}4405 = 0{,}0469;$

$R''_{\mathfrak{A},2} = \quad 0{,}0126 \cdot 0{,}4468 = 0{,}0056;$ $\quad R''_{\mathfrak{B},2} = 0{,}1760 \cdot 0{,}4468 = 0{,}0786;$

$R''_{\mathfrak{A},3} = \quad 0{,}0013 \cdot 0{,}4468 = 0{,}0006;$ $\quad R''_{\mathfrak{B},3} = 0{,}0187 \cdot 0{,}4468 = 0{,}0084;$

$R''_{\mathfrak{A},4} = -0{,}0001 \cdot 0{,}4468 = 0{,}0000;$ $\quad R''_{\mathfrak{B},4} = 0{,}0016 \cdot 0{,}4468 = 0{,}0007;$

daher:

$$\mathfrak{A}''_1 = -0{,}9531\frac{\lambda}{h};$$

$$\mathfrak{A}''_2 = -0{,}9944\frac{\lambda}{h}; \qquad \mathfrak{B}''_2 = +0{,}9214\frac{\lambda}{h};$$

$$\mathfrak{A}''_3 = -0{,}9994\frac{\lambda}{h}; \qquad \mathfrak{B}''_3 = +0{,}9916\frac{\lambda}{h};$$

$$\mathfrak{A}''_4 = -1{,}0000\frac{\lambda}{h}; \qquad \mathfrak{B}''_4 = +0{,}9993\frac{\lambda}{h}.$$

c) Ermittlung der Abzüge $\alpha''_{\xi,r}$ und $\beta''_{\xi,r}$.

Nach Abschnitt IX/3 haben die Ordinaten einer $\mathfrak{A}''$-Linie und die Werte $\alpha''_{\xi,r}$, ebenso die Ordinaten einer $\mathfrak{B}''$-Linie und die Werte $\beta''_{\xi,r}$ stets entgegengesetzte Vorzeichen, die Ordinaten der $\mathfrak{A}''$- bzw. $\mathfrak{B}''$-Linien sind daher absolut genommen, um die Strecken $\alpha''_{\xi,r}$ und $\beta''_{\xi,r}$ — kurz als Abzüge α'', β'' bezeichnet — zu verkleinern und wird daher in diesem Sinne von den „Abzügen α'' und β''" gesprochen. Nach dem vorhin erwähnten Abschnitt sind nun die Ordinaten einer $\mathfrak{A}''_r$-Linie in $\xi = r$, $r+1$ und $r+2$, die Ordinaten einer $\mathfrak{B}''_r$-Linie in $\xi = r-1$, $r-2$ im absoluten Sinne um die Abzüge α'' bzw. β'', die allgemein nach dem Schema Seite 199 zu entwickeln sind, zu verkleinern. Für dieses spezielle Beispiel sind diese Abzüge α'' und β'' nach dem nachfolgenden Schema zu ermitteln und durchzuführen.

Schema für die Abzüge $\alpha''_{\xi,r}$ und $\beta''_{\xi,r}$.

		$\alpha''_{1,r}$ [1]	$\alpha''_{2,r}$	$\alpha''_{3,r}$	$\alpha''_{4,r}$	$\alpha''_{5,r}$	$\alpha''_{6,r}$	$\alpha''_{7,r}$	Abzüge von der	des Pfostens r
		α''	$k\,\alpha''$	$k^2\,\alpha''$	0	—	—	—	$\mathfrak{A}''_1$-Linie	1
$\mathfrak{B}''_2$-Linie	2	β''_1	α''	$k\,\alpha''$	$k^2\,\alpha''$	0	—	—	$\mathfrak{A}''_2$-Linie	2
$\mathfrak{B}''_3$-Linie	3	$k\,\beta''_1$	β''_2	α''	$k\,\alpha''$	$k^2\,\alpha''$	0	—	$\mathfrak{A}''_3$-Linie	3
$\mathfrak{B}''_4$-Linie	4	0	$k\,\beta''_2$	β''_3	α''	$k\,\alpha''$	$k^2\,\alpha''$	—	$\mathfrak{A}''_4$-Linie	4
Abzüge von der	des Pfostens r	$\beta''_{1,r}$ [1]	$\beta''_{2,r}$	$\beta''_{3,r}$	—	—	—	—		

Es ist allgemein:

$$\alpha'' = \frac{1}{2}\,\frac{\lambda}{h} \quad \ldots \quad (269)$$

$$\left.\begin{aligned} \beta''_1 &= m''\,\frac{\lambda}{h} \\ \beta''_2 &= m''\,(1 + 3\,k)\,\frac{\lambda}{h} \\ \beta''_3 &= m''\,(1 + 3\,k + 5\,k^2)\,\frac{\lambda}{h} \\ &\ldots\ldots\ldots \\ \beta''_\xi &= m''\,[1 + 3\,k + \ldots + (2\,\xi - 1)\,k^{\xi-1}]\,\frac{\lambda}{h} \end{aligned}\right\} \quad \ldots \quad (274)$$

$$m'' = \frac{1}{2}\,\frac{(1-k)^2}{1+k}\cdot k \quad \ldots \quad (273)$$

Für dieses Beispiel daher:

$$m'' = 0{,}0384$$

und:

$$\alpha'' = 0{,}5\,\frac{\lambda}{h}\,; \qquad \beta''_1 = 0{,}0384\,\frac{\lambda}{h}\,; \qquad k\,\beta''_1 = 0{,}0041\,\frac{\lambda}{h}\,;$$

$$k\,\alpha'' = 0{,}0533\,\frac{\lambda}{h}\,; \qquad \beta''_2 = 0{,}0384\cdot 1{,}3195\,\frac{\lambda}{h} = 0{,}0507\,\frac{\lambda}{h}\,; \qquad k\,\beta''_2 = 0{,}0054\,\frac{\lambda}{h}\,;$$

$$k^2\,\alpha'' = 0{,}0057\,\frac{\lambda}{h}\,; \qquad \beta''_3 = 0{,}0384\cdot 1{,}3760\,\frac{\lambda}{h} = 0{,}0528\,\frac{\lambda}{h}\,.$$

d) Graphische Darstellung der Einflußlinien.

Alle Werte $\mathfrak{A}''$, $\mathfrak{B}''$, α'' und β'' wurden in der allgemeinen Form $\mu\,\frac{\lambda}{h}$ dargestellt, wobei μ einen veränderlichen Multiplikator anzeigt. Für den Maßstab h cm d. Z. ... 1 t erhalten daher alle diese Größen die allgemeine Form $(\mu\,\lambda)$ cm, wobei λ in Zentimeter der Zeichnung

[1] Die ersten Zeiger zeigen die Ordinaten der $\mathfrak{A}''_r$- und $\mathfrak{B}''_r$-Linien an, von welchen die Werte α'' bzw. β'' abzuziehen sind.

einzuführen ist, um die entsprechenden Größen in Zentimeter des Kraftmaßstabes zu bekommen. Dann ist in der maßstäblichen Darstellung allgemein:

$$\left.\begin{aligned}\mathfrak{A}_r'' &= \{-[1 - R_{\mathfrak{A},r}''] \lambda\} \text{cm} \\ \mathfrak{B}_r'' &= \{+[1 - R_{\mathfrak{B}\,r}''] \lambda\} \text{cm}\end{aligned}\right\} \quad \ldots \ldots \ldots \quad (276)$$

$$\left.\begin{aligned}\alpha'' &= \{\tfrac{1}{2} \lambda\} \text{cm} \\ \beta_\xi'' &= \{m'' [1 + 3k + 5k^2 + \ldots + (2\xi - 1) k^{\xi-1}] \lambda\} \text{cm}\end{aligned}\right\} \quad \ldots \quad (277)$$

und speziell für dieses Beispiel:

$\mathfrak{A}_1'' = -0{,}9531 \cdot 2{,}5 = -2{,}38$ cm;

$\mathfrak{A}_2'' = -0{,}9944 \cdot 2{,}5 = -2{,}49$ cm; $\quad \mathfrak{B}_2'' = +0{,}9214 \cdot 2{,}5 = +2{,}30$ cm

$\mathfrak{A}_3'' = -0{,}9994 \cdot 2{,}5 = -2{,}50$ cm; $\quad \mathfrak{B}_3'' = +0{,}9916 \cdot 2{,}5 = +2{,}48$ cm

$\mathfrak{A}_4'' = -1{,}0000 \cdot 2{,}5 = -2{,}50$ cm; $\quad \mathfrak{B}_4'' = +0{,}9993 \cdot 2{,}5 = +2{,}50$ cm

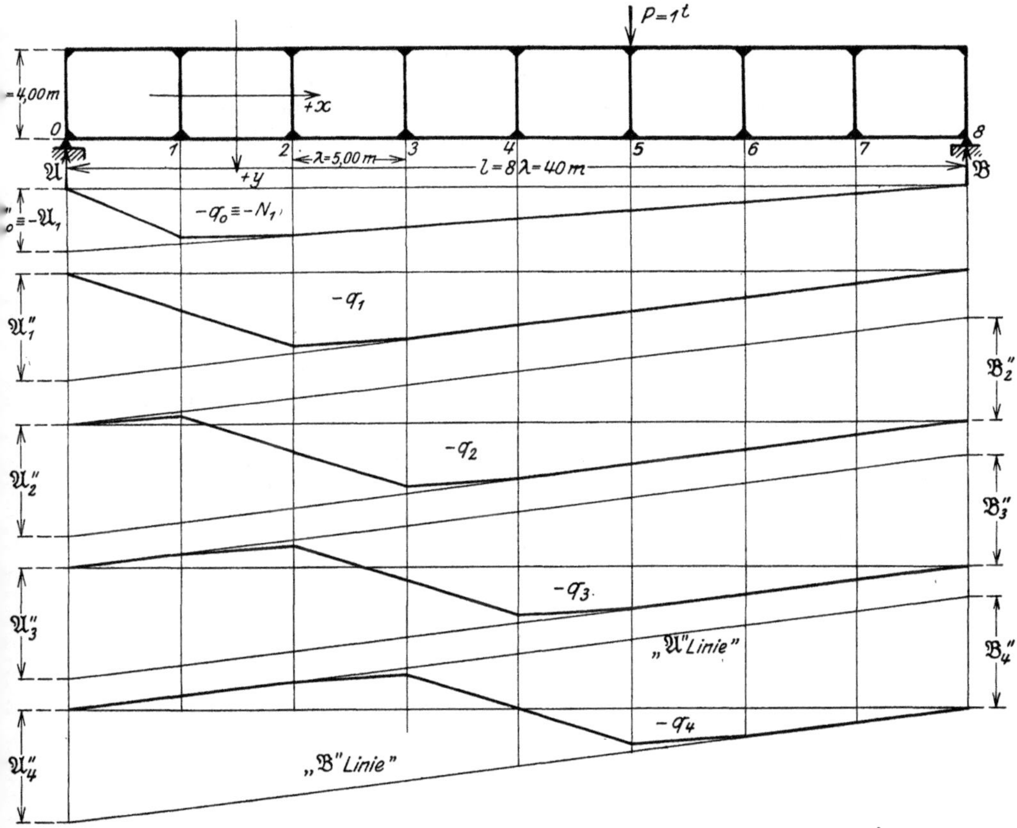

Einflußlinien der Pfostenquerkräfte q_r im Kraftmaßstab h cm d. Z. 2 cm . . . 1 Tonne. [D]iese Einflußlinien sind auch identisch mit den Einflußlinien der Fußmomente $m_{r,\left(+\frac{h}{2}\right)}$ in den Pfosten [i]n Momentenmaßstab $1 : \nu/2 = 1 : 100$ . . . 1 cm d. Z. 1000 mkg; Längenmaßstab $1 : \nu = 1 : 200$.
Fig. 127—132.

ferner:

$\alpha'' = 0{,}5000 \cdot 2{,}5 = 1{,}25$ cm; $\beta_1'' = 0{,}0384 \cdot 2{,}5 = 0{,}10$ cm; $k\beta_1'' = 0{,}01$ cm;

$k\alpha'' = 0{,}0533 \cdot 2{,}5 = 0{,}13$ cm; $\beta_2'' = 0{,}0507 \cdot 2{,}5 = 0{,}13$ cm; $k\beta_2'' = 0{,}01$ cm;

$k^2\alpha'' = 0{,}0057 \cdot 2{,}5 = 0{,}01$ cm; $\beta_3'' = 0{,}0528 \cdot 2{,}5 = 0{,}13$ cm.

7. Einflußlinien der Pfostenmomente.

Betreffs der Einflußlinien der Pfostenmomente wird auf die Erörterungen des Abschnittes X verwiesen.

Dort wurde gezeigt, daß die Maximalmomentenkurve eines Pfostens durch das maximale Fußmoment desselben allein schon bestimmt ist, da die Momente in allen Pfostenquerschnitten gleichzeitig bei ein und derselben Belastung ihre extremen Werte erreichen und daher die Maximalmomentenlinie eines Pfostens mit dem Momentendiagramm dieser gefährlichsten Belastung identisch wird. Da nun für jede Belastung das Momentendiagramm eines Pfostens in der Pfostenmitte einen Nullpunkt hat und geradlinig über den Pfosten verläuft, so ist es eben schon durch ein einziges Querschnittsmoment — z. B. durch das Fußmoment des Pfostens — eindeutig bestimmt. Das maximale Fußmoment ist aber nach der Gleichung (65) mit

$$\max m_{r,\left(+\frac{h}{2}\right)} = \max q_r \frac{h}{2}$$

zu ermitteln und daher bekannt, sobald die maximale Pfostenquerkraft $\max q_r$ nach dem vorhergehenden Abschnitt 6 gefunden ist. Mit dem positiven und negativen Größtwert des Fußmomentes ist dann aber auch die positive bzw. negative Maximalmomentenlinie des Pfostens gegeben. Aus diesem Grunde ist es nicht notwendig, Einflußlinien für die Pfostenmomente zu konstruieren.

Im übrigen sind ja die Einflußlinien der Pfostenquerkräfte den Einflußlinien der Pfostenmomente proportional, so daß sie bei entsprechender Änderung des Maßstabes auch als die Einflußlinien der Momente angesehen werden können.

Zweiter Teil.

Der Vierendeelträger mit gekrümmten Gurten.

Einleitung.

Die nachfolgenden Untersuchungen werden stets für Träger durchgeführt, die zu einer vertikalen Mittellinie symmetrisch sind. Demnach soll sich die statische Berechnung für ruhende und für bewegliche Belastung (Einflußlinien) auf folgende Trägerarten erstrecken:

Träger mit beliebig gekrümmten Gurten, mit gleichen oder veränderlichen Feldweiten:

A. für ruhende Belastung;
B. für bewegliche Belastung;
C. Spezialfälle:
  1. Träger mit horizontalem Untergurt, beliebig gekrümmtem Obergurt,
  2. Träger mit horizontalem Obergurt, beliebig gekrümmtem Untergurt,
  3. Träger mit parallelen Gurten, die sich bezüglich der veränderlichen Feldweiten und der Voraussetzung betreffs der Trägheitsmomente von jenen des ersten Teiles unterscheiden;
D. Bogenträger:
  1. mit festen Auflagergelenken,
  2. mit Zugband.

A. Träger mit beliebig gekrümmten Gurten. Ruhende Belastung.

I. Vertikalbelastung.

1. Hauptsystem, statisch unbestimmte Größen, Elastizitätsgleichungen.

Der Berechnung wird ein Träger nach Fig. 1 zugrunde gelegt. Schneidet man in jeder Schwerpunktsvertikalen des Feldes die Obergurte durch, so entsteht ein frei aufliegender gekrümmter Balkenträger, der als statisch bestimmtes Hauptsystem gewählt werden soll.

Die Schnittstellen der Obergurte werden durch je zwei starre Stäbe mit dem Schwerpunkt des jeweiligen Trapezfeldes verbunden gedacht.

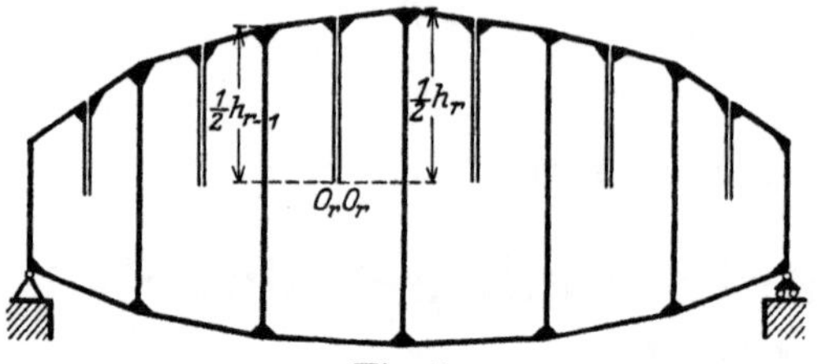

Fig. 1.

In den Punktpaaren O greifen die statisch unbestimmten Größen X, Y, Z entsprechend der Fig. 2 an, die ein beliebiges Feld r des Trägers und die beiden Nachbarfelder desselben vorstellt. ν_r und ψ_r sind die Winkel der Gurte gegen die Horizontale, ω_r der Neigungswinkel der Pfostenhalbierenden und daher auch gleichzeitig der der Wirkungslinie von X_r. Alle Winkel sind in dem in der Figur angezeigten Drehungssinn als p o s i t i v in Rechnung zu führen.

Durch diese Festsetzungen ist das statisch bestimmte Hauptsystem hier ganz analog dem des Parallelträgers im ersten Teil nachgebildet. Die weiteren Untersuchungen haben nun gezeigt, daß durch die Wahl dieses Hauptsystems die Berechnung ganz ähnlich vor sich geht wie

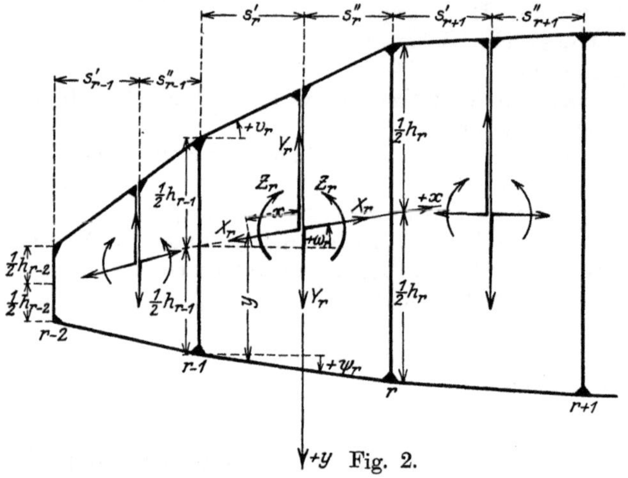

Fig. 2.

beim Parallelträger, dem Rechteckrahmen von dort entspricht der Trapezrahmen hier. Aus diesem Grunde sollen im folgenden nur die Resultate angegeben, der Rechnungsgang hingegen nur soweit als nötig angedeutet werden.

E r m i t t l u n g d e r V e r d r e h u n g $\Delta\varphi$ d e r s t a r r e n S t ä b e u n d d e r V e r s c h i e b u n g e n Δx, Δy d e r P u n k t p a a r e O i m H a u p t s y s t e m, d u r c h B e l a s t u n g m i t d e n s t a t i s c h u n b e s t i m m t e n G r ö ß e n X, Y, Z u n d d e n K r ä f t e n P. Die Wirkung der Normal- und Querkräfte wird im folgenden außer acht gelassen. Die statisch unbestimmten Größen werden in dem in Fig. 2 angegebenen Sinne positiv gerechnet, ebenso die Achsenrichtungen, während für das Vorzeichen der Normalkräfte, Querkräfte und Biegungsmomente die Festsetzungen vom Parallelträger auch hier Gültigkeit behalten. Alle Ständer sollen dasselbe Trägheitsmoment J besitzen, das Trägheitsmoment der Gurte im Felde r sei $J_{u,r}$ bzw. $J_{o,r}$ und in jedem Felde verschieden. Ermittelt man nun die Größen $\varDelta\varphi_r$, $\varDelta x_r$ und $\varDelta y_r$ analog wie beim Parallelträger, so erhält man folgende Resultate:

a) Beiträge infolge der Belastung X_{r-1}, X_r und X_{r+1} zu:

$$\varDelta\varphi_r \ldots \frac{1}{4}\left(\frac{1}{EJ_{o,r}\cos\nu_r} - \frac{1}{EJ_{u,r}\cos\psi_r}\right)(h_r + h_{r-1})\,\lambda_r\cos\omega_r X_r,$$

$$\varDelta x_r \ldots \frac{h_{r-1}^3}{12EJ}\cos\omega_r X_{r-1}\cos\omega_{r-1} - \frac{1}{12EJ}\Big[h_{r-1}^3\cos\omega_r$$
$$+ (h_{r-1}^2 + h_{r-1}h_r + h_r^2)\left(\frac{J}{J_{o,r}\cos\nu_r} + \frac{J}{J_{u,r}\cos\psi_r}\right)\lambda_r + h_r^3\cos\omega_r\Big]\cdot X_r\cos\omega_r$$
$$+ \frac{h_r^3}{12EJ}\cos\omega_r X_{r+1}\cos\omega_{r+1},$$

$$\varDelta y_r \ldots 0.$$

b) Beiträge infolge der Belastung Y_{r-1}, Y_r, Y_{r+1} zu:

$$\varDelta\varphi_r \ldots -\frac{1}{EJ}s''_{r-1}h_{r-1}Y_{r-1} - \frac{1}{EJ}\left[\frac{\lambda^2}{6}\,\frac{h_r - h_{r-1}}{h_r + h_{r-1}}\left(\frac{J}{J_{o,r}\cos\nu_r} + \frac{J}{J_{u,r}\cos\psi_r}\right)\right.$$
$$\left. - (h_r\cdot s''_r - h_{r-1}\cdot s'_r)\right]Y_r + \frac{1}{EJ}s'_{r+1}h_r Y_{r+1},$$

$$\varDelta x_r \ldots 0,$$

$$\varDelta y_r \ldots -\frac{1}{EJ}s''_{r-1}s'_r h_{r-1}Y_{r-1}$$
$$-\frac{1}{EJ}\left[\tfrac{1}{3}(s_r'^3 + s_r''^3)\left(\frac{J}{J_{o,r}\cos\nu_r} + \frac{J}{J_{u,r}\cos\psi_r}\right) + (s_r''^2 h_r + s_r'^2 h_{r-1})\right]Y_r$$
$$-\frac{1}{EJ}s''_r s'_{r+1}h_r Y_{r+1}.$$

c) Beiträge infolge der Belastung Z_{r-1}, Z_r, Z_{r+1} zu:

$$\varDelta\varphi_r \ldots -\frac{1}{EJ}h_{r-1}Z_{r-1} + \frac{1}{EJ}\left[\left(\frac{J}{J_{o,r}\cos\nu_r} + \frac{J}{J_{u,r}\cos\psi_r}\right)\lambda_r + (h_{r-1} + h_r)\right]Z_r$$
$$-\frac{1}{EJ}h_r Z_{r+1},$$

$$\varDelta x_r \ldots -\frac{1}{4}\left(\frac{1}{EJ_{o,r}\cos\nu_r} - \frac{1}{EJ_{u,r}\cos\psi_r}\right)(h_r + h_{r-1})\,\lambda_r\cos\omega_r Z_r,$$

$$\varDelta y_r \ldots -\frac{1}{EJ}s'_r h_{r-1}Z_{r-1}$$
$$+\frac{1}{EJ}\left[\lambda_r\left(s'_r - \frac{\lambda_r}{2}\right)\left(\frac{J}{J_{o,r}\cos\nu_r} + \frac{J}{J_{u,r}\cos\psi_r}\right) + (s'_r h_{r-1} - s''_r h_r)\right]Z_r$$
$$+\frac{1}{EJ}s''_r h_r Z_{r+1}.$$

d) Beiträge infolge der Belastung P zu:

$$\Delta\varphi_r \ldots \frac{\lambda_r}{2EJ_{u,r}\cos\psi_r}(\mathfrak{M}_{r-1}+\mathfrak{M}_r),$$

$$\Delta x_r \ldots \frac{1}{12}\frac{\lambda_r\cos\omega_r}{EJ_{u,r}\cos\psi_r}[(2h_{r-1}+h_r)\mathfrak{M}_{r-1}+(h_{r-1}+2h_r)\mathfrak{M}_r]$$

$$=\frac{\lambda_r}{4}\frac{\cos\omega_r}{EJ_u\cos\psi_r}(h_{r-1}+h_r)\mathfrak{M}'_r,$$

$$\Delta y_r \ldots \frac{1}{6}\frac{\lambda_r^2}{EJ_{u,r}\cos\psi_r}\frac{1}{h_{r-1}+h_r}[h_r\mathfrak{M}_{r-1}-h_{r-1}\mathfrak{M}_r].$$

In diesen Ausdrücken sind $\mathfrak{M}_{r-1}$ und $\mathfrak{M}_r$ die Eckmomente im Felde r des Hauptsystems infolge der Belastung P, sie sind auch identisch mit den entsprechenden Momenten eines geraden Balkens derselben Felderteilung und Belastung. $\mathfrak{M}'_r$ ist das Moment im Schnitt der Schwerpunktsvertikalen mit dem Gurt infolge der Belastung P im Hauptsystem.

Die drei Elastizitätsgleichungen des Feldes r ergeben sich aus der Bedingung:

$$\Sigma\Delta\varphi_r=0;\qquad \Sigma\Delta x_r=0;\qquad \Sigma\Delta y_r=0.$$

Ehe dieselben aus diesen Bedingungen ermittelt werden, soll noch die für das weitere stets zutreffende Annahme

$$J_{o,r}\cos\nu_r=J_{u,r}\cos\psi_r=J'_r \quad \ldots\ldots\ldots (1)$$

ausdrücklich betont werden. Sie bewirkt eine ganz bedeutende Vereinfachung, und mit Rücksicht darauf lauten die Elastizitätsgleichungen des Feldes r:

$$\left.\begin{aligned}\Sigma\Delta\varphi_r=&-s''_{r-1}h_{r-1}Y_{r-1}-\left[\frac{\lambda^2}{3}\frac{h_r-h_{r-1}}{h_r+h_{r-1}}\frac{J}{J'_r}-(h_r\cdot s''_r-h_{r-1}\cdot s'_r)\right]Y_r\\&+s'_{r+1}h_rY_{r+1}-h_{r-1}Z_{r-1}+\left[2\lambda_r\frac{J}{J'_r}+(h_{r-1}+h_r)\right]Z_r\\&-h_rZ_{r+1}+\frac{\lambda_r}{2}\frac{J}{J'_r}(\mathfrak{M}_{r-1}+\mathfrak{M}_r)=0,\end{aligned}\right\}\quad(2)$$

$$\left.\begin{aligned}\Sigma\Delta x_r=&\,h_{r-1}^3X_{r-1}\cos\omega_{r-1}\\&-\left[h_{r-1}^3+h_r^3+2\lambda_r\frac{J}{J'_r}(h_{r-1}^2+h_{r-1}h_r+h_r^2)\right]X_r\cos\omega_r\\&+h_r^3X_{r+1}\cos\omega_{r+1}+3\lambda_r(h_{r-1}+h_r)\frac{J}{J'_r}\mathfrak{M}'_r,\end{aligned}\right\}\quad(3)$$

$$\left.\begin{aligned}\Sigma\Delta y_r=&-s''_{r-1}s'_rh_{r-1}Y_{r-1}-\left[\tfrac{2}{3}(s'^3_r+s''^3_r)\frac{J}{J'_r}+(s''^2_rh_r+s'^2_rh_{r-1})\right]Y_r\\&-s''_rs'_{r+1}h_rY_{r+1}-s'_rh_{r-1}Z_{r-1}\\&+\left[2\lambda_r\left(s'_r-\frac{\lambda_r}{2}\right)\frac{J}{J'_r}+(s'_rh_{r-1}-s''_rh_r)\right]Z_r+s''_rh_rZ_{r+1}\\&+\frac{\lambda_r^2}{6}\frac{J}{J'_r}\frac{1}{h_{r-1}+h_r}[h_r\mathfrak{M}_{r-1}-h_{r-1}\mathfrak{M}_r]=0.\end{aligned}\right\}\quad(4)$$

2. Auflösung der Elastizitätsgleichungen.

a) Ermittlung der statisch unbestimmten Größen Y_r und Z_r.

Bei Vernachlässigung der Längenänderung infolge der Normalkräfte ist die Senkung der Ober- und Untergurtknoten einander gleich. Es wird nun wie beim Parallelträger auch hier die weitere allgemein übliche Annahme getroffen, daß sich die in einer Vertikalen liegenden Querschnitte ebenfalls gleich senken, dann ist aber

$$\frac{M'_{r,x}\,ds}{E\,J_{o,r}} = \frac{M_{r,x}\,ds}{E\,J_{u,r}}$$

oder

$$\frac{M'_{r,x}\,dx}{E\,J_{o,r}\cos\nu_r} = \frac{M_{r,x}\,dx}{E\,J_{u,r}\cos\psi_r},$$

daher mit Rücksicht auf Gleichung (1)

$$M'_{r,x} = M_{r,x},$$

d. h. die in einer Vertikalen liegenden Gurtmomente sind einander gleich und von gleichem Drehungssinn. Eine weitere Folge ist nun — ebenfalls gleich wie beim Parallelträger —, daß Kopf- und Fußmoment eines Pfostens gleich groß sein müssen, jedoch vom entgegengesetzten Drehungssinn, womit sich bei linearem Verlauf der Pfostenmomente für das Mittenmoment der Wert Null ergibt. Daher sind die Pfostenmittenmomente der Pfosten $r-1$ und r

$$\begin{aligned} m_{r-1} &= -Y_{r-1}s''_{r-1} - Y_r s'_r - Z_{r-1} + Z_r = 0\,, \\ m_r &= +Y_r s''_r + Y_{r+1}s'_{r+1} + Z_r - Z_{r+1} = 0\,. \end{aligned}$$

Die Elastizitätsgleichungen (2) und (4) lassen sich nun ohne weiteres derart reduzieren und umformen, daß obige Momente m_{r-1} und m_r darin erscheinen. Sie lauten dann:

$$\left.\begin{aligned} &-\frac{\lambda_r}{3}\left[\lambda_r\frac{h_r-h_{r-1}}{h_r+h_{r-1}}\frac{J}{J'_r} - (h_r-h_{r-1})\right]Y_r + 2\lambda_r\frac{J}{J'_r}Z_r + h_{r-1}m_{r-1} \\ &+ h_r m_r + (s'_r h_{r-1} - s''_r h_r)\,Y_r = -\frac{\lambda_r}{2}\frac{J}{J'_r}(\mathfrak{M}_{r-1}+\mathfrak{M}_r)\,, \end{aligned}\right\} \quad (5)$$

$$\left.\begin{aligned} &-\frac{2}{3}(s'^3_r + s''^3_r)\frac{J}{J'_r}Y_r + 2\lambda_r\frac{J}{J'_r}\left(s'_r - \frac{\lambda_r}{2}\right)Z_r + s'_r h_{r-1}m_{r-1} \\ &- s''_r h_r m_r = -\frac{\lambda_r^2}{6}\frac{J}{J'_r}\frac{1}{h_{r-1}+h_r}[h_r\mathfrak{M}_{r-1} - h_{r-1}\mathfrak{M}_r]\,, \end{aligned}\right\} \quad (6)$$

oder mit Rücksicht darauf, daß $m_{r-1} = m_r = 0$ und ebenso $\left[\frac{\lambda_r}{3}(h_r - h_{r-1}) + s'_r h_{r-1} - s''_r h_r\right] Y_r = 0$ wird, so folgt:

$$\left.\begin{aligned} &-\frac{\lambda_r}{3}\frac{h_r-h_{r-1}}{h_r+h_{r-1}}Y_r + 2Z_r = -\frac{1}{2}(\mathfrak{M}_{r-1}+\mathfrak{M}_r) \\ &-\frac{2}{3}(s'^3_r+s''^3_r)\,Y_r + 2\lambda_r\left(s'_r-\frac{\lambda_r}{2}\right)Z_r = -\frac{\lambda_r^2}{6}\frac{1}{h_{r-1}+h_r}(h_r\mathfrak{M}_{r-1}-h_{r-1}\mathfrak{M}_r) \end{aligned}\right\} \begin{aligned} Y_r &= ? \\ Z_r &= ? \end{aligned}$$

woraus nach einigen Umformungen

$$Y_r = -\frac{1}{2\lambda_r}(\mathfrak{M}_r - \mathfrak{M}_{r-1}) = -\tfrac{1}{2}\mathfrak{Q}_r \quad \ldots \quad (7)$$

$$\left.\begin{aligned} Z_r &= -\frac{1}{6}\frac{1}{h_r + h_{r-1}}\left[(2h_{r-1} + h_r)\,\mathfrak{M}_{r-1} + (h_{r-1} + 2h_r)\,\mathfrak{M}_r\right] \\ &= -\frac{1}{2\lambda_r}\left[s_r''\,\mathfrak{M}_{r-1} + s_r'\,\mathfrak{M}_r\right] = -\tfrac{1}{2}\mathfrak{M}_r', \end{aligned}\right\} \quad (8)$$

Die statisch unbestimmten Größen Y_r und Z_r können also aus den beiden Elastizitätsgleichungen $\sum \Delta\varphi_r = 0$, $\sum \Delta y_r = 0$ des Feldes r allein schon gerechnet werden. Aus Gleichung (7) folgt also, daß Y_r gleich der halben Querkraft $\mathfrak{Q}_r$ eines frei aufliegenden geraden Balkens ist (nicht des Hauptsystems!), von gleicher Belastung und Felderteilung wie die des Vierendeelträgers. Z_r ist gleich dem halben negativen Moment $\mathfrak{M}_r'$, das ist das Moment dieses Balkens im Schnitt mit der y-Achse des Feldes. Da die Momente dieses geraden Balkens mit jenen Momenten im Untergurt des Hauptsystems, die in ein und demselben Vertikalschnitt liegen, identisch sind, so tritt das Moment $\mathfrak{M}_r'$ auch im Schnitt der y-Achse mit dem Untergurt des Hauptsystems auf. $\mathfrak{Q}_r$ ist positiv, wenn es als Resultierende aller Kräfte links vom Schnitt nach aufwärts zeigt, $\mathfrak{M}_r'$ ist positiv, wenn es unten Zug erzeugt.

b) Ermittlung der statisch unbestimmten Größen X_r.

Im Gegensatz zur Berechnung von Y_r und Z_r können die statisch unbestimmten Größen X_r nur durch die Auflösung der n-Elastizitätsgleichungen von der Form (3) ermittelt werden. Führt man der einfacheren Schreibweise halber die Horizontalprojektion

$$X_r \cos\omega_r = X_r' \quad \ldots \quad (9)$$

als neue Unbekannte ein und setzt

$$h_{r-1}^3 + h_r^3 + 2\lambda_r \frac{J}{J_r'}(h_{r-1}^2 + h_{r-1}h_r + h_r^2) = \varkappa_r^3 \quad \ldots \quad (10)$$

so kann Gleichung (3) auch in folgender Form angeschrieben werden:

$$-\frac{h_{r-1}^3}{\varkappa_r^3}X_{r-1}' + X_r' - \frac{h_r^3}{\varkappa_r^3}X_{r+1}' = 3\frac{\lambda_r}{\varkappa_r^3}(h_{r-1} + h_r)\frac{J}{J_r'}\mathfrak{M}_r' \quad \ldots \quad (11)$$

Setzt man nun

$$\frac{h_{r-1}^3}{\varkappa_r^3} = a_{r-1} \qquad \text{und} \qquad \frac{h_r^3}{\varkappa_r^3} = b_{r-1},$$

woraus die Formeln

$$a_r = \frac{h_r^3}{\varkappa_{r+1}^3} \quad \ldots \quad (12)$$

$$b_r = \frac{h_{r-1}^3}{\varkappa_{r-1}^3} \quad \ldots \quad (13)$$

folgen und nennt den Ausdruck

$$3\,\frac{\lambda_r}{\varkappa_r^3}\,(h_{r-1}+h_r)\,\frac{J}{J_r'}\,\mathfrak{M}_r' = F_r \quad \ldots\ldots\ldots \quad (14)$$

so nimmt obige Gleichung die Form

$$-a_{r-1}X_{r-1}' + X_r' - b_{r+1}X_{r+1}' = F_r \quad \ldots\ldots \quad (15)$$

an. Für einen n feldrigen Träger erhält man dann folgende n-Gleichungen dieser Art:

$$\left.\begin{array}{l} X_1' - b_2X_2' = F_1 \\ -a_1X_1' + X_2' - b_3X_3' = F_2 \\ \ldots\ldots\ldots\ldots\ldots\ldots \\ -a_{r-1}X_{r-1}' + X_r' - b_{r+1}X_{r+1} = F_r \\ \ldots\ldots\ldots\ldots\ldots\ldots \\ -a_{n-2}X_{n-2}' + X_{n-1}' - b_nX_n' = F_{n-1}' \\ -a_{n-1}X_{n-1}' + X_n' = F_n' \end{array}\right\} \quad \ldots\ldots \quad (16)$$

Es sei gleich hier erwähnt, daß außer diesen in obiger Gleichungsgruppe auftretenden Werten a und b — wegen der Regelmäßigkeit in der Schreibweise der folgenden Ableitungen — noch je ein Wert a_0 und b_{n+1} nach Gleichung (12) und (13) zu bilden sind und der Wert

$$a_n = b_1 = 1 \quad \ldots\ldots\ldots\ldots \quad (17)$$

angenommen wird. Aus dieser Gleichungsgruppe (16) werden die Größen X_r' ganz analog wie beim Parallelträger gerechnet und daher nur die Resultate angeführt. Man erhält:

$$\left.\begin{array}{l} X_1' = \dfrac{c_1}{b_1}[\boldsymbol{F_1} + c_2F_2 + c_2c_3F_3 + c_2c_3c_4F_4 + \ldots + c_2\ldots c_nF_n] \\ X_2' = \dfrac{1}{1-c_1'c_2}\cdot\dfrac{c_2}{b_2}[F_1c_1' + \boldsymbol{F_2} + c_3F_3 + c_3c_4F_4 + \ldots + c_3\ldots c_nF_n] \\ X_3' = \dfrac{1}{1-c_2'c_3}\cdot\dfrac{c_3}{b_3}[F_1c_1'c_2' + F_2c_2' + \boldsymbol{F_3} + c_4F_4 + \ldots + c_4\ldots c_nF_n] \\ \ldots\ldots\ldots\ldots\ldots\ldots\ldots\ldots\ldots \\ X_r' = \dfrac{1}{1-c_{r-1}'c_r}\,\dfrac{c_r}{b_r}[F_1c_1'\ldots c_{r-1}' + F_2c_2'\ldots c_{r-1}' + \ldots \\ \qquad + F_{r-1}c_{r-1}' + \boldsymbol{F_r} + c_{r+1}F_{r+1} + \ldots + c_{r+1}\ldots c_nF_n] \\ \ldots\ldots\ldots\ldots\ldots\ldots\ldots\ldots\ldots \\ X_{n-1}' = \dfrac{1}{1-c_{n-2}'c_{n-1}}\,\dfrac{c_{n-1}}{b_{n-1}}[F_1c_1'\ldots c_{n-2}' + \ldots + F_{n-2}c_{n-2}' \\ \qquad\qquad + \boldsymbol{F_{n-1}} + c_nF_n] \\ X_n' = \dfrac{c_1}{b_1}[F_1c_1'\ldots c_{n-1}' + \ldots + F_{n-1}c_{n-1}' + \boldsymbol{F_n}], \end{array}\right\} \quad (18)$$

Die Werte c und c' in diesen Gleichungen, die bei Auflösung der Gruppe (16) durch Substitution von unten nach oben und umgekehrt — ähnlich wie beim Parallelträger — auftreten, sind nach folgenden Formeln zu bilden:

$$\left.\begin{aligned} c_n &= b_n \\ c_{n-1} &= \frac{b_{n-1}}{1 - a_{n-1} c_n} \\ &\cdots\cdots\cdots \\ c_r &= \frac{b_r}{1 - a_r c_{r+1}} \\ &\cdots\cdots\cdots \\ c_1 &= \frac{b_1}{1 - a_1 c_2} \end{aligned}\right\} \quad \ldots \ldots \ldots \ldots \quad (19)$$

und

$$\left.\begin{aligned} c'_1 &= a_1 \\ c'_2 &= \frac{a_2}{1 - b_2 c'_1} \\ &\cdots\cdots\cdots \\ c'_r &= \frac{a_r}{1 - b_r c'_{r-1}} \\ &\cdots\cdots\cdots \\ c'_n &= \frac{a_n}{1 - b_n c'_{n-1}} \end{aligned}\right\} \quad \ldots \ldots \ldots \ldots \quad (20)$$

An dieser Stelle möge gleich erwähnt werden, daß nach Formel (12) und (13) für Träger, welche zur Mitte symmetrisch sind, stets die Beziehung

$$\left.\begin{aligned} a_r &= b_{n-r+1} \\ b_r &= a_{n-r+1} \end{aligned}\right\} \quad \ldots \ldots \ldots \ldots \quad (21)$$

besteht, womit dann auch für die Werte c und c' der Zusammenhang

$$\left.\begin{aligned} c_r &= c'_{n-r+1} \\ c'_r &= c_{n-r+1} \end{aligned}\right\} \quad \ldots \ldots \ldots \ldots \quad (22)$$

gegeben ist. Berücksichtigt man diese Beziehungen, so sind z. B. bei Kenntnis der a-Werte stets auch die Werte b, bei Kenntnis der c-Werte stets auch die c' bekannt und umgekehrt.

Die Werte a und b können entweder nach Formel (12) und (13) direkt gerechnet oder einfacher aus der daraus abgeleiteten Gleichung (23) bestimmt werden:

$$\frac{1}{1 + \varepsilon_r^3 + 2\,\zeta_r\,(1 + \varepsilon_r + \varepsilon_r^2)} \quad \ldots \ldots \ldots \quad (23)$$

Diese Gleichung liefert nämlich den Wert a_r, wenn man darin nach Gleichung (10) und (12)

$$\varepsilon_r = \varepsilon_{a,\,r} = \frac{h_{r+1}}{h_r} \quad \text{und} \quad \zeta_r = \zeta_{a,\,r} = \frac{\lambda_{r+1}}{h_r}\,\frac{J}{J'_{r+1}} \quad \ldots \quad (24)$$

oder den Wert b_r, wenn man nach Gleichung (10) und (13)

$$\varepsilon_r = \varepsilon_{b,r} = \frac{h_{r-2}}{h_{r-1}} \quad \text{und} \quad \zeta_r = \zeta_{b,r} = \frac{\lambda_{r-1}}{h_{r-1}} \frac{J}{J'_{r-1}} \quad \ldots (25)$$

setzt.

Aus der Gleichungsgruppe (18) ist ohne weiteres zu erkennen, daß die Multiplikatoren von X'_1 und X'_n einander gleich sind und durch

$$m_1 = m_n = \frac{c_1}{b_1} \quad \ldots\ldots\ldots\ldots (26)$$

gegeben erscheinen, während irgendein anderer Multiplikator für $r = 2$ bis $r = n - 1$ nach der allgemeinen Formel

$$m_r = \frac{1}{1 - c'_{r-1} c_r} \frac{c_r}{b_r} \quad \ldots\ldots\ldots (27)$$

zu bestimmen ist.

Bezeichnet man nun weiters die Summenausdrücke in den Gleichungen (18) mit S_1, S_2 ... S_n so kann man schreiben:

$$\left.\begin{aligned} X'_1 &= m_1 S_1 \\ X'_2 &= m_2 S_2 \\ &\ldots\ldots \\ X'_r &= m_r S_r \end{aligned}\right\} \quad \ldots\ldots\ldots\ldots (28)$$

und es handelt sich nun darum, diese Summenausdrücke in einfacher Weise zu ermitteln.

Ermittlung der Summenausdrücke S_r. Setzt man

$$\left.\begin{aligned} M_n &= F_n \\ M_{n-1} &= c_n F_n + F_{n-1} = c_n M_n + F_{n-1} \\ M_{n-2} &= c_{n-1} M_{n-1} + F_{n-2} \\ &\ldots\ldots\ldots\ldots \\ M_r &= c_{r+1} M_{r+1} + F_r \\ &\ldots\ldots\ldots\ldots \\ M_1 &= c_2 M_2 + F_1 \end{aligned}\right\} \quad \ldots (29)$$

so ist z. B.

$$S_n = N_n + M_n$$

$$S_{n-1} = \frac{1}{c'_{n-1}} N_n + M_n c_n$$

daraus

$$S_n = c'_{n-1} S_{n-1} + (1 - c'_{n-1} c_n) M_n \quad \ldots\ldots (30)$$

woraus folgt, daß die Reihe S_n durch die vorhergehende Reihe S_{n-1} und den Wert M_n ausgedrückt werden kann. Bei obiger Festsetzung der Werte M findet man ohne weiteres, daß und nach Gl. (30)

$$\left.\begin{aligned} S_1 &= M_1 \\ S_2 &= c_1' S_1 + (1 - c_1' c_2) M_2 \\ S_3 &= c_2' S_2 + (1 - c_2' c_3) M_3 \\ &\dots\dots\dots\dots \\ S_r &= c_{r-1}' S_{r-1} + (1 - c_{r-1}' c_r) M_r \\ &\dots\dots\dots\dots \\ S_n &= c_{n-1}' S_{n-1} + (1 - c_{n-1}' c_n) M_n \end{aligned}\right\} \quad \dots\dots \quad (31)$$

Ermittlung der Werte F_r. Nach Gleichung (14) ist

$$F_r = 3 \frac{\lambda_r}{\varkappa_r^3} (h_{r-1} + h_r) \frac{J}{J_r'} \mathfrak{M}_r' .$$

Setzt man nach Gleichung (13)

$$\varkappa_r^3 = \frac{h_r^3}{b_{r+1}} ,$$

so erhält man für alle Werte von $r = 1$ bis $r = n$ die Formel:

$$F_r = 3\, b_{r+1} \frac{\lambda_r}{h_r} \frac{h_{r-1} + h_r}{h_r} \frac{J}{J_r'} \frac{\mathfrak{M}_r'}{h_r} \quad \dots\dots \quad (32)$$

Für

$$3\, b_{r+1} \frac{\lambda_r}{h_r} \frac{h_{r-1} + h_r}{h^r} \frac{J}{J_r'} = k_r \quad \dots\dots \quad (33)$$

wird nun

$$F_r = \frac{\mathfrak{M}_r'}{h_r} k_r \quad \dots\dots \quad (34)$$

In dieser Gleichung ist — wie schon öfters erwähnt — $\mathfrak{M}_r'$ das Moment der äußeren Kräfte im Schnitt der y-Achse (Schwerpunktsvertikalen) mit dem stellvertretenden geraden Balken oder mit dem Untergurt des Hauptsystems. Es ist durch die Gleichung

$$\mathfrak{M}_r' = \sum_{\xi=1}^{\xi=r-1} \mathfrak{Q}_\xi \lambda_\xi + \mathfrak{Q}_r s_r' \quad \dots\dots \quad (35)$$

gegeben, wenn $\mathfrak{Q}_\xi$ die Querkraft im Felde ξ des geraden Balkens bedeutet und s_r' die Entfernung der y-Achse vom linken Pfosten durch die Gleichung

$$s_r' = \frac{\lambda_r}{3} \frac{h_{r-1} + 2 h_r}{h_{r-1} + h_r} = \lambda_r \cdot \mu_r \quad \dots\dots \quad (36)$$

wobei

$$\mu_r = \frac{1}{3} \frac{h_{r-1} + 2 h_r}{h_{r-1} + h_r} \quad \dots\dots \quad (37)$$

bestimmt wird.

Ist die Feldweite $\lambda_1 = \lambda_2 = \dots = \lambda$, also konstant, so ist

$$\mathfrak{M}_r' = \lambda \left(\sum_{\xi=1}^{\xi=r-1} \mathfrak{Q}_\xi + \mathfrak{Q}_r \cdot \mu_r \right) \quad \dots\dots \quad (38)$$

Durch die bisherigen Ergebnisse sind die Werte X_r' in verhältnismäßig einfacher Weise zu ermitteln. Im folgenden soll eine kurze übersichtliche Zusammenfassung zur Berechnung dieser Werte folgen.

c) Zusammenfassung aller Ergebnisse zur Berechnung der statisch unbestimmten Größen X_r'.

1. Man ermittle die Werte a_0 bis a_n und b_1 bis b_{n+1}, wobei nach Gleichung (17) $a_n = b_1 = 1$, alle anderen Werte a und b jedoch nach den Gleichungen (10), (12) und (13) direkt zu berechnen sind.

2. Berechnung der Werte c und c' nach den Formeln (19), (20), (22).

3. Bestimmung der Ausdrücke:

$$1 - c_1' c_2 = \ldots;\ 1 - c_2' c_3 = \ldots;\ \ldots\ 1 - c_{r-1}' c_r = \ldots;\ \ldots\ 1 - c_{n-1}' c_n - \ldots;$$

der reziproken Werte

$$\frac{1}{1 - c_1' c_2} = \ldots \text{ usw.};$$

und der Brüche

$$\frac{c_1}{b_1} = \ldots;\quad \frac{c_2}{b_2} = \ldots;\quad \ldots\quad \frac{c_{n-1}}{b_{n-1}} = \ldots$$

4. Bestimmung der Multiplikatoren m_1 bis m_n nach den Gleichungen (26) und (27).

5. Ermittlung der Werte k_r, μ_r, s_r' und der Momente $\mathfrak{M}_r'$ nach den Formeln (33), (37), (36), (35).

6. Ermittlung der Werte F_r nach Gleichung (34).

7. Ermittlung der Werte M_r nach den Gleichungen (29).

8. Ermittlung der Summen S_r nach den Gleichungen (31).

9. Ermittlung der statisch unbestimmten Größen $X_r' = m_r S_r$ nach den Gleichungen (28).

3. Die inneren Kräfte. Normalkraft, Querkraft und Biegungsmoment eines Querschnittes.

Die inneren Kräfte eines Querschnittes sind durch die Normalkraft, die Querkraft und das Biegungsmoment des Querschnittes bestimmt. Letztere können, da nun die statisch unbestimmten Größen bekannt sind, aus dem Hauptsystem, welches unter der Belastung der Kraftgruppen X, Y, Z und der Kräfte P steht, nach Fig. 2 ermittelt werden. Betreffs der Koordinatenrichtungen, der Bezeichung der Kräfte sowie der Vorzeichen derselben gilt genau das gleiche wie beim Parallelträger.

Demnach sind die Normalkräfte positiv, wenn sie Zug erzeugen. Die Gurtquerkräfte sind positiv wenn sie als Resultierende aller äußeren Kräfte links vom Schnitt nach aufwärts zeigen, die Pfostenquerkräfte hingegen sind positiv, wenn sie als Resultierende aller äußeren Kräfte oberhalb des Schnittes nach rechts zeigen. Ein Gurtmoment ist positiv, wenn es unten Zug erzeugt, ein Pfostenmoment, wenn es links Zug hervorruft. Normalkräfte, Querkräfte und Biegungsmomente im Hauptsystem, die durch die

Belastung P allein erzeugt werden, sollen mit Kurrentbuchstaben bezeichnet werden.

Durch entsprechende Zusammensetzung und Umformungen erhält man nun folgende Resultate:

a) Untergurt:

$$N_{r,x} = \tfrac{1}{2}\mathfrak{Q}_r \cdot \sin\psi_r + X'_r \frac{\cos(\psi_r + \omega_r)}{\cos\omega_r} \quad \ldots\ldots (39)$$

$$Q_{r,x} = \tfrac{1}{2}\mathfrak{Q}_r \cdot \cos\psi_r - X'_r \frac{\sin(\psi_r + \omega_r)}{\cos\omega_r} \quad \ldots\ldots (40)$$

$$M_{r,x} = \tfrac{1}{2}\mathfrak{M}_{r,x} - X'_r \cdot y \quad \ldots\ldots (41)$$

b) Obergurt:

$$N'_{r,x} = -\tfrac{1}{2}\mathfrak{Q}_r \sin\nu_r - X'_r \frac{\cos(\nu_r - \omega_r)}{\cos\omega_r} \quad \ldots\ldots (42)$$

$$Q'_{r,x} = \tfrac{1}{2}\mathfrak{Q}_r \cos\nu_r - X'_r \frac{\sin(\nu_r - \omega_r)}{\cos\omega_r} \quad \ldots\ldots (43)$$

$$M'_{r,x} = \tfrac{1}{2}\mathfrak{M}_{r,x} - X'_r y = M_{r,x} \quad \ldots\ldots (44)$$

wenn, wie schon früher erwähnt, $\mathfrak{Q}_r$ und $\mathfrak{M}_{r,x}$ wieder die Querkraft bzw. das Moment eines frei aufliegenden geraden Balkens sind, mit der gleichen Belastung und Felderteilung wie die des Vierendeelträgers. [Die Formeln (41) und (44) sind so dargestellt, daß die Werte y immer positiv einzuführen sind.]

Aus den Formeln (39) bis (44) zeigt sich, daß die Gurtmomente in vertikalen Schnitten einander gleich sind, daß die Gurtnormal- und Gurtquerkräfte innerhalb eines Feldes konstant bleiben. Diese Formeln sind für die Belastung des Trägers in den Obergurt- oder Untergurtknoten gültig.

c) Pfosten: Für die Ermittlung der Normalkräfte sind je nach der Belastung unten oder oben verschiedene Formeln zu verwenden, während für die Berechnung der Querkräfte und Biegungsmomente bei beiden Belastungsarten ein und dieselbe Formel Anwendung findet.

Normalkraft bei Belastung unten:

$$\left.\begin{aligned} n_0 &= -\tfrac{1}{2}(\mathfrak{A} - P_0) - X'_1 \operatorname{tg}\omega_1 \\ n_r &= +\tfrac{1}{2}P_r + X'_r \operatorname{tg}\omega_r - X'_{r+1} \operatorname{tg}\omega_{r+1} \ldots \text{für } r = 1 \text{ bis } r = n-1 \\ n_n &= -\tfrac{1}{2}(\mathfrak{B} - P_0) + X'_n \operatorname{tg}\omega_n \end{aligned}\right\} \quad (45)$$

Normalkraft bei Belastung oben:

$$\left.\begin{aligned} n_0 &= -\tfrac{1}{2}(\mathfrak{A} + P_0) - X'_1 \operatorname{tg}\omega_1 \\ n_r &= -\tfrac{1}{2}P_r + X'_r \operatorname{tg}\omega_r - X'_{r+1} \operatorname{tg}\omega_{r+1} \ldots \text{für } r = 1 \text{ bis } r = n-1 \\ n_r &= -\tfrac{1}{2}(\mathfrak{B} + P_n) + X'_n \operatorname{tg}\omega_n \end{aligned}\right\} \quad (46)$$

Querkraft und Biegungsmoment für Belastung unten oder oben:

$$q_r = X'_r - X'_{r+1} \quad \ldots\ldots (47)$$

$$m_{r,y} = (X'_r - X'_{r+1})\, y \quad \ldots\ldots (48)$$

(y ist mit Vorzeichen, Fig. 2, einzuführen).

In diesen Formeln bedeuten $\mathfrak{A}$, $\mathfrak{B}$ die Auflagerdrücke im Hauptsystem infolge der Belastung P einschließlich der Lasten P_0 und P_n, falls solche vorhanden sind. P_r ist die Last im Knoten r.

In allen Gleichungen (39) bis (48) sind die Winkel ν_r, ψ_r, ω_r im Sinne der Fig. 2 als positiv einzuführen. Sollte die Form des Trägers derart sein, daß diese Winkel einen in bezug auf Fig. 2 entgegengesetzten Drehungssinn besitzen, so sind sie in obigen Gleichungen mit negativem Vorzeichen einzusetzen.

II. Horizontalbelastung.

1. Horizontalkräfte in den Untergurtknoten.

Das statisch bestimmte Hauptsystem in Fig. 3 zeigt die positiven Richtungen der statisch unbestimmten Größen X, Y, Z, die positiven Koordinatenrichtungen und die durch Momente beanspruchten Stäbe infolge der Belastung H.

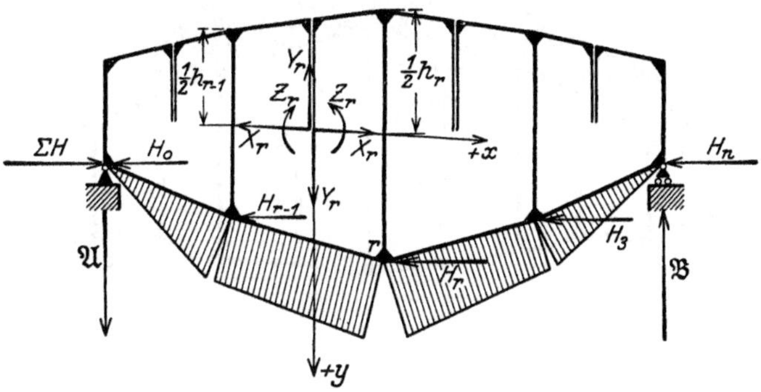

Fig. 3.

Da die Kräfte H nur in den Untergurten Momente hervorrufen — gleichgültig ob das feste Auflager links oder rechts ist —, so unterscheidet sich dieser Belastungsfall in bezug auf die Ermittlung der Elastizitätsgleichungen im Prinzip von einer vertikalen Belastung nicht. Die Berechnung nimmt daher denselben Gang wie dort und führt auch auf dieselben Resultate. Entsprechend den Gleichungen (7) und (8) erhält man auch hier

$$Y_r = -\frac{1}{2\lambda_r}(\mathfrak{M}_r - \mathfrak{M}_{r-1}) \quad \ldots \ldots \ldots \ldots \quad (49)$$

$$Z_r = -\tfrac{1}{2}\mathfrak{M}'_r = -\frac{1}{2\lambda_r}(\mathfrak{M}_{r-1}s''_r + \mathfrak{M}_r s'_r) \quad \ldots \ldots \quad (50)$$

$\mathfrak{M}_{r-1}$, $\mathfrak{M}_r$ sind die Momente in den Knoten $r-1$ und r, $\mathfrak{M}'_r$ das Moment in der Schwerpunktsvertikalen (y-Achse) des Feldes r, hervorgerufen durch die Belastung H im Hauptsystem und positiv, wenn der Gurt unten gezogen wird.

Die statisch unbestimmten Größen X'_r werden aus den Gleichungen (28) ermittelt, wenn man darin die der Belastung H der entsprechenden Werte F_r nach Gleichung (32) ermittelt. Die Koeffizienten a, b, c und c' sind durch die Formeln (12), (13), (19) bis (22) bestimmt.

Normalkraft, Querkraft und Biegungsmoment eines Querschnittes werden aus dem Hauptsystem, Fig. 3, ermittelt, wenn dasselbe mit den nun bekannten Kraftgruppen $X_r Y_r Z_r$ und den Kräften H belastet wird.

2. Horizontalkräfte in den Obergurtknoten.

Fig. 4 zeigt das statisch bestimmte Hauptsystem mit den positiven Richtungen der statisch unbestimmten Größen X, Y, Z, die positiven Koordinatenrichtungen und die durch die Belastung H hervorgerufenen Momentenflächen. Die feste Auflage sei zunächst links gedacht.

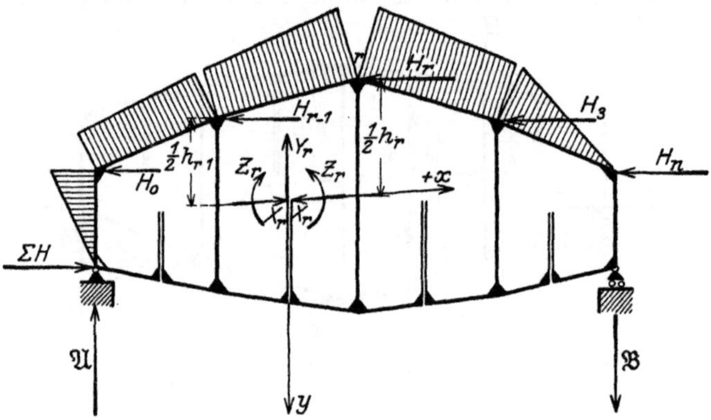

Fig. 4.

Die Untersuchung betreffs Einfluß der Momentenfläche des Auflagerpfostens auf die statisch unbestimmten Größen Y_r, Z_r — sie ist im übrigen analog durchzuführen wie beim Parallelträger — zeigt, daß auch hier die Pfostenmittenmomente wieder Null sind und daher die statisch unbestimmten Größen Y_r und Z_r aus den Elastizitätsgleichungen $\Sigma \Delta \varphi_r = 0$ und $\Sigma \Delta y_r = 0$ [Gleichungen (5) und (6)] nur durch die Gurtmomentenflächen allein bestimmt werden. Man findet daher hier, genau so wie für Vertikalbelastung, die Lösung

$$Y_r = -\frac{1}{2\lambda_r}(\mathfrak{M}_r - \mathfrak{M}_{r-1}) \quad \dots\dots\dots\dots \quad (51)$$

$$Z_r = -\tfrac{1}{2}\mathfrak{M}'_r = -\frac{1}{2\lambda_r}(\mathfrak{M}_{r-1}s''_r + \mathfrak{M}_r s'_r) \quad \dots\dots \quad (52)$$

$\mathfrak{M}_{r-1}$, $\mathfrak{M}_r$ sind die Momente in den Knoten $r-1$ und r, $\mathfrak{M}'_r$ das Moment im Schnitt der y-Achse (Schwerpunktsvertikalen) mit dem Obergurt infolge der Belastung H im Hauptsystem. Diese Momente sind positiv zu rechnen, wenn sie unten im Gurt Zug erzeugen.

Zur Ermittlung der statisch unbestimmten Größen $X'_r = X_r \cos \omega_r$ erhält man n analog gebaute Gleichungen wie die der Gruppe (16). Die Koeffizienten a und b sind hier dieselben wie dort, daher durch die Gleichungen (12), (13) bestimmt, die Werte F_r von $r = 2$ bis $r = n$ durch die Formel

$$F_r = k_r \frac{\mathfrak{M}'_r}{h_r} \quad \ldots \ldots \ldots \ldots \quad (53)$$

$\mathfrak{M}'_r$ ist das oben erwähnte Moment im Felde r, k_r durch Gleichung (33) gegeben.

Bei Ermittlung der Elastizitätsgleichung $\Sigma \Delta x_1 = 0$ des ersten Feldes gibt auch die Momentenfläche des Auflagerpfostens einen Beitrag zur Verschiebung Δx_1. Mit Rücksicht darauf erhält man an Stelle obiger Gleichung für $r = 1$

$$F''_1 = k_1 \frac{\mathfrak{M}''_1}{h_1} \quad \ldots \ldots \ldots \ldots \quad (54)$$

Es ist

$$\mathfrak{M}''_1 = \mathfrak{M}'_1 - \frac{1}{3} \frac{h_0}{\lambda_1} \frac{h_0}{h_0 + h_1} \frac{J'_1}{J} \mathfrak{M}_{k,0} \quad \ldots \ldots \quad (55)$$

und $\mathfrak{M}_{k,0} = h_0 \Sigma H$, das Moment der Auflagerreaktion ΣH in bezug auf den Ständerkopf, positiv einzuführen, wenn ΣH im Sinne der Uhr dreht. $\mathfrak{M}'_1$ ist wieder das Moment des Obergurtes in der Schwerpunktsvertikalen.

Die statisch unbestimmten Größen X'_r sind dann durch die Gleichungen (18) gegeben, wenn man darin an Stelle der dortigen Werte F die durch Gleichung (53), (54) ermittelten einführt. Die Koeffizienten c und c' in den Gleichungen (18) behalten ihre Werte und sind daher durch die Formeln (19) bis (22) bestimmt.

Normalkraft, Querkraft und Biegungsmoment eines Querschnittes werden aus dem Hauptsystem, Fig. 4, bestimmt, wenn man es mit den nun bekannten Kräften X_r, Y_r, Z_r und H belastet.

Bei fester Auflagerung rechts sind im Hauptsystem (Fig. 4) alle Obergurte und der Auflagerpfosten n durch Momente beansprucht. Die statisch unbestimmten Größen Y_r und Z_r sind dann wieder aus den Gleichungen (51), (52) zu ermitteln, während die Werte X'_r durch die Gleichungen (18) gegeben sind, wenn man darin folgende Werte F einführt:

$$F_r = k_r \frac{\mathfrak{M}'_r}{h_r}, \quad \text{gültig für } r = 1 \text{ bis } r = n - 1 \quad \ldots \quad (56)$$

$$F''_n = k_n \frac{\mathfrak{M}''_n}{h_n}, \quad \text{gültig für } r = n \quad \ldots \ldots \ldots \ldots \quad (57)$$

und

$$\mathfrak{M}''_n = \mathfrak{M}'_n + \frac{1}{3} \frac{h_n}{\lambda_n} \frac{h_n}{h_{n-1} + h_n} \frac{J'_n}{J} \mathfrak{M}_{k,n} \quad \ldots \ldots \quad (58)$$

Die Momente $\mathfrak{M}'_r$ haben ihre frühere Bedeutung, $\mathfrak{M}_{k,n} = h_n \Sigma H$ ist das Moment der Reaktion ΣH in bezug auf den Kopfpunkt des letzten Ständers, positiv, wenn es im Sinne der Uhr dreht.

3. Horizontalbelastung bei versenkter Fahrbahn.

Die nachfolgende Untersuchung wird allgemein durchgeführt. Beliebig viele horizontal gerichtete Kräfte greifen in beliebigen Punkten der Pfosten an. Fig. 5 zeigt das statisch bestimmte Hauptsystem, die positiven Richtungen der statisch unbestimmten Größen X_r, Y_r, Z_r, die positiven Koordinatenrichtungen und die durch die Belastung H hervorgerufenen Momentenflächen. F_{r-1} und F_r sind speziell die Dreieckmomentenflächen über den Pfosten $r-1$ und r. Bezüglich der Trägheitsmomente gelten wieder dieselben Festsetzungen wie bei

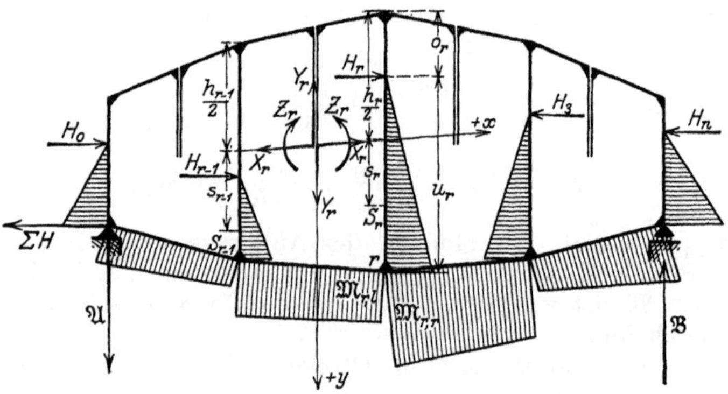

Fig. 5.

Vertikalbelastung. Schon im vorhinein lassen sich bei dieser Wahl des Hauptsystems wichtige Schlüsse betreffs Einfluß der festen Auflagerung auf die Pfostenmittenmomente, die zunächst untersucht werden sollen, ziehen. Findet in diesem Hauptsystem die feste Auflagerung links oder rechts statt, in beiden Fällen werden ein und dieselben Stäbe beansprucht, die Pfosten in beiden Fällen gleich, die Untergurte verschieden. Da die Gurtmomentenflächen auf die Pfostenmittenmomente keinen Einfluß ausüben — für beliebige Vertikalbelastung also, für beliebige Gurtmomentenflächen wurden ja die Pfostenmittenmomente stets zu Null —, so können nur die Ständerbelastungen allein für die Bestimmung der Pfostenmittenmomente maßgebend sein. Da die Pfostenbelastung für feste Auflage links oder rechts dieselbe ist, so folgt daraus, daß man für ein und dieselbe Belastung H bei fester Auflagerung links oder rechts ein und dieselben Pfostenmittenmomente erhalten muß, was durch die nachfolgende Untersuchung auch bestätigt wird.

In den weiteren Betrachtungen werden Gurtmomente als positiv bezeichnet wenn sie unten Zug erzeugen, Pfostenmomente sind positiv, wenn sie links Zug hervorrufen. Mit Rücksicht darauf erhält man aus $\Sigma \Delta \varphi_r = 0$ und $\Sigma \Delta y_r = 0$ folgende Elastizitätsgleichungen für das Feld r:

$$-\frac{\lambda_r^2}{3}\frac{h_r-h_{r-1}}{h_r+h_{r-1}}\frac{J}{J_r'}Y_r+2\lambda_r\frac{J}{J_r'}Z_r+h_{r-1}(-Y_{r-1}s_{r-1}''-Y_rs_r'-Z_{r-1}+Z_r)$$
$$-h_r(-Y_rs_r''-Y_{r+1}s_{r+1}'-Z_r+Z_{r+1})=\frac{\lambda_r}{2}\frac{J}{J_r'}(\mathfrak{M}_{r-1,r}+\mathfrak{M}_{r,l})-(F_{r-1}-F_r),$$
$$-\tfrac{2}{3}(s_r'^3+s_r''^3)\frac{J}{J_r'}Y_r+2\lambda_r\left(s_r'-\frac{\lambda_r}{2}\right)\frac{J}{J_r'}Z_r+s_r'h_{r-1}(-Y_{r-1}s_{r-1}''-Y_rs_r'-Z_{r-1}+Z_r)$$
$$+s_r''h_r(-Y_rs_r''-Y_{r+1}s_{r+1}'-Z_r+Z_{r+1})$$
$$=-\frac{\lambda_r^2}{6}\frac{J}{J_r'}\frac{1}{h_{r-1}+h_r}(h_r\mathfrak{M}_{r-1,r}-h_{r-1}\mathfrak{M}_{r,l})-(F_{r-1}s_r'+F_rs_r'').$$

Nun ist aber das Pfostenmittenmoment m_r' gegeben durch

$$m_r'=-Y_rs_r''-Y_{r+1}s_{r+1}'-Z_r+Z_{r+1}+\mathfrak{m}_r,$$

wobei $\mathfrak{m}_r$ das Pfostenmittenmoment im Hauptsystem infolge der Belastung H_r bedeutet. Daher ist in obigen Gleichungen

$$-Y_rs_r''-Y_{r+1}s_{r+1}'-Z_r+Z_{r+1}=m_r'-\mathfrak{m}_r,$$
$$-Y_{r-1}s_{r-1}''-Y_rs_r'-Z_{r-1}+Z_r=m_{r-1}'-\mathfrak{m}_{r-1}.$$

Bringt man noch die Werte F_{r-1} und F_r von der rechten Seite obiger Gleichungen auf die linke und führt für

$$m_r'-\mathfrak{m}_r+\frac{F_r}{h_r}=M_r',$$

$$m_{r-1}'-\mathfrak{m}_{r-1}+\frac{F_{r-1}}{h_{r-1}}=M_{r-1}'.$$

die neuen Unbekannten M_{r-1}' und M_r' ein, so erhält man:

$$-\frac{\lambda_r^2}{3}\frac{h_r-h_{r-1}}{h_r+h_{r-1}}\frac{J}{J_r'}Y_r+2\lambda_r\frac{J}{J_r'}Z_r+h_{r-1}M_{r-1}'-h_rM_r'=-\frac{\lambda_r}{2}\frac{J}{J_r'}(\mathfrak{M}_{r-1,r}+\mathfrak{M}_{r,l}),$$
$$-\tfrac{2}{3}(s_r'^3+s_r''^3)\frac{J}{J_r'}Y_r+2\lambda_r\left(s_r'-\frac{\lambda_r}{2}\right)\frac{J}{J_r'}Z_r+s_r'h_{r-1}M_{r-1}'+s_r''h_rM_r'$$
$$=-\frac{\lambda_r^2}{6}\frac{J}{J_r'}\frac{1}{h_{r-1}+h_r}(h_r\mathfrak{M}_{r-1,r}-h_{r-1}\mathfrak{M}_{r,l}).$$

Aus diesen beiden Gleichungen rechnet man Y_r und Z_r als Funktion von M_{r-1}', M_r' und erhält:

$$Y_r=3\frac{1}{\lambda_r^2}\frac{J_r'}{J}(M_{r-1}'h_{r-1}+M_r'h_r)-\frac{1}{2\lambda_r}(\mathfrak{M}_{r,l}-\mathfrak{M}_{r-1,r}) \quad . \ . \ (59)$$

$$Z_r=\frac{1}{\lambda_r}\frac{J_r'}{J}\frac{1}{h_{r-1}+h_r}(-M_{r-1}'h_{r-1}^2+M_r'h_r^2)-\tfrac{1}{2}\mathfrak{M}_r' \quad . \ . \ . \ (60)$$

wobei $\mathfrak{M}_r'$ dieselbe Bedeutung hat wie in Gleichung (50).

Die analogen Ausdrücke findet man für Y_{r+1} und Z_{r+1}. Aus diesen vier Gleichungen bildet man nun den Ausdruck

$$-Y_r s_r'' - Y_{r+1} s_{r+1}' - Z_r + Z_{r+1} = m_r' - \mathfrak{m}_r$$

und erhält:

$$m_r' - \mathfrak{m}_r = -\frac{1}{\lambda_r}\frac{J_r'}{J}(M_{r-1}' h_{r-1} + 2 M_r' h_r)$$
$$-\frac{1}{\lambda_{r+1}}\frac{J_{r+1}'}{J}(2 h_r M_r' + h_{r+1} M_{r+1}') + \tfrac{1}{2}\mathfrak{M}_{r,l} - \tfrac{1}{2}\mathfrak{M}_{r,r}.$$

Addiert man nun auf beiden Seiten dieser Gleichung den Wert $\frac{F_r}{h_r}$, so erhält man mit Rücksicht darauf, daß $\frac{1}{2}(\mathfrak{M}_{r,l} - \mathfrak{M}_{r,r}) = -\frac{F_r}{u_r}$ ist und $\frac{F_r}{h_r} - \frac{F_r}{u_r} = \frac{1}{2}\frac{u_r}{h_r}\mathfrak{M}_{k,r}$, die Gleichung

$$\frac{h_{r-1}}{\lambda_r}\frac{J_r'}{J} M_{r-1}' + \left[1 + 2\left(\frac{h_r}{\lambda_r}\frac{J_r'}{J} + \frac{h_r}{\lambda_{r+1}}\frac{J_{r+1}'}{J}\right)\right] M_r'$$
$$+ \frac{h_{r+1}}{\lambda_{r+1}}\frac{J_{r+1}'}{J} M_{r+1}' = \frac{1}{2}\frac{u_r}{h_r}\mathfrak{M}_{k,r} \quad \ldots\ldots (61)$$

Darin ist

$$\mathfrak{M}_{k,r} = H_r o_r \quad \ldots\ldots\ldots\ldots (62)$$

das Kopfmoment der Kraft H_r in bezug auf den Ständerkopf r positiv einzuführen, wenn es im Sinne der Uhr dreht.

In dieser Gleichung sind jetzt die statisch unbestimmten Größen Y_r und Z_r verschwunden, an ihrer Stelle treten die neuen Unbekannten M_{r-1}', M_r' und M_{r+1}' auf, welche die Pfostenmittenmomente m_{r-1}', m_r' und m_{r+1}' enthalten. Gleichung (61) gibt also gewissermaßen eine Beziehung zwischen drei aufeinanderfolgenden Pfostenmittenmomenten und soll deshalb als die Elastizitätsgleichung des Pfostens r bezeichnet werden. Man erhält für $r = 1$ bis $r = n - 1$, $n - 1$ solche ganz analog gebaute Gleichungen, während diese Gleichungen für die Auflagerpfosten folgende Form annehmen:

$$\left(1 + 2\frac{h_o}{\lambda_1}\frac{J_1'}{J}\right) M_o' + \frac{h_1}{\lambda_1}\frac{J_1'}{J} M_1' = +\frac{1}{2}\frac{u_o}{h_o}\mathfrak{M}_{k,o} \quad \ldots (63)$$

$$\frac{h_{n-1}}{\lambda_n}\frac{J_n'}{J} M_{n-1}' + \left(1 + 2\frac{h_n}{\lambda_n}\frac{J_n'}{J}\right) M_n' = +\frac{1}{2}\frac{u_n}{h_n}\mathfrak{M}_{k,n} \quad \ldots (64)$$

wobei $\mathfrak{M}_{k,o} = H_o o_o$ und $\mathfrak{M}_{k,n} = H_n o_n$ bedeutet und daher auch der Gleichung (62) genügt. Die Ausdrücke auf der rechten Gleichungsseite sollen, weil nur von der Belastung abhängig, als „Belastungsglieder" bezeichnet werden, die also allgemein unter Berücksichtigung der Gleichung (62) durch

$$G_r' = +\frac{1}{2}\frac{u_r}{h_r}\mathfrak{M}_{k,r}$$

gegeben sind. Da sich in keinem dieser Belastungsglieder, auch nicht in G_o' oder G_n', die feste Auflagerbedingung irgendwie ausdrückt, so folgt, daß obige Gleichung sowohl bei fester Auflage links als auch bei fester Auflage rechts ihre Gültigkeit behält. Damit ist auch die eingangs erwähnte Behauptung erwiesen, daß die Lage der festen Auflagerung auf die Pfostenmittenmomente keinen Einfluß hat.

Die zwei Gleichungen (63), (64) in Verbindung mit den $n-1$-Gleichungen (64) genügen zur Ermittlung der $n+1$-Unbekannten M'_r.

Auflösung der $n+1$-Elastizitätsgleichungen der Pfosten. Setzt man in Gleichung (61)

$$\frac{1}{1+2\left(\frac{\lambda_r}{h_r}\frac{J'_r}{J}+\frac{\lambda_{r+1}}{h_{r+1}}\frac{J'_{r+1}}{J}\right)}=\gamma_r,$$

$$\frac{h_{r-1}}{\lambda_r}\frac{J'_r}{J}=\alpha_{r-1}, \qquad \frac{h_{r+1}}{\lambda_{r+1}}\frac{J'_{r+1}}{J}=\beta_{r+1},$$

so daß

$$\alpha_r=\frac{h_r}{\lambda_{r+1}}\frac{J'_{r+1}}{J} \quad \ldots\ldots\ldots\ldots (65)$$

$$\beta_r=\frac{h_r}{\lambda_r}\frac{J'_r}{J} \quad \ldots\ldots\ldots\ldots (66)$$

wird, so ist dann mit Bezug auf diese zwei Gleichungen

$$\gamma_r=\frac{1}{1+2(\beta_r+\alpha_r)} \quad \ldots\ldots\ldots\ldots (67)$$

Schreibt man nun Gleichung (61) in der Form

$$\alpha_{r-1}\gamma_r M'_{r-1}+M'_r+\beta_{r+1}\gamma_r M'_{r+1}=\gamma_r\frac{1}{2}\frac{u_r}{h_r}\mathfrak{M}_{k,r}$$

und bezeichnet mit

$$a_{r-1}=\alpha_{r-1}\gamma_r, \quad \text{mit} \quad b_{r+1}=\beta_{r+1}\gamma_r,$$

so daß

$$a_r=\alpha_r\gamma_{r+1} \quad \ldots\ldots\ldots\ldots (68)$$

$$b_r=\beta_r\gamma_{r-1} \quad \ldots\ldots\ldots\ldots (69)$$

wird, so geht Gleichung (61) über in

$$a_{r-1}M'_{r-1}+M'_r+b_{r+1}M'_{r+1}=G_r,$$

wobei jetzt

$$G_r=\tfrac{1}{2}\gamma_r\frac{u_r}{h_r}\mathfrak{M}_{k,r} \quad \ldots\ldots\ldots\ldots (70)$$

als Belastungsglied dieser umgeformten Gleichung bezeichnet wird. Führt man diese Umformung auch analog bei Gleichung (63), (64) durch, so lauten die $n+1$-Elastizitätsgleichungen der Pfosten:

$$\left.\begin{aligned} M'_0+b_1M'_1&=G_0\\ a_0M'_0+M'_1+b_2M'_2&=G_1\\ \ldots\ldots\ldots&\ldots\ldots\\ a_{r-1}M'_{r-1}+M'_1+b_{r+1}\cdot M'_{r+1}&=G_r\\ \ldots\ldots\ldots&\ldots\ldots\\ a_{n-2}M'_{n-2}+M'_{n-1}+b_nM'_n&=G_{n-1}\\ a_{n-1}M'_{n-1}+M'_n&=G_n \end{aligned}\right\} \quad \ldots\ldots (71)$$

In diesen Gleichungen treten die Koeffizienten a_r von a_o bis a_{n-1}, die Beiwerte b_r von b_1 bis b_n auf. Dementsprechend sind auch die Werte α_r von α_o bis α_{n-1}, die Werte β_r von β_1 bis β_n zu entwickeln. Mit Rücksicht darauf erhält man dann aus der Gleichung (67)

$$\gamma_o = \frac{1}{1+2\alpha_o}\,, \qquad \gamma_n = \frac{1}{1+2\beta_n} \quad \ldots\ldots \quad (72)$$

während alle anderen Werte γ_r die regelmäßige Form der Gleichung (67) aufweisen. Es sei gleich hier erwähnt. daß außer diesen nach Gleichung (68), (69) zu bildenden Werten a und b — wegen der Regelmäßigkeit in der Schreibweise bei der Bildung der späteren Werte c und c' — noch je ein Wert

$$a_n = 1\,, \qquad b_0 = 1 \quad \ldots\ldots\ldots \quad (73)$$

angenommen wird. Wegen der Symmetrieverhältnisse des Trägers gegen die Mittelvertikale folgen noch die Beziehungen:

$$\left.\begin{aligned} \alpha_r &= \beta_{n-r}\,; \qquad \beta_r = \alpha_{n-r} \\ a_r &= b_{n-r}\,; \qquad b_r = a_{n-r} \\ \gamma_r &= \gamma_{n-r} \end{aligned}\right\} \quad \ldots\ldots\ldots \quad (74)$$

Die Gleichungsgruppe (71) ist in ihrem Bau mit der Gruppe (16) vollkommen identisch, daher wird sich auch die Auflösung ganz analog ergeben wie dort. Verfolgt man denselben Weg, so erhält man z. B. für einen Träger mit ungerader Pfostenzahl, also geradem Werte n, folgende Lösungen:

$$\left.\begin{aligned}
M_0' &= \frac{c_0}{b_0}(+G_0 - c_1 G_1 + c_1 c_2 G_2 - c_1 c_2 c_3 G_3 + \ldots + c_1 \ldots c_n G_n) \\
M_1' &= \frac{1}{1-c_0' c_1}\,\frac{c_1}{b_1}(-G_0 c_0' + G_1 - c_2 G_2 + c_2 c_3 G_3 - \ldots - c_2 \ldots c_n G_n) \\
M_2' &= \frac{1}{1-c_1' c_2}\,\frac{c_2}{b_2}(+G_0 c_0' c_1' - G_1 c_1' + G_2 - c_3 G_3 + \ldots + c_3 \ldots c_n G_n) \\
&\ldots\ldots\ldots\ldots\ldots\ldots\ldots\ldots\ldots\ldots \\
M_r' &= \frac{1}{1-c_{r-1}' c_r}\,\frac{c_r}{b_r}(\pm G_0 c_0' \ldots c_{r-1}' \mp G_1 c_1' \ldots c_{r-1}' \pm \ldots - G_{r-1} c_{r-1}' \\
&\qquad + G_r - c_{r+1} G_{r+1} \ldots \pm c_{r+1} \ldots c_n G_n) \\
&\ldots\ldots\ldots\ldots\ldots\ldots\ldots\ldots\ldots\ldots \\
M_{n-1}' &= \frac{1}{1-c_{n-2}' c_{n-1}}\,\frac{c_{n-1}}{b_{n-1}}(-G_0 c_0' \ldots c_{n-2}' + \ldots - G_{n-2} c_{n+2}' + G_{n-1} - c_n G_n) \\
M_n' &= \frac{c_0}{b_0}(+G_0 c_0' \ldots c_{n-1}' - \ldots - G_{n-1} c_{n-1}' + G_n)
\end{aligned}\right\} \quad (75)$$

Die Gesetzmäßigkeit der Reihenbildung in den Klammern ist leicht zu erkennen und stimmt im Prinzip mit jener, wie sie beim Parallelträger für diesen Belastungsfall gefunden wurde, überein.

Die Koeffizienten c und c' in diesen Gleichungen sind durch folgende Formeln zu ermitteln:

$$\left.\begin{aligned} c_n &= b_n \\ c_{n-1} &= \frac{b_{n-1}}{1 - a_{n-1} c_n} \\ &\ldots\ldots \\ c_r &= \frac{b_r}{1 - a_r c_{r+1}} \\ &\ldots\ldots \\ c_0 &= \frac{b_0}{1 - a_0 c_1} \end{aligned}\right\} \quad (76) \qquad \left.\begin{aligned} c_0' &= a_0 \\ c_1' &= \frac{a_1}{1 - b_1 c_0'} \\ &\ldots\ldots \\ c_r' &= \frac{a_r}{1 - b_r c_{r-1}'} \\ &\ldots\ldots \\ c_n' &= \frac{a_n}{1 - b_n c_{n-1}'} \end{aligned}\right\} \quad . \; . \; (77)$$

Wegen den Gleichungen (74) besteht auch zwischen den Werten c und c' die Beziehung

$$c_r = c_{n-r}', \qquad c_r' = c_{n-r} \; . \; . \; . \; . \; . \; . \; . \; . \quad (78)$$

Die Multiplikatoren in den Gleichungen (75) sind, wie ohne weiteres zu entnehmen, durch folgende Formeln bestimmt:

$$\left.\begin{aligned} m_0 &= m_n = \frac{c_0}{b_0} \\ m_r &= \frac{1}{1 - c_{r-1}' c_r} \frac{c_r}{b_r} \quad \text{für } r = 1 \text{ bis } r = n - 1 \end{aligned}\right\} \; . \; . \; (79)$$

Bezeichnet man ferner die Reihensumme in den Klammern mit S_r so gehen die Gleichungen (75) über in

$$\left.\begin{aligned} M_0' &= m_0 S_0 \\ M_1' &= m_1 S_1 \\ &\ldots\ldots \\ &\ldots\ldots \\ M_n' &= m_n S_n \end{aligned}\right\} \; . \; . \; . \; . \; . \; . \; . \; . \; . \; . \; . \; . \; . \quad (80)$$

und es handelt sich nun darum, einen einfachen Weg zur Ermittlung der Werte S_r zu finden. Man geht analog vor wie bei der Summenbildung S in den Gleichungen (18) und ermittelt zunächst folgende Werte M:

$$\left.\begin{aligned} M_n &= G_n \\ M_{n-1} &= -c_n M_n + G_{n-1} \\ &\ldots\ldots\ldots\ldots \\ M_r &= -c_{r+1} M_{r+1} + G_r \\ M_0 &= -c_1 M_1 + G_0 \end{aligned}\right\} \; . \; . \; . \; . \; . \; . \; . \; . \quad (81)$$

Aus der Bildung dieser Werte geht ohne weiteres hervor, daß $M_0 = S_0$ ist, während man für alle anderen Summen S_r durch vergleichende Betrachtung zweier aufeinanderfolgender Reihen S_r und S_{r+1} folgende Formeln findet:

$$\left.\begin{aligned} S_0 &= M_0 \\ S_1 &= -c_0' S_0 + (1 - c_0' c_1) M_1 \\ S_2 &= -c_1' S_1 + (1 - c_1' c_2) M_2 \\ &\ldots\ldots\ldots\ldots \\ S_r &= -c_{r-1}' S_{r-1} + (1 - c_{r-1}' c_r) M_r \\ &\ldots\ldots\ldots\ldots \\ S_n &= -c_{n-1}' S_{n-1} + (1 - c_{n-1}' c_n) M_n \end{aligned}\right\} \quad \ldots\ldots \quad (82)$$

Obwohl die Werte M und S stets vom vorhergehenden Wert abgeleitet werden, so sei hier speziell auf die geringe eventuelle Fehlerfortpflanzung aufmerksam gemacht, falls nur die Werte G_r fehlerfrei bestimmt wurden!

Zusammenfassung der Ergebnisse zur Ermittlung der Werte M_r'.

1. Ermittlung der Werte α_0 bis α_{n-1}, β_1 bis β_n nach Gleichung (65), (66), (74).
2. Ermittlung der Werte γ_r nach Gleichung (67), (72), (74).
3. Ermittlung der Werte a_0 bis a_{n-1} und b_1 bis b_n nach Gleichung (68), (69), (74) und Annahme der Werte $a_n = b_1 = 1$.
4. Ermittlung der Werte c und c' nach Gleichung (76), (77), (78).
5. Ermittlung der Multiplikatoren m_r nach Gleichung (79).
6. Ermittlung der Werte M_r nach Gleichungen (81).
7. Ermittlung der Summen S_r nach Gleichungen (82).
8. Ermittlung der Unbekannten M_r' aus den Gleichungen (80).

Mit Kenntnis der Unbekannten M_r' sind aber gleichzeitig die statisch unbestimmten Größen Y_r und Z_r aus den Gleichungen (59), (60) gegeben, die für feste Auflage links oder rechts ihre Gültigkeit bewahren.

Ermittlung der statisch unbestimmten Größen X_r'.

Die Verschiebung Δx_r im Felde r infolge der hier vorliegenden Belastung durch die Kräfte H im Hauptsystem ist nach Fig. 5 gegeben durch

$$\Delta x_r = \frac{\lambda_r}{4} \frac{\cos\omega_r}{E J_r'} (h_{r-1} + h_r) \mathfrak{M}_r' + \frac{\cos\omega_r}{E J} (F_{r-1} s_{r-1} - F_r s_r), \quad (83)$$

wobei s_{r-1} bzw. s_r der Schwerpunktsabstand des Momentendreiecks F_{r-1} bzw. F_r von der Pfostenmitte bedeutet. Daher ist

$$s_r = \frac{h_r}{2} - \frac{u_r}{3} = \tfrac{1}{6}(3 h_r - 2 u_r) \quad \ldots\ldots\ldots \quad (84)$$

und die Momentenfläche

$$F_r = \tfrac{1}{2} u_r^2 H_r \quad \ldots\ldots\ldots\ldots \quad (85)$$

positiv einzuführen, wenn H_r in bezug auf den Ständerfußpunkt r im Sinne der Uhr dreht, der Pfosten also links gezogen wird. Mit Bezug auf obige Verschiebungsgröße Δx_r nimmt die Elastizitätsgleichung $\Sigma \Delta x = 0$ für das Feld r die Form

$$-a_{r-1} X'_{r-1} + X'_r - b_{r+1} X'_{r+1} = F'_r$$

an, worin

$$F'_r = k_r \frac{\mathfrak{M}'_r}{h_r} + 12\, b_{r+1} \frac{F_{r-1} s_{r-1} - F_r s_r}{h_r^3} \quad \ldots\ldots (86)$$

zu setzen ist. Da man n analoge Gleichungen dieser Art erhält, die der Gruppe (16) vollkommen identisch sind, so ist die Lösung für die Größen X'_r durch die Gleichungen (18) gegeben, wenn man darin an Stelle der dortigen Werte F_r die durch Gleichung (86) ermittelten Werte F'_r einführt. In dieser Gleichung ist wie immer $\mathfrak{M}'_r$ das Moment im Schnitt der y-Achse mit dem Untergurt des Hauptsystems, k_r ist durch Gleichung (33) bestimmt.

Gleichung (86) ist für feste Auflage links oder rechts gleich gültig, da der Einfluß der Auflagerung in $\mathfrak{M}'_r$ zur Geltung kommt.

Normalkraft, Querkraft und Biegungsmoment eines Querschnittes werden aus dem statisch bestimmten Hauptsystem Fig. 5 ermittelt, welches mit den nun bekannten Kräften X_r, Y_r, Z_r, und H belastet wird.

III. Temperaturwirkungen.

Alle Stäbe des Tragwerkes seien bei einer Temperatur T spannungslos.

Die Untersuchung wird allgemein bei folgenden Annahmen durchgeführt. Die Erhöhung über die Temperatur T betrage im Untergurt t_u, im Obergurt t_o Grade, in den Pfosten sei der Temperaturverlauf zwischen t_u am Fuß und t_o am Kopf linear.

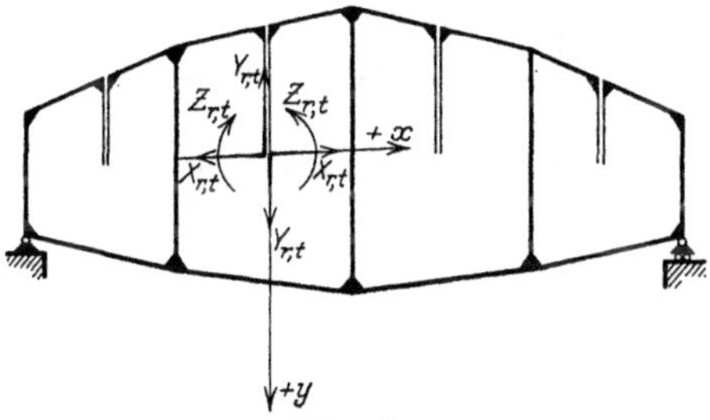

Fig. 6.

Zufolge dieser Annahme sind im Hauptsystem Fig. 6 die Verdrehung der starren Stäbe einerseits und die gegenseitige Verschiebung ihrer Endpunkte andererseits für das Feld r durch folgende Gleichungen gegeben:

$$\left.\begin{aligned}
\Delta \varphi_{r,t} &= 0 \\
\Delta x_{r,t} &= \tfrac{1}{2}(t_o + t_u)\,\varepsilon \sin\omega_r (h_r - h_{r-1}) - \left(t_o \frac{\cos(\nu_r - \omega_r)}{\cos\nu_r} - t_u \frac{\cos(\psi_r + \omega_r)}{\cos\psi_r}\right) \varepsilon \lambda_r \\
\Delta y_{r,t} &= \tfrac{1}{2}\varepsilon (t_o + t_u)(h_r - h_{r-1}) - \varepsilon \lambda_r (t_o \operatorname{tg}\nu_r + t_u \operatorname{tg}\psi_r)
\end{aligned}\right\} \quad (87)$$

Für $t_o = t_u = t$ erhält man speziell:

$$\left.\begin{aligned} \Delta\varphi_{r,t} &= 0 \\ \Delta x_{r,t} &= 0 \\ \Delta y_{r,t} &= 0 \end{aligned}\right\} \quad \ldots\ldots\ldots\ldots \quad (88)$$

d. h. eine gleichmäßige Temperaturerhöhung oder Verminderung erzeugt im Tragwerk keine Spannungen.

In diesen Gleichungen ist ε der Ausdehnungskoeffizient des Materials, t_o und t_u sind positiv einzuführen, wenn sich die Temperatur über T erhebt, negativ, wenn sie unter T sinkt. Die übrigen Bezeichnungen sind bekannt.

1. Ermittlung der statisch unbestimmten Größen $Y_{r,t}$ und $Z_{r,t}$. Die Berechnung geschieht indirekt mit Hilfe der Elastizitätsgleichungen der Pfosten; der Weg, um dieselben in allgemeinster Form zu erhalten, sei kurz angedeutet. Die Elastizitätsgleichungen $\Sigma\Delta\varphi = 0$, $\Sigma\Delta y = 0$ [Gleichung (5) und (6)] für das Feld r lauten, wenn $\Delta\varphi_r$ die Verdrehung der starren Stäbe des Hauptsystems im Felde r durch irgendwelche Belastung des Hauptsystems bedeutet und ebenso Δy_r die vertikale Verschiebung ihrer Endpunkte, ganz allgemein:

$$\left.\begin{aligned} -\frac{\lambda_r^2}{3}\frac{1}{J_r'}\frac{h_r - h_{r-1}}{h_r + h_{r-1}} Y_r + \frac{2\lambda_r}{J_r'} Z_r & \\ = \frac{1}{J}(m_r' h_r - m_{r-1}' h_{r-1}) - E\Delta\varphi_r & \end{aligned}\right\} . \quad (89)$$

$$\left.\begin{aligned} -\frac{2}{3}\frac{1}{J_r'}(s_r'^3 + s_r''^3) Y_r + \frac{2\lambda_r}{J_r'}\left(s_r' - \frac{\lambda_r}{2}\right) Z_r & \\ = -\frac{1}{J}(s_r' h_{r-1} m_{r-1}' + s_r'' h_r m_r') - E\Delta y_r & \end{aligned}\right\} \ldots \quad (90)$$

Rechnet man aus diesen beiden Gleichungen Y_r und Z_r als Funktion von m_{r-1}' und m_r', so erhält man

$$\left.\begin{aligned} Y_r = & + \frac{3}{\lambda_r^2}\frac{J_r'}{J}(m_{r-1}' h_{r-1} + m_r' h_r) \\ & + \frac{6}{\lambda_r^3} E J_r' \Delta y_r - \frac{1}{\lambda_r^2}\frac{h_r - h_{r-1}}{h_r + h_{r-1}} E J_r' \Delta\varphi_r \end{aligned}\right\} \ldots\ldots\ldots\ldots \quad (91)$$

$$\left.\begin{aligned} Z_r = & + \frac{1}{\lambda_r}\frac{J_r'}{J}\frac{1}{h_r + h_{r-1}}(m_r' h_r^2 - m_{r+1}' h_{r-1}^2) \\ & + \frac{1}{\lambda_r^2}\frac{h_r - h_{r-1}}{h_r + h_{r-1}} E J_r' \Delta y_r - \frac{2}{3\lambda_r}\frac{h_{r-1}^2 + h_{r-1} h_r + h_r^2}{(h_{r-1} + h_r)^2} E J_r' \Delta\varphi_r \end{aligned}\right\} \quad (92)$$

Diese Gleichungen entsprechen den Gleichungen (59), (60) des Abschnittes II/3. Geht man analog vor, wie dort, so kommt man auf folgende allgemeinste Form der Elastizitätsgleichungen für die Pfosten:

$$\left.\begin{aligned}
&m_0' + b_1 m_1' = -\gamma_0 \frac{E J_1'}{\lambda_1}\left[3\frac{\Delta y_1}{\lambda_1} + \frac{h_0}{h_0+h_1}\Delta\varphi_1\right] = G_0 \\
&a_0 m_0' + m_1' + b_2 m_2' = -\gamma_1\left[\frac{E J_1'}{\lambda_1}\left(3\frac{\Delta y_1}{\lambda_1} - \frac{h_1}{h_0+h_1}\Delta\varphi_1\right)\right. \\
&\qquad\left. + \frac{E J_2'}{\lambda_2}\left(3\frac{\Delta y_2}{\lambda_2} + \frac{h_1}{h_1+h_2}\Delta\varphi_2\right)\right] = G_1 \\
&\ldots\ldots\ldots\ldots\ldots\ldots\ldots\ldots\ldots\ldots \\
&a_{r-1} m_{r-1}' + m_r' + b_{r+1} m_{r+1}' = -\gamma_r\left[\frac{E J_r'}{\lambda_r}\left(3\frac{\Delta y_r}{\lambda_r} - \frac{h_r}{h_{r-1}+h_r}\Delta\varphi_r\right)\right. \\
&\qquad\left. + \frac{E J_{r+1}'}{\lambda_{r+1}}\left(3\frac{\Delta y_{r+1}}{\lambda_{r+1}} + \frac{h_r}{h_r+h_{r+1}}\Delta\varphi_{r+1}\right)\right] = G_r \\
&\ldots\ldots\ldots\ldots\ldots\ldots\ldots\ldots\ldots\ldots \\
&a_{n-1} m_{n-1}' + m_n' = -\gamma_n \frac{E J_n'}{\lambda_n}\left(3\frac{\Delta y_n}{\lambda_n} - \frac{h_n}{h_{n-1}+h_n}\Delta\varphi_n\right) = G_n
\end{aligned}\right\} \quad (93)$$

In diesen Gleichungen ist m_r' das Pfostenmittenmoment

$$m_r' = -Y_r s_r'' - Y_{r+1} s_{r+1}' - Z_r + Z_{r+1},$$

G_r das Belastungsglied des Pfostens r. Die Koeffizienten a, b, γ sind durch die Gleichungen (67) bis (69), (72), (74) bestimmt.

Verwendet man nun diese allgemein gültigen Gleichungen (93) für den hier vorliegenden Belastungsfall, so sind die Belastungsglieder G_r mit Rücksicht auf die Gleichungen (87) aus folgenden Formeln zu bestimmen:

$$\left.\begin{aligned}
G_0 &= -3\gamma_0 \frac{E J_1'}{\lambda_1^2}\Delta y_{1,t} \\
G_1 &= -3\gamma_1\left(\frac{E J_1'}{\lambda_1^2}\Delta y_{1,t} + \frac{E J_2'}{\lambda_2^2}\Delta y_{2,t}\right) \\
&\ldots\ldots\ldots\ldots\ldots\ldots \\
G_r &= -3\gamma_r\left(\frac{E J_r'}{\lambda_r^2}\Delta y_{r,t} + \frac{E J_{r+1}'}{\lambda_{r+1}^2}\Delta y_{r+1,t}\right) \\
&\ldots\ldots\ldots\ldots\ldots\ldots \\
G_n &= -3\gamma_n \frac{E J_n'}{\lambda_n^2}\Delta y_{n,t}
\end{aligned}\right\} \quad \ldots \quad (94)$$

Die Gleichungen (93) sind im Bau mit den Gleichungen (71) vollkommen identisch, den Werten M_r' dort entsprechen die Werte m_r' hier. Zur Bestimmung der Pfostenmittenmomente m_r' können daher mit Rücksicht auf diese Bemerkungen die Gleichungen (75) dienen, wenn man an Stelle der dortigen Werte G_r die durch Gleichung (94) ermittelten Belastungsglieder einführt.

Mit den Momenten m'_r sind jetzt auch die statisch unbestimmten Größen $Y_{r,t}$ und $Z_{r,t}$ aus den Gleichungen (91), (92) bekannt. Es ist

$$Y_{r,t} = +\frac{3}{\lambda_r^2}\frac{J'_r}{J}(m'_{r-1}h_{r-1} + m_r h_r) + \frac{6}{\lambda_r^3} EJ'_r \Delta y_{r,t} \quad \ldots\ldots\ldots (95)$$

$$Z_{r,t} = +\frac{1}{\lambda_r}\frac{J'_r}{J}\frac{1}{h_{r-1}+h_r}(m'_r h_r^2 - m'_{r-1}h_{r-1}^2) + \frac{1}{\lambda_r^2}\frac{h_r - h_{r-1}}{h_r + h_{r-1}} EJ'_r \Delta y_{r,t} \quad (96)$$

2. Ermittlung der statisch unbestimmten Größen $X_{r,t}$. Bildet man die Elastizitätsgleichungen $\Sigma \Delta x_1 = 0$, so erhält man n der Gruppe (16) analoge Gleichungen mit den Unbekannten

$$X'_{r,t} = X_{r,t}\cos\omega_r,$$

welche dann wieder durch die Gleichungen (18) gegeben erscheinen. Jedem X'_r von dort entspricht ein Wert $X'_{r,t}$ hier, jedem F_r ein Wert

$$F_{r,t} = -12\, b_{r+1}\frac{EJ}{h_r^3}\frac{1}{\cos\omega_r}\Delta X_{r,t} \quad \ldots\ldots\ldots (97)$$

Die Koeffizienten a, b, c, c' sind hier dieselben wie dort, daher durch die Gleichungen (12), (13), (19) bis (22) bestimmt.

Normalkraft, Querkraft und Biegungsmoment eines Querschnittes werden aus dem statisch bestimmten Hauptsystem Fig. 6 ermittelt, wenn man es mit den nun bekannten Kräften $X_{r,t}$, $Y_{r,t}$, $Z_{r,t}$ belastet.

IV. Durchbiegungen.

Die Senkung — Durchbiegung — irgendeines Querschnittes im Vierendeelträger, infolge Wirkung der Biegungsmomente, wird in folgender Weise ermittelt. Hat man die Berechnung des Trägers nach Abschnitt I bis III durchgeführt, so sind die auf den Gurt wirkenden Momente, welche die Durchbiegung verursachen, als bekannt anzusehen. Die Berechnung der Durchbiegungen kann dann auf nachstehende Grundaufgabe zurückgeführt werden: Ein beliebig gekrümmter Stab (Fig. 7) mit den Trägheitsmomenten J_1, J_2, J_3 und den Neigungswinkeln ψ_1, ψ_2, ψ_3 wird durch beliebige Kräfte, welche die Momentenflächen f_1, f_2, f_3 über den Stäben hervorrufen, beansprucht. Die Senkung Δy_1, Δy_2 der Knotenpunkte I und II und die Horizontalverschiebung Δl des beweglichen Auflagers B seien zu ermitteln.

Die Trapezmomentenfläche f_2 wurde in die beiden Dreieckflächen f'_2 und f''_2 zerlegt, S_1, S'_2, S''_2, S_3 sind die Projektionen der Schwerpunkte der Momentenflächen auf die Stabachsen, M_1, M_2 die Momente in den Knoten I und II, alle übrigen Bezeichnungen sind aus der Fig. 7 zu entnehmen.

Hält man den Querschnitt A, d. h. die Tangente dieses Querschnittes, während der Verformung fest, so kommt das Stabwerk durch die Formänderung in die Lage der Fig. 8. Die Vertikalverschiebungen der Punkte I, II und B sind dann nach Abschnitt A des ersten Teiles gegeben durch:

$$\Delta y'_I = -\frac{\lambda_1}{3}\frac{f_1}{EJ_1},$$

$$\Delta y'_{II} = -\left(\frac{\lambda_1}{3}+\lambda_2\right)\frac{f_1}{EJ_1} - \tfrac{2}{3}\lambda_2\frac{f'_2}{EJ_2} - \frac{\lambda_2}{3}\frac{f''_2}{EJ_2},$$

$$\Delta y'_B = -\left(\frac{\lambda_1}{3}+\lambda_2+\lambda_3\right)\frac{f_1}{EJ_1} - (\tfrac{2}{3}\lambda_2+\lambda_3)\frac{f'_2}{EJ_2} - (\tfrac{1}{3}\lambda_2+\lambda_3)\frac{f''_2}{EJ_2} - \tfrac{2}{3}\lambda_3\frac{f_3}{EJ_3},$$

und die Horizontalverschiebung des Punktes B durch

$$\Delta l = -\left\{e_1\frac{f_1}{EJ_1} + e'_2\frac{f'_2}{EJ_2} + e''_2\frac{f''_2}{EJ_2} + e_3\frac{f_3}{EJ_3}\right\} \quad . \; . \; . \; (98)$$

Der Winkel $\Delta\psi_1$ ist dann $\Delta\psi_1 = \frac{\Delta y'_B}{l} = \mathfrak{A}' =$ Auflagerdruck links infolge der Belastung des krummen Stabes mit den Gewichten $\frac{f_r}{EJ_r}$, da ja $\Delta y'_B$ das statische Moment dieser Belastung in bezug auf B vorstellt.

Da nun durch die Deformation die Auflagerbedingungen nicht geändert werden können, so muß man nun den Träger, um den tatsächlichen Deformationszustand zu erhalten, um den kleinen Winkel $\Delta\psi_1$ zurückdrehen, wobei die Horizontalverschiebung des Punktes B — und natürlich auch aller anderen Punkte — wegen des kleinen Wertes von $\Delta\psi_1$ keine Änderung mehr erleidet. Die endgültigen tatsächlichen Vertikalverschiebungen erhält man dann aber aus den Gleichungen:

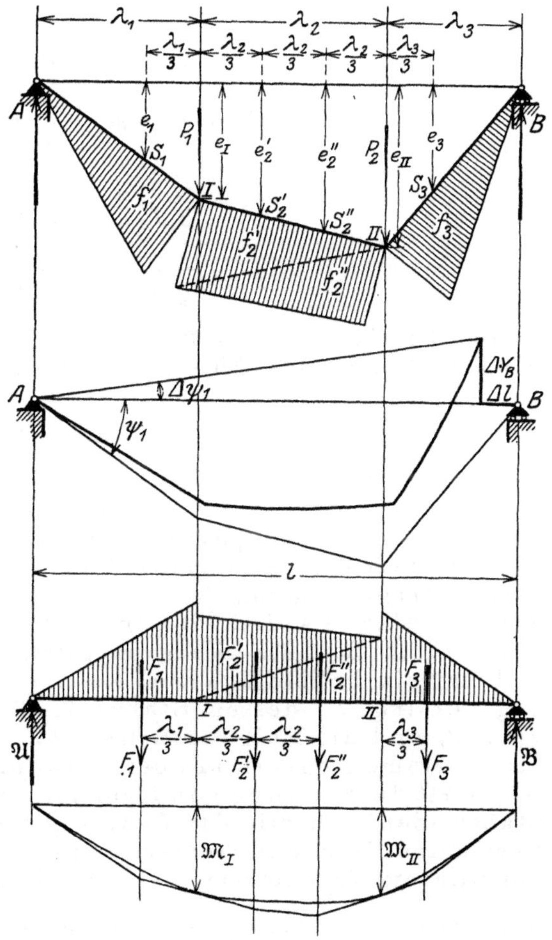

Fig. 7 bis 10.

$$\Delta y_{\mathrm{I}} = \mathfrak{A}'\lambda_1 - \Delta y_{\mathrm{I}}' = \mathfrak{M}_1' \quad \ldots \ldots \ldots \quad (99)$$

$$\Delta y_{\mathrm{II}} = \mathfrak{A}'(\lambda_1 + \lambda_2) - \Delta y_{\mathrm{II}}' \quad \ldots \ldots \ldots \quad (100)$$

wobei $\mathfrak{M}_1'$ und $\mathfrak{M}_2'$ die zweiten Momente in den Punkten *I* und *II* des mit $\frac{f_r}{EJ_r}$ belasteten krummen Stabes bedeuten.

Die Aufgabe ist damit im Prinzip gelöst, sie läßt sich jedoch noch viel einfacher darstellen. M_x sei das Moment irgendeines Querschnittes im krummen Stab in der Entfernung x von A, J_r das diesem Querschnitt entsprechende Trägheitsmoment, $J_r' = J_r \cos\psi_r$ und J das konstante Trägheitsmoment eines geraden Stabes (Fig. 9) von der Länge $l = \lambda_1 + \lambda_2 + \lambda_3$. Belastet man nun diesen geraden Stab mit den reduzierten Momenten $\frac{J}{J_r'} M_x$, so ist

$$\left.\begin{aligned} F_1 &= \frac{\lambda_1}{2}\frac{J}{J_1'} M_1 = \frac{J}{J_1} f_1 \\ F_2' &= \frac{\lambda_2}{2}\frac{J}{J_2'} M_1 = \frac{J}{J_2} f_2' \\ F_2'' &= \frac{\lambda_2}{2}\frac{J}{J_2'} M_2 = \frac{J}{J_2} f_2'' \\ F_3 &= \frac{\lambda_3}{2}\frac{J}{J_3'} M_2 = \frac{J}{J_3} f_3 \end{aligned}\right\} \quad \ldots \ldots \ldots \quad (101)$$

Die Durchbiegungen der Punkte I und II dieses Stabes sind nach Abschnitt V des ersten Teiles gegeben durch

$$\Delta y_{\mathrm{I}} = \frac{\mathfrak{M}_1}{EJ} \quad \ldots \ldots \ldots \ldots \quad (102)$$

$$\Delta y_{\mathrm{II}} = \frac{\mathfrak{M}_2}{EJ} \quad \ldots \ldots \ldots \ldots \quad (103)$$

wenn $\mathfrak{M}_1$ und $\mathfrak{M}_2$, entsprechend dem Momentendiagramm Fig. 10, die Momente in den Querschnitten *I* und *II* dieses Stabes infolge der oben erwähnten Belastung vorstellen. Ein einfacher Vergleich zeigt nun, daß diese zwei Gleichungen (99) und (100) identisch sind. Daraus folgt das wichtige Ergebnis:

Liegt ein beliebig gebrochener, frei aufliegender Stabzug vor (Fig. 7), dessen Stäbe die Trägheitsmomente J_1, $J_2 \ldots J_r$ und die Neigungswinkel $\psi_1, \psi_2 \ldots \psi_r$ besitzen und dessen Momentenverlauf über den ganzen Stabzug bekannt ist, so ist die Senkung von irgendeinem Querschnitt dieses Stabes identisch mit der Senkung von dem in derselben Vertikalen liegenden Querschnitt eines geraden Stabes mit konstantem Trägheitsmoment J (Fig. 9), wenn man diesen Stab mit den reduzierten Momentenflächen $\frac{J}{J_r'} M_x$ (wobei $J_r' = J_r \cos\psi_r$ ist) belastet.

Mit Hilfe dieses Satzes ist man also in der Lage, die Durchbiegungen (Senkungen) eines beliebigen Gurtquerschnittes im Vierendeelträger in einfacher Weise zu ermitteln, da ja der mit den bekannten Momenten belastete Gurt nichts anderes als einen gebrochenen, frei aufliegenden Stabzug vorstellt.

Im Einklang mit den Gleichungen (101) kann man jetzt auch die Horizontalverschiebung Δl des beweglichen Auflagers B [Gl. (98)] in folgender Form anschreiben:

$$\Delta l = -\frac{1}{EJ}(F_1 e_1 + F_2' e_2' + F_2'' e_2'' + F_3 e_3) \quad . \; . \; . \; . \; (104)$$

Analog erhält man dann für einen gebrochenen Stabzug mit r Stäben, die durch Trapezmomentenflächen belastet sind, den Ausdruck:

$$\Delta l = -(F_1' e_1' + F_2' e_2' + \ldots + F_n' e_n' + F_1'' e_1'' + F_2'' e_2'' + \ldots + F_n'' e_n'') \; . \; (105)$$

In dieser Gleichung sind die Flächen F_r' und F_r'' mit ihren Vorzeichen einzuführen, also positiv, wenn der Gurt unten gezogen wird. Erhebt sich der gebrochene Stabzug über die Horizontale, so sind in Gleichung (105) die Entfernungen e_r' bzw. e_r'' mit negativem Vorzeichen einzuführen, für die Vorzeichen von F_1 bleibt obige Festsetzung bestehen.

Aus Fig. 7, 8 ist ferner ohne weiteres zu entnehmen, daß z. B. die Horizontalverschiebung der Punkte I und II

$$\Delta x_I = +\frac{e_I - e_1}{EJ} F_1,$$

$$\Delta x_{II} = +\frac{1}{EJ}[(e_{II} - e_1)F_1 + (e_{II} - e_2')F_2' + (e_{II} - e_2'')F_2'']$$

ist und die Änderung des Neigungswinkels ψ_2 der Tangente in I gegeben ist durch

$$+\Delta\psi_1 - \frac{f_1}{EJ_1}.$$

V. Zusammenfassung aller Ergebnisse des Teiles A in der Anwendung auf ein praktisches Beispiel.

Es sind die Normal-, Querkräfte und Momente in den Gurten und Pfosten eines 8feldrigen Vierendeelträgers mit horizontalem Untergurt und gekrümmtem Obergurt zu ermitteln. (Spezialfall, Teil C.)

Die Spannweite des Trägers ist $l = 8\lambda = 44{,}4$ m, die Feldweite $\lambda = 5{,}55$ m, die Höhen der einzelnen Trägervertikalen sind $h_0 = 3{,}3$ m, $h_1 = 4{,}8$ m, $h_2 = 5{,}7$ m, $h_3 = 6{,}0$ m, $h_4 = h_m = 6{,}0$ m[1]).

[1]) Die Angaben für das Beispiel sind aus der Abhandlung von Dr. Gebauer „Eisenbetonträger für große Spannweiten, System Vierendeel" Beton & Eisen Jahrgang 1907, Heft XII entnommen.

Da der Träger um $h_4 = h_m$ symmetrisch ist, sind die übrigen Trägervertikalen gegeben (Fig. 15).

Der Lastangriff soll am Untergurte stattfinden und pro Knoten $P = 1$ t betragen.

Über die notwendigen Annahmen sei noch kurz folgendes vorausgeschickt: Bei der Berechnung der Formänderungen wird der Einfluß der Normal- und Querkräfte auf dieselben, des geringen Beitrages wegen, vernachlässigt und es ist daher nur die Kenntnis der Trägheitsmomente der Querschnittsflächen — bzw. ihrer Verhältnisse untereinander — von vornherein notwendig und nicht die der Querschnittsflächen F selbst.

Der Ableitung entsprechend wird nun $J_{o,r} \cdot \cos \nu_r = J_{u,r} \cos \psi_r = J'_r$ gewählt und, da $\psi_r = 0$ ist, ergibt sich $J'_r = J_{u,r}$.

Es sollen nun für die erste Berechnung die Trägheitsmomente J_u aller Untergurtquerschnitte einerseits sowie die Trägheitsmomente aller Pfostenquerschnitte andererseits als untereinander gleich und konstant vorausgesetzt werden.

In den Gleichungen kommen nur die Verhältnisse der Trägheitsmomente untereinander $\frac{J}{J'_r} = \frac{J}{J_u}$ vor. Hat man nun ein ausgeführtes Beispiel zur Hand so kann man sich leicht einen Mittelwert für diese Verhältnisse als vorläufig errechnen, sonst wird meist, wie es auch hier durchgeführt ist, für die erste Berechnung $\frac{J}{J_u} = 1$ angenommen, der zweiten Berechnung werden dann die sich aus der ersten Berechnung ergebenden Trägheitsmomente zugrunde gelegt.

Aus A I, Abs. 3, ist zu ersehen, daß die Normal-, Querkräfte und Momente der Gurte und Pfosten dann bekannt sind, wenn die statisch unbestimmten Größen X'_r vorher ermittelt wurden; die Reihenfolge in der Durchführung dieser Berechnung ist in A I, Abs. 2c, übersichtlich zusammengestellt und im folgenden eingehalten.

Ermittlung der statisch unbestimmten Größen X'_r.

1. Berechnung der Werte a und b:

$$a_r = \frac{1}{1 + \varepsilon_r^3 + 2\zeta_r(1 + \varepsilon_r + \varepsilon_r^2)} \quad \ldots \ldots \quad (23)$$

darin ist für

$$\varepsilon_r = \varepsilon_{a,r} = \frac{h_{r+1}}{h_r} \quad \text{und für} \quad \zeta_r = \zeta_{a,r} = \frac{\lambda_{r+1}}{h_r} \cdot \frac{J}{J'_{r+1}} \quad \ldots \quad (24)$$

zu setzen.

Mit diesen Gleichungen rechnen sich nun die Werte a_0 bis a_{n-1}:

zu a_0: $\varepsilon_0 = \frac{h_1}{h_0} = \frac{4,8}{3,3} = 1,455$; $\zeta_0 = \frac{\lambda_1}{h_0} \frac{J}{J'_1} = \frac{5,55}{3,3} \cdot 1 = 1,682$

und damit $a_0 = 0,0514$.

In gleicher Entwicklung erhält man die übrigen Werte:

$a_1 = 0{,}091 \qquad a_5 = 0{,}1401$

$a_2 = 0{,}1202 \qquad a_6 = 0{,}1522$

$a_3 = 0{,}1325 \qquad a_7 = 0{,}1582$

$a_4 = 0{,}1325$

$$\boldsymbol{a_n = a_8 = 1} \qquad (17)$$

Da der Träger um eine vertikale Achse zur Mitte symmetrisch ist, erübrigt sich die Ermittlung der Werte b_r aus Formel (23), sondern es gilt in diesem Falle

$$\boldsymbol{b_r = a_{n-r+1}} \qquad (21)$$

mithin:

$b_1 = a_8 = 1 \qquad b_5 = a_4 = 0{,}1325$

$b_2 = a_7 = 0{,}1582 \qquad b_6 = a_3 = 0{,}1325$

$b_3 = a_6 = 0{,}1522 \qquad b_7 = a_2 = 0{,}1202$

$b_4 = a_5 = 0{,}1401 \qquad b_8 = a_1 = 0{,}091\,.$

2. Berechnung der Werte c und c':

Aus den Gleichungen (19) bestimmen sich

$$\boldsymbol{c_8 = b_8} = 0{,}091$$

$$\boldsymbol{c_7 = \frac{b_7}{1 - a_7 \cdot c_8}} = 0{,}1219$$

$$\boldsymbol{c_6 = \frac{b_6}{1 - a_6 c_7}} = 0{,}135$$ und in gleicher Weiterentwicklung

$c_5 = 0{,}135 \qquad c_2 = 0{,}1612$

$c_4 = 0{,}1427 \qquad c_1 = 1{,}015\,.$

$c_3 = 0{,}1551$

Wegen Symmetrie des Trägers wieder um eine vertikale Mittelachse ist die Ermittlung der Werte c' aus den Gleichungen (20) überflüssig, sie bestimmen sich aus

$$\boldsymbol{c'_r = c_{n-r+1}} \qquad (22)$$

$c'_1 = c_8 = 0{,}091 \qquad c'_5 = c_4 = 0{,}1427$

$c'_2 = c_7 = 0{,}1219 \qquad c'_6 = c_3 = 0{,}1551$

$c'_3 = c_6 = 0{,}135 \qquad c'_7 = c_2 = 0{,}1621$

$c'_4 = c_5 = 0{,}135 \qquad c'_8 = c_1 = 1{,}015\,.$

3. Bestimmung der Ausdrücke:

$$1 - c_1' c_2 = \ldots, \quad 1 - c_2' c_3 = \ldots. \quad \ldots\ldots \quad 1 - c_7' c_8 = \ldots$$

und ihrer reziproken Werte

$1 - c_1' c_2 = 0{,}985$	$\dfrac{1}{1 - c_1' c_2} = 1{,}015$
$1 - c_2' c_3 = 0{,}981$	$\dfrac{1}{1 - c_2' c_3} = 1{,}019$
$1 - c_3' c_4 = 0{,}981$	$\dfrac{1}{1 - c_3' c_4} = 1{,}019$
$1 - c_4' c_5 = 0{,}982$	$\dfrac{1}{1 - c_4' c_5} = 1{,}0185$
$1 - c_5' c_6 = 0{,}981$	$\dfrac{1}{1 - c_5' c_6} = 1{,}019$
$1 - c_6' c_7 = 0{,}981$	$\dfrac{1}{1 - c_6' c_7} = 1{,}019$
$1 - c_7' c_8 = 0{,}985$	$\dfrac{1}{1 - c_7' c_8} = 1{,}015,$

sowie der Brüche:

$\dfrac{c_1}{b_1} = 1{,}015$	$\dfrac{c_5}{b_5} = 1{,}019$
$\dfrac{c_2}{b_2} = 1{,}019$	$\dfrac{c_6}{b_6} = 1{,}019$
$\dfrac{c_3}{b_3} = 1{,}019$	$\dfrac{c_7}{b_7} = 1{,}015$
$\dfrac{c_4}{b_4} = 1{,}018$	$\dfrac{c_8}{b_8} = 1{,}0.$

4. Bestimmung der Multiplikatoren m_1 bis m_n:

$$\boldsymbol{m_1 = m_n = \frac{c_1}{b_1} = 1{,}015} \quad \ldots\ldots\ldots \quad (26)$$

Für die übrigen Werte gilt die Gleichung

$$\boldsymbol{m_r = \frac{1}{1 - c_{r-1}' \cdot c_r} \cdot \frac{c_r}{b_r}} \quad \ldots\ldots\ldots\ldots \quad (27)$$

damit ist

$m_2 = 1{,}015 \cdot 1{,}019 = 1{,}034$	$m_6 = 1{,}019 \cdot 1{,}019 = 1{,}039$
$m_3 = 1{,}019 \cdot 1{,}019 = 1{,}039$	$m_7 = 1{,}019 \cdot 1{,}015 = 1{,}034$
$m_4 = 1{,}019 \cdot 1{,}018 = 1{,}038$	$m_8 = 1{,}015 \cdot 1{,}0 = 1{,}015.$
$m_5 = 1{,}0185 \cdot 1{,}019 = 1{,}038$	

5. Ermittlung der Werte k_r, μ_r, s_r' und der Momente $\mathfrak{M}_r'$.

$$k_r = 3\,b_{r+1}\frac{\lambda_r}{h_r}\,\frac{h_{r-1}+h_r}{h_r}\,\frac{J}{J_r'} \quad \text{(33)}$$

Daraus rechnen sich

$k_1 = 0{,}926$	$k_5 = 0{,}735$
$k_2 = 0{,}819$	$k_6 = 0{,}721$
$k_3 = 0{,}758$	$k_7 = 0{,}690$
$k_4 = 0{,}735$	$k_8 = 0{,}637$

$$\mu_r = \frac{1}{3}\,\frac{h_{r-1}+2h_r}{h_{r-1}+h_r} \quad \text{(37)}$$

man erhält daraus

$\mu_1 = 0{,}531$	$\mu_5 = 0{,}5$
$\mu_2 = 0{,}514$	$\mu_6 = 0{,}496$
$\mu_3 = 0{,}504$	$\mu_7 = 0{,}486$
$\mu_4 = 0{,}5$	$\mu_8 = 0{,}469$.

Die Werte

$$s_r' = \lambda_r \cdot \mu_r \quad \text{(36)}$$

werden in diesem Beispiele zur Ermittlung der folgenden Werte $\mathfrak{M}_r'$ nicht benötigt, da bei gleichen Feldweiten zu ihrer Berechnung die ganz allgemein gültige Gleichung (35) auf die speziell für diesen Fall gültige Gleichung (38) vereinfacht würde.

$$\mathfrak{M}_r' = \lambda\Big(\sum_{\xi=1}^{\xi=r-1}\mathfrak{Q}_\xi + \mathfrak{Q}_r\,\mu_r\Big) \quad \text{(38)}$$

Zu $\mathfrak{M}_1'$:

Als Auflagerreaktion des mit den Knotenlasten $P = 1\,\mathrm{t}$ belasteten Trägers ergibt sich $A = B = 3{,}5$ t und damit erhält man

$$\sum^{0}\mathfrak{Q}_\xi = 0;\quad \mathfrak{Q}_1 = 3{,}5\ \mathrm{t}\quad \text{und}\quad \mathfrak{M}_1' = 5{,}55\,(0 + 3{,}5\cdot 0{,}531) = 10{,}31\ \mathrm{tm},$$

zu $\mathfrak{M}_2'$:

$$\sum_{1}^{1}\mathfrak{Q}_\xi = \mathfrak{Q}_1 = 3{,}5\,\mathrm{t};\ \mathfrak{Q}_2 = 2{,}5\,\mathrm{t}\ \text{und}\ \mathfrak{M}_2' = 5{,}55\,(3{,}5 + 2{,}5\cdot 0{,}514) = 26{,}55\,\mathrm{tm},$$

zu $\mathfrak{M}_3'$:

$$\sum_{1}^{2}\mathfrak{Q}_\xi = \mathfrak{Q}_1 + \mathfrak{Q}_2 = 6{,}0\ \mathrm{t};\ \mathfrak{Q}_3 = 1{,}5\ \mathrm{t}\ \text{und}\ \mathfrak{M}_3' = 5{,}55\,(6{,}0 + 1{,}5\cdot 0{,}504) = 37{,}5\ \mathrm{tm}.$$

In analoger Weiterentwicklung erhält man die übrigen Werte

$\mathfrak{M}_4' = 43{,}0$ tm	$\mathfrak{M}_7' = 26{,}55$ tm
$\mathfrak{M}_5' = 43{,}0$ tm	$\mathfrak{M}_8' = 10{,}31$ tm.
$\mathfrak{M}_6' = 37{,}5$ tm	

6. Ermittlung der Werte F_r:

$$\boldsymbol{F_r = \frac{\mathfrak{M}_r'}{h_r} k_r} \quad \ldots \ldots \ldots \ldots \quad (34)$$

daraus bestimmt man mit den bereits ermittelten Größen die Werte

$F_1 = 1{,}99$ $\qquad$ $F_6 = 4{,}74$
$F_2 = 3{,}816$ $\qquad$ $F_7 = 3{,}816$
$F_3 = 4{,}74$ $\qquad$ $F_8 = 1{,}99$.
$F_4 = 5{,}27$

7. Ermittlung der Werte M_r:
Mit Hilfe der Gleichungen (29) bestimmt man

$$\boldsymbol{M_8 = F_8} = 1{,}99$$
$$\boldsymbol{M_7 = c_8 M_8 + F_7} = 4{,}0$$
$$\boldsymbol{M_6 = c_7 M_7 + F_6} = 5{,}23$$

und in gleicher Weiterentwicklung

$M_5 = 5{,}975$ $\qquad$ $M_2 = 4{,}69$
$M_4 = 6{,}075$ $\qquad$ $M_1 = 2{,}75$.
$M_3 = 5{,}61$

8. Ermittlung der Summen S_r.
Die Gleichungen (31) liefern die Werte

$$S_1 = M_1 = 2{,}75$$
$$S_2 = c_1' S_1 + (1 - c_1' c_2) M_2 = 4{,}87$$
$$S_3 = c_2' S_2 + (1 - c_2' c_3) M_3 = 6{,}09$$

und in gleicher Weiterentwicklung

$S_4 = 6{,}78$ $\qquad$ $S_7 = 4{,}87$
$S_5 = 6{,}78$ $\qquad$ $S_8 = 2{,}75$,
$S_6 = 6{,}09$

9. Ermittlung der statisch unbestimmten Größen $\boldsymbol{X_r' = m_r \cdot S_r}$.

Die Gleichungen (28) liefern die Werte

$X_1' = m_1 S_1 = 1{,}015 \cdot 2{,}75 = \mathbf{2{,}786}$ t $\qquad$ $X_5' = m_5 S_5 = 1{,}038 \cdot 6{,}78 = \mathbf{7{,}04}$ t
$X_2' = m_2 S_2 = 1{,}034 \cdot 4{,}87 = \mathbf{5{,}03}$ t $\qquad$ $X_6' = m_6 S_6 = 1{,}039 \cdot 6{,}09 = \mathbf{6{,}33}$ t
$X_3' = m_3 S_3 = 1{,}039 \cdot 6{,}09 = \mathbf{6{,}33}$ t $\qquad$ $X_7' = m_7 S_7 = 1{,}034 \cdot 4{,}87 = \mathbf{5{,}03}$ t
$X_4' = m_4 S_4 = 1{,}038 \cdot 6{,}78 = \mathbf{7{,}04}$ t $\qquad$ $X_8' = m_9 S_8 = 1{,}015 \cdot 2{,}75 = \mathbf{2{,}786}$ t

Bestimmung der Normal-Querkräfte und Biegungsmomente von Querschnitten.

Zu ihrer Bestimmung werden die Gleichungen (39) bis (48) herangezogen, deren Auswertung jedoch vorerst die Ermittlung einiger Winkelfunktionen notwendig macht.

Die Bedeutung der Winkel ist ganz allgemein aus Fig. 2 zu entnehmen; in dem vorliegenden Falle haben die Winkel ψ, ν_4 und ω_4 den Wert Null.

$\operatorname{tg}\omega_1 = 0{,}1351$	$\sin\nu_1 = 0{,}261$	$\cos\nu_1 = 0{,}967$
$\operatorname{tg}\omega_2 = 0{,}081$	$\sin\nu_2 = 0{,}1597$	$\cos\nu_2 = 0{,}986$
$\operatorname{tg}\omega_3 = 0{,}027$	$\sin\nu_3 = 0{,}0538$	$\cos\nu_3 = 0{,}996$
$\operatorname{tg}\omega_4 = 0$	$\sin\nu_4 = 0$	$\cos\nu_4 = 1{,}0$
$\operatorname{tg}\nu_1 = 0{,}2703$	$\operatorname{ctg}\nu_1 = 3{,}7$	$\sin\psi_r = 0$
$\operatorname{tg}\nu_2 = 0{,}1622$	$\operatorname{ctg}\nu_2 = 6{,}17$	$\cos\psi_r = 1$
$\operatorname{tg}\nu_3 = 0{,}0541$	$\operatorname{ctg}\nu_3 = 18{,}5$	$\operatorname{tg}\psi_r = 0$
$\operatorname{tg}\nu_4 = 0$	$\operatorname{ctg}\nu_4 = \infty$	$\operatorname{ctg}\psi_r = \infty$.

Um die einzelnen Funktionen der Winkel direkt aus der Figur entnehmen zu können, wurden die in den Gleichungen (39) bis (48) vorkommenden im folgenden praktisch umgeformt.

$$\frac{\cos(\psi_r + \omega_r)}{\cos\omega_r} = 1\,, \qquad \frac{\sin(\psi_r + \omega_r)}{\cos\omega_r} = \operatorname{tg}\omega_r\,,$$

$$\frac{\cos(\nu_r - \omega_r)}{\cos\omega_r} = \cos\nu_r\,(1 + \operatorname{tg}\nu_r\operatorname{tg}\omega_r)\,,$$

$$\frac{\sin(\nu_r - \omega_r)}{\cos\omega_r} = \sin\nu_r\,(1 - \operatorname{ctg}\nu_r\operatorname{tg}\omega_r)\,.$$

Diese Ausdrücke ausgewertet ergeben:

$\cos\nu_1(1 + \operatorname{tg}\nu_1\operatorname{ctg}\omega_1) \doteq 1$	$\sin\nu_1(1 - \operatorname{ctg}\nu_1\operatorname{tg}\omega_1) = 0{,}1307$
$\cos\nu_2(1 + \operatorname{tg}\nu_2\operatorname{ctg}\omega_2) \doteq 1$	$\sin\nu_2(1 - \operatorname{ctg}\nu_2\operatorname{tg}\omega_2) = 0{,}0799$
$\cos\nu_3(1 + \operatorname{tg}\nu_3\operatorname{ctg}\omega_3) \doteq 1$	$\sin\nu_3(1 - \operatorname{ctg}\nu_3\operatorname{tg}\omega_3) = 0{,}0269$
$\cos\nu_4(1 + \operatorname{tg}\nu_4\operatorname{ctg}\omega_4) \doteq 1$	$\sin\nu_4(1 - \operatorname{ctg}\nu_4\operatorname{tg}\omega_4) = 0{,}0$.

a) Untergurt.

Normalkräfte:

$$N_{r,x} = \frac{1}{2}\mathfrak{D}_r \cdot \sin\psi_r + X_r' \frac{\cos(\psi_r + \omega_r)}{\cos\omega_r} \quad \ldots\ldots \quad (39)$$

daraus errechnet man:

$$N_{1,x} = N_1 = X_1 = +\,2{,}786 \text{ t} = N_8$$
$$N_{2,x} = N_2 = X_2' = +\,5{,}03 \text{ t} = N_7$$
$$N_{3,x} = N_3 = X_3' = +\,6{,}33 \text{ t} = N_6$$
$$N_{4,x} = N_4 = X_4' = +\,7{,}04 \text{ t} = N_5;$$

Querkräfte:

$$Q_{r,x} = \frac{1}{2}\mathfrak{D}_r \cdot \cos\psi_r - X_r' \frac{\sin(\psi_r + \omega_r)}{\cos\omega_r} \quad \ldots\ldots \quad (40)$$

daraus errechnet man:

$$Q_{1,x} = Q_1 = +1{,}374\,\mathrm{t} = -Q_8$$
$$Q_{2,x} = Q_2 = +0{,}842\,\mathrm{t} = -Q_7$$
$$Q_{3,x} = Q_3 = +0{,}579\,\mathrm{t} = -Q_6$$
$$Q_{4,x} = Q_4 = +0{,}25\;\;\mathrm{t} = -Q_5\,.$$

Linke Eckmomente:

$$M_{r,-\frac{\lambda}{2}} = \frac{1}{2}\mathfrak{M}_{r,-\frac{\lambda}{2}} - X_r'\cdot\frac{h_{r-1}}{2} \quad \ldots\ldots \quad (41)$$

daraus errechnet man:

$$M_{1,-\frac{\lambda}{2}} = -4{,}6\;\;\mathrm{tm} = M_{8,+\frac{\lambda}{2}}$$
$$M_{2,-\frac{\lambda}{2}} = -2{,}37\;\mathrm{tm} = M_{7,+\frac{\lambda}{2}}$$
$$M_{3,-\frac{\lambda}{2}} = -1{,}393\,\mathrm{tm} = M_{6,+\frac{\lambda}{2}}$$
$$M_{4,-\frac{\lambda}{2}} = -0{,}311\,\mathrm{tm} = M_{5,+\frac{\lambda}{2}}\,.$$

Rechte Eckmomente:

$$M_{r,+\frac{\lambda}{2}} = \frac{1}{2}\mathfrak{M}_{r,+\frac{\lambda}{2}} - X_r'\,\frac{h_r}{2} \quad \ldots\ldots\ldots \quad (41)$$

daraus errechnet man:

$$M_{1,+\frac{\lambda}{2}} = +3{,}03\;\;\mathrm{tm} = M_{8,-\frac{\lambda}{2}}$$
$$M_{2,+\frac{\lambda}{2}} = +2{,}303\,\mathrm{tm} = M_{7,-\frac{\lambda}{2}}$$
$$M_{3,+\frac{\lambda}{2}} = +1{,}819\,\mathrm{tm} = M_{6,-\frac{\lambda}{2}}$$
$$M_{4,+\frac{\lambda}{2}} = +1{,}077\,\mathrm{tm} = M_{5,-\frac{\lambda}{2}}$$

b) Obergurt.

Normalkräfte:

$$N'_{r,x} = -\frac{1}{2}\mathfrak{Q}_r \sin\nu_r - X_r'\,\frac{\cos(\nu_r - \omega_r)}{\cos\omega_r} \quad \ldots\ldots \quad (42)$$

daraus errechnet man:

$$N'_{1,x} = N'_1 = -3{,}243\,\mathrm{t} = N'_8$$
$$N'_{2,x} = N'_2 = -5{,}23\;\;\mathrm{t} = N'_7$$
$$N'_{3,x} = N'_3 = -6{,}37\;\;\mathrm{t} = N'_6$$
$$N'_{4,x} = N'_4 = -7{,}04\;\;\mathrm{t} = N'_5\,;$$

Querkräfte:

$$Q'_{r,x} = \frac{1}{2}\mathfrak{Q}_r \cos\nu_r - X_r'\,\frac{\sin(\nu_r - \omega_r)}{\cos\omega_r} \quad \ldots\ldots\ldots \quad (43)$$

daraus errechnet man:

$$Q'_{1,x} = Q'_1 = +1{,}327\ \mathrm{t} = -Q'_8$$
$$Q'_{2,x} = Q'_2 = +0{,}83\ \mathrm{t} = -Q'_7$$
$$Q'_{3,x} = Q'_3 = +0{,}577\ \mathrm{t} = -Q'_6$$
$$Q'_{4,x} = Q'_4 = +0{,}25\ \mathrm{t} = -Q'_5.$$

Linke Eckmomente: Rechte Eckmomente:

$$M'_{r,-\frac{\lambda}{2}} = M_{r,-\frac{\lambda}{2}} \quad \ldots \ldots (44) \qquad M'_{r,+\frac{\lambda}{2}} = M_{r,+\frac{\lambda}{2}} \quad \ldots \ldots (44)$$

c) Pfosten.

Normalkräfte:

$$\left.\begin{aligned} n_0 &= -\tfrac{1}{2}(\mathfrak{A} - P_0) - X'_1 \operatorname{tg}\omega_1 \\ n_r &= +\tfrac{1}{2}P_r + X'_r \operatorname{tg}\omega_r - X'_{r+1}\operatorname{tg}\omega_{r+1} \ldots \text{ für } r=1 \text{ bis } r=n-1 \end{aligned}\right\} (45)$$

daraus errechnet man:

$$n_0 = -2{,}127\ \mathrm{t}$$
$$n_1 = +0{,}468\ \mathrm{t}$$
$$n_2 = +0{,}737\ \mathrm{t}$$
$$n_3 = +0{,}671\ \mathrm{t}$$
$$n_4 = +0{,}5\ \mathrm{t};$$

Querkräfte:

$$q_r = X'_r - X'_{r+1} \quad \ldots \ldots \ldots \ldots (47)$$
$$q_0 = -2{,}786\ \mathrm{t}$$
$$q_1 = -2{,}25\ \mathrm{t}$$
$$q_2 = -1{,}297\ \mathrm{t}$$
$$q_3 = -0{,}71\ \mathrm{t}$$
$$q_4 = 0{,}0\ \mathrm{t}.$$

+ Fußmoment = — Kopfmoment:

$$m_{r,+\frac{h_r}{2}} = (X'_r - X'_{r+1}) \cdot \frac{h_r}{2} = -m_{r,-\frac{h_r}{2}} \quad \ldots \ldots (48)$$

daraus errechnet man:

$$m_{0,+\frac{h_0}{2}} = -4{,}6\ \mathrm{tm} = -m_{0,-\frac{h_0}{2}}$$
$$m_{1,+\frac{h_1}{2}} = -5{,}4\ \mathrm{tm} = -m_{1,-\frac{h_1}{2}}$$
$$m_{2,+\frac{h_2}{2}} = -3{,}7\ \mathrm{tm} = -m_{2,-\frac{h_2}{2}}$$
$$m_{3,+\frac{h_3}{2}} = -2{,}13\ \mathrm{tm} = -m_{3,-\frac{h_3}{2}}$$
$$m_{4,+\frac{h_4}{2}} = 0{,}0\ \mathrm{tm} = -m_{4,-\frac{h_4}{2}}.$$

B. Träger mit beliebig gekrümmten Gurten. Bewegliche Belastung. (Einflußlinien.)

1. Gleichungen zur Ermittlung der Einflußlinien der Normalkraft, der Querkraft und des Biegungsmomentes.

Aus den Formeln (39) bis (48) für die Ermittlung der Normalkräfte, Querkräfte und Biegungsmomente geht hervor, daß diese bekannt sind, sobald die statisch unbestimmten Größen X_r' gegeben sind. Durch graphische Addition entsprechender Einflußlinien (siehe Beispiel B, Abs. 4) kann man dann ohne weiteres die Einflußlinien der Normalkraft, der Querkraft und des Biegungsmomentes irgendeines Querschnittes im Vierendeelträger gewinnen.

2. Ermittlung der Einflußlinien X_r'.

Zur Ermittlung der Einflußlinien X_r' dienen die Gleichungen (18), der Vorgang ist hier ganz analog einzuhalten wie beim Parallelträger. Man gewinnt auch hier für jede Einflußlinie X_r' eine „$\mathfrak{A}_r$-Linie“ und eine „$\mathfrak{B}_r$-Linie“, rechts vom Feld ist zur Konstruktion der Einflußlinie die „$\mathfrak{A}_r$-Linie“, links vom Feld die „$\mathfrak{B}_r$-Linie“ maßgebend. Um von den Ordinaten d i e s e r L i n i e n zu den Einflußordinaten zu kommen, sind in den Begrenzungsordinaten $r-1$ und r des Feldes sowie in den unmittelbar davorliegenden Ordinaten $r-1$ bzw. $r+1$ gewisse Strecken α und β abzuziehen, während alle anderen Ordinaten der $\mathfrak{A}_r$- bzw. $\mathfrak{B}_r$-Linie mit den Ordinaten der Einflußlinie X_r' identisch sind. Zur Kenntnis einer Einflußlinie X_r' gehören also die Werte $\mathfrak{A}_r$, $\mathfrak{B}_r$ und die Abzüge α, β, die im folgenden ermittelt werden sollen.

Wie beim Parallelträger, so auch hier, sind die Einflußlinien rechts und links vom Feld getrennt zu bestimmen. Es soll daher zuerst a) die Ermittlung der Einflußlinien X_r' rechts vom Felde r und dann b) die Ermittlung der Einflußlinien X_r' links vom Felde r besprochen werden.

a) Ermittlung der Einflußlinien X_r' rechts vom Felde.

Im folgenden soll kurz gezeigt werden, wie man zu den Ordinaten der Einflußlinie X_4' rechts vom Felde 4 eines 8feldrigen Vierendeelträgers gelangt; die Verallgemeinerung dieser Ergebnisse wird sich dann auf einen beliebigen $n$feldrigen Träger erstrecken.

Fig. 11 stellt das statisch bestimmte Hauptsystem des Vierendeelträgers vor, Fig. 12 den stellvertretenden geraden Balken. Bei gleicher Belastung sind die Momente in beiden Trägern in ein und demselben Vertikalschnitt einander gleich. s_r' gibt die Entfernung der Schwerpunktsvertikalen des Feldes r (y-Achse) vom linken Pfosten h_{r-1} an s_r ist die Entfernung dieser Vertikalen vom linken Auflager. Ferner ist l_r die Entfernung des Knotens r vom linken Auflager und l_r' die des Knotens $r-1$ vom rechten Auflager.

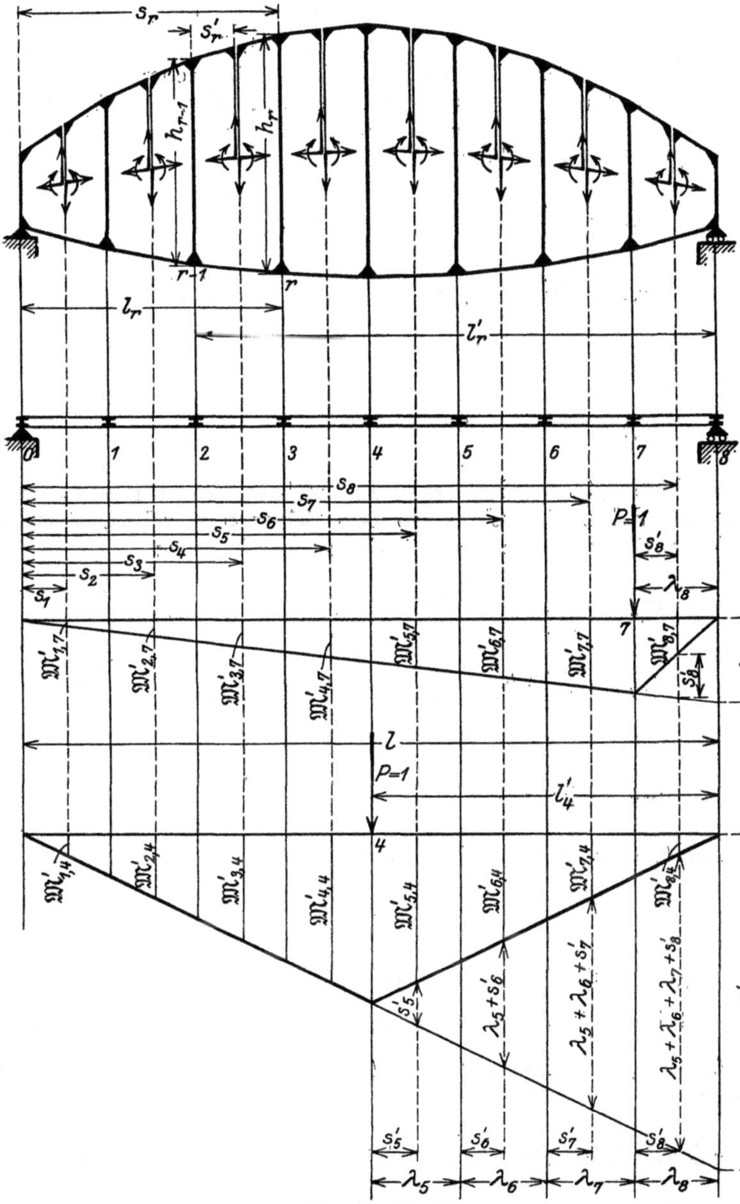

Fig. 11 bis 14.

Die Gleichung zur Gewinnung der Einflußlinie X'_4 lautet:

$$X'_4 = m_4[F_1 c'_1 c'_2 c'_3 + F_2 c'_2 c'_3 + F_3 c'_3 + F_4 + c_5 F_5 + c_5 c_6 F_6 + c_5 c_6 c_7 F_7 + c_5 c_6 c_7 c_8 F_8] \quad (18)$$

worin

$$F_r = \frac{\mathfrak{M}'_r}{h_r} k_r \quad \ldots\ldots\ldots\ldots \quad (34)$$

und $\mathfrak{M}_r'$ das Moment in der Schwerpunktsvertikalen des Feldes r bedeutet. Aus obiger Gleichung erhält man z. B. die Einflußordinate η_7, wenn man die der Laststellung $P = 1$ in 7 entsprechenden Werte $F_{r,7}$ nach Gleichung (34) bestimmt und einsetzt. Fig. 13 zeigt das Momentendiagramm dieser Laststellung, woraus man die folgenden Werte $\mathfrak{M}_{r,7}'$ entnehmen kann:

$$\mathfrak{M}_{1,7}' = \mathfrak{M}_{1,\mathfrak{A}}' = \frac{\lambda_8}{l} s_1 \qquad \mathfrak{M}_{8,7}' = \frac{\lambda_8}{l} s_8 - s_8'$$

$$\mathfrak{M}_{2,7}' = \mathfrak{M}_{2,\mathfrak{A}}' = \frac{\lambda_8}{l} s_2 \qquad = \mathfrak{M}_{8,\mathfrak{A}}' - s_8'.$$

$$\cdots\cdots\cdots$$

$$\cdots\cdots\cdots$$

$$\mathfrak{M}_{7,7}' = \mathfrak{M}_{7,\mathfrak{A}}' = \frac{\lambda_8}{l} s_7$$

Die Werte $\mathfrak{M}_{r,\mathfrak{A}}'$ werden unten zur Bildung des Wertes $\mathfrak{A}_4$ benutzt werden und daher hier schon mit dem Zeiger $\mathfrak{A}$ versehen. Setzt man diese Momente in Gleichung (34) ein, so erhält man:

$$F_{1,7} = \frac{\lambda_8}{l}\frac{s_1}{h_1} k_1 = \frac{\lambda_8}{l} f_1 \qquad F_{8,7} = \frac{\lambda_8}{l}\frac{s_8}{h_8} k_8 - \frac{s_8'}{h_8'} k_8$$

$$F_{2,7} = \frac{\lambda_8}{l}\frac{s_2}{h_2} k_2 = \frac{\lambda_8}{l} f_2 \qquad = \frac{\lambda_8}{l} f_8 - \frac{s_8 - l_7}{h_8} k_8$$

$$\cdots\cdots\cdots \qquad = \frac{\lambda_8}{l} f_8 - \Delta F_{8,7}.$$

$$F_{7,7} = \frac{\lambda_8}{l}\frac{s_7}{h_7} k_7 = \frac{\lambda_8}{l} f_7$$

In diesen Gleichungen ist allgemein

$$f_r = \frac{s_r}{h_r} k_r \quad \ldots\ldots\ldots \quad (106)$$

und $\Delta F_{8,7}$ bedeutet den Unterschied des Wertes $F_{8,7}$ (Wert F_8 bei der Laststellung $P = 1$ in 7) vom Werte $\frac{\lambda_8}{l} f_8 = \frac{l_8'}{l} f_8$. Setzt man diese Werte $F_{r,7}$ in obige Gleichung (18) ein, so erhält man die Einflußordinate

$$\eta_7 = m_4\left[\frac{\lambda_8}{l}(f_1 c_1' c_2' c_3' + f_2 c_2' c_3' + f_3 c_3' + f_4 + c_5 f_5 + c_5 c_6 f_6 + c_5 c_6 c_7 f_7 + c_5 c_6 c_7 c_8 f_8) - c_5 \ldots c_8 \Delta F_{8,7}\right].$$

Bezeichnet man mit

$$\mathfrak{A}_4 = m_4 (f_1 c_1' c_2' c_3' + f_2 c_2' c_3' + f_3 c_3' + f_4 + c_5 f_5 + c_5 c_6 f_6 + c_5 c_6 c_7 f_7 + c_5 c_6 c_7 c_8 f_8) \quad (107)$$

so ist

$$\eta_7 = \frac{\lambda_8}{l}\mathfrak{A}_4 - m_4 \cdot c_5 \cdot c_6 \cdot c_7 \cdot c_8 \cdot \Delta F_{8,7}.$$

Ermittelt man z. B. die Einflußordinate η_4, so hat man in obiger Gleichung (18) die Werte $F_{r,4}$ einzusetzen, in welchen die Momente $\mathfrak{M}'_{r,4}$ für die Laststellung $P = 1$ in 4 nach Fig. 14 zu bestimmen sind. Es ist:

$$\mathfrak{M}'_{1,4} = \frac{l'_5}{\lambda_8}\mathfrak{M}'_{1,\mathfrak{A}} \qquad \mathfrak{M}'_{5,4} = \frac{l'_5}{\lambda_8}\mathfrak{M}'_{5,\mathfrak{A}} - s'_5 \qquad = \frac{l'_5}{\lambda_8}\mathfrak{M}'_{5,\mathfrak{A}} - (s_5 - l_4)$$

$$\ldots\ldots \qquad \mathfrak{M}'_{6,4} = \frac{l'_5}{\lambda_8}\mathfrak{M}'_{6,\mathfrak{A}} - (\lambda_5 + s'_6) \qquad = \frac{l'_5}{\lambda_8}\mathfrak{M}'_{6,\mathfrak{A}} - (s_6 - l_4)$$

$$\ldots\ldots$$

$$\ldots\ldots \qquad \mathfrak{M}'_{7,4} = \frac{l'_5}{\lambda_8}\mathfrak{M}'_{7,\mathfrak{A}} - (\lambda_5 + \lambda_6 + s'_7) \qquad = \frac{l'_5}{\lambda_8}\mathfrak{M}'_{7,\mathfrak{A}} - (s_7 - l_4)$$

$$\mathfrak{M}'_{4,4} = \frac{l'_5}{\lambda_8}\mathfrak{M}'_{4,\mathfrak{A}} \qquad \mathfrak{M}'_{8,4} = \frac{l'_5}{\lambda_8}\mathfrak{M}'_{5,\mathfrak{A}} - (\lambda_5 + \lambda_6 + \lambda_7 + s'_8) = \frac{l'_5}{\lambda_8}\mathfrak{M}'_{8,\mathfrak{A}} - (s_8 - l_1)$$

und damit erhält man:

$$F_{1,4} = \frac{\mathfrak{M}'_{1,4}}{h_1}k_1 = \frac{l'_5}{\lambda_8}\cdot\frac{\lambda_8}{l}s_1\frac{1}{h_1}k_1 = \frac{l'_5}{l}\frac{s_1}{h_1}k_1 = \frac{l'_5}{l}f_1$$

und analog für alle übrigen $F_{r,4}$:

$$F_{1,4} = \frac{l'_5}{l}f_1 \qquad F_{5,4} = \frac{l'_5}{l}f_5 - \frac{s_5 - l_4}{h_5}k_5 = \frac{l'_5}{l}f_5 - \varDelta F_{5,4}$$

$$F_{2,4} = \frac{l_5}{l}f_2 \qquad F_{6,4} = \frac{l'_5}{l}f_6 - \frac{s_6 - l_4}{h_6}k_6 = \frac{l'_5}{l}f_6 - \varDelta F_{6,4}$$

$$\ldots\ldots \qquad F_{7,4} = \frac{l'_5}{l}f_7 - \frac{s_7 - l_4}{h_7}k_7 = \frac{l'_5}{l}f_6 - \varDelta F_{7,4}$$

$$F_{4,4} = \frac{l_5}{l}f_5 \qquad F_{8,4} = \frac{l'_5}{l}f_8 - \frac{s_8 - l_4}{h_8}k_8 = \frac{l'_5}{l}f_8 - \varDelta F_{8,4}\,.$$

Auch hier bedeutet wieder ein Wert $\varDelta F_{r,4}$ den Unterschied des Wertes $F_{r,4}$ vom Werte $\frac{l'_5}{l}f_r$, und es ergibt sich, wie aus den Anschreibungen zu erkennen, die allgemeine Formel

$$\varDelta F_{r,\xi} = \frac{s_r - l_\xi}{h_r}k_r \quad \ldots\ldots\ldots \quad (108)$$

zur Ermittlung der Werte $\varDelta F_{r,\xi}$. Für die Einflußordinate η_4 erhält man nun folgende Gleichung:

$$\eta_4 = m_4\Big[\frac{l'_5}{l}(f_1 c'_1 c'_2 c'_3 + \ldots + f_3 c'_3 + f_4 + c_5 f_5 + \ldots + c_5 \ldots c_8 f_8)$$

$$- c_5(\varDelta F_{5,4} + c_6 \varDelta F_{6,4} + c_6 c_7 \varDelta F_{7,4} + c_6 c_7 c_8 \varDelta F_{8,4})\Big]$$

$$= \frac{l'_5}{l}\mathfrak{A}_4 - m_4 c_5(\varDelta f_{5,4} + c_6 \varDelta f_{6,4} + c_6 c_7 \varDelta f_{7,4} + c_6 c_7 c_8 \varDelta F_{8,7})\,.$$

Bildet man analog die Einflußordinaten η_5 und η_6, so erhält man der Reihe nach:

$$\left.\begin{aligned}
\eta_7 &= \frac{\lambda_8}{l}\mathfrak{A}_4 - m_4 c_5 c_6 c_7 c_8 \Delta F_{8,7} \\
\eta_6 &= \frac{l'_7}{l}\mathfrak{A}_4 - m_4 c_5 c_6 c_7 (\Delta F_{7,6} + c_8 \Delta F_{8,6}) \\
\eta_5 &= \frac{l'_6}{l}\mathfrak{A}_4 - m_4 c_5 c_6 (\Delta F_{6,5} + c_7 \Delta F_{7,6} + c_7 c_8 \Delta F_{8.5}) \\
\eta_4 &= \frac{l'_5}{l}\mathfrak{A}_4 - m_4 c_5 (\Delta F_{5,4} + c_6 \Delta F_{6,4} + c_6 c_7 \Delta F_{7,4} + c_6 c_7 c_8 \Delta F_{8,4})
\end{aligned}\right\} \quad (109)$$

Da die Strecke $\frac{\lambda_8}{l}\mathfrak{A}_4$ in der Entfernung $l'_8 = \lambda_8$, die Strecken $\frac{l'_7}{l}\mathfrak{A}_4$, $\frac{l'_6}{l}\mathfrak{A}_4$ und $\frac{l'_5}{l}\mathfrak{A}_4$ in der Entfernung l'_7, l'_6 und l'_5 vom rechten Auflager als Ordinaten aufgetragen werden, so ist ohne weiteres zu erkennen, daß die Endpunkte dieser Strecken auf einer Geraden liegen müssen, die vom rechten Stützpunkt ausgeht und in der Vertikalen über der linken Stütze das Stück

$$\mathfrak{A}_4 = m_4 (f_1 c'_1 c'_2 c'_3 + f_2 c'_2 c'_3 + f_3 c'_3 + f_4 + c_5 f_5 + c_5 c_6 f_6 + c_5 c_6 c_7 f_7 + c_5 c_6 c_7 c_8 f_8) \quad (110)$$

abschneidet und als „$\mathfrak{A}_4$-Linie“ bezeichnet werden soll. Von den Ordinaten dieser Linie sind entsprechend den Gleichungen (109) in den Punkten 4, 5, 6 und 7 die Strecken

$$\left.\begin{aligned}
\alpha_{4,4} = \alpha_4 &= m_4 c_5 (\Delta F_{5,4} + c_6 \Delta F_{6,4} + c_6 c_7 \Delta F_{7,4} + c_6 c_7 c_8 \Delta F_{8,4}) \\
\alpha_{5.4} &= m_4 c_5 c_6 (\Delta F_{6,5} + c_7 \Delta F_{7,5} + c_7 c_8 \Delta F_{8,5}) \\
\alpha_{6.4} &= m_4 c_5 c_6 c_7 (\Delta F_{7,6} + c_8 \Delta F_{8,6}) \\
\alpha_{7,4} &= m_4 c_5 c_6 c_7 c_8 \Delta F_{8,7}
\end{aligned}\right\} \quad (111)$$

abzuziehen.

Ganz analog ist der Vorgang, um für alle anderen statisch unbestimmten Größen X'_r die Einflußlinien rechts vom Felde r zu finden, die also nach obigem einerseits durch die $\mathfrak{A}$-Linien und andererseits durch die Abzüge α gegeben sind. Es folgt daher zunächst die allgemeine Ermittlung der $\mathfrak{A}_r$-Werte und dann die der Abzüge α.

Allgemeine Bildungsgesetze der Werte $\mathfrak{A}_2$.

Aus Gleichung (110) ist ersichtlich, daß der Wert $\mathfrak{A}_4$ mit dem Ausdruck für X'_4 [Gleichung (18)] vollkommen identisch wird, wenn man darin die Werte F_r durch f_r ersetzt. Eine allgemeine Untersuchung zeigt nun, daß diese Analogie zwischen $\mathfrak{A}_r$ und X_r stets zutreffend ist, so daß sich folgende allgemeine Gleichungen zur Ermittlung der $\mathfrak{A}_r$-Werte ergeben:

$$\left.\begin{array}{l}
\mathfrak{A}_1 = m_1 (f_1 + c_2 f_2 + c_2 c_3 f_3 + \ldots\ldots\ldots\ldots + c_2 \ldots c_n f_n) \\
\mathfrak{A}_2 = m_2 (f_2 c_1' + f_2 + c_3 f_3 + \ldots\ldots\ldots\ldots + c_3 \ldots c_n f_n) \\
\ldots\ldots\ldots\ldots\ldots\ldots\ldots\ldots\ldots\ldots \\
\mathfrak{A}_r = m_r (f_1 c_1' \ldots c_{r-1}' + f_2 c_2' \ldots c_{r-1}' + \ldots + f_{r-1} c_{r-1}' + f_r + c_{r+1} f_{r+1} \ldots + c_{r+1} \ldots c_n f_n) \\
\ldots\ldots\ldots\ldots\ldots\ldots\ldots\ldots\ldots\ldots \\
\mathfrak{A}_n = m_n (f_1 c_1' \ldots c_{n-1}' + f_2 c_2 \ldots c_{n-1}' + \ldots\ldots\ldots + f_{n-1} c_{n-1}' + f_n)
\end{array}\right\} \quad (112)$$

Bezeichnet man analog den Gleichungen (28) die Summenausdrücke mit S_1', $S_2' \ldots S_n'$, so kann man schreiben:

$$\left.\begin{array}{l}
\mathfrak{A}_1 = m_1 S_1' \\
\mathfrak{A}_2 = m_2 S_2' \\
\ldots\ldots \\
\mathfrak{A}_n = m_n S_n'
\end{array}\right\} \ldots\ldots\ldots\ldots (113)$$

Die Dimension der Werte $\mathfrak{A}_1$ bis $\mathfrak{A}_n$ ist eine Kraft und in Tonnen, Kilogramm usw. ausgedrückt, je nachdem die Einflußlinien für die wandernde Last 1 t, 1 kg usw. dargestellt werden sollen. Die Richtigkeit ist ohne weiteres aus obigen Gleichungen zu ersehen, wenn man dieselben nach ihren Dimensionen auswertet.

Die Reihen S' werden nun ganz analog wie die Reihen S [Gleichungen (31)] ermittelt, man bildet sich zunächst die Werte

$$\left.\begin{array}{l}
M_n = f_n \\
M_{n-1} = c_n M_n + f_{n-1} \\
M_{n-2} = c_{n-1} M_{n-1} + f_{n-2} \\
\ldots\ldots\ldots\ldots \\
M_r = c_{r+1} M_{r+1} + f_r \\
\ldots\ldots\ldots\ldots \\
M_1 = c_2 M_2 + f_1
\end{array}\right\} \ldots\ldots\ldots (114)$$

wobei

$$f_r = k_r \frac{s_r}{h_r} \ldots\ldots\ldots\ldots (106)$$

zu setzen ist, k_r durch Gleichung (33) bestimmt wird,

$$s_r = \sum_{\xi=1}^{\xi=r-1} \lambda_\xi + \mu_r \lambda_r \ldots\ldots\ldots\ldots (115)$$

ist und

$$\mu_r = \frac{1}{3} \frac{h_{r-1} + 2 h_r}{h_{r-1} + h_r} \ldots\ldots\ldots\ldots (116)$$

die Werte c und c' sind durch die Gleichungen (19) bis (22) gegeben. Aus dem Bildungsgesetz der Werte M und S' folgt dann für

$$\left.\begin{array}{l}
S_1' = M_1 \\
S_2' = c_1' S_1' + (1 - c_1' c_2) M_2 \\
S_3' = c_2' S_2' + (1 - c_2' c_3) M_3 \\
\ldots\ldots\ldots\ldots\ldots \\
S_n' = c_{n-1}' S_{n-1}' + (1 - c_{n-1}' c_n) M_n
\end{array}\right\} \ldots\ldots (117)$$

Allgemeine Bildungsgesetze der Werte α.

Die Abzüge α sollen im allgemeinen mit zwei Zeigern versehen werden. Es bedeutet dann z. B. $\alpha_{3,4}$ den Abzug α in der Ordinate 3 der $\mathfrak{A}_4$-Linie. Nur jene α mit zwei gleichen Zeigern können der einfacheren Schreibweise halber — gerade diese Werte α werden nämlich im folgenden hauptsächlich Verwendung finden — auch nur einen Zeiger erhalten, so daß z. B. $\alpha_{2,2}$ auch α_2, $\alpha_{3,3} = \alpha_3$ geschrieben werden kann. $\alpha_1, \alpha_2 \ldots \alpha_r$ sind die Abzüge von den Ordinaten der $\mathfrak{A}_1, \mathfrak{A}_2 \ldots \mathfrak{A}_r$-Linie, die mit der rechten Begrenzung des Feldes $1, 2 \ldots r$ zusammenfallen und daher kurz als die Begrenzungsordinaten des Feldes $1, 2 \ldots r$ bezeichnet werden sollen. Die folgende Anschreibung zeigt nun das Ergebnis einer allgemeinen Untersuchung über die Abzüge α.

Abzüge α von den Ordinaten								der
1	2	3	4	5		$n-2$	$n-1$	
α_1	$c_2\alpha_2$	$c_2c_3\alpha_3$	$c_2c_3c_4\alpha_4$	$c_2c_3c_4c_5\alpha_5$	...			$\mathfrak{A}_1$-Linie
	α_2	$c_3\alpha_3$	$c_3c_4\alpha_4$	$c_3c_4c_5\alpha_5$	...			$\mathfrak{A}_2$- „
		α_3	$c_4\alpha_4$	$c_4c_5\alpha_5$	...			$\mathfrak{A}_3$- „
			α_4	$c_5\alpha_5$	...			$\mathfrak{A}_4$- „
				α_5	...			$\mathfrak{A}_5$- „
								...
								...
						α_{n-2}	$c_{n-1}\alpha_{n-1}$	$\mathfrak{A}_{n-2}$-Linie
							α_{n-1}	$\mathfrak{A}_{n-1}$- „

Aus dieser Übersicht ist zu entnehmen, daß zur Ermittlung der Werte α die Kenntnis der Abzüge $\alpha_1, \alpha_2 \ldots \alpha_r$ in den rechten Begrenzungsordinaten der Felder $1, 2 \ldots r$ genügt. Alle rechts davon folgenden Abzüge werden, wie obige Anschreibung zeigt, analog gebildet wie die Glieder in den Reihen $\mathfrak{A}_r$ oder S_r rechts vom Hauptgliede f_r bzw. F_r. Ferner sei erwähnt, daß hier genau so wie beim Parallelträger diese Abzüge α rechts vom Felde bald verschwindend klein werden, so daß es stets genügt, nur die beiden Abzüge α_r und $c_{r+1}\alpha_{r+1}$ in der Ordinate r und $r+1$ der $\mathfrak{A}_r$-Linie zu berücksichtigen, während alle weiteren Abzüge als verschwindend klein vernachlässigt werden können und die $\mathfrak{A}_r$-Linie in diesem Gebiet mit der Einflußlinie X'_r identisch wird.

Eine allgemeine Untersuchung führte nun auf folgende Gleichungen zur Ermittlung der Abzüge α_r:

$$\left.\begin{array}{l}
\alpha_1 = m_1 \cdot c_2 (\varDelta F_{2,1} + c_3 \varDelta F_{3,1} + c_3 c_4 \varDelta F_{4,1} + \ldots + c_3 \ldots c_n \varDelta F_{n,1}) \\
\alpha_2 = m_2 \cdot c_3 (\varDelta F_{3,2} + c_4 \varDelta F_{4,2} + c_4 c_5 \varDelta F_{5,2} + \ldots + c_4 \ldots c_n \varDelta F_{n,2}) \\
\alpha_3 = m_3 \cdot c_4 (\varDelta F_{4,3} + c_5 \varDelta F_{5,3} + c_5 c_6 \varDelta F_{6,3} + \ldots + c_5 \ldots c_n \varDelta F_{n,3}) \\
\ldots\ldots\ldots\ldots\ldots\ldots\ldots\ldots\ldots\ldots\ldots\ldots \\
\alpha_r = m_r \cdot c_{r+1} (\varDelta F_{r+1,r} + c_{r+2} \varDelta F_{r+2,r} + \ldots + c_{r+2} \ldots c_n \varDelta F_{n,r}) \\
\ldots\ldots\ldots\ldots\ldots\ldots\ldots\ldots\ldots\ldots\ldots\ldots \\
\alpha_{n-1} = m_{n-1} \cdot c_n \varDelta F_{n,n-1}
\end{array}\right\} \quad (118)$$

Bezüglich der Dimension der Werte α gilt ebenfalls das zu den Gleichungen (113) über die Werte $\mathfrak{A}$ Bemerkte. Es ist

$$\varDelta F_{r,\xi} = \frac{s_r - l_\xi}{h_r} k_r \quad \ldots \ldots \ldots \quad (108)$$

k_r durch Gleichung (33), s_r durch Gleichung (115) bekannt und $l_\xi = \sum_1^\xi \lambda_\xi$.

Die Gesetzmäßigkeit in der Bildung der Werte α_r ist aus den Gleichungen (118) ohne weiteres zu erkennen, sie ist jener der Reihen $\mathfrak{A}_r$ oder S_r rechts vom Hauptgliede analog. In obigen Gleichungen werden die Posten nach rechts hin bald sehr klein, so daß man bei Berechnung eines Abzuges α_r mit höchstens drei, meist aber mit zwei Posten das Auslangen finden wird.

Zusammenfassend ergibt sich also folgendes Resultat: Man ermittelt zunächst aus den Gleichungen (118) die Werte α_1 bis α_{n-1} mit Berücksichtigung von zwei, höchstens drei Posten in jeder Gleichung und bildet dann die Werte $c_{r+1}\,\alpha_{r+1}$ von $r = 1$ bis $r = n - 2$. Dann ist abzuziehen:

in der Begrenzungsordinate r der $\mathfrak{A}_r$-Linie die Strecke α_r \
„ „ folgenden Ordinate $r+1$ „ „ „ „ $c_{r+1}\,\alpha_{r+1}$ } (119)

b) Ermittlung der Einflußlinien X_r' links vom Felde r.

Der Vorgang, um die Einflußlinien links vom Felde r zu bestimmen, wäre analog einzuhalten wie beim Parallelträger. Hier wird jedoch ein anderer Weg eingeschlagen, der sofort zum Ziele führt. Die Träger, welche hier behandelt werden, sind zu einer vertikalen Mittellinie symmetrisch gebaut, und aus diesem Grunde genügt es, die Einflußlinien der einen Trägerhälfte zu bestimmen, da zwischen X_r' und X'_{n-r+1} Spiegelsymmetrie besteht, so daß daraus ohne weiteres die Beziehung

$$\mathfrak{B}_r = \mathfrak{A}_{n-r+1}; \qquad \mathfrak{A}_r = \mathfrak{B}_{n-r+1} \quad \ldots \ldots \quad (120)$$

$$\beta_r = \alpha_{n-r}; \qquad \alpha_r = \beta_{n-r} \quad \ldots \ldots \quad (121)$$

besteht. Ermittelt man also die Werte $\mathfrak{A}_1$ bis $\mathfrak{A}_{n-1}$ ($\mathfrak{A}_n$ wird nicht benötigt) nach den Gleichungen (113), die Abzüge α_1 bis α_{n-1} nach Gleichungen (118), so sind damit nach obiger Beziehung auch die Werte $\mathfrak{B}_r$ und β_r für die linke Trägerhälfte gegeben. Daher folgt allgemein:

Zur Ermittlung der Einflußlinie X_r' links vom Felde r ist die $\mathfrak{B}_r$-Linie maßgebend, die von der linken Stütze ausgeht und in der Vertikalen über der rechten Stütze die Strecke $\mathfrak{B}_r$ abschneidet. Um von dieser Linie zu den Ordinaten der Einflußlinie zu kommen sind

$$\left.\begin{array}{llll}\text{in der linken Begrenzungsordinate} & r-1 & \text{die Strecke} & \beta_{r-1} \\ \text{„ „ vorhergehenden Ordinate} & r-2 & \text{„ „} & c_{r-1}'\beta_{r-2}\end{array}\right\} \quad (122)$$

abzuziehen, während alle anderen links davon gelegenen Ordinaten der $\mathfrak{B}_r$-Linie mit jenen der Einflußlinie X_r' identisch sind.

3. Zusammenfassung aller Ergebnisse zur Konstruktion der Einflußlinie X_r':

1. Man ermittle die Werte a_0 bis a_n und b_1 bis b_{n+1}, wobei nach Gleichung (17) $a_n = b_1 = 1$, alle anderen Werte a und b jedoch nach den Gleichungen (10), (12) und (13) direkt zu berechnen sind.
2. Berechnung der Werte c und c' nach den Formeln (19), (20), (22).
3. Bestimmung der Ausdrücke

$$1 - c_1' c_2 = \ldots; \qquad 1 - c_2' c_3 = \ldots; \ldots\ldots \; 1 - c_{n-1}' \cdot c_n = \ldots;$$

der reziproken Werte

$$\frac{1}{1 - c_1' c_2} = \ldots \text{ usw.}$$

und der Brüche

$$\frac{c_1}{b_1} = \ldots; \qquad \frac{c_2}{b_2} = \ldots; \quad \ldots\ldots \quad \frac{c_{n-1}}{b_{n-1}} = \ldots$$

4. Bestimmung der Multiplikatoren m_1 bis m_n nach den Gleichungen (26) und (27).
5. Ermittlung der Werte k_r, μ_r, s_r und f_r nach den Formeln (33), (37), (115), (106).
6. Bestimmung der Werte M nach den Gleichungen (114).
7. Bestimmung der Werte $\mathfrak{A}$ und $\mathfrak{B}$ nach den Gleichungen (117), (113), (120).
8. Ermittlung der Abzüge α und β mit Hilfe der Formeln (108), (118), (121).
9. Aufstellung des Schemas der Abzüge α nach den Formeln (119).
10. Aufstellung des Schemas der Abzüge β nach den Formeln (122).
11. Graphische Darstellung der Einflußlinien.

4. Zusammenfassung aller Ergebnisse des Teiles B in der Anwendung auf ein praktisches Beispiel.

Es sind die Einflußlinien der Normal-, Querkräfte und Biegungsmomente in den Gurten und Pfosten des im Beispiel A. V näher beschriebenen Vierendeelträgers zu ermitteln (Fig. 15).

Über die vorläufig notwendigen Annahmen der Verhältnisse der Trägheitsmomente untereinander gilt hier ebenfalls dasselbe wie dort.

Die in A I, Abs. 3, entwickelten Formeln zeigen auch für dieses Beispiel, daß zur Kenntnis der Einflußlinien obiger innerer Widerstände die Ermittlung der Einflußlinien von X'_r vorauszugehen hat.

Die Reihenfolge in der Durchführung ihrer Berechnung ist wieder übersichtlich in B, Abs. 3, zusammengestellt und im weiteren genau eingehalten.

Ermittlung der Einflußlinien der statisch unbestimmten Größen X'_r.

1. Berechnung der Werte a und b.

Diese Werte wurden im Beispiel A V, bereits entwickelt und von dort übernommen:

$$a_0 = 0{,}0514 \qquad a_5 = 0{,}1401 = b_4$$
$$a_1 = 0{,}091 = b_8 \qquad a_6 = 0{,}1522 = b_3$$
$$a_2 = 0{,}1212 = b_7 \qquad a_7 = 0{,}1582 = b_2$$
$$a_3 = 0{,}1325 = b_6 \qquad a_8 = 1 = b_1\,.$$
$$a_4 = 0{,}1325 = b_5$$

2. Berechnung der Werte c und c'.

Aus A. V. übernommen:

$$c_1 = 1{,}015 = c'_8 \qquad c_5 = 0{,}135 = c'_4$$
$$c_2 = 0{,}1621 = c'_7 \qquad c_6 = 0{,}135 = c'_3$$
$$c_3 = 0{,}1551 = c'_6 \qquad c_7 = 0{,}1219 = c'_2$$
$$c_4 = 0{,}1427 = c'_5 \qquad c_8 = 0{,}091 = c'_1\,.$$

3. Bestimmung der Ausdrücke.

$$1 - c'_1 c_2 = \ldots; \qquad 1 - c'_2 c_3 = \ldots; \qquad \ldots\ldots \qquad 1 - c'_7 c_8 = \ldots$$

und ihrer reziproken Werte.

Aus A. V übernommen:

$$1 - c'_1 \cdot c_2 = 0{,}985 \qquad \frac{1}{1 - c'_1 \cdot c_2} = 1{,}015$$
$$1 - c'_2 \cdot c_3 = 0{,}981 \qquad \frac{1}{1 - c'_2 \cdot c_3} = 1{,}019$$
$$1 - c'_3 \cdot c_4 = 0{,}981 \qquad \frac{1}{1 - c'_3 \cdot c_4} = 1{,}019$$
$$1 - c'_4 \cdot c_5 = 0{,}982 \qquad \frac{1}{1 - c'_4 \cdot c_5} = 1{,}0185$$
$$1 - c'_5 \cdot c_6 = 0{,}981 \qquad \frac{1}{1 - c'_5 \cdot c_6} = 1{,}019$$
$$1 - c'_6 \cdot c_7 = 0{,}981 \qquad \frac{1}{1 - c'_6 \cdot c_7} = 1{,}019$$
$$1 - c'_7 \cdot c_8 = 0{,}985 \qquad \frac{1}{1 - c'_7 \cdot c_8} = 1{,}015$$

sowie der Brüche:

$$\frac{c_1}{b_1} = 1{,}015 \qquad \frac{c_5}{b_5} = 1{,}019$$
$$\frac{c_2}{b_2} = 1{,}019 \qquad \frac{c_6}{b_6} = 1{,}019$$
$$\frac{c_3}{b_3} = 1{,}019 \qquad \frac{c_7}{b_7} = 1{,}015$$
$$\frac{c_4}{b_4} = 1{,}018 \qquad \frac{c_8}{b_8} = 1{,}0\,.$$

4. Bestimmung der Multiplikatoren m_1 bis m_n.

Aus A. V übernommen:

$$m_1 = 1{,}015 = m_n \qquad m_5 = 1{,}038$$
$$m_2 = 1{,}034 \qquad m_6 = 1{,}039$$
$$m_3 = 1{,}039 \qquad m_7 = 1{,}034$$
$$m_4 = 1{,}038 \qquad m_8 = 1{,}015.$$

5. Ermittlung der Werte k_r, μ_r, s_r und f_r.

Aus A. V übernommen:

$$k_1 = 0{,}926 \qquad \mu_1 = 0{,}531$$
$$k_2 = 0{,}819 \qquad \mu_2 = 0{,}514$$
$$k_3 = 0{,}758 \qquad \mu_3 = 0{,}504$$
$$k_4 = 0{,}735 \qquad \mu_4 = 0{,}5$$
$$k_5 = 0{,}735 \qquad \mu_5 = 0{,}5$$
$$k_6 = 0{,}721 \qquad \mu_6 = 0{,}496$$
$$k_7 = 0{,}690 \qquad \mu_7 = 0{,}486$$
$$k_8 = 0{,}637 \qquad \mu_8 = 0{,}469$$

$$s_r = \sum_{\xi=1}^{\xi=r-1} \lambda_\xi + \lambda_r \mu_r \quad \ldots\ldots\ldots\ldots \quad (115)$$

daraus rechnen sich

$$s_1 = 0 + 0{,}531 \cdot 5{,}55 = 2{,}946$$
$$s_2 = 5{,}55 + 0{,}514 \cdot 5{,}55 = 8{,}41$$
$$s_3 = 2 \cdot 5{,}55 + 0{,}504 \cdot 5{,}55 = 13{,}9\,;$$

durch analoge Bildung erhält man

$$s_4 = 19{,}43 \qquad s_7 = 36{,}0$$
$$s_5 = 24{,}98 \qquad s_8 = 41{,}45$$
$$s_6 = 30{,}5$$

$$f_r = k_r \frac{s_r}{h_r} \quad \ldots\ldots\ldots\ldots \quad (106)$$

daraus rechnen sich die Werte

$$f_1 = 0{,}926 \frac{2{,}945}{4{,}8} = 0{,}568$$

$$f_2 = 1{,}207 \qquad f_6 = 3{,}855$$
$$f_3 = 1{,}756 \qquad f_7 = 5{,}18$$
$$f_4 = 2{,}38 \qquad f_8 = 8{,}00\,.$$
$$f_5 = 3{,}06$$

6. Bestimmung der Werte M.

Mit Hilfe der **Gleichungen (114)** erhält man:

$$M_8 = f_8 = 8{,}00$$
$$M_7 = c_8 M_8 + f_7 = 5{,}903$$
$$M_6 = c_7 M_7 + f_6 = 4{,}575$$

und in gleicher Weiterbildung

$$M_5 = 3{,}677 \qquad M_2 = 1{,}544$$
$$M_4 = 2{,}876 \qquad M_1 = 0{,}817\,.$$
$$M_3 = 2{,}167$$

7. Bestimmung der Werte $\mathfrak{A}$ und $\mathfrak{B}$.

Die **Gleichungen (117)** liefern die Summenausdrücke:

$$S_1' = M_1 = 0{,}817$$
$$S_2' = c_1' S_1' + (1 - c_1' c_2) M_2 = 0{,}091 \cdot 0{,}817 + 0{,}985 \cdot 1{,}544 = 1{,}596\,.$$

in gleicher Weiterbildung

$$S_3' = 2{,}32 \qquad S_6' = 5{,}06$$
$$S_4' = 3{,}135 \qquad S_7' = 6{,}58$$
$$S_5' = 4{,}03 \qquad S_8' = 8{,}94\,,$$

mit diesen Werten erhält man dann aus den **Gleichungen (113)**

$$\mathfrak{A}_1 = m_1 S_1' = 1{,}015 \cdot 0{,}817 = 0{,}83 \text{ t}$$
$$\mathfrak{A}_2 = m_2 S_2' = 1{,}034 \cdot 1{,}596 = 1{,}651 \text{ t}$$
$$\mathfrak{A}_3 = 2{,}415 \text{ t} \qquad \mathfrak{A}_6 = 5{,}26 \text{ t}$$
$$\mathfrak{A}_4 = 3{,}255 \text{ t} \qquad \mathfrak{A}_7 = 6{,}81 \text{ t}$$
$$\mathfrak{A}_5 = 4{,}19 \text{ t} \qquad \mathfrak{A}_8 = 9{,}08 \text{ t}\,.$$

Gleichung (120) liefert die Werte $\mathfrak{B}$:

$$\mathfrak{B}_1 = \mathfrak{A}_8 = 9{,}08 \text{ t} \qquad \mathfrak{B}_5 = \mathfrak{A}_4 = 3{,}255 \text{ t}$$
$$\mathfrak{B}_2 = \mathfrak{A}_7 = 6{,}81 \text{ t} \qquad \mathfrak{B}_6 = \mathfrak{A}_3 = 2{,}415 \text{ t}$$
$$\mathfrak{B}_3 = \mathfrak{A}_6 = 5{,}26 \text{ t} \qquad \mathfrak{B}_7 = \mathfrak{A}_2 = 1{,}651 \text{ t}$$
$$\mathfrak{B}_4 = \mathfrak{A}_5 = 4{,}19 \text{ t} \qquad \mathfrak{B}_8 = \mathfrak{A}_1 = 0{,}83 \text{ t}.$$

8. Ermittlung der Abzüge α und β.

$$\Delta F_{r,\xi} = \frac{s^r - l_\xi}{h_r} \cdot k_r \quad \ldots \ldots \ldots \quad (108)$$

worin $l_\xi = \sum_1^\xi \lambda_\xi$ ist.

zu α_1:

$$l_\xi = l_1 = \lambda$$

$$\Delta F_{2,1} = \frac{s_2 - \lambda}{h_2} \cdot k_2 = 0{,}411$$

$$\Delta F_{3,1} = \frac{s_3 - \lambda}{h_3} \cdot k_3 = 0{,}635$$

$$\Delta F_{4,1} = \frac{s_4 - \lambda}{h_4} \cdot k_4 = 1{,}7.$$

Eine Weiterentwicklung der ΔF-Werte ist, wie unten aus Gleichung (118) zu ersehen ist, wegen der Kleinheit der sich dort ergebenden Produkte unnötig, es werden deshalb nur höchstens 3 Glieder bei der Summenbildung [Gleichung (118)] berücksichtigt.

In analoger Entwicklung erhält man die weiteren Größen:

zu α_2: $l_\xi = l_2 = 2\lambda$

$\Delta F_{3,2} = 0{,}354$
$\Delta F_{4,2} = 1{,}018$
$\Delta F_{5,2} = 1{,}7$

zu α_3: $l_\xi = l_3 = 3\lambda$

$\Delta F_{4,3} = 0{,}339$
$\Delta F_{5,3} = 1{,}02$
$\Delta F_{6,3} = 1{,}743$

zu α_4: $l_4 = 3\lambda$

$\Delta F_{5,4} = 0{,}342$
$\Delta F_{6,4} = 1{,}042$
$\Delta F_{7,4} = 1{,}99$

zu α_5: $l_\xi = l_5 = 5\lambda$

$\Delta F_{6,5} = 0{,}341$
$\Delta F_{7,5} = 1{,}19$
$\Delta F_{8,5} = 2{,}66$

zu α_6: $l_\xi = l_6 = 6\lambda$

$\Delta F_{7,6} = 0{,}389$
$\Delta F_{8,6} = 1{,}583$

zu α_7: $l_\xi = l_7 = 7\lambda$

$\Delta F_{8,7} = 0{,}505$

Die Werte α erhält man nun aus den Gleichungen (118):

$$\alpha_1 = m_1 \cdot c_2 (\Delta F_{2,1} + c_3 \cdot \Delta F_{3,1} + c_3 c_4 \Delta F_{4,1} + \dots + c_3 \dots c_8 \Delta F_{8,1}) \dots \quad (118)$$
$$= 1{,}015 \cdot 0{,}1621 (0{,}411 + 0{,}1551 \cdot 0{,}635 + 0{,}1551 \cdot 0{,}1427 \cdot 1{,}7 + \dots)$$
$$= \mathbf{0{,}0899\ t}$$

$$\alpha_2 = m_2 c_3 (\Delta F_{3,2} + c_4 \cdot \Delta F_{4,2} + c_4 \cdot c_5 \cdot \Delta F_{5,2} + \dots) = \mathbf{0{,}0854\ t} \quad (118)$$

$$\alpha_3 = m_3 c_4 (\Delta F_{4,3} + c_5 \cdot \Delta F_{5,3} + c_5 \cdot c_6 \cdot \Delta F_{6,3} + \dots) = \mathbf{0{,}0753\ t} \quad (118)$$

$$\alpha_4 = m_4 \cdot c_5 (\Delta F_{5,4} + c_6 \cdot \Delta F_{6,4} + c_6 c_7 \cdot \Delta F_{7,4} + \dots) = \mathbf{0{,}0723\ t} \quad (118)$$

$$\alpha_5 = m_5 \cdot c_6 (\Delta F_{6,5} + c_7 \cdot \Delta F_{7,5} + c_7 \cdot c_8 \cdot \Delta F_{8,5}) = \mathbf{0{,}0723\ t} \ \dots \quad (118)$$

$$\alpha_6 = m_6 \cdot c_7 (\Delta F_{7,6} + c_8 \cdot \Delta F_{8,6}) = \mathbf{0{,}0676\ t}$$

$$\alpha_7 = m_7 \cdot c_8 \cdot \Delta F_{8,7} = \mathbf{0{,}04775\ t}.$$

Die Werte β sind nun durch Gleichung (121) gegeben:

$$\beta_1 = \alpha_7 = 0{,}04775\ \text{t}$$
$$\beta_2 = \alpha_6 = 0{,}0676\ \text{t}$$
$$\beta_3 = \alpha_5 = 0{,}0723\ \text{t}$$
$$\beta_4 = \alpha_4 = 0{,}0723\ \text{t}$$
$$\beta_5 = \alpha_3 = 0{,}0753\ \text{t}$$
$$\beta_6 = \alpha_2 = 0{,}0854\ \text{t}$$
$$\beta_7 = \alpha_1 = 0{,}0899\ \text{t}.$$

9. Schema für die Abzüge α nach den Formeln (119):

Abzüge α von den Ordinaten								der
1	2	3	4	5	6	7	8	
$\alpha_1 =$ 0,0899 t	$c_2 \alpha_2 =$ 0,0139 t							$\mathfrak{A}_1$-Linie
	$\alpha_2 =$ 0,0854 t	$c_3 \cdot \alpha_3 =$ 0,017 t						$\mathfrak{A}_2$- „
		$\alpha_3 =$ 0,0753 t	$c_4 \cdot \alpha_4 =$ 0,0103 t					$\mathfrak{A}_3$- „
			$\alpha_4 =$ 0,0723 t	$c_5 \cdot \alpha_5 =$ 0,00977 t				$\mathfrak{A}_4$- „
				$\alpha_5 =$ 0,0723 t	$c_6 \alpha_6 =$ 0,00913 t			$\mathfrak{A}_5$- „
					$\alpha_6 =$ 0,0676 t	$c_7 \cdot \alpha_7 =$ 0,00582 t		$\mathfrak{A}_6$- „
						$\alpha_7 =$ 0,04775 t	$c_8 \cdot \alpha_8 = 0$	$\mathfrak{A}_7$- „
							$\alpha_8 = 0$	$\mathfrak{A}_8$- „

10. Schema für die Abzüge β nach den Formeln (122):

Abzüge von den Ordinaten								der
1	2	3	4	5	6	7	8	
								$\mathfrak{B}_1$-Linie
$\beta_1 =$ 0,04775 t								$\mathfrak{B}_2$- „
$c'_3 \cdot \beta_1 =$ 0,00582 t	$\beta_2 =$ 0,0676 t							$\mathfrak{B}_3$- „
	$c'_2 \cdot \beta_2 =$ 0,00913 t	$\beta_3 =$ 0,0723 t						$\mathfrak{B}_4$- „
		$c'_4 \cdot \beta_3 =$ 0,00977 t	$\beta_4 =$ 0,0723 t					$\mathfrak{B}_5$- „
			$c'_5 \cdot \beta_4 =$ 0,0103 t	$\beta_5 =$ 0,0753 t				$\mathfrak{B}_6$- „
				$c'_6 \cdot \beta_5 =$ 0,017 t	$\beta_6 =$ 0,0854 t			$\mathfrak{B}_7$- „
					$c'_7 \cdot \beta_6 =$ 0,0139 t	$\beta_7 =$ 0,0899 t		$\mathfrak{B}_8$- „

Aus diesen beiden Schemen für die Abzüge α und β ist zu ersehen, daß man in vielen Fällen der Praxis auch die hier noch berücksichtigten Abzüge $c_r \cdot \alpha_r$ bzw. $c_r' \cdot \beta_{r-1}$ ihrer Kleinheit wegen vernachlässigen kann.

Die folgende graphische Darstellung der Einflußlinien zeigt übersichtlich die geringen Fehler, die man selbst in diesem Falle begehen würde.

11. Graphische Darstellung der Einflußlinien.

Mit den nun gerechneten Werten $\mathfrak{A}$, $\mathfrak{B}$, α und β sind die Einflußlinien der statisch unbestimmten Größen X' vollkommen bestimmt und in den Figuren 16 bis 19 dargestellt.

Da der Träger um eine vertikale Mittelachse symmetrisch ist, so genügt die Darstellung der Einflußlinien einer Trägerhälfte.

Die Einflußlinien der Normal-, Querkräfte und Momente sind analog dem Beispiel A. V — durch die Formeln (39) bis (48) gegeben. Über die Anwendung dieser Formeln sei noch beispielsweise folgendes gesagt:

Die Formel für die Normalkraft des Obergurtes lautet

$$N'_{r,x} = -\frac{1}{2}\mathfrak{Q}_r \cdot \sin\nu_r - X'_r \frac{\cos(\nu_r - \omega_r)}{\cos\omega_r} \quad . \; . \; . \; . \quad (39)$$

d. h. nun, daß die Einflußlinie für $N'_{r,x}$ durch Superposition der mit $-\frac{1}{2}\sin\nu_r$ multiplizierten Einflußlinie der Querkraft des Feldes r eines geraden Balkens (nicht Hauptsystems) gleicher Länge und Felderteilung wie der Vierendeelträger mit der mit $-\frac{\cos(\nu_r - \omega_r)}{\cos\omega_r}$ multiplizierten Einflußlinie von X'_r gebildet wird.

Das Analoge gilt für alle übrigen Formeln.

Die zu ihrer Auswertung notwendigen Winkelfunktionen sind wieder aus Beispiel A. V übernommen.

Die Maximalmomente sind beim Vierendeelträger, wie im ersten Teil des Buches ausführlich besprochen wurde, die Eckmomente der einzelnen Felder, und wurden für diese die Einflußlinie $M_{r, \mp\frac{\lambda}{2}}$ gezeichnet sowie am Schlusse die einfache Ermittlung der Ständer-Kopf- und -Fußmomente angegeben.

Diese Momente jedoch für die Dimensionierung zu benützen, wäre zu ungünstig. Da die Ausbildung der Ecken immer mit Ausrundungen oder Abschrägungen geschieht, so ist es in der Praxis meist üblich, die Gurte und die Pfosten nach den Momenten am Beginne dieser Ausrundungen bzw. Abschrägungen zu dimensionieren.

Die Bestimmung der Momente sowie der Normal- und Querkräfte an diesen Stellen ist natürlich genau dieselbe als wie die hier durchgeführte, es sind nur in den Formeln (41), (44), (48) die Werte y und $\mathfrak{M}_{r,x}$ entsprechend einzuführen.

Die Einflußlinien der Pfostenkopf- und -Fußmomente, die dem absoluten Werte einander gleich, dem Vorzeichen nach jedoch

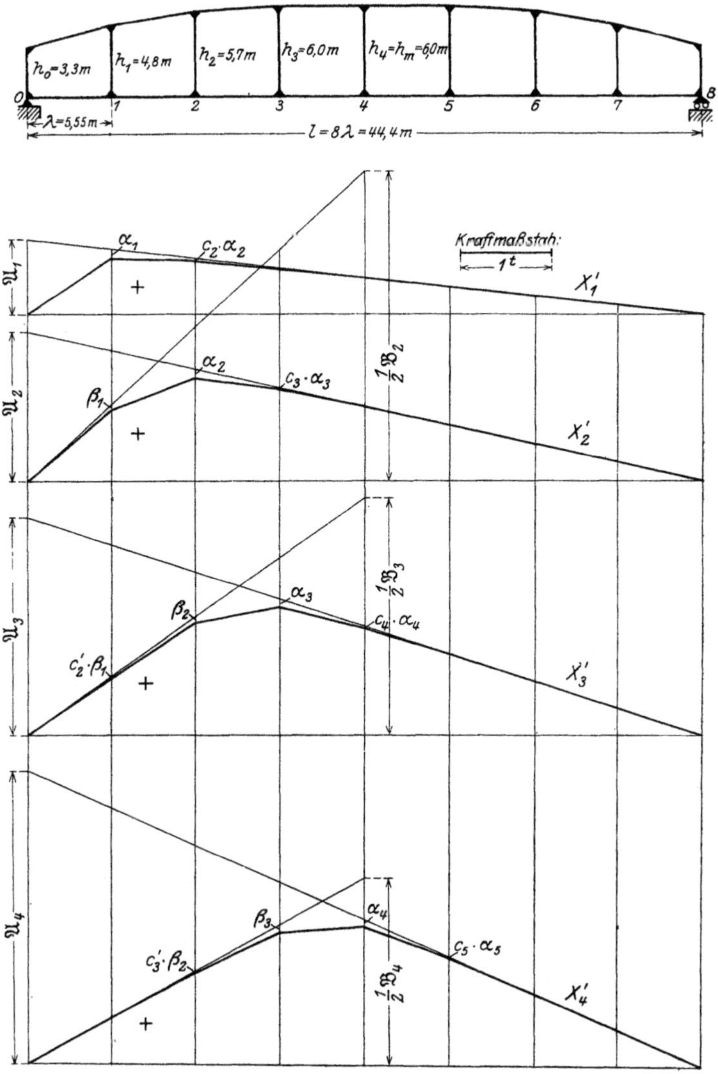

Fig. 15 bis 19.

einander entgegengesetzt sind [Gleichung (48)], wurden nicht gezeichnet, da diese Momente durch die mit $\pm \frac{h}{2}$ multiplizierten Pfostenquerkräfte gegeben sind [Gleichung (47), (48)].

Bezüglich des Einflusses von Horizontalkräften, sowie der Temperatur sei noch kurz erwähnt, daß derselbe in einfacher Weise nach A. II bzw. A. III berücksichtigt werden kann.

Die Durchbiegung eines Knotenpunktes oder die Einflußlinie derselben wird ebenfalls in einfacher Art nach dem im Absatz A. IV angegebenen Erläuterungen gefunden.

Normalkräfte in den Obergurten.

$$N'_{r,x} = -\tfrac{1}{2} Q_r \sin \nu - X'_r \frac{\cos(\nu_r - \omega_r)}{\cos \omega_r} \quad . \quad . \quad (42)$$

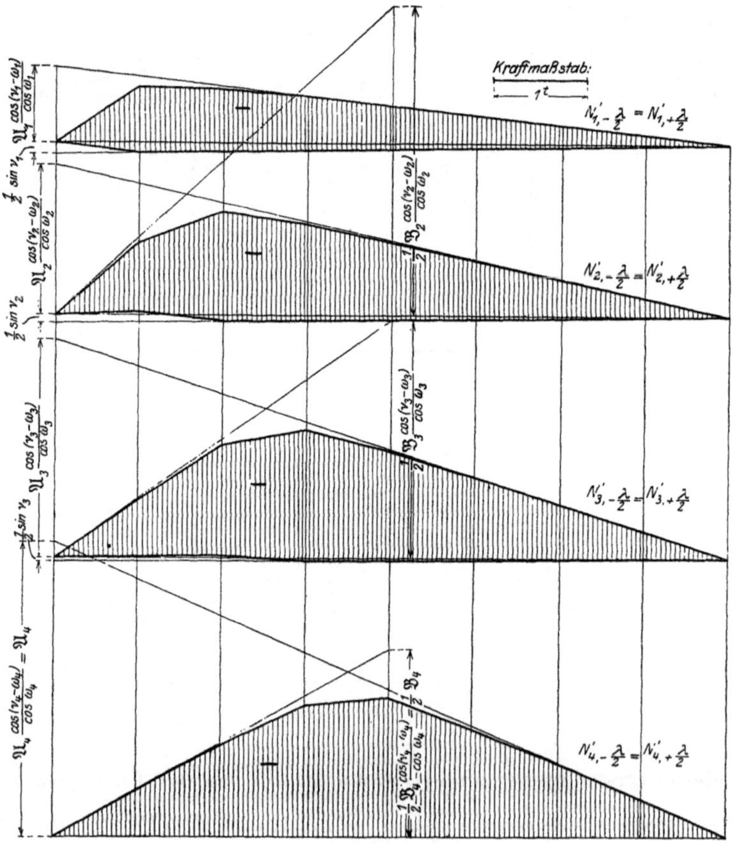

Fig. 20 bis 23.

Querkräfte in den Untergurten:

$$Q_{r,x} = \frac{1}{2}\,\mathfrak{D}_r \cdot \cos\psi_r - X_r' \frac{\sin(\psi_r + \omega_r)}{\cos\omega_r} \quad . \; . \; (40)$$

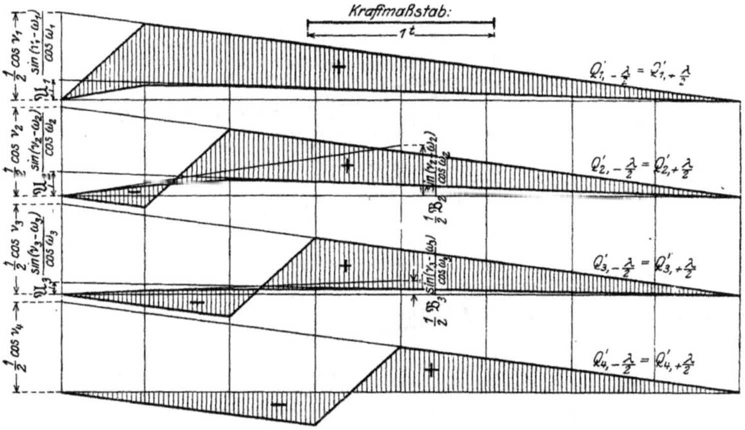

Fig. 24 bis 27.

Querkräfte in den Obergurten:

$$Q'_{r,x} = \frac{1}{2}\,\mathfrak{D}_r \cos v_r - X_r' \frac{\sin(v_r - \omega_r)}{\cos\omega_r} \quad . \; . \; (43)$$

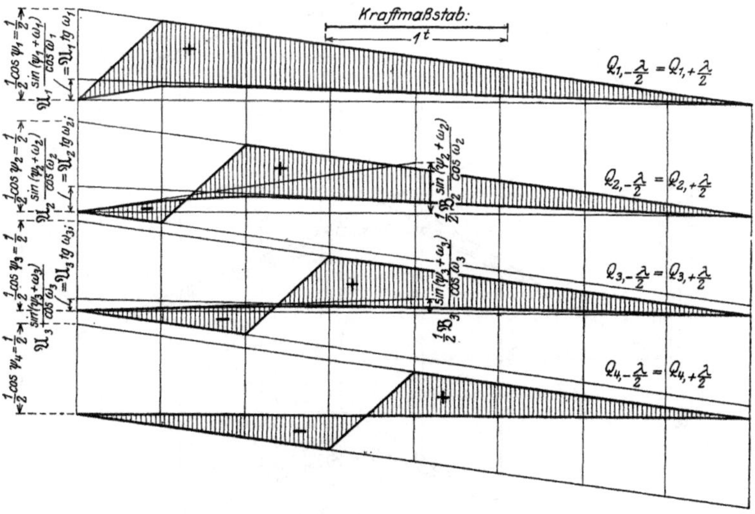

Fig. 28 bis 31.

Linke und rechte Eckmomente in den Ober- und Untergurten:

$$M'_{r,-\frac{\lambda}{2}} = \frac{1}{2}\mathfrak{M}_{r,-\frac{\lambda}{2}} - X'_r \frac{h_{r-1}}{2} = M_{r,-\frac{\lambda}{2}} \quad . \; . \; (44)$$

$$M'_{r,+\frac{\lambda}{2}} = \frac{1}{2}\mathfrak{M}_{r,+\frac{\lambda}{2}} - X'_r \frac{h_r}{2} = M_{r,+\frac{\lambda}{2}} \quad . \; . \; . \; (44)$$

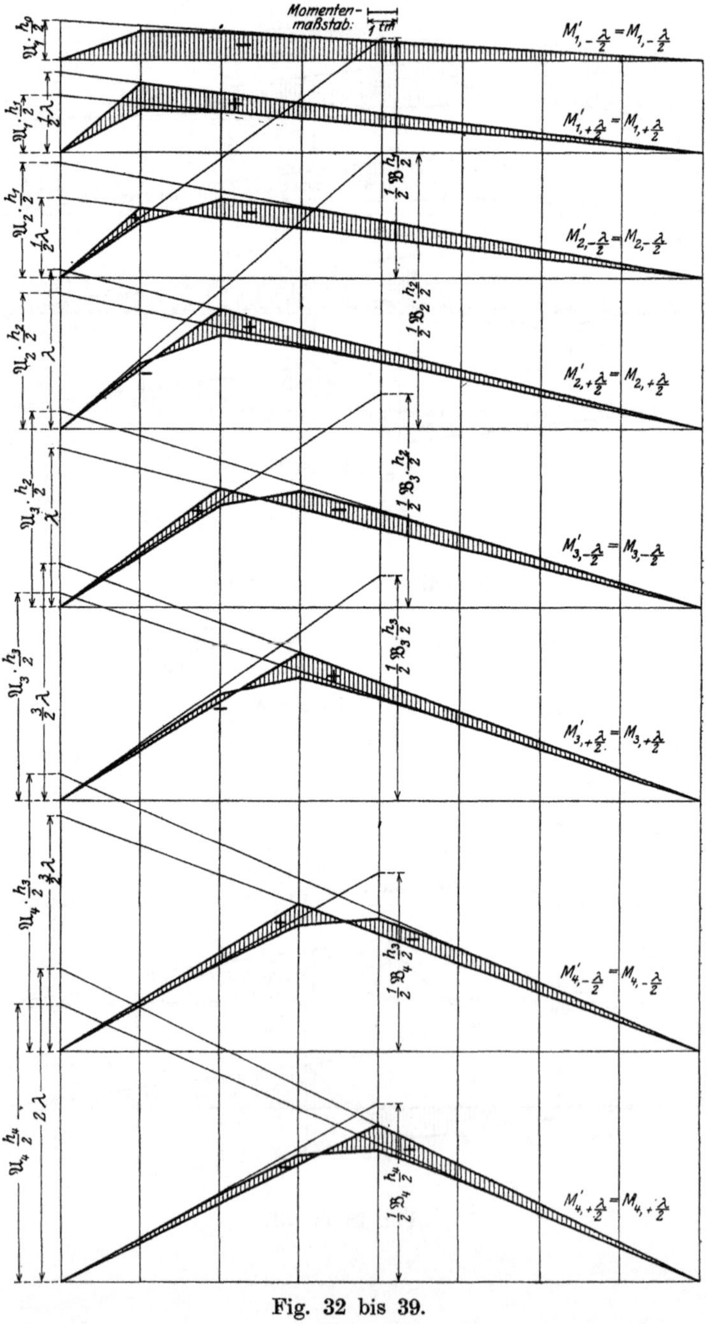

Fig. 32 bis 39.

Normalkräfte in den Pfosten:

$$\left.\begin{aligned} n_0 &= -\tfrac{1}{2}(\mathfrak{A} - P_0) - X_1' \operatorname{tg} \omega_1 \\ n_r &= \tfrac{1}{2} P_r + X_r' \operatorname{tg} \omega_r - X_{r+1}' \operatorname{tg} \omega_{r+1} \end{aligned}\right\} \quad . \; . \; . \quad (45)$$

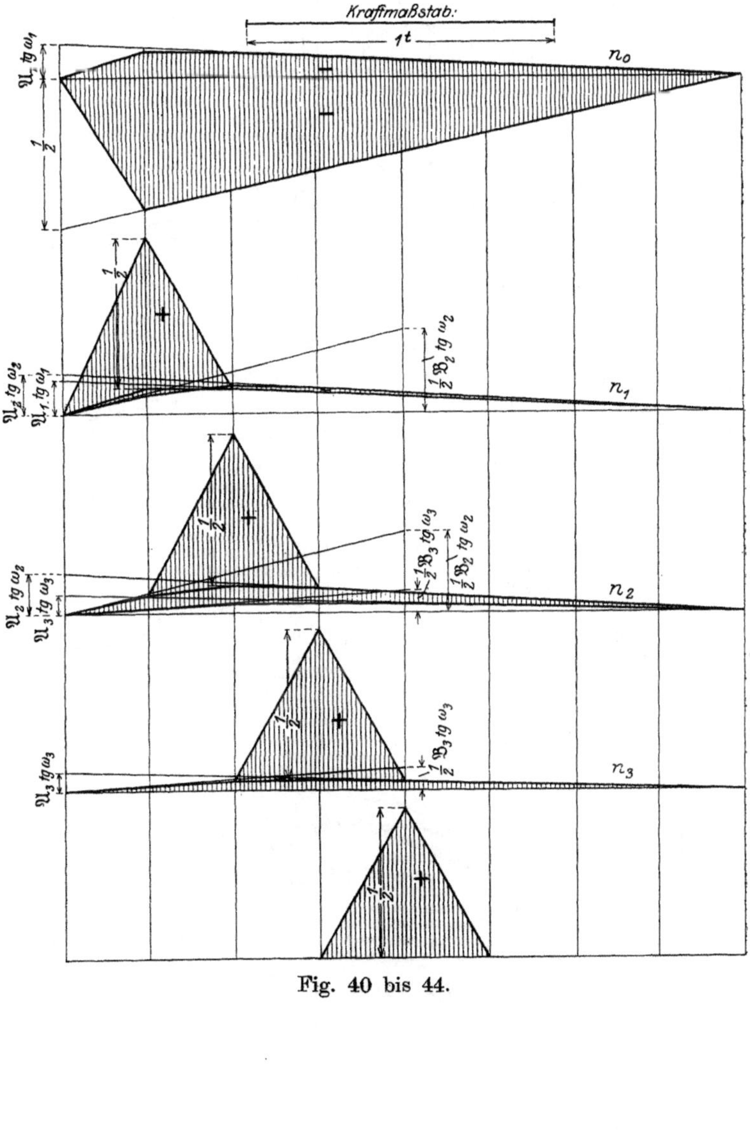

Fig. 40 bis 44.

Querkräfte in den Pfosten:

$$q_r = X'_r - X'_{r+1} \qquad (47)$$

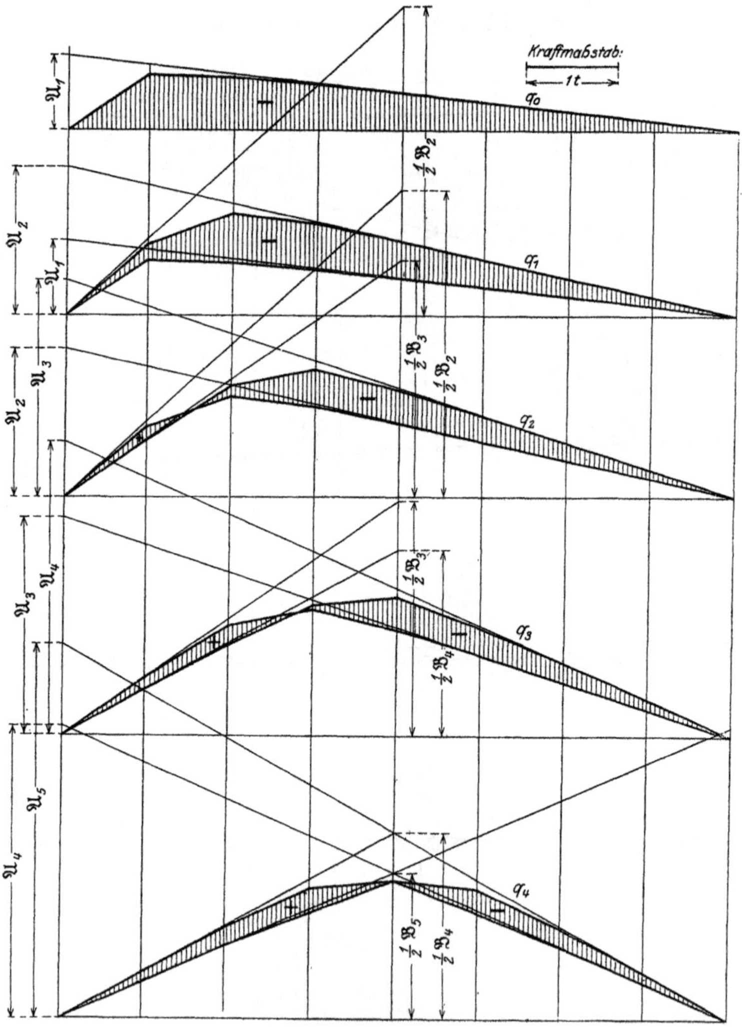

Fig. 45 bis 49.

C. Spezialfälle.

Als Spezialfälle, die aus dem allgemeinsten Fall, der im Abschnitt A und B behandelt wurde, hergeleitet werden können, sind zu nennen:

1. Träger mit horizontalem Untergurt, beliebig gekrümmtem Obergurt.
2. Träger mit horizontalem Obergurt, beliebig gekrümmtem Untergurt.
3. Träger mit parallelen Gurten, die sich bezüglich der veränderlichen Feldweiten und der Voraussetzung betreffs der Trägheitsmomente von jenen des ersten Teiles unterscheiden.

Für die Berechnung dieser Spezialfälle behalten die Ausführungen der Abschnitte A und B vollauf ihre Gültigkeit, der Rechnungsgang ist hier genau so einzuhalten wie dort. Die ermittelten Formeln sind auch hier zu verwenden, wenn man in denselben für den Spezialfall 1

$$\psi_r = 0 \qquad \text{und} \qquad J_r' = J_{o,r} \cos\nu_r = J_{u,r}\,,$$

im Falle 2.

$$\nu_r = 0 \qquad \text{und} \qquad J_r' = J_{u,r} \cos\psi_r = J_{o,r}$$

setzt.

Was die Parallelträger anlangt, so können zunächst solche behandelt werden, bei welchen, wie im ersten Teil, zwar alle Querschnitte gleiches Trägheitsmoment besitzen, die Feldweiten aber veränderlich sind, oder Parallelträger, bei welchen alle Pfostenquerschnitte gleiches Trägheitsmoment besitzen, die Gurtträgheitsmomente jedoch nur innerhalb eines Feldes einander gleich und konstant zu sein brauchen, die Feldweiten können gleich oder veränderlich sein. Im ersteren Falle sind in den Formeln des Abschnittes A und B die Trägheitsmomente $J_r' = J$ und die Höhen $h_{r-1} = h_r = \ldots = h$ zu setzen, im letzteren Falle ist $h_{r-1} = h_r = \ldots = h$, ferner $\frac{J}{J_r'} = \frac{J}{J_{u,r}}$ und bei gleicher Feldweite überdies $\lambda_{r-1} = \lambda_r = \ldots = \lambda$.

D. Bogenträger.

1. Bogenträger mit festen Auflagergelenken.

Dieser Träger (Fig. 50) ist 3-n-fach innerlich und einfach äußerlich statisch unbestimmt. Er ist statisch gleichwertig mit dem Träger nach Fig. 51 — der hier als Hauptsystem gewählt wird —, wenn man den durch die Belastung P hervorgerufenen Horizontalschub H als äußere Belastung anbringt.

Ist man in der Lage für jede Belastung P den dazugehörigen Horizontalschub H zu ermitteln, so können die Normalkraft N, die Querkraft Q und das Biegungsmoment M irgendeines Querschnittes im Bogenträger aus dem statisch gleichwertigen Hauptsystem (Fig. 51) nach folgenden allgemeinen Formeln ermittelt werden:

$$\left.\begin{aligned} N &= \mathfrak{N} - N_h \cdot H \\ Q &= \mathfrak{Q} - Q_h \cdot H \\ M &= \mathfrak{M} - M_h \cdot H \end{aligned}\right\} \quad \ldots \ldots \ldots \quad (123)$$

In diesen Formeln bedeuten für den vorliegenden Querschnitt im Hauptsystem $\mathfrak{N}$, $\mathfrak{Q}$, $\mathfrak{M}$ die Normalkraft, Querkraft bzw. Biegungs-

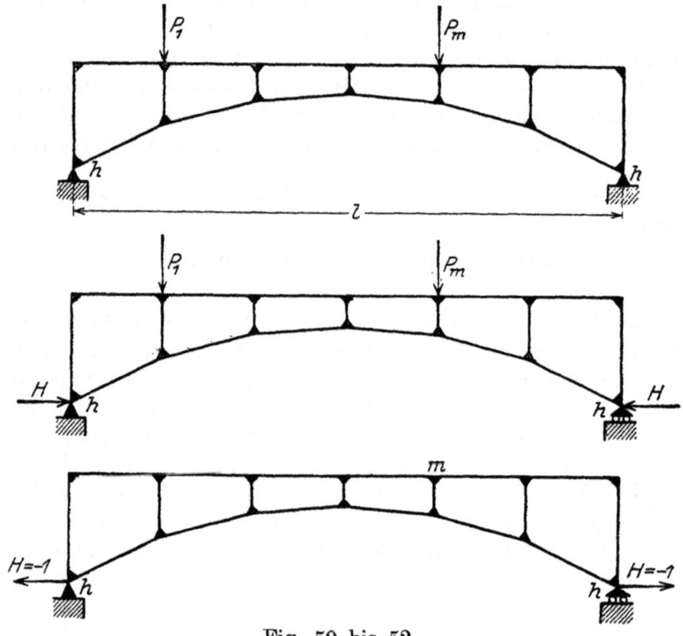

Fig. 50 bis 52.

moment infolge der Belastung P allein, N_h, Q_h, M_h sind diese Kräfte infolge der Belastung $H = -1$ nach Fig. 52.

Da $\mathfrak{N}$, $\mathfrak{Q}$, $\mathfrak{M}$ und N_h, Q_h, M_h nach den Ausführungen der Abschnitte A bis C ohne weiteres ermittelt werden können, so kommt es, wie oben bereits erwähnt, einzig und allein auf die Bestimmung des Horizontalschubes an, um aus den Gleichungen (123) die Querschnittskräfte im Bogenträger zu berechnen.

Ermittlung des Horizontalschubes.

Der Horizontalschub wird aus der Bedingung gefunden, daß die Spannweite l — die Entfernung des Punktpaares (der festen Gelenke) h — bei jeder Belastung eine konstante Größe ist.

Es werden folgende Bezeichnungen eingeführt:

P_m = Last in einem beliebigen Knoten m;

$\delta_{h,m}$ = gegenseitige Verschiebung des Punktpaares h im Hauptsystem infolge der Belastung $P_m = 1$ im Knoten m;

$\delta_{h,h}$ = gegenseitige Verschiebung des Punktpaares h im Hauptsystem infolge der Belastung $H = -1$ nach Fig. 52.

Dann ist $\Delta l_P = \Sigma P_m \cdot \delta_{h,m}$ die Gesamtverschiebung des Punktpaares h im Hauptsystem infolge der Belastung P und $(-H \cdot \delta_{h,h})$ die Verschiebung des Punktpaares h infolge des Horizontalschubes H. Wegen der Unveränderlichkeit der Spannweite folgt dann die Bedingungsgleichung

$$\Sigma P_m \cdot \delta_{h,m} - H \cdot \delta_{h,h} = 0 \quad \ldots\ldots\ldots \quad (124)$$

und daraus ist

$$H = \frac{\Sigma P_m \cdot \delta_{h,m}}{\delta_{h,h}} = \frac{\Delta l_P}{\delta_{h,h}} \quad \ldots\ldots\ldots \quad (125)$$

bestimmt, da die Verschiebungen Δl_P und $\delta_{h,h}$ nach Abschnitt A/5 ermittelt werden können. Damit ist dann aber auch die Berechnung des Bogenträgers für ruhende Belastung gegeben.

Einflußlinien.

Aus den Gleichungen (123) sind die Einflußlinien der Normalkraft, der Querkraft oder des Biegungsmomentes irgendeines Querschnittes im Bogenträger mit Kenntnis der Einflußlinie H bestimmt, denn die Einflußlinie der Normalkraft N z. B. ist die Summe aus der Einflußlinie der Normalkraft $\mathfrak{N}$ desselben Querschnittes im Hauptsystem — sie ist durch die Ausführungen im Abschnitt B bekannt — und der Einflußlinie $(-N_h \cdot H)$.

Da N_h eine konstante bekannte Größe ist, so ist tatsächlich mit Kenntnis der Einflußlinie H auch die Einflußlinie N des Bogenträgers bestimmt.

Ermittlung der Einflußlinie *H*.

Aus Gleichung (125) folgt für eine Last $P_m = 1$ im beliebigen Knoten m der Horizontalschub H mit

$$H = \frac{\delta_{h,m}}{\delta_{h,h}} \quad \ldots\ldots\ldots\ldots \quad (126)$$

Nach Maxwells Satz über die Gegenseitigkeit der Verschiebungen ist aber stets

$$\delta_{h,m} = \delta_{m,h},$$

d. h.: Die Verschiebung des Punktpaares h in der Richtung der Kraft H infolge der Belastung $P_m = 1$ in m ist stets gleich der Verschiebung des Punktes m in der Richtung von P_m, hervorgerufen durch die Belastung $H = -1$ (Fig. 52).

Für die variablen Werte m von $m = 0$ bis $m = n$ ist $\delta_{m,h}$, als vertikale Durchsenkung eines Punktes m infolge der Belastung $H = -1$, der mathematische Ausdruck für die Durchbiegungslinie des Trägers bei dieser Belastung. Demnach ist die Einflußlinie von H durch die Gleichung

$$H = \frac{\delta_{m,h}}{\delta_{h,h}} \quad \ldots \ldots \ldots \ldots \quad (127)$$

bestimmt, d. h.: Die Einflußlinie H des Bogenträgers wird erhalten, indem man die Ordinaten der Durchbiegungslinie des Hauptsystems infolge der Belastung $H = -1$ (Fig. 52) durch $\delta_{h,h}$ dividiert. Die Durchbiegungslinie und $\delta_{h,h}$ sind nach Abschnitt A. IV zu ermitteln.

2. Bogenträger mit Zugband.

Beim Bogenträger mit Zugband (Fig. 53) ist die Spannweite l — die Entfernung der Gelenke (des Punktpaares h) — nicht konstant, sondern

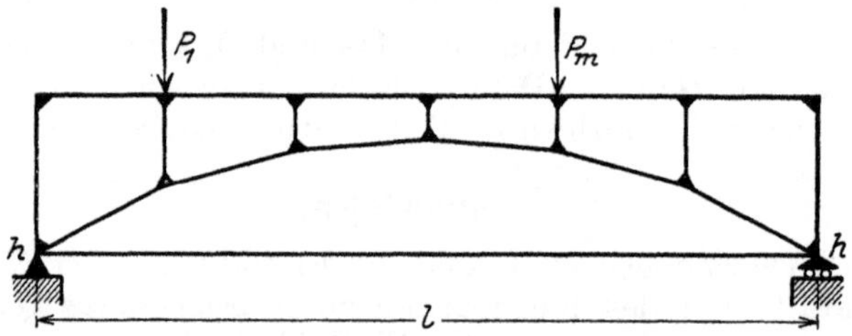

Fig. 53.

stets der Dehnung des Zugbandes gleich. Wirkt in demselben die Kraft H und besitzt es den Querschnitt F_z, so ist seine Dehnung durch $\Delta l_P = \frac{H l}{E F_z}$ gegeben.

Nach ganz analogen Überlegungen wie beim Bogenträger mit festen Gelenken tritt hier an die Stelle der Gleichung (124) die Gleichung

$$\Sigma P_m \cdot \delta_{h,m} - H \delta_{h,h} = \frac{H l}{E F_z},$$

woraus bei ruhender Belastung H mit

$$H = \frac{\Sigma P_m \cdot \delta_{h,m}}{\delta_{h,h} + \frac{l}{E F_z}} \quad \ldots \ldots \ldots \ldots \quad (128)$$

bestimmt ist, die Einflußlinie H analog nach Gleichung (127) durch

$$H = \frac{\delta_{m,h}}{\delta_{h,h} + \frac{l}{E F_z}} \quad \ldots \ldots \ldots \ldots \quad (129)$$

gegeben ist.

Die Temperaturwirkungen sind für den Fall I und II nach analogen Grundsätzen zu ermitteln.

Literatur.

„Statische Berechnung steifer Vierecksnetze", von Dr. L. Mann, Berlin 1909. Verlag Wilhelm Ernst & Sohn.
„Einflußlinien für die Berechnung paralleler Vierendeelträger", von Dr.-Ing. W. St. Ritter v. Balicki. Forscherarbeiten auf dem Gebiete des Eisenbetonbaues, Heft XII, Berlin 1910. Verlag Wilhelm Ernst & Sohn.
„Gesetzmäßigkeiten in der Statik des Vierendeelträgers, nebst Verfahren zur unmittelbaren Gewinnung der Einflußlinien durch Reihenbildung", von Dr.-Ing. Ludwig Freitag, München und Berlin 1911. Verlag von R. Oldenburg.
„Vierendeelträger mit parallelen Gurten", von Ing. Emil Reich. Wien 1911. Verlag vorm. R. v. Waldheim, Josef Eberle & Co.
„Das strebenlose Ständerfachwerk", von Dr. L. Mann, Breslau. In der Festschrift Heinrich Müller-Breslau. Leipzig 1912. Alfred Kröner Verlag.
„Cours de Stabilité des constructions" par A. Vierendeel, Professeur à l'université de Louvain, etc. Paris 1912. H. Dunot et Pinat.
„Die Berechnung der Rahmenträger mit besonderer Rücksicht auf die Anwendung", von Prof. Dr.-Ing. Fr. Engesser. Berlin 1919. Verlag Wilhelm Ernst & Sohn.

Abhandlungen in der Zeitschrift „Der Eisenbau":

„Der Vierendeelträger im Brückenbau", von A. Vierendeel. Jahrg. 1911.
„Die Berechnung der Pfostenträger (Vierendeelträger"), von Prof. Otto Mohr. Jahrg. 1912.
„Der Vierendeelträger in der Geschichte des Eisenbaues", von Fr. Czech, Düsseldorf. Jahrg. 1912.
„Zur Frage der baulichen Durchbildung des Pfostenträgers", von Seydel. Jahrg. 1912.
Bemerkungen zur Abhandlung „Zur Frage der baulichen Durchbildung des Pfostenträgers", von Schumann. Jahrg. 1912.
Desgl., von Seydel. Jahrg. 1912.
Desgl., von H. Nietzsche. Jahrg. 1912.
Desgl., von H. Strunz. Jahrg. 1912.
Desgl., von Seydel. Jahrg. 1912.
„Entwurf einer Rahmenbrücke über die Ems", von R. Busse. Jahrg. 1912.
Bemerkungen zu dem Aufsatz „Entwurf einer Rahmenbrücke über die Ems", von Dipl.-Ing. Zoellner, Dortmund. Jahrg. 1912.
Desgl., von F. Wansleben, Herne. Jahrg. 1912.
„Einige Betrachtungen über das Wesen des Vierendeelträgers", von A. Vierendeel. Jahrg. 1912.
„Beitrag zur Berechnung von Vierendeelträgern", von A. Ostenfeld. Jahrg. 1912.
„Knotenpunkte von Vierendeelträgern und verwandte Gebilde", von M. Mecklenbeck und Dipl.-Ing. Ehrlich. Jahrg. 1913.
„Kriegsbrücken im Vierendeelsystem", von Czech. Jahrg. 1913.

„Einige Bemerkungen zu den Versuchen der Herren Mecklenbeck und Ehrlich“, von A. Vierendeel. Jahrg. 1913.
Desgl., von Dipl.-Ing. Busse. Jahrg. 1913.
„Die Berechnung doppelt symmetrischer Pfostenträger“, von F. Wansleben. Jahrg. 1913.
„Über die Festigkeit eines Vierendeelknotens“, von Prof. A. Vierendeel. Jahrg. 1913.
„Die Ausbildung der Knoten von Vierendeelträgern“, von Mehrtens. Jahrg. 1914.
„Die Spannungen im Knotenpunkt eines Vierendeelträgers“, von M. Grüning. Jahrg. 1914.
„Berechnung von Vierendeelträgern mit Hilfe des Verfahrens der starren Ersatzstäbe“, von W. Freiherr zu Putlitz. Jahrg. 1914 u. 1915.
„Die statische Berechnung des Rahmenträgers“, von Dipl.-Ing. J. Lührs. Jahrg. 1915.
„Beitrag zur Berechnung von Rahmenbalken (Vierendeelträgern), von Prof. Karl Ljungberg. Jahrg. 1916.
„Berechnung des Vierendeelträgers mit Hilfe von mehrgliederigen Elastizitätsgleichungen“, von Ing. K. Lerche. Jahrg. 1920.

Abhandlungen in der Zeitschrift „Beton und Eisen“:

„Eisenbetonträger für große Spannweiten (System Vierendeel)“, von A. Vierendeel. Nach einem Manuskript ins Deutsche übertragen von Dr. F. Gebauer. Jahrg. 1907.
„Beitrag zur Berechnung der Eisenbetonträger nach System Vierendeel“, von Kalmer. Jahrg. 1908.
„Beitrag zur Theorie der Vierendeelträger“, von Ing. P. M. Frandsen. Jahrg. 1909.
„Beitrag zur Berechnung von Vierendeelträgern“, von Prof. A. Ostenfeld. Jahrg. 1910.
„Vierendeelbalken mit Kahneiseneinlagen“, von Ziviling. M. Schlendera. Jahrg. 1912.
„Zeichnerische Untersuchung der Vierendeelträger mit parallelen Gurten“, von Dr.-Ing. Béla Enyedi. Jahrg. 1914.

Abhandlungen in der Zeitschrift „Armierten Beton“:

„Beitrag zur Theorie der Vierendeelschen Träger“, von Dipl.-Ing. H. Marcus. Jahrg. 1910.
„Über eine neue angenäherte Berechnung der Rahmenträger“, von Dr.-Ing. Th. Pöschl, Prof. a. d. techn. Hochschule Prag. Jahrg. 1914.

Weiters sind noch erschienen:

„Über diagonallose Träger (Bauart Vierendeel)“, von E. O. Patton, Zentralblatt d. Bauverwaltung. Jahrg. 1907.
„Beitrag zur Berechnung der Einflußlinien paralleler und parabelförmiger Vierendeelträger“, von Ing. J. Slavik. Zeitschr. d. österr. Ing.- u. Archit.-Vereins. Jahrg. 1917.
„Théorie Générale des Poutres Vierendeel“, von A. Vierendeel. Mémoires de la Société des Ingenieurs civils de France 1900.
„Note sur les calculs de stabilité des Ponts en arcades du systéme Vierendeel“, par Ed. Joyant. Annales des Travaux publics de Belgique 1902.
„Les ponts métalliques, systeme Vierendeel“, Pont à arcades d'Avelghem (Belgique), A. Morizot. Génie civile 1905.

GPSR Compliance

The European Union's (EU) General Product Safety Regulation (GPSR) is a set of rules that requires consumer products to be safe and our obligations to ensure this.

If you have any concerns about our products, you can contact us on ProductSafety@springernature.com

In case Publisher is established outside the EU, the EU authorized representative is:

Springer Nature Customer Service Center GmbH
Europaplatz 3
69115 Heidelberg, Germany

Batch number: 10682411

Printed by Printforce, the Netherlands